智能创作时代

杜　雨　张孜铭◎著

中国出版集团
中 译 出 版 社

图书在版编目（CIP）数据

AIGC：智能创作时代 / 杜雨，张孜铭著. -- 北京：中译出版社，2023.3（2023.5 重印）

ISBN 978-7-5001-7345-8

Ⅰ. ①A… Ⅱ. ①杜… ②张… Ⅲ. ①人工智能—经济学—通俗读物 Ⅳ. ① TP18-05

中国版本图书馆 CIP 数据核字（2023）第 018660 号

AIGC：智能创作时代
AIGC: ZHINENG CHUANGZUO SHIDAI

著　　者：杜　雨　张孜铭
策划编辑：于　宇　田玉肖　薛　宇
责任编辑：于　宇　龙彬彬　方荟文　李晟月　朱小兰
文字编辑：田玉肖　华楠楠　李梦琳
营销编辑：马　萱　纪菁菁
出版发行：中译出版社
地　　址：北京市西城区新街口外大街 28 号 102 号楼 4 层
电　　话：（010）68002494（编辑部）
邮　　编：100088
电子邮箱：book@ctph.com.cn
网　　址：http://www.ctph.com.cn

印　　刷：北京顶佳世纪印刷有限公司
经　　销：新华书店
规　　格：710 mm × 1000 mm　1/16
印　　张：16.25
字　　数：171 千字
版　　次：2023 年 3 月第 1 版
印　　次：2023 年 5 月第 2 次印刷

ISBN 978-7-5001-7345-8　　　　定价：69.00 元

代 序

AIGC 和智能数字化新时代
——媲美新石器时代的文明范式转型

数字时代：“代码即法律”（Code is law）

——劳伦斯·莱斯格（Lawrence Lessig）

智能时代：向量和模型构成一切（Vector and models rule it all）

——朱嘉明

2022 年，在集群式和聚变式的科技革命中，人工智能生成内容（AIGC，AI Generated Content）后来居上，以超出人们预期的速度成为科技革命历史上的重大事件，迅速催生了全新的科技革命系统、格局和生态，进而深刻改变了思想、经济、政治和社会的演进模式。

第一，AIGC 的意义是实现人工智能“内容”生成。人们主观的感觉、认知、思想、创造和表达，以及人文科学、艺术和自然科学都要以具有实质性的内容作为基础和前提。所以，没有内容就没有人类文明。进入互联网时代后，产生了所谓专业生成内容（PGC），也出现了以此作为职业获得报酬的职业生成内容（OGC）。与此同时，“用户生成内容”（UGC）的概念和技术也逐渐发展，由此形成了用户内容生态。

内容生产赋予了 Web2.0 的成熟和 Web3.0 时代的来临。相较于 PGC 和 OGC、UGC，AIGC 通过人工智能技术实现内容生成，并在生成中注入了“创作”，意味着自然智能所“独有”和“垄断”

的写作、绘画、音乐、教育等创造性工作的历史走向终结。内容生成的四个阶段如图 0-1 所示。

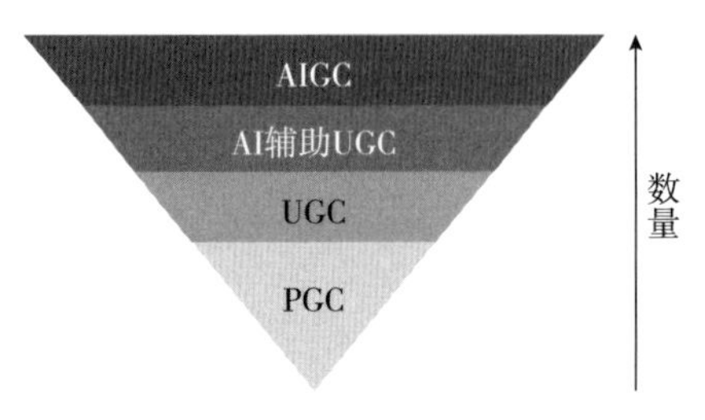

图 0-1　内容生成的四个阶段

第二，AIGC 的核心技术价值是实现了“自然语言”与人工智能的融合。自然语言是一个包括词法、词性、句法、语义的体系，也是不断演进的动态体系。代表 AIGC 最新进展的是由 OpenAI 公司开发的 ChatGPT（Chat Generative Pre-trained Transformer）。它完成了机器学习算法发展中，自然语言处理领域的历史性跨越，即通过大规模预训练模型，形成人工智能技术理解自然语言和文本生成能力，可以生成文字、语音、代码、图像、视频，且能完成脚本编写、文案撰写、翻译等任务。这是人类文明史上翻天覆地的革命，开启了任何阶层、任何职业都可以以任何自然语言和人工智能交流，并且生产出从美术作品到学术论文的多样化内容产品。在这样的过程中，AIGC“异化”为一种理解、超越和生成各种自然语言文本的超级“系统”。

第三，AIGC 的绝对优势是其逻辑能力。是否存在可以逐渐发展的逻辑推理能力是人工智能与生俱来的挑战。AIGC 之所以迅速发展，是因为 AIGC 基于代码、云计算、技术操控数据、模式识别，以及通过机器对文本内容进行描述、分辨、分类和解释，实现了基于语言模型提示学习的推理，甚至是知识增强的推理，构建了坚实的“底层逻辑”。不仅如此，AIGC 具备基于准确和规模化数据，形成包括学习、抉择、尝试、修正、推理，甚至根据环境反馈调整并修正自己行为的能力；它可以突破线性思维框架并实现非线性推理，也可以通过归纳、演绎、分析，实现对复杂逻辑关系的描述。可以毫不夸张地说，AIGC 已经并继续改变着 21 世纪逻辑学的面貌。

第四，AIGC 实现了机器学习的集大成。21 世纪的机器学习演化到了深度学习（Deep learning）阶段。深度学习可以更有效地利用数据特征，形成深度学习算法，解决更为复杂的场景挑战。2014 年生成对抗网络（GAN）的出现，加速了深度学习在 AIGC 领域的应用。AIGC 实现了机器学习的集大成（图 0-2）。

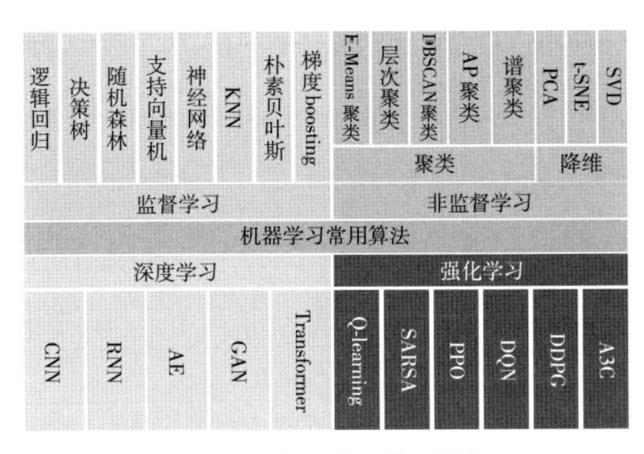

图 0-2 机器学习常用算法

资料来源：程序员 zhenguo（2023），“梳理机器学习常用算法（含深度学习）”

第五，AIGC 开创了“模型”主导内容生成的时代。人类将跑步进入传统人类内容创作和人工智能内容生成并行的时代，进而进入后者逐渐走向主导位置的时代。这意味着传统人类内容创作互动模式转换为 AIGC 模型互动模式。2022 年是重要的历史拐点（图 0-3）。

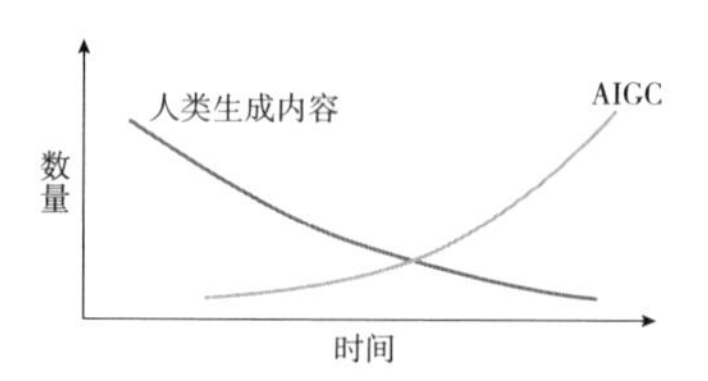

图 0-3　人类生成内容向 AIGC 转换趋势

而在自然语言处理（NLP）系统中，“Transformer”是一种融入注意力机制和神经网络模型领域的主流模型和关键技术。Transformer 具有将所处理的任何文字和句子“向量”或者“矢量”化，最大限度反映精准意义的能力。

总之，没有 Transformer，就没有 NLP 的突破；没有大模型化的 AIGC，ChatGPT 升级就没有可能。多种重要、高效的 Transformer 的集合模型如图 0-4 所示。

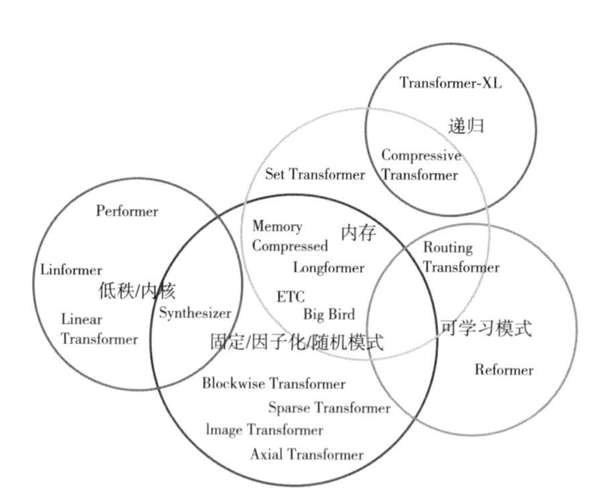

图 0-4　多种重要、高效的 Transformer 的集合模型

资料来源：Tay et al (2022), “Efficient Transformers: A Survey”, doi: 10.48550/arXiv.2009.06732

第六，AIGC开放性创造力的重要来源是扩散（Diffusion）模型。扩散模型的概念最早在2015年的论文《利用非均衡热力学的深度非监督学习》（*Deep Unsupervised Learning Using Nonequilibrium Thermodynamics*）中被提出。[①] 2020年，论文《去噪扩散概率模型》（*Denoising Diffusion Probabilistic Models*）中提出DDPM模型用于图像生成。[②] 从技术的角度来看，扩散模型是一个潜在变量（Latent Variable）模型，通过马尔可夫链（Markov chain）映射到潜在空间。[③] 一般来说，AIGC因为吸纳和依赖扩散模型，而拥有开放性创造力。

2021年8月，斯坦福大学联合众多学者撰写论文，将基于Transformer架构等的模型称为"基础模型"（Foundation model），也常译作大模型。Transformer推动了AI整个范式的转变（图0–5）。

图0–5 基础模型"Transformer"

资料来源：Bommasani et al (2022), "On the Opportunities and Risks of Foundation Models", doi: 10.48550/arXiv.2108.07258

---

① Sohl-Dickstein et al (2015), "Deep Unsupervised Learning Using Nonequilibrium Thermodynamics", doi: https://doi.org/10.48550/arXiv.1503.03585.

② Ho et al (2020), "Denoising Diffusion Probabilistic Models", doi:10.48550/arXiv.2006.11239.

③ 马尔可夫链的命名来自俄国数学家安德雷·马尔可夫（Andrey Andreyevich Markov，1856—1922），定义为概率论和数理统计中具有马尔可夫性质，且存在于离散的指数集和状态空间内的随机过程。马尔可夫链可能具有不可约性、常返性、周期性和遍历性。

第七，AIGC 的进化是参数以几何级数扩展为基础。AIGC 的训练过程，就是调整变量和优化参数的过程。所以，参数的规模是重要前提。聊天机器人 ChatGPT 的问世，标志着 AIGC 形成以 Transformer 为架构的大型语言模型（Large Language Model，简称 LLM）机器学习系统，通过自主地从数据中学习，在对大量的文本数据集进行训练后，可以输出复杂的、类人的作品。

AIGC 形成的学习能力取决于参数的规模。GPT-2 大约有 15 亿个参数，而 GPT-3 最大的模型有 1 750 亿个参数，上升了两个数量级。而且，它不仅参数规模更大，训练所需的数据也更多。根据媒体猜测但还未被证实的消息，GPT-4 的参数可能将达到 100 万亿规模（图 0–6）。

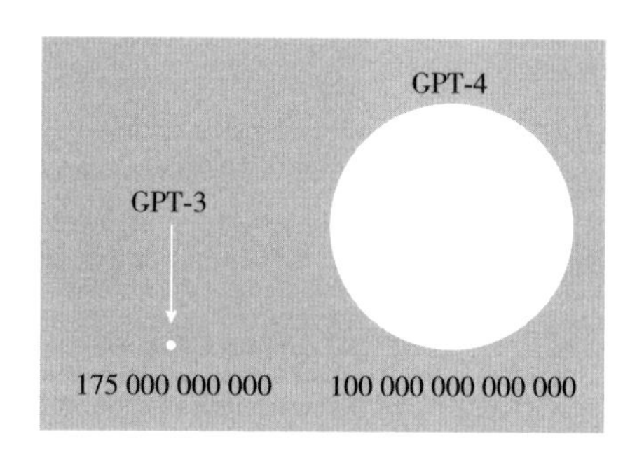

图 0–6　GPT–4 的参数规模

根据学界经验，深度神经网络的学习能力和模型的参数规模呈正相关。人类的大脑皮层有 140 多亿个神经细胞，每个神经细胞又有 3 万多个突触。所以，大脑皮层的突触总数超过 100 万亿个。所谓的神经细胞就是通过这些突触相互建立联系。假设 GPT-4 实现 100 万亿参数规模，堪比人的大脑，意味着它达到与人类大脑神经触点规模的同等水平。

第八，AIGC 的算力需求呈现显著增长。数据、算法、算力是人工智能的稳定三要素。根据 OpenAI 分析，自 2012 年以来，6 年间 AI 算力需求增长约 30 万倍（图 0-7）。

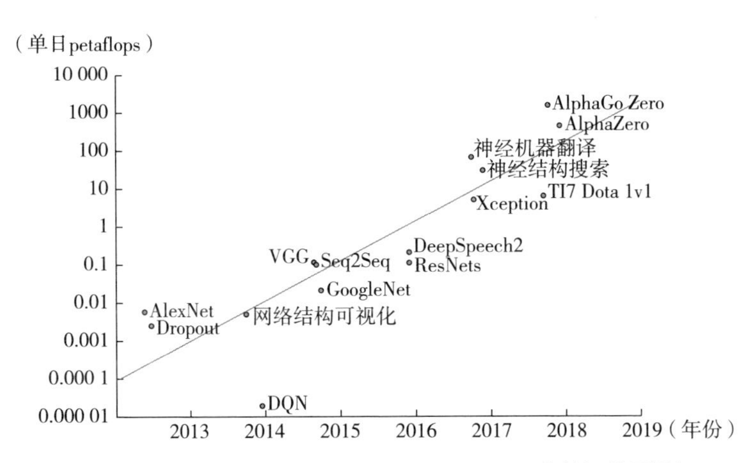

图 0-7　从 AlexNet 到 AlphaGo Zero：30 万倍的运算量增长

资料来源：OpenAI (2018),“AI and Compute”, https://openai.com/blog/ai-and-compute/

在可以预见的未来，在摩尔定律（Moore's Law）已走向失效的情况下，AI 模型所需算力被预测每 100 天翻一倍，也就是是“5 年后 AI 所需算力超 100 万倍”。[1] 造成这样需求的根本原因是 AI 的算力不再是传统算力，而是“智能算力”，是以多维度的“向量”集合作为算力基本单位。

第九，AIGC 和硬技术相辅相成。从广义上讲，AIGC 的硬技术是 AI 芯片，而且是经过特殊设计和定制的 AI 芯片。AI 芯片需

① 新智元《5 年后 AI 所需算力超 100 万倍》，2023 年 1 月 31 日，发表于北京。

要实现CPU、GPU、FPGA和DSP共存。随着AIGC的发展，计算技术的发展不再仅仅依靠通用芯片在制程工艺上的创新，而是结合多种创新方式，形成智能计算和计算智能技术。例如，根据应用需求重新审视芯片、硬件和软件的协同创新，即思考和探索新的计算架构，满足日益巨大、复杂、多元的各种计算场景。其间，量子计算会得到突破性发展。

第十，AIGC将为区块链、NFT、Web3.0和元宇宙带来深层改变。AIGC不可枯竭的创造资源和能力，将从根本上改变目前的NFT概念生态。Web3.0结合区块链、智能合约、加密货币等技术，实现去中心化理念，而AIGC是满足这个目标的最佳工具和模式。

没有悬念，在Web3.0的环境下，AIGC内容将出现指数级增长。元宇宙的本质是社会系统、信息系统、物理环境形态通过数字构成了一个动态耦合的大系统，需要大量的数字内容来支撑，人工来设计和开发根本无法满足需求，AIGC可以最终完善元宇宙生态的底层基础设施。随着AIGC技术的逐渐成熟，传统人类形态不可能进入元宇宙这样的虚拟世界。未来的元宇宙主体将是虚拟人，即经过AIGC技术，特别融合ChatGPT技术，以代码形式呈现的模型化的虚拟人。

简言之，区块链、NFT、Web3.0，将赋予AIGC进化的契机。AIGC的进化，将加速广义数字孪生形态与物理形态的平行世界形成。

第十一，AIGC催生出全新的产业体系和商业化特征。AIGC

利用人工智能学习各类数据自动生成内容，不仅能帮助提高内容生成的效率，还能提高内容的多样性。文字生成、图片绘制、视频剪辑、游戏内容生成皆可由AI替代，并正在加速实现，使得AIGC进而渗透和改造传统产业结构。在产业生态方面，AIGC领域正在加速形成三层产业生态并持续创新发展，正走向模型即服务（MaaS）的未来（图0–8）。

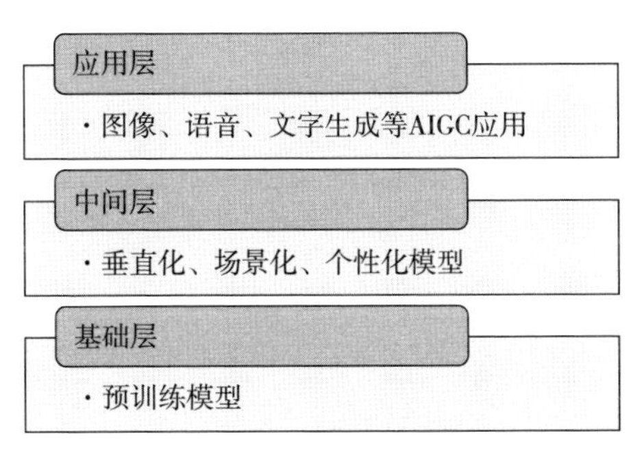

图0–8 AIGC产业生态

资料来源：腾讯《AIGC发展趋势报告》，2023年1月31日发布

伴随AIGC生成算法的优化与改进，AIGC对于普通人来说也不再是一种遥不可及的尖端技术。AIGC在文字、图像、音频、游戏和代码生成中的商业模型渐显。2B（to Business的简称）将是AIGC的主要商业模式，因为它有助于B端提高效率和降低成本，以填补数字鸿沟。但可以预见，由于AIGC“原住民”的成长，2C（to Consumer的简称）的商业模式将接踵而来。根据有关机构预测，2030年的AIGC市场规模将超过万亿人民币，其产业规模生态如图0–9所示。

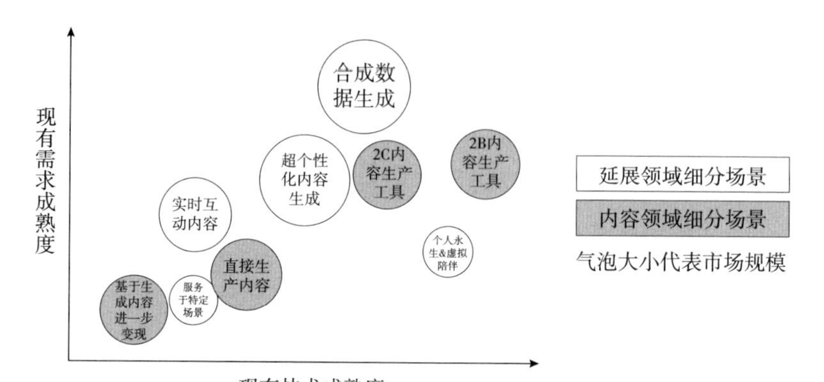

图 0-9　AIGC 产业规模生态分布

资料来源：陈李，张良卫（2023），“ChatGPT：又一个“人形机器人”，东吴证券，https://www.nxny.com/report/view_5185573.html

现在，AIGC，特别是在语言模型领域的全方位竞争已经开始。所以，发生了微软对 OpenAI 的大规模投资，因为有这样一种说法：“微软下个十年的想象力，藏在 ChatGPT 里。”近日，谷歌宣布推出基于“对话应用语言模型”（LaMDA）的 Bard，实现其搜索引擎将包括人工智能驱动功能。ChatGPT 刺激谷歌开始“创新者困境”突围。未来很可能出现 Bard 和 ChatGPT 的对决或共存，也就是 LaMDA 和 GPT-3.5 的对决和共存，构成 AIGC 竞争和自然垄断的新生态。

在这样的新兴产业构造和商业模式下，就业市场会发生根本性改变：其一，专业职场重组，相当多的职业可能衰落和消亡；其二，原本支持 IT 和 AI 产业的码农队伍面临严重萎缩。因为 AIGC 将极大地刺激全球外包模式并取代码农。

第十二，AIGC 的法律影响和监管。虽然 AIGC 这样的新技术提供了很多希望，但也会给法律、社会和监管带来挑战。在中国，继2022年1月国家互联网信息办公室、工业和信息化部、公安部、国家市场监督管理总局联合发布《互联网信息服务算法推荐管理规定》后，2022年11月，国家互联网信息办公室再次会同工业和信息化部、公安部联合发布《互联网信息服务深度合成管理规定》。该规定的第五章第二十三条，对“深度合成技术”内涵做了规定：“利用深度学习、虚拟现实等生成合成类算法制作文本、图像、音频、视频、虚拟场景等网络信息的技术。”但可以预见，由于AIGC技术日趋复杂，并将得到高速发展，国家很难避免监管缺乏专业性和滞后性。

第十三，AIGC正在引领人类加速逼近“科技奇点”。现在，人工智能已经接管世界；世界正在经历一波人工智能驱动的全球思想、文化、经济、社会和政治的转型浪潮。AIGC呈现指数级的发展增速，开始重塑各个行业乃至全球的“数字化转型”。说到底，这就是以AIGC为代表，以ChatGPT为标志的转型。这一切，在2023年会有长足的发展，特别是在资本和财富效益领域。①

如果说，2022年8月的AI绘画作品《太空歌剧院》(*Théatre D'opéra Spatial*)推动AIGC进入大众视野，那么，ChatGPT的底层模型GPT-3.5是一个划时代的产物。它与之前常见的语言模型(BERT/ BART/ T5)的区别几乎是导弹与弓箭的区别。现在，呼之

① AI产业在2022年接近3 874.5亿美元，预计到2029年将超过13 943亿美元，可谓市场机会巨大。2023年，全球企业在人工智能方面的支出将突破5 000亿美元。

欲出的 GPT-4，很可能通过图灵测试。[①] 如果是这样，不仅意味着 GPT-4 系统可以改造人类的思想和创作能力，形成人工智能超越专业化族群和大众化趋势，而且意味着这个系统开始具备人类思维能力，并有可能在某些方面和越来越多的方面替代人类。[②]

特别值得关注的是被称为“人工智能激进变革先锋”的 BLOOM（大型开放科学获取多语言模型）的诞生。从 2021 年 3 月 11 日到 2022 年 7 月 6 日，60 个国家和 250 多个机构的 1 000 多名研究人员，在法国巴黎南部的超级计算机上整整训练了 117 天，创造了 BLOOM。这无疑是一场意义深远的历史变革的前奏。

斯坦福大学心理学和计算机科学助理教授丹尼尔·亚明斯（Daniel Yamins）说过：“人工智能网络并没有直接模仿大脑，但最终看起来却像大脑一样，这在某种意义上表明，人工智能和自然之间似乎发生了某种趋同演化。”[③]

2005 年，雷·库茨维尔（Ray Kurzweil，1948—）的巨著《奇点临近：当计算机智能超越人类》（*The Singularity Is Near: When Humans Transcend Biology*）出版。该书通过推算奇异点指数方程，得出了这样一个结论：“在 2045 年左右，世界会出现一个奇异点。

---

① 根据韩国 IT 媒体报道，自 2022 年 11 月中旬开始，业界已经传出了 GPT-4 全面通过了图灵测试的说法。

② 根据 Metaverse Post 消息，ChatGPT 通过了美国宾大沃顿商学院 MBA 的考试。如果消息属实，近乎完成图灵试验。https://mpost.io/zh-CN/chatgpt-passes-the-wharton-mba-exam/.

③ Anne Trafton (2021), “Artificial intelligence sheds light on how the brain processes language”, https://news.mit.edu/2021/artificial-intelligence-brain-language-1025.

这件事必然是人类在某项重要科技上，突然有了爆炸性的突破，而这项科技将完全颠覆现有的人类社会。它不是像手机这种小的奇异点，而是可以和人类诞生对等的超大奇异点，甚至大到可以改变整个地球所有生命的运作模式。”

现在处于狂飙发展状态的AIGC，一方面已经开始呈指数形式膨胀，另一方面其“溢出效应”正在改变人类本身。在这个过程中，所有原本看来离散和随机的科技创新和科技革命成果，都开始了向AIGC技术的收敛，人工智能正在形成自我发育和完善的内在机制，推动人类社会快速超越数字化时代，进入数字化和智能化时代，逼近可能发生在2045年的“科技奇点”。

朱嘉明

2023年2月8日

前　言

从机器学习到智能创造

不知道你有没有想过这样一个问题：是什么让我们得以思考？

从如同一张白纸的婴儿，成长为洞悉世事的成人，正是长辈的教诲和十年寒窗塑造了我们如今的思考力。学习，似乎就是智能形成的最大奥秘。

人类崇尚智能，向往智能，并不断利用智能改造世界。走过农业革命，迈过工业革命，迎来信息革命，一次又一次对生产力的改造让人们相信，人类的智能最终也能创造出人工的智能。

数十年前，图灵抛出的时代之问“机器能思考吗？”将人工智能从科幻拉至现实，奠定了后续人工智能发展的基础。之后，无数计算机科学的先驱开始解构人类智能的形成，希望找到赋予机器智能的蛛丝马迹。正如塞巴斯蒂安·特伦所言：“人工智能更像是一门人文学科。其本质在于尝试理解人类的智能与认知。”如同人类通过学习获得智能一样，自20世纪80年代起，机器学习成为人工智能发展的重要力量。

机器学习让计算机从数据中汲取知识，并按照人类所期望的，按部就班执行各种任务。机器学习在造福人类的同时，似乎也暴露出了一些问题，这样的人工智能并非人类最终期望的模样，它缺少了人类“智能”二字所涵盖的基本特质——创造力。这个问题就好像电影《我，机器人》中所演绎的一样，主角曾与机器人展开了激烈的辩论，面对“机器人能写出交响乐吗？”“机器人能把画布变成美丽的艺术品吗？”等一连串提问，机器人只能讥讽一句：“难道你会？”这也让创造力成为区分人类与机器最本质的标准之一。

面对庐山雄壮的瀑布时，李白写出“飞流直下三千尺，疑是银河落九天”的千古绝句，感慨眼前的壮丽美景；偶遇北宋繁荣热闹的街景时，张择端绘制出《清明上河图》这样的传世名画，记录下当时的市井风光与淳朴民风；邂逅汉阳江口的知音时，伯牙谱写出《高山流水》，拉近了秋夜里两位知己彼此的心灵。我们写诗，我们作画，我们谱曲，我们尽情发挥着创造力去描绘我们的所见所闻，我们因此成为人类的一分子，这既是智能的意义，也是我们生活的意义。

但是，人类的创造力真的不能赋予机器创造力吗？答案显然是否定的。

在埃米尔·博雷尔1913年发表的《静态力学与不可逆性》论文中，曾提出这样一个思想实验：假设猴子学会了随意按下打字机的按钮，当无限只猴子在无限台打字机上随机乱敲，并持续无限久的时间，在某个时刻，将会有猴子能打出莎士比亚的全部著作。虽然最初这只是一个说明概率理论的例子，但它也诠释了机器具备创造力的可能性。只不过具备的条件过于苛刻，需要在随机性上叠加无穷的时间量度。

在科学家们的不懈努力下，这个时间量度被从无限缩减至了有限。随着深度学习的发展和大模型的广泛应用，生成型人工智能已经走向成熟，人们沿着机器学习的路，探索出了如今的智能创造。在智能创作时代，机器能够写诗，能够作画，能够谱曲，甚至能够与人类自然流畅地对话。人工智能生成内容（AIGC）将带来一场深刻的生产力变革，而这场变革也会影响人们工作与生活的方方面面。本书希望通过生动的比喻和有趣的案例，用浅显易懂的语言，让每个人都能真切地参与到这一次轰轰烈烈的科技革命中，一起迎接全新的智能创作时代。

本书由杜雨、张孜铭负责统筹和编写，其他对本书内容做出贡献的编写者包括：胡宇桐、张之耀参与编写第一章、第六章第二节；李悦莹协助制作第一章、第二章部分图表；庞舜心参与编写第三章、第六章第一节；袁誉铭参与编写第四章第一、第二、第四节；刘子源参与编写第四章第三节；段靖宇参与编写第五章第三节；郭雨萍、王芸参与编写第六章第二、第三节。

在本书的编写过程中，感谢未可知和QAQ（Quadratic Acceleration Quantum）大家庭所有成员一直以来对我们的鼓舞，感谢中译出版社和所有好友对本书的支持，感谢陈定媛、相子恒、徐臻哲为本书编校提供的建议和帮助。

编者

2023年1月

目 录

第一章
AIGC：内容生产力的大变革

第二章
AIGC 的技术思想

第三章
AIGC 的职能应用

第四章

AIGC 的行业应用

第五章

AIGC 的产业地图

第六章

AIGC 的未来

01

第一章

AIGC：内容生产力的大变革

AIGC 如何从生产力角度促进当今数字经济的发展?

万物的智能成本无限降低，人类的生产力与创造力得到解放。

——山姆·阿尔特曼（Sam Altman）

人工智能经历了从科幻小说走向现实应用的漫长历程，如今已走进人们的日常生活。几十年前，科学家的普遍观念也许如阿达·洛芙莱斯（Ada Lovelace）所言："机器不会自命不凡地创造任何事物，它只能根据我们能够给出的任何指令完成任务。"计算机科学的先驱也许预料到了人工智能的迅猛发展，但我们相信他们依然会对今天人工智能取得的成就感到震惊。

自工业革命以来，"是否具备创造力"就被视为人类和机器最本质的区别之一。然而，今天的人工智能却打破了持续数百年的铁律。人工智能可以表现出与人类一样的智慧与创意，例如撰写诗歌、创作绘画、谱写乐曲，而人类创造出的智能又将反哺人类自身的智能。AIGC（Artificial Intelligence Generated Content，人工智能生成内容）的兴起极大地解放了人类的内容生产力，将数字文明送入智能创作时代。我们有幸处于时代浪潮之巅，见证由技术进步带来的全新变革。下面就让我们一起走进 AIGC 的世界，探索智能创作时代的无限可能。

第一节　从 PGC、UGC 到 AIGC

生产力是推进社会变革的根本动力，而生产工具则是衡量生产力发展水平的客观尺度，也是划分经济时代的物质标志。从钻木取火到机器大生产，生产力的发展推动了从农业社会到工业社会的社会跃迁。自第三次科技革命之后，互联网成为连接人类社会的主要媒介，内容则是人们生产和消费的主要产品。互联网经历了 Web1.0、Web2.0、Web3.0 与元宇宙时代，不同互联网形态下也孕育了相辅相成的内容生产方式，并一直沿用至今。表 1–1 呈现了内容生产方式从 PGC（Professional-Generated Content，专业生成内容）到 UGC（User-Generated Content，用户生成内容），再到 AIGC 的发展历程。下面就让我们一起来了解一下每个内容生产时代的特点与故事吧！

表 1–1　从 PGC 到 UGC，再到 AIGC 的发展历程

互联网形态	Web1.0	Web2.0	Web3.0 与元宇宙
内容生产方式	PGC（专业生产）	UGC（用户生产）	AIGC（AI 生产）
生产主体	专业人	非专业人	非人
核心特点	内容质量高	内容丰富度高	内容生产效率高

一、PGC：专家创作时代

20 世纪 90 年代，伴随着万维网的诞生与推广，互联网领域迎来了投资创业的热潮，正式进入了 Web1.0 阶段。在这个阶段，一种基于“信息经济”的全新商业模式孕育而生，互联网技术提供商不仅提供技术服务，还能从生产与组织内容的流量曝光中获得收益。此时的互联网是静态互联网，大多数用户只能在网上浏览和读取信息，内容的创建与发布只掌握在极少数专家手中。不过，这里的专家未必是内容领域的专家，他们只是通过专业的方式将信息聚合在一起，便利地提供给用户浏览，门户网站、浏览器、搜索引擎是当时最主要的产品。通过专业方式聚合、筛选并呈现出来的内容大多具有专业性，是由专业人士生产的高质量内容，这种内容生产方式被称为 PGC。雅虎的综合指南网站以及亚马逊的互联网电影资料库（IMDb）就是典型的产品代表，前者提供包含互联网图文内容的查询工具，后者则聚合了优质的电影、电视节目等视频内容的相关信息。

在 Web1.0 阶段，虽然互联网上的主要内容大多是由专家生产的，可以说是专家创作的时代，但后来诸多内容平台、互联网媒体机构、知识付费公司的创立与发展，才真正促使现在普遍意义上 PGC 概念的形成。现在的 PGC 主要是指由专家与专业机构负责生产内容，因为他们具备专业的内容生产能力，能够保证内容的专业性。对于内容本身是否专业或许有不同的评价标准，但人们更多是从创作主体的性质来界定内容生产方式是否属于 PGC。根据创作主体过往的作品质量，人们可以更统一地界定内容的“专业性”。创作者一般会根据明确的用户需求对内容进行加工，借助高质量内容本身的原创性和价值赚取收益，例如版权作品、在线课程的销售等。而高价值的内容也会收获更多用户的关注，在获得一定流量的基础上，通过广告等方式进行变现也是常见路径之一。直至今日，这种最早出现的互联网内容生产方式依然陪伴在我们左右，无论是爱奇艺、腾讯视频采购的影视剧综，还是36氪、虎嗅等专业媒体平台的新闻报道，抑或是得到、网易云课堂等平台的音视频课程，都属于PGC的范畴。

PGC虽然具有高质量、易变现、针对性强等优势，但也存在着明显的不足。因为专业的质量要求往往导致这类内容创作门槛高、制作周期长，由此带来了产量不足、多样性有限的问题。此外，由于生产成本高，采购平台或用户通常需要支付相对较高的成本来获取内容，从而导致普通用户的日常高频次、多样化的内容消费需求无法得到满足。基于上述原因，互联网需要新的内容生产形式来解决这些问题。

二、UGC：用户创作时代

伴随着互联网的发展和网民数量的增多，用户对多样化和个性化内容的需求也日渐增加。同时，许多用户也不再满足于单向的内容接收，而是希望自己也能够参与到内容的创作之中。21世纪初，众多社交媒体的出现迎合了这一需求，也宣告了互联网演化到了

Web2.0 形态——平台互联网。在 Web2.0 阶段，用户不仅是内容的消费者，也是内容的创作者，每一位用户的创造力都得到了前所未有的彰显。虽然 PGC 内容生产方式依然存在，但井喷式增长的 UGC 内容生产方式已成为时代的趋势所向。所谓 UGC，指的是由所有普通用户生产内容，这些内容具有多样化的特征，并借由推荐系统等平台工具触达与内容匹配、具有相应个性化需求的用户。专业与否早已不是互联网内容创作的门槛，非专业人士也可以创作出大众喜欢的内容，这也让互联网迎来了用户创作时代。

在用户创作时代，整个互联网的内容丰富度都大大提升。贴吧、豆瓣等论坛平台上，志同道合的用户可以自由交流，一起探讨感兴趣的电影与书籍；微信、微博等社交平台上，每个人都可以用图文记录自己的生活，同时也能了解到他人的生活；抖音、快手等自媒体平台上，用户可以拍摄并上传自己创作的短视频，在获取大众关注的同时，还能获得各种流量变现的奖励。各类内容平台的角逐，也逐渐从高质量 PGC 内容的生产，转向有利于 UGC 创作者生态的构建。

与 PGC 类似，UGC 突出的内容优势也必然伴随着不可避免的痛点，极其丰富的内容背后存在着内容质量参差不齐的问题，平台方需要投入大量精力和成本去进行创作者教育、内容审核、版权把控等方面的工作。此外，虽然从平台层面，内容生产供给的问题得到了解决，但对于每个创作者个体而言，依然面临着内容质量、原创程度和更新频率的不可能三角，即上述三个方面不可能同时做到。相较于 PGC 的团队工作，UGC 的创作者很多都是单打独斗，难以在保证内容质量、原创程度的情况下还能兼顾更新频率。而与此同时，创作者数量的增多使竞争变得更加激烈，许多创作者不得不选择降低质量、洗稿抄袭等捷径，用高频率的更新留住关注者。长此以往，健康的创作生态将遭到破坏，这种创作者的窘境呼吁着内容生产方式的全新变革，生产效率的提升已迫在眉睫。

三、AIGC：智能创作时代

面对互联网内容生产效率提升的迫切需求，人们突发奇想，是否能够利用人工智能去辅助内容生产呢？这种继 PGC、UGC 之后形成的、完全由人工智能生成内容的创作形式被称为 AIGC。正如人们最初眺望 Web3.0 时构想的“语义网”一样，未来的互联网应该是更加智能的互联网，它不仅能够读懂各种语义信息，还能从信息角度解放人类的生产力。即便后来区块链技术的蓬勃发展改变了 Web3.0 的指代，元宇宙也展现出互联网浩瀚的未来，但内容的价值确权和虚拟空间的发展仍然需要更高效的内容生产方式，AIGC 也就凝聚了人们对于未来的期待。

让人工智能这样的非人机器学会创作绝非易事，科学家在过往做了诸多尝试，并将这一研究领域称为生成式人工智能（Generative AI），主要研究人工智能如何被用于创建文本、音频、图像、视频等各种模态的信息。为了便于理解，本书并不打算对生成式人工智能和 AIGC 的概念加以区分，在后续的内容中将全部以 AIGC 作为指代。

最初的AIGC通常基于小模型展开，这类模型一般需要特殊的标注数据训练，以解决特定的场景任务，通用性较差，很难被迁移，而且高度依赖人工调参。后来，这种形式的AIGC逐渐被基于大数据量、大参数量、强算法的大模型（Foundation Model）取代，这种形式的AIGC无须经过调整或只经过少量微调（Fine-tuning）就可以迁移到多种生成任务。

2014年诞生的GAN（Generative Adversarial Networks，生成对抗网络）是AIGC早期转向大模型的重要尝试，它利用生成器和判别器的相互对抗并结合其他技术模块，可以实现各种模态内容的生成。而到了2017年，Transformer（变换器）架构的提出，使得深度学习模型参数在后续的发展中得以突破1亿大关，这种基于超大参数规模的大模型，为AIGC领域带来了前所未有的机遇。此后，各种类型的AIGC应用开始涌现，但并未获得全社会的广泛关注。

2022年下半年，两个重要事件激发了人们对AIGC的关注。2022年8月，美国科罗拉多州博览会上，数字艺术类冠军颁发给了由AI自动生成并经由Photoshop润色的画作《太空歌剧院》，该消息一经发布就引起了轩然大波。该画作兼具古典神韵和太空的深邃奥妙，如此恢宏细腻的画风很难让人相信它是由AI自动生成的作品，而它夺得冠军的结果也大大冲击了人们过往对于“人工智能的创造力远逊于人”的固有认知，自此彻底引爆了人们对于AIGC的兴趣与讨论，AIGC也从看似遥远的概念逐步以生动有趣的方式走入人们的生活，带来了过去令人难以想象的丰富体验。

2022 年 11 月 30 日，OpenAI 发布了名为 ChatGPT 的超级 AI 对话模型，再次引爆了人们对于 AIGC 的讨论热潮。ChatGPT 不仅可以清晰地理解用户的问题，还能如同人类一般流畅地回答用户的问题，并完成一些复杂任务，包括按照特定文风撰写诗歌、假扮特定角色对话、修改错误代码等。此外，ChatGPT 还表现出一些人类特质，例如承认自己的错误，按照设定的道德准则拒绝不怀好意的请求等。ChatGPT 一上线，就引发网民争相体验，到处都是体验与探讨 ChatGPT 的文章和视频。但也有不少人对此表示担忧，担心作家、画家、程序员等职业在未来都将被人工智能所取代。

虽然存在这些担忧，但人类的创造物终究会帮助人类自身的发展，AIGC 无疑是一种生产力的变革，将世界送入智能创作时代。在智能创作时代，创作者生产力的提升主要表现为三个方面：

- 代替创作中的重复环节，提升创作效率。
- 将创意与创作相分离，内容创作者可以从人工智能的生成作品中找寻灵感与思路。
- 综合海量预训练的数据和模型中引入的随机性，有利于拓展创新的边界，创作者可以生产出过去无法想出的杰出创意。

即便如此，AIGC 也并非完美无缺的，“人工智能生成的内容如何确定版权归属”“AIGC 是否会被不法分子利用，生成具有风险性的内容或用于违法犯罪活动”等一系列问题都是现在人们争论的焦点。目前，学界与业界在尝试从各个方面解决这些问题。但不管怎样，AIGC 的迅猛发展已成不可逆转之势，智能创作时代的序幕正在缓缓拉开。

第二节　人工智能赋能内容创作的四大模态

本节将从文本、音频、图像、视频四大模态角度介绍人工智能赋能内容创作的相关案例。不过，为了更全面地介绍不同模态内容的生成应用，本节提供的案例将不仅仅包括引起本次 AIGC 热潮的大模型应用，还包括利用传统小模型的相关生成应用。

一、AI 文本生成

2014 年，在洛杉矶地震发生三分钟后，《洛杉矶时报》就立刻发表了一篇相关报道。《洛杉矶时报》之所以能够在这么短的时间内完成这一创作壮举，是因为公司早在 2011 年就开始研发名为 Quakebot 的自动化新闻生成机器人，它可以根据美国地质调查局产生的数据自动撰写文章。这些新闻媒体机构最初撰稿借助的 AI 工具大多是外部采购的，而在智能创作时代的背景下，许多媒体机构已经开发了内部 AI，比如英国广播公司（BBC）的“Juicer”、《华盛顿邮报》的“Heliograf”，而彭博社发布的内容有近三分之一是由一个叫“Cyborg”的系统生成的。[①]

中国媒体在AI撰稿领域也有相关尝试。例如，2016年5月，四川绵阳发生4.3级地震时，中国地震台网开发的地震信息播报机器人在6秒内写出了560字的快速报道；2017年8月，当四川省阿坝州九寨沟县发生7.0级地震时，该机器人不仅翔实地撰写了有关地震发生地及周边的人口聚集情况、地形地貌特征、当地地震发生历史及发生时的天气情况等基本信息，还配有5张图片，全过程不超过25秒；在后续的余震报道中，该机器人的最快发布速度仅为5秒。[②]

以上便是AI进行结构化写作的典型范例，虽然上述案例都与新闻撰写相关，但AI在文本生成领域的应用绝不仅限于此。AI文本生成的方式大体分为两类：非交互式文本生成与交互式文本生成。非交互式文本生成的主要应用方向包括结构化写作（如标题生成与新闻播报）、非结构化写作（如剧情续写与营销文本）、辅助性写作。其中，辅助性写作主要包括相关内容推荐及润色帮助，通常不被认为是严格意义上的AIGC。交互式文本生成则多用于虚拟男/女友、心理咨询、文本交互游戏等涉及互动的场景。

前文提到的新闻播报就属于结构化写作，通常具有比较强的规律性，能够在有高度结构化的数据作为输入的情况下生成文章。同时，AI不具备个人色彩，行文相对严谨、客观，因此在地震信息

---

① 参考自 https://www.forbes.com/sites/calumchace/2020/08/24/the-impact-of-ai-on-journalism/?sh=2415c20f2c46。

② 参考自 https://www.woshipm.com/ai/4797279.html。

播报、体育快讯报道、公司年报数据、股市讯息等领域具有较大优势。国内许多知名媒体旗下都有这种类型的 AI 小编，包括新华社的“快笔小新”、第一财经的“DT 稿王”、《南方都市报》的“小南”、封面新闻的“小封”、腾讯财经的“Dreamwriter”，以及今日头条的“Xiaomingbot”等。

AI 结构化写作还可以被用于生成自动标题与摘要，它可以通过自然语言处理（Natural Language Processing，简称 NLP）对一篇纯文本内容进行读取与加工，从而生成标题与摘要。以 Github 上标题生成的 GPT2-NewsTitle 项目为例，输入文本内容：“今日，中国三条重要高铁干线——兰新高铁、贵广铁路和南广铁路将开通运营。其中兰新高铁是中国首条高原高铁，全长 1 776 公里，最高票价 658 元。贵广铁路最高票价 320 元，南广铁路最高票价 206.5 元，这两条线路大大缩短西南与各地的时空距离。”可以得到 AI 返回的标题：“中国‘高铁版图’再扩容，三条重要高铁今日开通”。[①] 提炼的标题简约而精准，具有很高的实用价值。

而相较于这种结构化写作，非结构化写作会更有难度。非结构化写作任务，比如诗歌、小说 / 剧情续写、营销文本等，都需要一定的创意与个性化，然而即便如此，AI 也展现出了令人惊叹的写作潜力。

以诗歌为例，2017 年微软推出的人工智能虚拟机器人“小冰”出版了人类史上第一部 AI 编写的诗集《阳光失了玻璃窗》，其中

---

① 参考自 https://github.com/liucongg/GPT2-NewsTitle。

包含 139 首现代诗。诸如“而人生是萍水相逢 / 在不提防的时候降临 / 你和我一同住在我的梦中 / 偶然的梦 / 这样的肆意并不常见 / 用一天经历一世的欢喜”，虽然在逻辑性上有所欠缺，但整体上富有韵律与情感，同时带有意象的朦胧感。

你如果对此感到好奇，不妨前往小冰写诗的网站亲自尝试。在首页，就会看到一则有趣的声明：“小冰宣布放弃她创作的诗歌版权，所以你可以任意发表最终的作品，甚至不必提及她参与了你的创作。”这段声明让人不禁好奇，这两年看到的很多现代诗会不会都是 AI 创作的？

按照官网提示，点击“马上开始”便会来到输入“灵感”的页面，页面上设置了上传图片或提示性文字的位置。你可以上传一张提供创作灵感的照片，就好像诗人会触景生情、吟诗作对一样，人工智能同样需要观景而抒怀。例如，我们上传了一张在海边拍摄的夕阳照片（图 1–1），等待了大约 10 秒钟处理时间，便可以看到小冰写诗处理过程的展现界面。

图 1–1　海边日落图（摄于 2022 年 7 月 9 日）

在经历完意象抽取、灵感激发、文学风格模型构思、首句试写、诗句迭代和完成全篇的流程后，小冰生成了一首十四行诗，我们从中截取两段分享给各位读者。

每一条温水下的微风
你会瞧见她的时候却皱起眉
青春就是人生的美酒
虽然是梦中的幻境

喝的是人们认识的人
纵使千万人的美酒会化成灰烬
乘你的眼睛里藏着深情
又如天空徘徊

读罢，我们仿佛看见一位伫立在夕阳下的诗人，举起手中的酒杯，对天吟咏，感慨着青春易逝、物是人非。而当我们点击“复制初稿”进行粘贴时，连带诗歌一起粘贴过来的，除了再次出现的“放弃版权声明”，还有这样一段话：“未来世界，每个人类创作者的身边，都将有一个人工智能少女小冰，而你今天已经拥有。”看到这里，很难不让人幻想未来世界人类与机器携手创作的画面。

除了诗歌，AI 也能进行故事、剧本和小说的写作。在 2016 年的伦敦科幻电影节上诞生了人类史上第一部由 AI 撰写剧本的电影《阳春》(*Sunspring*)。这部影片的机器人编剧“本杰明”由纽约大学研究人员开发，虽然影片只有 9 分钟，但本杰明在写作前经过了上千部科幻电影的训练学习，包括经典影片《2001 太空漫游》《超时空圣战》《第五元素》等。[①]

2021 年 10 月初，美国热门流媒体平台网飞（Netflix）与知名喜剧人基顿·帕蒂（Keaton Patti）在 YouTube 上合作发布了一部 AI 剧本创作的电影《谜题先生希望你少活一点》（*Mr. Puzzles Wants You to Be Less Alive*）。AI 被基顿·帕蒂强迫着“观看”了超过 40 万个小时的恐怖电影剧本之后，创作出了这部电影作品，并收获了用户的广泛关注。截至 2022 年 12 月 11 日，该电影在 YouTube 上的播放量已超过 420 万，远高于网飞频道其他视频的播放量。

在这部电影中，我们能够看到向《电锯惊魂》《德州电锯杀人狂》《猛鬼街》等知名恐怖电影致敬的画面。不过，真正赋予这部影片讨论度的，并非其中的恐怖元素，而是作为一部恐怖影片，它的笑点非常密集，“我爸会花钱赎我，但我妈不会”“请不要杀我，我有好几个家庭”“他醉了，但被清醒所困扰”等金句频出，很难不让人印象深刻。评论区有网友的感叹道出了很多人的心声：“怎么恐怖元素没抓住，喜剧精髓倒是拿捏死了。”整部影片充满了毫无逻辑的荒诞设定和出其不意的笑点，也不怪乎有人感叹：“真正可怕的是，这些机器人已经掌握了人类的幽默感。”

同样令人一边惊叹 AI 智慧、一边忍俊不禁的还有 Botnik Studios 公司研发的 AI 机器人的作品。AI 机器人在拜读了《哈利·

① 参考自 https://www.shuzix.com/4146.html。

波特》整套小说后写出了续集《哈利·波特与看起来像一堆灰烬的肖像》(*Harry Potter and the Portrait of What Looked Like a Large Pile of Ash*)，故事情节异想天开，比如“怀孕的伏地魔”“他看到了哈利，然后立刻开始吃赫敏的全家”“罗恩打算变成一只蜘蛛”。[①]

当然，这种脑洞大开的故事类写作并不局限于非交互式文本生成类型，交互式文本生成也可以撰写故事。2017年万圣节期间，MIT媒体实验室推出了一个讲恐怖故事的人工智能系统“Shelly”，它可以生成恐怖故事的开头，然后与人类读者合作把一个个令人毛骨悚然的故事续写下去。Shelly每隔一个小时就会在推特上发布一个新故事开篇，当有人回应、故事足够受欢迎时，Shelly就会回复新的句子，让故事继续下去。[②]

这种交互式的故事写作模式也可以用来制作文字类冒险游戏。2021年，开发者尼克·沃尔顿（Nick Walton）就曾推出过这样一款游戏《AI地下城2》(*AI Dungeon 2*)。这是一款能够无限生成的文字冒险游戏，玩家可以从生成的几个设定和角色中进行选择，然后用动词开头的祈使句来输入行动，游戏AI会自动根据输入的行动生成相应的故事。比如，你可以选择作为一个出生在奇幻世界的骑士踏上旅程，在旅途中，你可能遇到王国的巫师、吐火的巨龙、被绑架的公主，等等。

除了上面介绍的这些应用，最令人印象深刻的交互式文本内容

---

① 参考自 https://www.sohu.com/a/212719545_752829。

② 参考自 https://www.fastcompany.com/90148966/this-ai-writes-horror-stories-and-theyre-surprisingly-scary。

生成应用要属ChatGPT。与前文所展示的例子不同，ChatGPT可以同时作为问答、聊天及创作AI存在，它的使用场景日常且多样，融合了文案生成、小说续写、代码生成、代码漏洞修复、在线问诊等场景，甚至展现出了超越搜索引擎的潜力。下面我们来直观感受一下ChatGPT的强大功能（后文ChatGPT针对问题的回答均用AI表示）。

（1）首先，让我们询问一下它知不知道自己是什么，看看它会如何作答。

问：ChatGPT是什么？

AI：ChatGPT是一个由OpenAI开发的聊天机器人模型，它是基于大型语言模型GPT-3训练的，可以自然地对话，并回答用户的问题。它能够以人类般流畅的方式进行交流，并能够模仿各种风格和口吻。ChatGPT是一个非常强大的工具，可以用来辅助客服、创建聊天机器人等。

（2）关于本书的写作貌似没什么思路了，让我们尝试着从ChatGPT这里获得启发。

问：我想写一本关于AIGC的书，该怎么拟定大纲框架？

AI：第一部分：AIGC的概述

- 介绍AIGC是什么，它的基本概念和特点。
- 讲述AIGC的发展历程，以及它的技术背景。

第二部分：AIGC的应用

· 讨论 AIGC 在各个领域的应用情况。

· 举例说明 AIGC 在客服、语音识别和翻译等方面的具体应用。

第三部分：AIGC 的未来

· 展望 AIGC 的发展趋势。

· 探讨 AIGC 在未来可能的应用场景。

第四部分：总结

（3）除了写作辅导，我们也来试一下它能不能教人表白。

问：我想要在 2022 年结束前，和我喜欢的人告白，请帮我想一段诚挚的告白的话。

AI：亲爱的，在这个即将结束的 2022 年，我想对你说：我喜欢你，喜欢你的一切。我喜欢和你在一起的感觉，感觉你陪伴的温暖。你是我一生中遇见的最特别的人，我希望我们能一直在一起，共度余生，请让我成为你的伴侣，与你共同走过这段旅程。

（4）不会发朋友圈？不会写贺卡？也可以试试求助人工智能！

问：请帮我写一条朋友圈，表达我失眠的心情，同时体现我的文学才华。

AI：朋友们，今晚我又失眠了。我坐在床上，面对着漆黑的天花板，想象着各种奇怪的事情，挣扎着想要入睡，却始终如故。失眠之苦，唯有身在其中的人才能体会。

我想起了莎士比亚的名句："夜深人静，空气中弥漫着一种诡异的气息。"是的，失眠之夜，就像漆黑的夜空，让人感到不安和孤独。

朋友们，你们有没有好的方法，能帮助我入睡呢？敬请指教。

这还不是最有趣的。最有趣的是，ChatGPT 具有很强的上下文连接与多轮对话的能力。ChatGPT 还具有记忆能力，当向它追问"能不能再夸张一点"时，它可以在之前生成的文案基础上进行改写。这种连续对话大幅提高了人机交互体验。

问：能不能再夸张一点？

AI：朋友们，今晚我又失眠了。我翻来覆去，把被子打成了螺旋形，绷得紧绷绷的，就像拧紧了弹簧一样。失眠之苦，实在是令人难以忍受。

我想起了莎士比亚先生的名言："夜深人静，空气中弥漫着一种诡异的气息。"是的，失眠之夜，就像漆黑的夜空，让人感到不安和孤独，我想，失眠之人，应该像受伤的勇士一样，坚强地挺过难关。我们要不屈不挠，不懈地努力，才能摆脱失眠的折磨，才能重新健康地入睡。

朋友们，你们有没有好的方法，能帮助我入睡呢？敬请指教。

（5）当不会撰写代码的时候，你也可以尝试求助于 ChatGPT。

问：如何在 LaTex 上写一个积分方程？

AI：在 LaTeX 中，可以使用 \int 命令来表示积分。例如，要在 LaTeX 中写出下面的积分方程：$$\int_0^1 x^2 dx$$

可以使用如下的 LaTeX 代码：

```
\int_0^1 x^2 dx
```

完整的 LaTeX 代码如下：

```
\documentclass{article}
\usepackage{amsmath}

\begin{document}

\[
\int_0^1 x^2 dx
\]

\end{document}
```

不只是辅助编程，ChatGPT 甚至在一些测试中可以直接修改代码，并给出可以直接复制的代码示例，这在未来将极大减轻程序员的工作强度。

人类在想方设法地释放 AI 的力量。例如，产品经理试图引导 ChatGPT 生成产品需求文档，训练 ChatGPT 根据自己之前写的周报自主修改周报。根据用户 Jiayuan@Tisoga 在推特上分享的案例，ChatGPT 目前生成的产品需求文档内容完备且带有技术方案，未来产品经理需要做的可能只是和 ChatGPT 聊一下自己的想法以及项目相关背景，让 AI 生成一份草稿文档，再进行修改润色即可。

同样，用户也可以通过不断的提问引导 ChatGPT，层层递进完成从研究框架到研究报告的输出。先让 ChatGPT 生成报告大纲，再通过类似专家访谈一样一步步提问让 ChatGPT 补充报告内容，并在这个过程中根据其答案进行衍生提问，不断完善它的逻辑。例如，按照上面第（2）个回答中的写作大纲，我们可以让 ChatGPT 继续写下去：什么是 AIGC？它的基本概念与特点是什么？

面对这样强大的功能，很难不让人幻想 AI 生成文本的未来：程序员、研究员、产品经理等涉及重复性工作的脑力劳动者可能都将被 AI 取代，这些职业可能都演变成了新的职业——提示词（Prompt）工程师，目的就是帮助人类更好地与 AI 互动。

二、AI 音频生成

目前，AIGC 在音频生成领域已经相当成熟，并广泛应用于有声读物制作、语音播报、短视频配音、音乐合成等领域。AI 音频生成主要分为两种类型：语音合成与歌曲生成，这两种类型都有许多经典案例。

在语音合成领域，喜马拉雅曾采集著名评书表演艺术大师单田芳生前的演出声音，运用文本转语音（Text to Speech，简称 TTS）技术，推出单田芳声音重现版的《毛氏三兄弟》和历史类作品。在 QQ 浏览器首页的“免费小说”频道中的听书功能模块，用户也可以选择自己喜欢的 AI 语音包进行播放，语音包有六种 AI 音色可供选择：清朗男声、标准男声、软萌音、御姐音、东北女声、温柔淑女音，并且合成的语音节奏分明、情绪自然，能够很好地解放双眼。

除了语音读书，短视频配音也是一个常见的音频生成应用领域。“注意看，这个男人叫小帅。”短视频平台的很多电影解说都伴随这句话开始，随后很可能还会听到女主角“小美”的名字。抑扬顿挫的男声搭配一些电影的高潮情节画面，再加上相似的解说套路和背景音乐，这其实也是 AI 生成语音的典型应用，用户只需 3~5 分钟就可以看完一部“电影”。当然，语音合成不仅可以应用于说话语音，也可以应用于唱歌语音，歌手歌声合成软件 X studio 就能够为用户提供具有不同音色和唱腔的虚拟歌声。

而对于 AI 歌曲生成，在 OpenAI 发布的最新项目 MuseNet 中，用户可以使用 AI 生成多达 10 种乐器演奏的歌曲，甚至还可以制作多达 15 种风格的音乐，模仿莫扎特和肖邦等古典作曲家、Lady Gaga 等当代艺术家，也可以模仿电子游戏音乐等类型。

除了直接生成音乐，AI 歌曲在实际应用中常用来自动作词。“醒来灿烂星光透过了窗台，海岸线连接了那片山川大海。涌动梦境边缘像是空旷舞台，在眼前忽然展开。”看到这段文字，你的脑海中是否浮现出星河璀璨、山川河海一望无际的绚丽景象呢？这段颇具画面感和动态美的歌词正是由网易新开发的人工智能所创作。

网易伏羲利用自主研发的“有灵智能创作平台”，让 AI 学会人类语言组织的基本逻辑。借助大规模的语料训练，用户可以仅凭借输入预设风格、标签、情绪和韵脚便可以得到一首极富韵律美和意境感的歌词。例如，在设定好古风的预设风格之后，加入“夜晚”“梧桐”“叶落”“深秋”“乡愁”等标签并选定江阳韵，便得到了由人工智能创作的歌词。

一阵秋风 晚夜微凉

不远处竹影悠长

梧桐路旁 谁留下幽幽暗香

那一片片梧桐叶落我心上

孤灯 暗夜风霜

梧桐 心悲凉

低语 道不尽半世情伤

深深秋雨 让人惆怅

天上弯弯的月亮

思念的人儿在他乡

这样的夜晚 夜太漫长

心爱的姑娘你在何方

斜阳晚夜 雪落西窗

留下一根琴弦 唱着你的忧伤

梧桐雨巷 人影茫茫

“孤灯，暗夜风霜”渲染了萧瑟凄凉的异乡秋景，“天上弯弯的月亮，思念的人儿在他乡”刻画了身在异乡的有情人不得相见的哀婉与凄苦，用简单的意象却能营造出如此意境，实在是令人为之惊叹，人工智能生成音乐远比我们想象的更加熟练灵活。当然，除了根据伴奏配歌词，人工智能同样可以根据编写好的歌词编曲。网易天音就是这样一个一站式的音乐编曲平台，不过，编曲的生成相对于歌词生成会更有难度，一般需要拥有一定的乐理基础、能够根据和弦谱进行编曲微调的编辑。

此外，AI 歌曲生成还有一些更有趣的玩法，比如腾讯在 2020 年携手明星王俊凯推出了 AI 歌姬“艾灵”：当用户选择关键词后，可以输入个人的名字或昵称，AI 便能自动生成带有用户名字的歌词，并会生成歌声与王俊凯共同演唱。

三、AI 图像生成

你是否在生活中使用过修图软件？如果使用过，那么很有可能在你未曾注意到的时候，就已经在接触 AI 生成图像了，比如去除水印、添加滤镜等都属于广义上 AI 图像生成的范畴。

目前，AIGC 在图像生成方面有两种最成熟的落地使用场景：

图像编辑工具与图像自主生成。图像编辑工具的功能包括去除水印、提高分辨率、特定滤镜等。图像自主生成其实就是近期兴起的AI绘画，包括创意图像生成（随机或按照特定属性生成画作）与功能性图像生成（生成logo、模特图、营销海报等）。

2022年下半年，AI绘图无疑成为热门应用，不少人都乐此不疲地在自己的朋友圈分享各种形式的AI绘画作品。从参与感与可玩度来看，AI绘画大致可以分为三类：借助文字描述生成图像、借助已有图像生成新图像，以及两者的结合版。

当被问及周围最早一批使用AI绘画软件的用户为什么喜欢AI绘画时，有人这样回答道："我小时候就喜欢画画，但天赋实在有限，家里觉得既然走不了艺考，还是好好学习更重要，就没有花太多精力在上面。但现在，AI绘画实现了我曾经的梦想。"曾经，那些因为各种各样原因放弃绘画或没有学绘画的人，在这个时代也能仅凭输入几个词语、一段文字，就能得到一张还不错的绘画作品。如图1–2所示，在AI绘画工具Stable Diffusion上输入"一座复古未来主义的空中浮岛"的英文，便可以得到一张生动的图片。

图1–2 "一座复古未来主义的空中浮岛"生成图像

生成来源：Stable Diffusion

你是否也觉得这很神奇，仿佛魔法一般？事实上，从文本到图像的生成真的有"咒语"存在，这个"咒语"就是被用来激发创作与思考的提示词。提示词可以是一个问题、一个主题、一个想法或一个概念，在AI绘画的语境下可以简单理解为“喂给”AI进行创作的一组灵感词组，通常是对自己设想作品的简要描述。

现在流行的国外AI绘画工具Stable Diffusion、DALL·E 2、Midjourney等，以及国内AI绘画工具文心一格、意间AI绘画、AI Creator等，都会在创作时引导你输入“咒语”。如果你暂时缺乏灵感，有些平台也会提供“自动生成”选项，让AI帮你自主搭配，然后在其基础上进行你想要的修改。

如此一来，AI降低了普通人参与艺术创作的门槛，让没有绘画基础的人也能通过文字描述表达自己的创作灵感，满足自己的创作欲望。比如，我想得到一幅中国风的山水画，我可以这样输入提示词：水、林木、云雾、山石、溪流、山峦、霞光、水墨画、中国风、低饱和。AI成功读取了我的“咒语”，然后返回了我下面这幅画（图1–3）。

图1–3　中国山水画生成图像

生成来源：Midjourney

如果你对画家及其作画风格有所了解，你还可以在编写“咒语”时加入这些画家的名字进行画风定制。AI绘画工具不只支持知名画家如达·芬奇、梵高、毕加索等的画风，还支持众多现代画家的画风。假如你想要复古神秘的画风，可以尝试加入英国插画师汤姆·巴肖（Tom Bagshaw）的名字；想要CG（计算机动画）人物画，则可以加入代表性画师 Artgerm、阮佳（Ruan Jia）的名字。为了方便读者直观地感受融入了特定风格生成画作的效果，我们利用 Jasper.AI 生成了具有张大千与梵高画风的画作（图 1–4 和图 1–5）。

图 1–4　“轻舟已过万重山”生成图像（张大千风格）

生成来源：Jasper.AI

图 1–5　“手捧玫瑰花的少女”生成图像（梵高风格）

生成来源：Jasper.AI

AI 的能力超乎你的想象，除了一键构图与风格调整，它甚至可以辨别 2D 与 3D，满足用户的精细化定制需求。例如，当我们想在人物画上生成小狗时，DALL · E 2 会把小狗画入画中，如图 1–6 所示。

图 1–6　AI 生成画中的二次元小狗

生成来源：DALL · E 2

而当我们想要把一只 3D 小狗画在座位上的时候，DALL · E 2 便生成了一只真实的、三次元的小狗，如图 1–7 所示。

图 1–7　AI 生成座位上的三次元小狗

生成来源：DALL · E 2

伴随着 AI 绘画技术的逐渐成熟，AI 插画也被用作一些具有功能性的场景中。例如，2022 年 6 月 11 日，著名杂志《经济学人》

首次采用了 AI 插画作为封面，作品名为《AI 的新边界》（*AI's new frontier*）。在封面油画风格的分割色块背后，有着一张具备少量机械特征的人脸，预示着 AI 将以全新的面貌出现在我们面前，拓展人类技术的新边界。

除了可能提高封面插图类的设计效率外，AI 绘画目前也被用于游戏开发环节，包括前期的场景与人物图辅助等，此外也有部分游戏工作者正在探索基于 Stable Diffusion 生成游戏资产，比如游戏图标及游戏内的道具。

虽然 AI 绘画对内容生产力的提升具有很大帮助，但与此同时也引发了许多人的忧虑，许多艺术家担心 AI 绘画可能会因为训练样本的选取而剽窃自己的作品元素，也担心这些 AI 生成的作品被用于一些欺骗性的用途，危害到人类自身。

针对 AI 与人类的辩题，Midjourney 的创始人大卫・霍尔兹（David Holz）这样评价："AI 是水，而非老虎。水固然危险，但你可以学着游泳，可以造舟，可以造堤坝，还能借此发电；水固然危险，却是文明的驱动力，人类之所以进步，正是因为我们知道如何与水相处并利用好它。水给予更多的是机会。"①

艺术家是否买单尚且不论，投资人已经开始竞相押注。2022 年 10 月 17 日，Stable Diffusion 的母公司 Stability AI 宣布完成 1.01 亿美元融资，成为估值 10 亿美金的超级独角兽。随后，不到一个月，另一家 AI 绘画平台 Jasper.AI 宣布完成了 1.25 亿美元 A 轮融资，

① 参考自 https://mp.weixin.qq.com/s/u4XYV8Tg6epHyBcKKgRRsg。

估值达 15 亿美元，距离产品上线也不过 18 个月的时间。

从技术开发到应用落地固然有一定时间差，但值得惊喜的是，至少在图像生成领域，我们正看到日益成熟的应用场景以及商业化的可能性。

四、AI 视频生成

目前，AI 技术不仅可以生成图片，也能够生成序列帧，组成一个完整的视频。2022 年 10 月，AI 重置版《幻觉东京》发布。《幻觉东京》原本是一部记录日本亚文化人物的纪录片，作者将经过剪辑的短片交给 AI 美术大师，经过 160 小时生成 3 万张独立插画，再进行人工手动微调，连成了一部赛博朋克大幻想。虽然目前还只是在原脚本和视频的基础上，通过 AI 逐帧完成图片生成，但这让我们看到了 AIGC 参与到视频创作中的可能性。

当然，除了这种连接 AI 生成图片组成视频的生成方式，也有直接利用文字描述生成视频的方法。2022 年 9 月，Meta 推出的 Make-A-Video 工具就具有根据文本描述生成相应短视频的能力。Make-A-Video 推出不久，谷歌就推出了主打高清生成的 Imagen Video 和主打更长视频内容生成的 Phenaki。Imagen Video 是由谷歌在 2022 年 5 月推出的 AI 绘图工具 Imagen 进化而来，它继承了 Imagen 对于文字的准确理解能力，能够生成 1280×768 分辨率、每秒 24 帧的高清视频片段。除了分辨率高以外，它还能理解并生成不同艺术风格的作品，比如水彩画风格、像素画风格、梵高风格。

同时，它还能理解物体的3D结构，在旋转展示中不会变形。而谷歌推出的另一款AI视频生成工具Phenaki则可以根据200个词左右的提示语生成2分钟以上的长镜头，讲述一个完整的故事，并能根据提示语自由切换风格场景，让人人都能够成为导演。①

除了刚提到的这些新兴的视频AIGC技术，AIGC在视频生成方面的常见传统应用场景还包括视频属性编辑、视频自动剪辑及视频部分编辑。

视频属性编辑包括删除特定主体、生成特效、跟踪剪辑等，能够高效节省人力和时间。AI能够通过对画面人物的动态追踪，自动搜索人物，定位关键时间节点，极大提升剪辑效率。此外，AI还能够去除视频的拍摄抖动，修复视频画质。

视频自动剪辑是对特定片段进行检测及合成。2020年全国两会期间，《人民日报》创造性地推出“5G+AI”模式的新闻报道，打造的智慧平台iMedia、iMonitor、iNews等可以第一时间对素材进行智能处理，只需要短短几分钟，就能结合语音、人像、文字识别，从海量的视频资料中迅速生成剪辑视频片段，并自动匹配字幕。

此外，从广义上讲，AI主播也可以看作一种AIGC生成视频的应用，只不过是将生成的音频内容去对应到虚拟人的口型与动作进行综合剪辑。2020年5月，由新华社与搜狗公司联合推出的身穿蓝白正装的“新小微”第一次亮相演播室。“新小微”是全球首位3D版AI合成主播，能够像真人一样走动和转身，并摆出各种

① 参考自 https://m.thepaper.cn/baijiahao_20196224。

复杂动作与姿态。同时，她还在不断迭代，比如从“职业微笑”到增加了许多微表情，从单一妆发到根据播报场景变更妆发等。[①]

事实上，“新小微”并非新华社推出的第一个 AI 主播，在她之前已经诞生了由“新小萌”“新小浩”等组成的 AI 合成主播家族。其中，中国首个 AI 合成女主播“新小萌”在 2019 年上岗时就惊艳了全球媒体圈，被外媒评价为“几乎可以以假乱真”。

除了新华社，中央广播电视总台、人民日报社等国家级媒体以及湖南卫视等省市媒体也在积极布局应用 AI 合成主播，先后推出了央视 AI 主播“AI 王冠”、湖南卫视 AI 主持人“小漾”、安徽卫视 AI 主持人“安小豚”、央视网 AI 小编“小 C”等。与“新小微”一样，这些 AI 主播在全国两会、冬季奥运会、冬季残奥会等重大活动期间被广泛应用，极大地提升了新闻产出与传播效率。

除此之外，像 AI 视频换脸这种视频部分编辑的形式从广义上来说也属于 AIGC 的范畴。2019 年，一款名为 ZAO 的 AI 换脸软件刷屏各大社交网络，人们乐于把自己的脸替换进经典影视剧如《甄嬛传》《权力的游戏》，并进行分享。虽然 ZAO 后来因为侵犯个人隐私被下架，但类似的 AI 视频换脸软件却层出不穷，这在某种程度上也反映了人们的内容创作热情以及对于自由表达的欲望，但合法合规问题则是 AI 视频换脸长久发展需要重点解决的问题。

---

① 参考自 https://www.jiemian.com/article/4419244.html。

第三节　AIGC 助力元宇宙和 Web3.0

元宇宙与 Web3.0 的未来近在眼前，而 AIGC 作为全新的内容生产方式无疑能为这些美好的图景注入新的活力。本节将对 AIGC 如何助力元宇宙和 Web3.0 展开诸多畅想与探讨。

一、AIGC 在元宇宙方向的应用

起源于 1992 年科幻小说《雪崩》的“元宇宙”概念，在 2021 年伴随着“Roblox 的上市”和“Facebook 更名为 Meta”两大事件掀起了前所未有的科技热潮。人们迫切希望打造一个与现实世界相平行、高度沉浸化的虚拟世界。这样一个“世界级”的工程项目，单靠人力创作可能难以做到尽善尽美，而 AIGC 的介入将可能大大提升元宇宙的构建效率。

1. 虚拟形象

就像《头号玩家》《失控玩家》等描绘元宇宙蓝图的科幻电影中表现的一样，每个人都需要通过自己的虚拟化身接入元宇宙之中。过去，人们想要生成这样的虚拟化身，大多是依靠系统内置好的几种模型，通过调整不同的五官、身材、服装等搭配方式，来生

成属于自己的虚拟化身。从用户角度来看，这种生成方式不仅十分烦琐，而且也很难定向生成一些与自己真实形象相关联的特征，甚至一不小心还可能就和其他人撞形象，难以凸显个人的独特性。而从开发者的角度来看，想要生成足够多的虚拟化身不仅费时费力，而且也难以生成让大多数用户满意的化身形象。

AIGC 有助于解决这一问题。例如，Roblox 在 2020 年末就收购了初创公司 Loom.ai，利用 AI 技术解决虚拟化身的生成问题。用户使用 Loom.ai 的组件，可以直接利用单张图片生成 3D 写实风格或卡通风格的虚拟化身形象。不仅如此，Loom.ai 还可以提供精确的面部动画生成能力，可以让虚拟形象生成包括嘟嘴、皱眉等复杂的表情，让虚拟化身之间进行更加沉浸式的交流。

2. 虚拟物品

在元宇宙世界，除了虚拟化身之外，还有许多各式各样的虚拟物品。不少元宇宙选择同时利用 PGC 和 UGC 的方式来丰富这些模型，无论是专业机构还是感兴趣的个人，都可以借助官方提供的编辑器来创作各种类型的 3D 物品模型，或者在创作好 3D 物品模型后导入元宇宙世界。除了 PGC 和 UGC 外，虚拟物品的生成在未来同样可以借助 AIGC 来实现。例如，2022 年 9 月底，谷歌就发布了文本生成 3D 模型的工具 DreamFusion，而在此之后不久，英伟达也推出了类似工具 Magic3D，并将 DreamFusion 视为直接对标，在生成速度和分辨率上都实现了一定程度的提升。这些由文字生成的模型除了可以通过文本输入自动渲染 3D 模型，也可以提供额外的提示语对原有的模型进行修改、编辑。而在 2022 年 12 月，OpenAI 也推出了自己的文本生成 3D 模型的工具 Point・E。虽然该模型采用点云模型的生成方式，不能直接生成渲染完毕的 3D 模型，但它的生成速度可以达到谷歌 DreamFusion 的数百倍。

如果未来能将这些模型大规模落地推广并应用于元宇宙中，可以大大提高虚拟物品的生成效率。

3. 虚拟场景

对于元宇宙来说，最重要的就是沉浸式的场景体验。而一个完善的元宇宙场景，可能不仅包括各式各样的虚拟物品，还包括场景内的背景音乐、与部分物品之间的交互效果，等等。对于背景音乐，可以利用 AIGC 进行音频生成；对于交互效果，也可以利用 AIGC 进行相关代码的生成。除了这种通过拼接不同类型元素的元宇宙场景生成，整个元宇宙场景中的每个元素，在未来可能都将使用 AIGC 去构建。例如，Meta 在 2022 年初就公布了 AIGC 生成元宇宙场景的概念系统“Builder Bot”，用户在元宇宙中只要通过语音说出自己想要的环境，周围的虚拟空间就会自动生成相应的场景。在 Meta AI 公示的 Demo 中，用户说出“带我们去公园吧”，周围的环境就变成了公园；当用户说出“天上来一些云吧”，天上就会生成许多白云。如果未来能够广泛地实现这种形式的 AIGC，将大大降低元宇宙场景的创作门槛，元宇宙的场景也能变得更丰富、更多样。

二、AIGC 在 Web3.0 方向的应用

这里的 Web3.0 主要指基于区块链技术所构建的价值互联网。在 Web3.0 中，用户可以借助 NFT（Non-Fungible Token，非同质化代币）将自己的创作物添加至代币上链，来确认自己对于创作物的创作权益。结合 NFT 的这一特质，AIGC 在 Web3.0 方向也可以有诸多有趣的应用。

1. AIGC 生成制作 NFT

目前，许多 NFT 绑定的创作物都是以图像的形式存在。既然如此，自然也可以用 AIGC 的方式生成图像并制作成 NFT，这样可以帮助 NFT 项目方更快捷地生成全套的 NFT 形象。除了为项目方提供创作工具外，普通人无须任何绘画基础也可以参与到图像类 NFT 的制作中，并通过销售 NFT 获得收益。

2. 绘画风格确权

对于艺术创作者来说，绘画风格是艺术创作者的核心资产，但如何对这类资产进行确权和变现是困扰着很多创作者的问题。对于需要大量原画的游戏厂商来说，他们也希望能采购特定创作者的绘画风格，并高效稳定地生产出大量满足游戏场景风格的插画。而通过“NFT+AIGC”的方式，就可以实现这种绘画风格的确权。艺术家可以将自己的绘画风格制作成 NFT 进行交易，而购买了绘画风格 NFT 的客户就可以利用 AIGC 批量生成该风格下的各种类型的

插画，这就是 AIGC 在绘画风格确权方面的应用。

Hiiimeta 就是这样一个集艺术风格的确权、授权和使用为一体的 AI 艺术生态。在 Hiimeta 提供的工具内，用户可以先上传指定风格的原型素材，然后 Hiimeta 团队自主研发的算法会对整体风格、布局、纹理等基础元素，以及感情色彩、哲学思想等进行提炼，生成对应风格的“AI 机器人”。购买了特定风格的 AI 机器人后，用户就可以生成具有相似风格的虚拟角色、自由插图、批量头像等。生成之后，用户还可以对细节进行微调处理。在保障创作者的版权基础上，这大大提升了艺术风格采购者的内容生产力。

3. 结合 AIGC 的 GameFi

GameFi 是一种结合区块链技术的游戏形式，通常会对游戏内的资产 NFT 化，并设计有一定的经济体系维持游戏的运转。在开发 GameFi 游戏过程中，人物、场景、动画甚至逻辑代码等都可以由 AIGC 创作，通过这种方式可以大大缩短游戏的创作周期，也能产生一些意想不到的创新应用。

Mirror World 就是将 AIGC 相关技术应用在 GameFi 领域的代表性项目。Mirror World 曾在 2021 年 9 月推出过首款可交互 NFT 产品：Mirror NFT，它创新性地让 GameFi 平台内的虚拟生命“Mirrors”活了过来。每一个 Mirror NFT 都具备独一无二的外形特征以及特定的语言模型，持有者第一次能够与自己的 NFT 自由地沟通与交流。在交流过程中，所有的对话数据均由 AI 生成，用户可以借此享受到有趣且无尽的对话体验。此外，依托于 Y Combinator 孵化的初创公司 rct AI 在游戏 AI 领域的不断探索，Mirror World 在完成三款 GameFi 游戏开发后，根据自身在区块链技术领域的研究，研发出了一整套 Mirror World Smart SDK，致力于帮助更多优质的游戏类项目在“低代码、零门槛”的前提下集成区块链与 AI 技术。

02

第二章 AIGC的技术思想

哪些技术思想对 AIGC 的演进做出了重要贡献?

人们总喜欢活在舒适区内，用粗暴的断言安慰自己，例如机器永远无法模仿人类的某些特性。但我给不了这样的安慰，因为我认为并不存在无法模仿的人类特性。

——艾伦·图灵（Alan Turing）

人工智能技术历经了漫长的演进过程，见证了基于规则、机器学习、深度学习、强化学习等领域的兴起。目前，人工智能技术在多模态和跨模态生成领域取得了傲人成绩。本章将回顾前 AIGC 时代各种奠基技术的相关思想，并在刨除复杂数学原理的基础上，用通俗易懂的语言对目前推动 AIGC 进行商业落地的重要技术和理念进行介绍。需要特别说明的是，为了帮助没有任何技术基础的读者理解本章内容，我们在模块拆解和技术诠释相关内容上可能会牺牲部分严谨性，想要完整细致地了解技术脉络的读者可以阅读相关科技文献。

第一节 前 AIGC 时代的技术奠基

一、图灵测试与人工智能的诞生

1950 年，艾伦·图灵发表了一篇划时代的论文《计算机器与智能》(*Computing Machinery and Intelligence*)，探讨了让机器具备人类一样智能的可能性。论文在开篇就抛出了一个有趣的问题："机器能思考吗？"虽然在过去众多科幻作品中，对此已有诸多不同的解读，但在一篇严肃的科技论文中探讨这件事似乎是少见的。在论文里，图灵并没有一上来就解答这个问题，而是提出了一种模仿游戏，想要借助思想实验的方式，为确定"什么样的机器才是具备智能的"给出具有可操作性的定义方式。下面我们依照图灵的设计来模拟这样的游戏场景。

场景：小明、小红和小刚三个人决定一起来玩这个模仿游戏，小明被关在密闭的屋子里，只能使用两台远程打印机分别与小红、小刚进行交流，但他并不知道每台打印机的背后是谁在回答他的问题。在游戏结束时，三个人的胜利目标是不同的。

- 小明：在游戏结束后，需要根据提问和回答的记录，猜出每台远程打印机背后对应的是小红还是小刚。

- 小红：尽可能地帮助小明猜对自己是小红。
- 小刚：尽可能地干扰小明，让他以为自己才是小红。

对于小刚来说，一个很自然的游戏策略就是在回答时故意模仿小红，因此这个游戏被称为模仿游戏。现在，我们不妨微调一下这个游戏，把里面的人类“小刚”，更换成机器“小钢”。如果机器小钢能够借助预先设定好的程序模仿小红，并回答小明的问题，似乎也能让这个游戏进行下去。而图灵就在论文中提出，在用机器替换人类的情况下，根据小明这类角色回答错误概率有没有显著增加，可以评估这个替换的机器是否具备智能，这也就是著名的“图灵测试”（图 2-1）。虽然“图灵测试”作为一种简易的思想实验存在着诸多缺陷，但它第一次让人们能够确切地想象出具备智能的机器是什么样子，而不仅仅停留在科幻的虚无中，为后世围绕人工智能展开科学实践指引了方向。

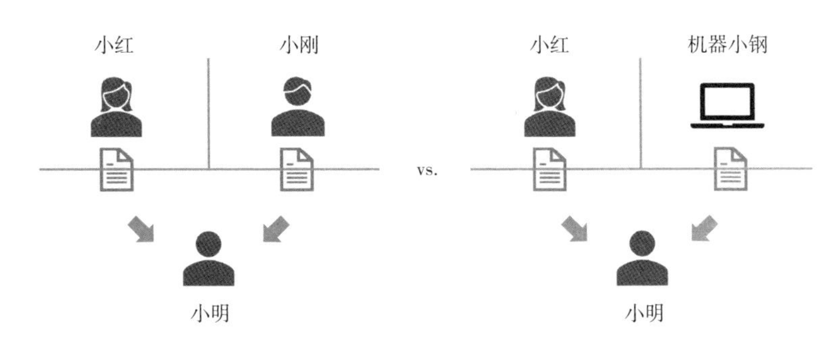

图 2-1　图灵测试最初版本示意图

虽然此时图灵已经从理论角度给出了机器拥有智能的可能性，但是让“人工智能”这个科学领域正式形成的是 1956 年在美国达特茅斯学院举行的人工智能夏季研讨会。这次会议的组织方包括后来的图灵奖获得者马文·明斯基（Marvin Lee Minsky）和约翰·麦卡锡（John McCarthy）、信息论创始人香农（Claude Elwood Shannon）、IBM 工程师罗彻斯特（Rochester），而其余参会者也均是后来对人工智能发展做出过重要贡献的科学家。通过达特茅斯会议，“人工智能”的名称和任务被真正界定下来，因而该会议也被广泛认为是人工智能诞生的标志，开启了人工智能领域曲折向上的技术发展之路。

二、符号主义、联结主义和行为主义

在人工智能诞生早期，就出现了“符号主义”和“联结主义”两种不同的发展流派，并都取得了一系列阶段性的成果。

符号主义认为人的智能来自逻辑推理，世界上所有信息都可以抽象为各种符号，而人类的认知过程可以看作运用逻辑规则操作这些符号的过程。在这样的前提假设下，如果计算机能够自动化地执行和人脑一样的各种规则，说不定就可以实现完全的智能化。由艾伦·纽厄尔（Allen Newell）在达特茅斯会议报告的逻辑理论家（Logic Theorist）项目就是符号主义早期的代表性成果，这个程序能够证明《数学原理》第二章 52 个定理中的 38 个，甚至找到了相对于原著更加精巧的证明方式。

而联结主义则认为，让机器模拟人类智能的关键不是去想办法实现跟思考有关的功能，而是应该模仿人脑的结构。联结主义把智能归结为人脑中神经元彼此联结成网络共同处理信息的结果，希望能够运用计算机模拟出神经网络的工作模式来打造人工智能，并在“人工智能”领域正式形成之前就开始了各种尝试。1943 年，神经科学家沃伦·麦卡洛克（Warren McCulloch）和数学家沃尔特·皮茨（Walter Pitts）按照神经元的结构和工作原理搭建了数学模型，奠定了人工神经网络的雏形。1958 年，美国神经学家弗兰克·罗森布拉特（Frank Rosenblatt）发表了模拟人类学习过程的“感知器”算法，机器利用它就可以自主完成像分类这样的简单任务，后续算法杰出的实践效果掀起了第一次人工神经网络的热潮。

可以说，不论是符号主义还是联结主义，在人工智能诞生的前十余年，都取得了一个又一个令人震惊的成果，但好景不长，20 世纪 60 年代末，人工智能的发展陷入瓶颈，人工智能的研究者遇到了很多难以克服的难题，其中包括两个最典型的难题：

- 受限的计算能力：当时计算机有限的内存和处理速度不足以支持 AI 算法的实际应用。
- 认知信息的匮乏：许多人工智能领域的应用需要大量认知信息，当时的数据库条件无法让程序获得如此丰富的信息源。

除了这些难题外，新兴研究成果针对符号主义和联结主义的批评也在一定程度上阻碍了人工智能的发展。对于符号主义，许多哲学家提出了各种各样的论断，试图证明人类的思考过程仅涉及少量的符号处理，大多是直觉性的，运用符号去模拟人类智能是徒劳的尝试。而对于联结主义，明斯基指出了感知器的致命缺陷：只能处理线性分类问题，连异或最简单的非线性分类问题无法得到支持，直接宣判了感知器的“死刑”。在整体研究进度受阻和成果难以落地的背景下，各大机构分别削减了对于人工智能研究的经费支持，人工智能的发展陷入了寒冬。

但这一切只是暂时的，新的机遇也在寒冬中酝酿。符号主义学者在20世纪70年代充分认识到了“知识”对于人工智能的重要性，不再过分追求当时难以实现的通用人工智能，而是将视野聚焦在较小的专业领域上，很大程度上缓解了计算能力受限和认知信息匮乏的问题，也让人工智能的程序变得实用起来。学者们试图利用“知识库＋推理机”的结构，建设出可以解决专业领域问题的专家系统（图2–2）。在专家系统中，用户可以通过人机界面向系统提问，推理机会把用户输入的信息与知识库中各个规则的条件进行匹配，并把被匹配规则的结论存放到综合数据库中，然后呈现给用户。20世纪80年代，卡耐基梅隆大学为DEC公司研发的第一个专家系统XCON取得了巨大成功，在诞生初期平均每年能为公司节约4 000万美元，这也使得全球各地的公司掀起了建设专家系统的知识革命。

而几乎在同一时期，联结主义也迎来了复兴。新型的神经网络结构及相关算法的普及为科研界注入了新的生机，适用于多层感知器的BP算法（误差反向传播算法），解决了非线性情况下的分类学习问题。至此，人工神经网络掀起了第二波发展热潮。

除了符号主义与联结主义，一种倡导“感知＋行动”的行为主

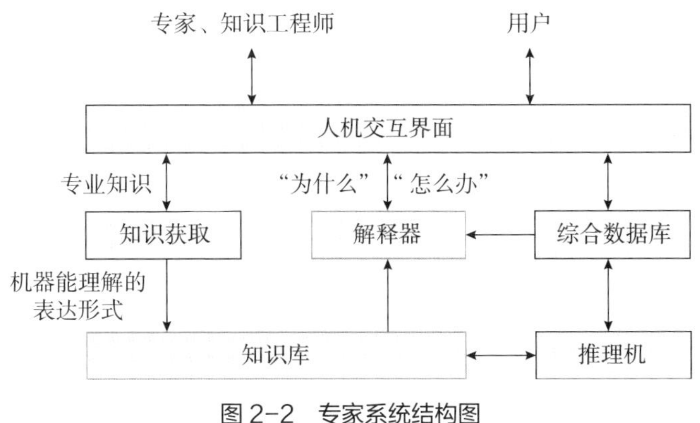

图 2-2　专家系统结构图

义流派也得到了较好的发展。行为主义起源于控制论，强调模拟人在控制过程中的智能行为和动作，虽然它的起源也可以追溯到人工智能诞生时期，但一直未成为主流。在模拟人类智能方面，如果说符号主义是知其然且知其所以然，联结主义是知其然但不知其所以然，那么行为主义就是既不知其然也不知其所以然，因而行为主义在智能控制与智能机器人兴起的 21 世纪末才引起人们的广泛关注。[①] 至此，符号主义、联结主义和行为主义便成为人工智能的三大经典流派，共同影响着后来人工智能的发展。

三、机器学习

1. 机器学习的概念

1950 年，图灵在他的论文《计算机器与智能》中提出了"学

① 参考自 https://www.jianshu.com/p/83fe5b52d3cc。

习机器”的概念，强调与其去编程模拟成人的大脑，还不如选择更简单的儿童大脑，通过辅之以惩罚和奖励的教学过程，让机器在学习后具备智能。此后，“机器学习”逐渐发展成为一个专门的细分研究领域，在人工智能领域占据了一席之地。

根据卡耐基梅隆大学计算机学院教授汤姆·米切尔（Tom Michell）的定义，机器学习是指“计算机程序能从经验 E 中学习，以解决某一任务 T，并通过性能度量 P，能够测定在解决 T 时机器在学习经验 E 后的表现提升”。这听起来似乎有些绕口，下面将通过人类学习的一个具体例子来进行解释。

假如老师想让小明好好学习，在考试中取得好成绩，他可能会给小明布置很多习题，并观察每次的考试成绩以判断小明学习的效果。如果把这里的“小明学习”替换成“机器学习”，那么经验 E 就是反复的刷题过程，任务 T 就是参加考试，而性能度量 P 就是考试成绩。小明在反复刷题训练、参加考试的过程中，让成绩不断提升以达到预期的分数水平，当他走上高考考场时就能取得好成绩。而机器也是类似的，在经过反复的训练并达标后，执行任务时就可以取得比较好的性能，只不过这里的训练指的是输入数据。

综上所述，机器学习模型的训练过程可以分为以下四步。

- 数据获取：为机器提供用于学习的数据。
- 特征工程：提取出数据中的有效特征，并进行必要的转换。
- 模型训练：学习数据，并根据算法生成模型。

- 评估与应用：将训练好的模型应用在需要执行的任务上并评估其表现，如果取得了令人满意的效果就可以投入应用。

根据训练的方式，机器学习可以简单划分为监督学习和无监督学习。监督学习就好比小明每次做完题之后，老师都会对题目进行批改，让小明知道每道题是否答对。分类就是最经典的监督学习场景，机器先学习具备什么样特征的数据属于什么样的类别，然后当获取新的数据后，它就可以根据数据特征将数据划分到正确的类别。而无监督学习则好比老师把大量题目直接丢给小明，让小明在题海中自己发现题目规律，当题量足够大的时候，小明虽然不能完全理解每道题，但也会发现一些知识点的固定的选项表述。聚类是最经典的无监督学习场景，机器获得数据后并不知道每种特征的数据分别属于什么类别，而是根据数据特征之间的相似或相异等关系，自动把数据划分为几个类别。

2. 感知器与神经网络

前文提到的感知器算法就是典型的监督学习的案例，它是人工神经网络的基础。为了方便读者理解后续与人工神经网络相关的内容，这里将刨除复杂的数学公式，对感知器算法的工作原理进行一个简单的介绍。首先，让我们想象一个具体的分类任务场景。

场景：小明在大学里选修了一门课程，这门课程并没有公布详细的合格评价标准，只知道平时的两次作业和一次考试会影响这门课程的通过与否，于是小明希望从往届的学长、学姐那里搜集他们的作业、考试及最终是否通过的相关数据，来帮助判断自己是否会在这门课程中挂科。在搜集完学长、学姐的数据后，小明决定先假设一个老师的评价标准：

- 第一次作业×0.3+第二次作业×0.3+考试×0.4=课程评分。
- 如果课程评分>= 60，则课程及格；否则课程挂科。

在写完假设的评价标准后，小明迫不及待地想把学长、学姐的成绩带入评价标准中，结果发现，按照现在的计算方式，所有的学长、学姐都不满 60 分，全都挂科了。这也就说明，作业和考试的评价系数假设得太小了，小明于是把它们调大了一些，但又发现，包括挂科的学长、学姐在内的所有人又全都及格了，这说明评价系数又调得太大了，需要调小一点。在反复调整的过程中，评价标准的公式会找到一组相对合适的系数，将学长、学姐是否挂科划分准确，此时，小明就可以输入自己的成绩来看看自己是合格还是挂科。

如果我们让程序来执行上面小明的工作流程，一个简易的感知器也就形成了（图 2–3）。学长、学姐两次作业和考试的成绩就是三个输入节点，好比接收外界刺激信息的神经元。最终判断是否挂科的输出节点，也可以看作一个神经元，而根据分数情况算出合格与挂科的函数叫作激励函数（Activation Function）。输入节点和输出节点之间神经信号的通信就是由评价标准公式的计算来传递的，而传递信号的强弱就是作业和考试分数所对应系数的大小。通过将传递信号的强弱反复调整到一个合适的值，也就完成了模型的学习，可以用于分类等任务。

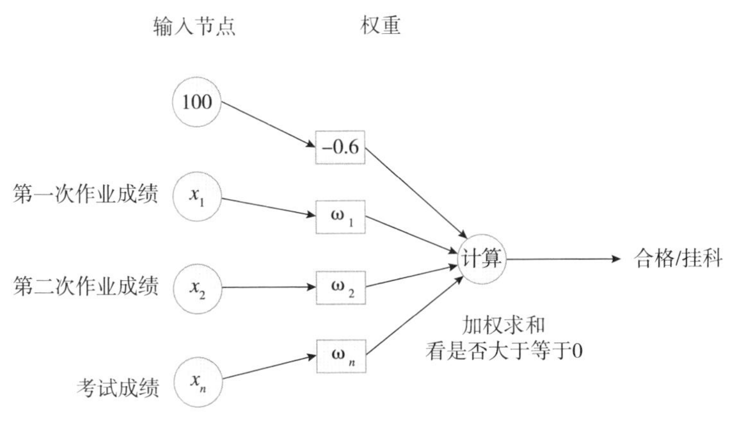

图 2-3　简化版感知器结构示意图

而我们前面反复提及的人工神经网络，就可以看作一个多层的感知器。在人工神经网络中，除了和感知器一样拥有包括输入节点的输入层和包括计算出输出结果的输出层外，还加入了若干隐藏层。隐藏层中间的神经元节点可以与输入节点和输出节点一一相连，每条连接的链条上都有各自的权重系数，最终构成了一个网络的结构。

那么，为什么要加入隐藏层呢？我们不妨考虑一个更加复杂的课程成绩预测的例子。老师把课程评价的考查维度划分为态度得分、能力得分、创新得分，这三个分数会根据前面的两次作业、一次考试以及两次报告进行特定的处理得出，而这三个分数经过特定计算后会输出为课程的结果。那么，刚刚搭建的结构就不能满足这种情况了，因为每个特征可能要在模型中经过中间处理，不过，刚刚说的态度、能力、创新得分的例子只是为了方便理解进行的举例，实际上这个中间的过程是由隐藏层自行决定节点是什么样子的（图 2-4）。

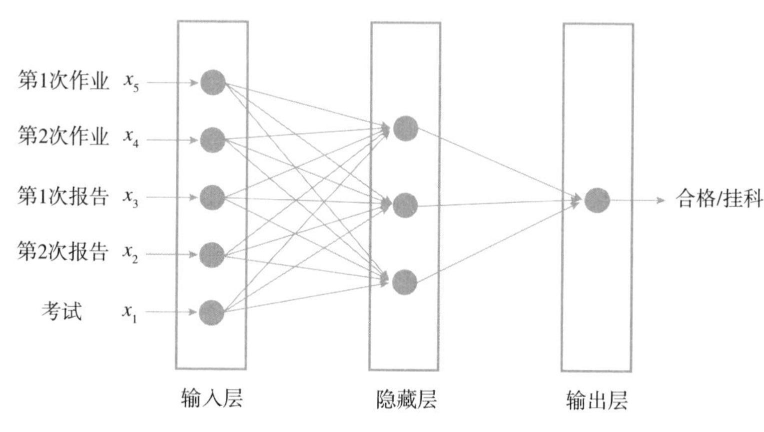

图 2-4　简化的人工神经网络结构示意图

除此之外，在网络的结构下，激励函数也可以被替换成其他形式，以解决更加复杂的问题。与感知器一样，人工神经网络也需要在训练数据的过程中反复调整各神经元连接的权重，以完成模型的学习过程。而调整的依据是对比数据和模型的结果来查看神经网络有没有犯错误。如果在数据上存在误差，就相当于造成了损失，输出每个样本数据损失的函数叫作损失函数（Loss Function）。而所有的损失综合在一起的平均情况，会反应在代价函数（Cost Function）里，描述训练这一个模型产生的错误代价。不过，需要注意的是，这里的代价并非越小越好。根据前面的例子，我们当然希望能好好利用先前学长、学姐给到的经验数据，避免产生经验风险；但是，每一届的课程情况可能有变化，过多地利用过去经验产生结构复杂的模型，可能无法很好地适应新一届学生的情况，从而造成无法使用，产生结构风险。所以，调整后的合适标准应该是综合考虑经验风险和结构风险的结果。

四、强化学习

1. 强化学习的概念

强化学习是机器学习除监督学习与无监督学习之外的又一领域，也可以与深度学习结合进行深度强化学习。区别于监督学习和无监督学习，强化学习并不是要对数据本身进行学习，而是在给定的数据环境下，让智能体学习如何选择一系列行动，来达成长期累计收益最大化的目标。强化学习本质上学习的是一套决策系统而非数据本身。它与监督学习、无监督学习的区别如表 2-1 所示。

表 2-1　监督学习、无监督学习和强化学习对比

对比维度	监督学习	无监督学习	强化学习
学习对象	有标签数据	无标签数据	决策系统
学习反馈	直接反馈	无反馈	激励系统
应用场景	预测结果	寻找隐藏的结构	选择一系列行动

根据前文表述，强化学习听起来似乎是在玩一场游戏。环境就是游戏，智能体就是玩家，目标就是玩家在这个游戏中需要达成的核心任务，玩家需要不断地玩游戏来学习如何选择一系列行动达成游戏目标。在实际应用中，强化学习确实也广泛地应用在游戏领域，无论是棋牌这种简单游戏，还是《王者荣耀》、*Dota*、《星际争

霸》等复杂游戏，都可以对强化学习加以应用。例如，谷歌旗下DeepMind公司研发出了围棋人工智能AlphaGo，它的训练过程就结合了强化学习的技术，它在2016年、2017年分别击败了李世石和柯洁两位围棋世界冠军，名噪一时。

2. 强化学习的构成元素

强化学习系统的逻辑如图2-5所示，我们可以用一场《超级马里奥》游戏来分析图中的每个元素。

- 智能体（Agent）：人工智能操作的马里奥，它是这个游戏的主要玩家。
- 环境（Environment）：马里奥的游戏世界，马里奥在游戏里做出的任何选择都会得到游戏环境的反馈。
- 状态（State）：游戏环境内所有元素所处的状态，可能包括马里奥的位置、敌人的位置、障碍物的位置、金币数、马里奥的变身状态等，玩家的每次选择可能都会观测到状态的改变。
- 行动（Action）：马里奥可以做出的选择，可选的行动可能会随着状态的变化而变化，比如在平地的位置上可以选择左右移动或跳起，遇到右侧有障碍物时就无法选择向右的行动，获得火焰花道具变身后就可以选择发射火焰弹的行动等。
- 奖励（Reward）：马里奥在选择特定的行动后获得即时的反馈，通常与目标相关联。如果反馈是负向的，也可以被描述为惩罚。马里奥的游戏目标是到达终点通关，因而每次通过都可以获得奖励分数，而每次失败都会被扣除奖励分数。如果目标是获得尽量多的金币，奖励也可以与金币数量挂钩，这样训练出的马里奥 AI 不会去尝试通过终点，而是拼命在关卡里搜集金币。

- 目标（Goal）：在合理设置奖励后，目标应该可以被表示为最大化奖励之和，例如马里奥的通关次数最多。

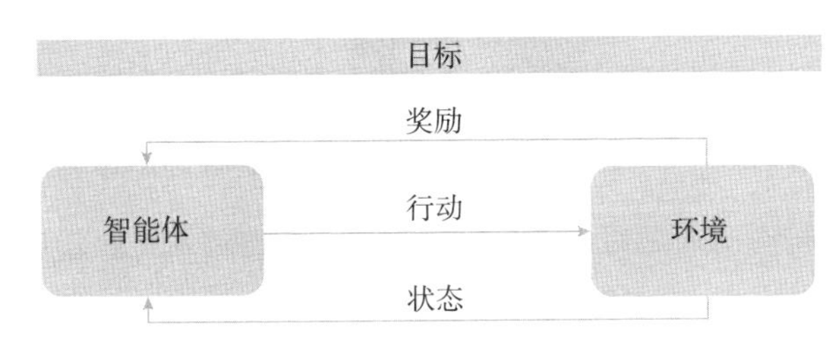

图 2-5　强化学习构成元素及其关系

整个强化学习的过程，是为了学到好的策略（Policy），本质上就是学习在某个状态下应该选择什么样的行动，在刚刚的例子中就相当于马里奥的通关秘籍，输入马里奥每次的状态，秘籍会输出告诉你马里奥应该采取的行动，如此循环往复就能通关。因此，强化学习就是让人工智能通过不断的学习试错，找到合适的策略去选择一系列行动，来达成目标。在构建策略时，还有一个需要考虑的关键因素叫作价值（Value），它反映的是将来能够获得所有奖励的期望值。例如，马里奥为了达成目标，获得更多的奖励，所以应该选择多进入高价值的状态，并且在高价值状态下选择能够产生高价值的行动。

3. 强化学习的训练过程

介绍完强化学习的基本概念，下面我们根据这些基本概念来描述一下强化学习算法的工作过程。

- 观测环境，获取环境的状态并确定可以做出的行动：马里奥目前在一个悬崖边上，系统读取了所有元素的状态，马里奥可以左右移动或者跳起。
- 根据策略准则，选择行动：策略里面显示，这种状态下左右移动和跳起的价值差不多，在差不多的情况下，马里奥应该向右走。
- 执行行动：马里奥在人工智能的指挥下向右走。
- 获得奖励或惩罚：马里奥掉下了悬崖，游戏失败，被扣除一定的奖励。
- 学习过去的经验，更新策略：在这个悬崖边向右走的价值较低，获得奖励的概率更低，人工智能知道后应该倾向于操作马里奥跳起或左走。
- 重复上述过程直到找到一个满意的最优策略。

综合上述过程，我们可以发现，强化学习其实可以看作一个从试错到反馈的过程，通过不断地试错，来找到一个合适的策略。不过，每一个行动的反馈其实都是有延迟的，大多数状态下，马里奥都不会因为跳起或左右移动而输掉游戏或赢得游戏，从而获得惩罚或奖励，但这并不代表这个行动就没有价值，因为未来的胜利或失败就是一系列行动所导致的，现在的行动会影响未来的奖励。不过，这也带来了一个问题：现在看起来价值最高、最优的行动真的就是最终最优的吗？是否可能只是因为没有充分地尝试采取其他行动呢？因而，对于很多强化学习的过程来说，我们通常会在没有充分尝试时，选择积极探索（Exploration），而充分尝试之后会选择倾向于直接利用（Exploitation）现有的价值信息，综合适应强化学习“试错”和“延迟反馈”两大特征。

当然，强化学习不仅可以用于游戏类人工智能的训练，许多 AIGC 的模型都结合了强化学习的技术，后文将对此展开详细介绍。

五、深度学习

1. 深度学习的概念

经过前面对机器学习的介绍，我们可以知道，特征的选取和处理对于模型训练是十分重要的，但在一些场景下，想要直接提取出合适的有效特征无疑是非常困难的，比如提取图片和句子的特征。在这种情况下，机器需要学习的并不是图片中的颜色数量、图形大小，或是句子里的词语数量等这种浅层次的特征，而是需要学习深藏在图片像素之间的复杂关系，或是句子中词语之间的上下文联系。人类无法自行处理这种深层特征的提取转换，而是需要由有深度的模型进行自动计算，采用的模型主要是复杂化了的神经网络，也被称为深度神经网络。而所谓的深度学习，简单理解就是采用像深度神经网络这样有深度的层次结构进行机器学习的方法，是机器学习的一个子领域。深度学习与无监督学习、监督学习及强化学习的关系如图 2-6 所示。

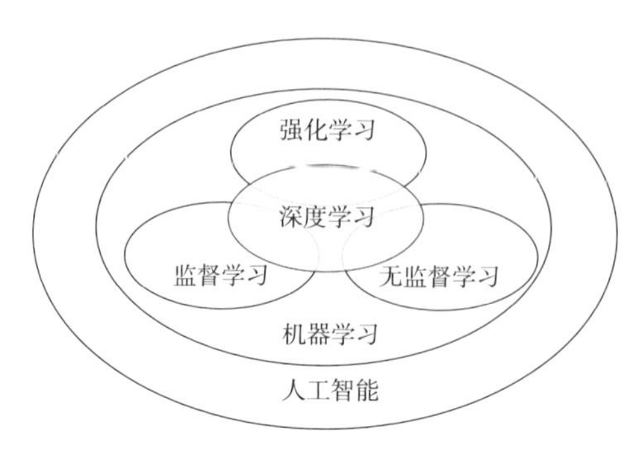

图 2-6　深度学习与无监督学习、监督学习及强化学习的关系

资料来源：Yuxi Li (2018), “Deep Reinforcement Learning”, doi: 10.48550/arXiv.1810.06339

2. 深度神经网络与一般神经网络的区别

根据前面的描述，可以得出深度神经网络和一般神经网络的四点区别：

- 深度神经网络具有更多的神经元。
- 深度神经网络层次更多、连接方式更复杂。
- 深度神经网络需要更庞大的计算能力加以支持。
- 深度神经网络能够自动提取特征。

结合这些特点，我们可以将深度学习运用在计算机视觉（Computer Vision，简称 CV）、自然语言处理等涉及复杂特征的领域，后文中各类 AIGC 模型的主体基本上都是深度学习模型。

第二节　早期 AIGC 的尝试：GAN

GAN（生成对抗网络）诞生于 2014 年，是早期广泛应用于 AIGC 的算法之一，有诸多衍生形式，并至今仍被诸多 AIGC 应用所采用。GAN 综合了深度学习和强化学习的思想，通过一个生成器和一个判别器的相互对抗，来实现图像或文字等元素的生成过程。原始的 GAN 并不要求生成器和判别器都是一个深度神经网络，但是在实践中通常都采用深度神经网络去构建 GAN，下面将对它的构建原理进行介绍。

一、生成器

我们可以向生成器（Generator）输入包含一串随机数的向量，生成器会根据这一串随机数生成并输出图像或句子。向量里的每一个数字都会与生成的图像或句子的特征相关联。打一个并不严谨的比方，假设生成器收到的输入是 [0.1, –0.5, 0.2 … 0.9]，据此生成了一张小猫的图片，而第一个数是和小猫的颜色相关的，当你把 0.1 换成 0.2 时，小猫可能就从橘猫变成了白猫。因为随机数是可以随意构造的，因此我们就可以利用生成器生成各种各样的新图片。不过，和一般的神经网络一样，在生成之前会有提前训练的过程，我们需要准备一个全是各种各样小猫图片的数据集供生成器训练。

二、判别器

判别器（Discriminator）用于评价生成器生成的图像或句子到底看起来有多么真实。判别是否真实的方式也很简单，就是看这个图像或句子像不像来自生成器训练用的数据集，因为数据集是最真实的。我们可以向判别器输入一个生成的图像或句子，判别器会输出一个数值（也被称为得分）。一般来说，我们会使用 0 到 1 的区间来表示得分，如果这个图像或句子非常像数据集里的真实数据，得分就会靠近 1；反之，得分就会靠近 0。

三、生成对抗过程

以图像生成的过程为例，生成器就好像一个学习画画的学生，而判别器就是评价学生画作的老师。一开始，学生读一年级，他看了一堆小猫的图片，然后随便画了一只猫，老师看了看学生画的猫，说画得不够逼真，看不清小猫的两只眼睛，这就是最开始的生成器和判别器的交互过程。学生努力练习画画，终于画好了小猫的两只眼睛，老师一看说合格了，然后学生升到了二年级，老师也开始依照二年级的评价标准去评价学生的画作，相当于生成器和判别器的性能都提升了。升到二年级后，学生再拿出原来的小猫画作肯定就无法令老师满意了，老师会觉得画得不够真实，无法看清小猫的脸部轮廓，于是学生又反复练习修改，直到令老师满意，于是学生升到三年级。如此循环往复，学生画画的水平会越来越精湛，画作看起来越来越真实。而老师判别画作的标准也会越来越严苛，督促学生完善画技，这就是生成器和判别器对抗过程的基本思想（图 2–7）。而就具体的实现过程来说，可以把 GAN 的训练过程分为两个步骤。

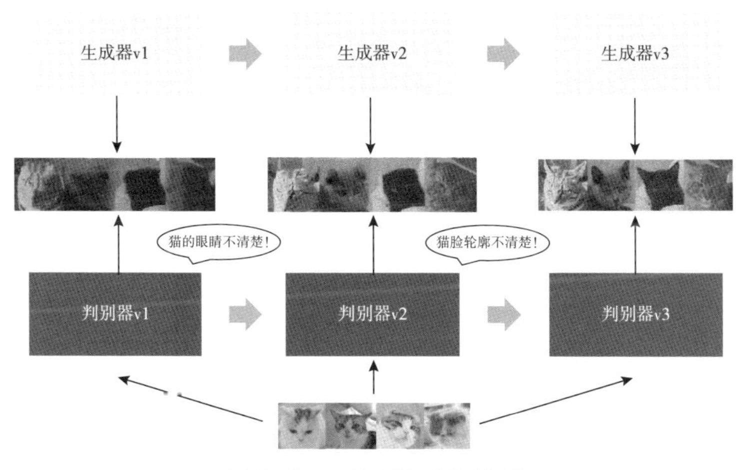

图 2–7　生成对抗过程示意图

步骤一：固定生成器，更新判别器。

首先，生成器抽取一些包含一系列随机数的向量，输入生成器之中，生成器会生成一系列图片。这时，在生成器内部参数不变的情况下，判别器需要从生成器训练的数据集中抽取一部分图片，将它们和生成器生成的图片一起做学习训练。判别器需要调整内部参数，学习给真实的图片打高分，给生成器生成的假图片打低分。就好比如果想要让老师指导学生，首先需要对老师进行教学技能培训，让老师先学会评价标准，才能去教育和考查学生。

步骤二：固定判别器，更新生成器。

判别器训练好之后，保持内部参数不变，生成器需要调整内部参数进行训练，以学会如何在判别器那里取得高分。这个过程就像学生反复考试一样，在每次复盘自己的失误进行改进后，终有一天会达到老师的标准。

步骤一和步骤二交替反复进行，GAN 最终就可能生成让人满意的作品。[①]

四、GAN 的 AIGC 应用

虽然 GAN 的一些变体也可以用于句子这种文本类信息的生成，但因为对于离散型数据的处理能力较差，AIGC 应用最广泛的场景还是在图像之中，或是与图像相关的跨模态生成中。表 2-2 展示了 GAN 的一部分 AIGC 应用案例。[②]

表 2-2　GAN 的部分常见 AIGC 应用方式

类别	应用方式	描述
图像数据集的生成	手写数字图片数据集生成	提取手写数字笔迹特征，生成新的手写数字图像集合
	人脸图像集生成	提取人脸特征，生成新的人脸图像集合
	动物图像集生成	提取动物特征，生成新的动物图像集合
	动漫人物数据集生成	提取动漫人物特征，生成新的动漫人物图像集合

① 参考自 https://www.youtube.com/playlist?list=PLJV_el3uVTsMq6JEFPW35BCiOQTsoqwNw。

② 参考自 https://machinelearningmastery.com/impressive-applications-of-generative-adversarial-networks/。

续表

类别	应用方式	描述
图像联想创作	面部正面视图生成	通过人脸局部或侧面的照片可以生成完整的面部正面视图
	人体新姿势生成	通过人体任意的一张照片生成具有全新姿势的照片
	照片转卡通头像	将真实照片转换成与其类似的卡通头像
	照片编辑	重建具有特定特征的面部照片，例如头发颜色和风格、面部表情甚至性别的变化
	不同年龄面部图片生成	生成同一个人不同年龄（从年轻到年老）的面部照片
	照片融合	将不同元素的照片进行混合，如田野、山脉等大型地理结构相融合
	服装生成	根据模特穿着服装的照片直接生成服装照片
	草图上色	对服装饰品的线条草图进行上色
图像修复	分辨率增强	生成具有更高像素分辨率的输出图像
	照片填充	填补照片中因某种原因被删除的区域
多模态与跨模态生成	文本生成图片	输入对图片在颜色、对象、场景等方面的描述，生成完全符合要求并且十分逼真的图片
	文本生成语音	进行文本向语音的转换
	3D 物体生成	从多个角度将物体的二维图片生成三维模型，如通过椅子的多角度二维图像进行三维重建
	视频预测生成	预测视频中后续画面的内容，如海浪后续的波动、人行进的轨迹等
	游戏关卡生成	通过使用视频游戏关卡数据生成新的游戏关卡

第三节　AI 绘画的推动者：Diffusion 模型

一、Diffusion 模型的基本原理

Diffusion 模型是一类应用于细粒度图像生成的模型，尤其是

在跨模态图像的生成任务中，已逐渐替代 GAN 成为主流。在 2022 年美国科罗拉多州博览会艺术比赛中击败所有人类画家、斩获数字艺术类冠军的 AI 创作画作《太空歌剧院》的底层技术模型就涉及 Diffusion 模型。

传统的 GAN 虽然已经能较好地完成与图像相关的生成任务，但依然存在以下诸多问题。

- 需要同时训练生成器和判别器这两个深度神经网络，训练难度较大。
- 生成器的核心目标是骗过判别器，因而可能会选择走捷径，学到一些并不希望被学到的特征，模型并不稳定，有可能会生成奇怪的结果。
- 生成器生成的结果通常具备较差的多样性，因为具有多样性的结果不利于骗过判别器。

为了解决这些问题，Diffusion 模型尝试使用一种更加简单的方法生成图像。大家是否记得老式电视机信号不好时屏幕上闪烁的雪花？这些雪花是随机、无序、混乱的，因而被称为噪声。当电视机信号不好的时候，屏幕上就会出现这些噪声点，信号越差就会出现越多的噪声点，直到最后屏幕完全被随机的噪声覆盖，图 2-8 就展示了这样一个在图像上增加噪声的演变过程。那么换一个角度去思考，既然任何一张图像都可以在不断添加噪声后，变成一张完全随机的噪声图像，那我们能不能将这个过程翻转，让神经网络学习这个噪声扩散的过程之后逆向扩散，把随机生成的噪声图像，逐渐转化为清晰的生成图像呢？ Diffusion 模型就是基于这个思想实现的。

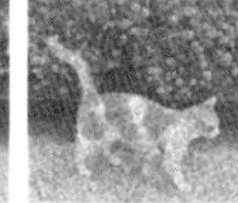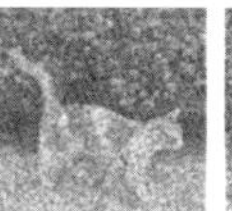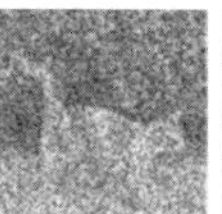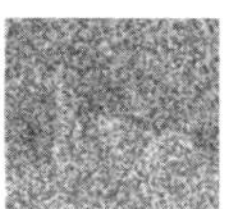

图 2-8　图片增加噪声的演变示意图

二、CLIP 模型与 AI 绘画

除了前文 GAN 部分提到的图像处理领域之外，Diffusion 模型应用最广泛的领域就是 AI 绘画，并且迅速地表现出较大的商业潜力，拓展出大量相关的应用。此外，AI 绘画的成功还归功于 CLIP（Contrastive Language-Image Pre-Training，文本 – 图像预训练）模型。

CLIP 模型是 OpenAI 在 2021 年初发布的用于匹配图像和文本的预训练神经网络模型。下面我们将对 CLIP 模型进行简单而形象的介绍。

如果要实现相对优质的 AI 绘画，需要让 AI 很好地理解图片，那么要解决的主要问题有两个：理解力差异和数据量不足。在理解力方面，人类和 AI 认识图片的方式是不一样的，人类主要是从整体上对图片中的形象进行理解，而 AI 则是对图片上一个个像素的特征进行学习。而在数据量方面，需要对大量图片数据进行标注来训练 AI，即便在目前有许多分类标注好的开源数据集的情况下，

AI 性能的提升还是不尽如人意。

当这两个问题的解决逐渐走入瓶颈时，研究者开始转换让 AI 学会理解图片的思路。对于人类来说，在婴儿时期学习图片并不是具体地学习一个个像素，而是父母指着图片告诉孩子：“这是一只在吃猫粮的黑色小猫”，或者“这是一辆在马路上飞驰的红色汽车”。于是，研究者开始思考，AI 的学习过程是否也能采用这种类似的方式？这本质上是一个文本和图像匹配的问题。如果要完成这个任务，自然也需要大量的数据，但互联网上天然就有海量这样的数据，无论是发朋友圈、微博还是推特等，本质上都是用一段文字去说明发布的图片，很容易就可以获取大量标注好的图像文本对。这样，前面提出的两个问题也就迎刃而解了。为此，OpenAI 在互联网上收集到了 4 亿对质量过关的图像文本对，分别将文本和图像进行编码，让 CLIP 模型学会计算文本和图像的关联程度。在此基础上，结合 Diffusion 模型对图像的生成能力，就可以打造一款 AI 绘画应用了。

例如，Disco Diffusion 就是早期结合 CLIP 模型和 Diffusion 模型变体开展 AI 绘画业务的知名案例。Disco Diffusion 是发布于 Google Colab 平台的一款开源 AI 绘画工具，由 Accomplice 公司开发并在 2021 年 10 月上线。Disco Diffusion 内核采用了 CLIP 引导扩散模型（CLIP-Guided Diffusion Model），而整体应用基于谷歌技术架构构建，需要借助 Google Colab 平台生成，用户界面并不友好，而且运行成本高，用户需要自己租用 Colab Pro 来提升模型性能。虽然 Disco Diffusion 具有诸多局限，但作为早期出现的成型开源 AI 绘画产品，它依然掀起了用户使用的热潮。

三、知名 AI 绘画工具

许多公司在 CLIP 模型和 Diffusion 模型的基础上开发了模型变体的相关应用工具，其中，Stable Diffusion、DALL · E 2、Midjourney 是最知名的工具，其发布时间和研发企业如表 2–3 所示。

表 2–3　Stable Diffusion、DALL · E 2、Midjourney 基本信息表

名称	发布时间	研发企业
Stable Diffusion	2022 年 8 月上线	Stability AI
DALL · E 2	2022 年 4 月更新	OpenAI
Midjourney	2022 年 7 月公测	Midjourney

上述三个知名 AI 绘画工具都具有各自的特点。Stable Diffusion 对于生成当代艺术图像具有较强的理解力，善于刻画图像的细节，但为了还原这些细节，它在图像描述上需要进行非常复杂细致的说明，比较适合生成涉及较多创意细节的复杂图像，在创作普通图像时可能会略显乏力。DALL · E 2 由其前身 DALL · E 发展而来，其训练量无比庞大，更适合用于企业所需的图像生成场景，视觉效果也更接近于真实的照片。而 Midjourney 则使用 Discord 机器人来收发对服务器的请求，所有的环节基本上都发生在 Discord 上，并以其独特的艺术风格而闻名，生成的图像比较具有油画感。① 不过，这种艺术风格既是优点也是缺点。虽然 Midjourney 在生成画作时具有显著的风格优势，例如前文提到的夺得数字艺术类比赛冠军的

① 参考自 https://www.marktechpost.com/2022/11/14/how-do-dall%C2%B7e-2-stable-diffusion-and-midjourney-work/。

作品《太空歌剧院》就是用 Midjourney 生成，但它很难生成看起来像照片的图像。接下来我们可以尝试利用这三种工具为同一个句子生成图片，以获得对这些工具效果的感性认知，实现效果如图 2–9、图 2–10、图 2–11 所示（生成时原句用英文表示）。

图 2–9　使用“下雨天，向日葵盛开于海边”生成图片对比

图 2–10　使用“明亮的小巷在夕阳中衬着雪色之美”生成图片对比

图 2–11　使用“圆形的飞船伫立在沙漠之上，覆着皑皑白雪”生成图片对比

除了上述三种工具之外，许多大厂也推出了自己的 AI 绘画工具，例如谷歌的 Imagen、微软的 NUWA，等等。这些工具大多基

于大模型来实现，而 Transformer 作为 AIGC 的重要基础设施发挥了巨大的作用，我们将在下一节对其进行详细介绍。

第四节　大模型的重要基建：Transformer

一、Seq2Seq 模型

在正式介绍 Transformer 之前，我们先了解一种更简单的模型——Seq2Seq（Sequence-to-Sequence，序列到序列）模型。Seq2Seq 模型最早在 2014 年提出，主要是为了解决机器翻译的问题。Seq2Seq 模型的结构包括一个编码器和一个解码器，编码器会先对输入的序列进行处理，然后将处理后的结果发送给解码器，转化成我们想要的向量输出。举例来说，如果使用 Seq2Seq 模型将中文翻译成英文，其过程就是输入一个中文句子，编码成包含一系列数值的向量发送给解码器，再用解码器将向量转化成对应的英文句子，翻译也就完成了。除了翻译外，许多自然语言处理的问题都可以使用 Seq2Seq 模型（虽然使用效果未必最佳），下面是一些实例。

- 聊天问答：输入一个问题序列，输出一个回答序列。
- 内容续写：输入一个段落序列，输出后续内容的段落序列。

- 摘要/标题生成：输入一个文章序列，输出一个摘要/标题序列。
- 文本转语音：输入一个文本序列，输出一个语音序列。

当然，除了自然语言处理领域，一些如图像、字幕等计算机视觉领域也有 Seq2Seq 模型的应用，这里就不再展开讲述了。

二、注意力机制

人工智能领域的注意力机制一开始主要用于图像标注领域，后续被引入到自然语言处理领域，主要是为了解决机器翻译的问题。虽然 Seq2Seq 模型可以实现将一种语言翻译为另一种语言，但随着句子长度的增加，翻译的性能将急剧恶化，这主要是因为很难用固定长度的向量去概括长句子里的所有细节，实现这一点需要足够大的深度神经网络和漫长的训练时间。为了解决这一问题，学者们引入了注意力机制。在了解注意力机制之前，先请看一幅画作《圣母与圣吉凡尼诺》（图 2–12）。

图 2–12　画作《圣母与圣吉凡尼诺》

注：这幅画由佛罗伦萨画家多米尼哥·基兰达约创作于15世纪，现藏于佛罗伦萨维琪奥王宫。

看完这幅画，相信首先映入你眼帘的是圣母玛利亚以及正在接受祈祷的婴儿耶稣。如果不回看这幅画，你的脑海里是否对右下角的一头驴和一头牛有印象？如果你没有印象，这其实是一种非常正常的现象，因为人的注意力是有限的，无论是观看图像还是阅读文字，人们都会有选择性地关注一小部分重点内容，并忽略另一部分不重要的内容。从数学的角度来说，可以将“注意力”理解为一种“权重”，在理解图片或文本时，大脑会赋予对于认知有重要意义的内容高权重，赋予不重要的内容低权重，在不同的上下文中专注不同的信息，这样可以帮助人们更好地理解信息，同时还能降低信息处理的难度。这就是注意力机制，这种机制被应用在人工智能领域，帮助机器更好地解决图像处理和文本处理方面的一些问题。

那么，注意力机制在人工智能领域是如何运作的呢？在回答这个问题之前，请先阅读图 2-13 中的一段话。

研表究明
汉字序顺并不定一影阅响读
比如当你看完这句话后
才发这现里的字全是都乱的

图 2-13　网络上广泛流传的一段话

阅读完这段话之后，你一定发现，虽然图片上的语句是乱序的，但是并没有干扰你的阅读，这种现象原理与人工智能的自注意力（Self-Attention）机制非常相近，下面我们用通俗易懂的语言对这套机制进行分析。首先，你的眼睛捕捉到了第一个字“研”，并且扫过那一行的后续文字“表”“究”“明”。然后，大脑在过去学习的认知库里去搜寻“研表”“研究”“研明”等，发现“研究”两个字关联最为紧密，所以就给了它较高的权重进行编码计算，并按类似的方式完成后续内容的编码。编码完毕后，按照权重对内容进行重新组装，信息也就组合成了“研究表明”这一常见用法。通过这种自注意力机制，人工智能可以很好地捕捉文本内在的联系并进行再表示。而除了自注意力机制，另外一种广泛应用于人工智能领域的注意力机制叫作多头注意力（Multi-Head Attention）机制。多头注意力机制主要通过多种变换进行加权计算，然后将计算结果综合起来，增强自注意力机制的效果。这种注意力机制在后文介绍的 Transformer 中会涉及。

三、Transformer 的基本结构

Transformer 与 Seq2Seq 模型类似，也采用了编码器 – 解码器结构，通常会包含多个编码器和多个解码器。在编码器内有两个模块：一个多头注意力机制模块和一个前馈神经网络模块，这里的前馈神经网络是一种最简单的人工神经网络形式。以英译汉机器翻译为例，编码器的工作过程大概是这样的：首先，用户输入一个英文句子，编码器会将这个句子的每个单词拆解，转化成向量的形式，并在多头注意力机制模块中加权计算，最后整个编码器会输出一个向量集，输入解码器中。在解码过程中，解码器首先读取一个开始标记，然后解码器会生成并输出一个向量，这个向量会包含所有可能的输出汉字，同时，每个数值会有一个得分，这个得分代表着汉字出现的可能性，得分最高的汉字会出现在第一个位置。例如，如

果要把“I love you”翻译成中文，那第一个得分最高的汉字可能就是“我”。接下来，把“我”作为解码器的新的输入，接下来得分最高的可能是“爱”，以此类推，直到完全输出了“我爱你”，再输出一个结束符号。解码器内部的结构也和编码器类似，最开始包含一个多头注意力机制模块，最后包含一个前馈神经网络模块。需要注意的是，解码器中的多头注意力机制模块使用了掩码（Mask）机制，其核心思想是：因为解码器的生成物是一个个产生的，所以生成时只让参考已经生成的部分，而不允许参考未生成的部分。还是以前面的“我爱你”为例，当翻译到“爱”时，模型只能参考前面输入的开始标记和“我”这个字的信息，而后面的所有信息都会被遮掩住。此外，在两个模块中间，还有一个多头注意力机制模块，刚刚提到的来自编码器的向量集就会输入这里，让解码器在解码过程中能够充分关注到上下文的信息。Transformer 的内部结构简化图如图 2–14 所示。

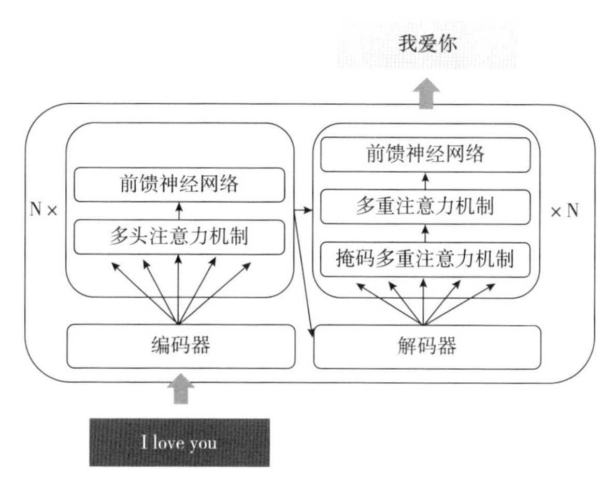

图 2–14　Transformer 结构简化图

四、GPT 系列模型与 ChatGPT

GPT（Generative Pre-trained Transformer，生成型预训练变换器）是由 OpenAI 研发的大型文本生成类深度学习模型，可以用于对话 AI、机器翻译、摘要生成、代码生成等复杂的自然语言处理任务。GPT 系列模型使用了不断堆叠 Transformer 的思想，通过不断提升训练语料的规模与质量，以及不断增加网络参数来实现 GPT 的升级迭代，整个 GPT 系列模型的迭代升级之路如表 2-4 所示。

表 2-4　GPT 系列模型的演进信息

模型	发布时间	参数量	预训练数据量
GPT-1	2018 年 6 月	1.17 亿	约 5GB
GPT-2	2019 年 2 月	15 亿	40GB
GPT-3	2020 年 5 月	1 750 亿	45TB

到了 2022 年，GPT 已经走过三代的历程，而备受期待的 GPT-4 也预计在不久的将来发布。GPT-3 之后衍生的应用 InstructGPT 和 ChatGPT 都取得了令人惊异的效果，人们期待 GPT-4 能够拥有与人脑突触一样多的参数，并完美地通过无限制的图灵测试，而不是像过往一样利用一些特殊的设定盲点来通过图灵测试。例如，将 AI 伪装成外国小孩，在无法很好回答问题时人类可能会把原因归咎为这一特殊身份。而在 GPT-4 发布之前，OpenAI 在 2022 年 11 月 30 日发布了聊天机器人 ChatGPT。ChatGPT 一经发布就因为惊人的效果而走红全网，它不仅能自然流畅地与人们对话，还能写诗歌、敲代码、编故事等。

虽然 GPT 模型在如今取得了如此夺目的成绩，但它的技术思想的发展还是经历了波折的过程。在 GPT-1 诞生之前，大部分自然语言处理模型如果想要学习大量样本，基本上都是采用监督学习的方式对模型进行训练，这不仅要求大量高质量的标注数据，而且因为这类标注数据往往具有领域特性，很难训练出具有通用性的模型。为了解决这一问题，GPT-1 的核心思想是将无监督学习作用于监督学习模型的预训练目标，先通过在无标签的数据上学习一个通用的语言模型，然后再根据问答和常识推理、语义相似度判断、文本分类、自然语言推理等特定语言处理任务对模型进行微调，来实现大规模通用语言模型的构建，这可以理解成一种半监督学习的形式。此外，GPT-1 在训练时选用了 BooksCorpus 数据集来训练模型，它包含了大约 7 000 本未出版的书籍的文字，这种更长文本的形式可以更好地让模型学习到上下文的潜在关系。最终，GPT-1 在多数任务中取得了更好的效果，但依然存在很大的问题：一是基于未发表书籍数据训练具有一定的数据局限性，二是在一些任务上的性能表现还是会出现泛化性不足的现象，这只能让 AI 成为领域的专家，而无法成为通用的模型。

为了增强 GPT 模型的泛化能力，GPT-2 在 GPT-1 的基础上进行了技术思想上的优化。GPT-2 的核心出发点是：在语言模型领域，所有监督学习都可以看作无监督学习的子集。例如，把“小明是 A 省 2022 年高考状元”丢给算法做无监督学习，但是它也能学会完成“A 省 2022 年高考状元是谁？”“小明是 2022 年哪个省的高考状元？”等需要标注正确答案的监督学习任务。因此，当模型的容量非常大且数据量足够丰富时，一个无监督学习的语言模型就可以覆盖所有监督学习的任务。在这样的指导思想下，GPT-2 的模型参数达到了 15 亿，相较于 GPT-1 翻了近 10 倍，同时，训练用的数据集改为了 Reddit 上约 800 万篇高赞文章，训练数据量也翻了约 8 倍。而在后续的测试中，GPT-2 的确在许多自然语言处理任务方面表现出了普适而强大的能力，但仍然具有很大的待提升空间。GPT-3 基本上沿用了 GPT-2 的结构，但在参数量和训练数据集上进行了大幅增加，参数量增加了百倍以上，预训练数据增加了千倍以上。在这样夸张的增幅下，GPT-3 也最终实现了“大力出奇迹”，在自动问答、语义推断、机器翻译、文章生成等领域达到了前所未有的性能。

这样的技术飞越无疑是振奋人心的，而每个人都可以通过体验 ChatGPT 流畅的对话过程来体验技术的演进。ChatGPT 是由其前身 InstructGPT 改进而来，InstructGPT 是一个经过微调的新版本 GPT-3，可以尽量避免一些具有攻击性的、不真实的语言输出。InstructGPT 的主要优化方式是从人类反馈中进行强化学习（Reinforcement Learning from Human Feedback，简称 RLHF）。而 ChatGPT 采用了和 InstructGPT 一样的方法，只是调整了数据收集方式。ChatGPT 完整的训练过程如图 2–15 所示。

步骤一：收集示范数据并训练一个监督学习的策略。

模型会从问题库里抽取问题，由工作人员撰写问题的答案，这些标记了答案的问题会被用于调优 GPT-3.5 模型（GPT-3 的改进版）。

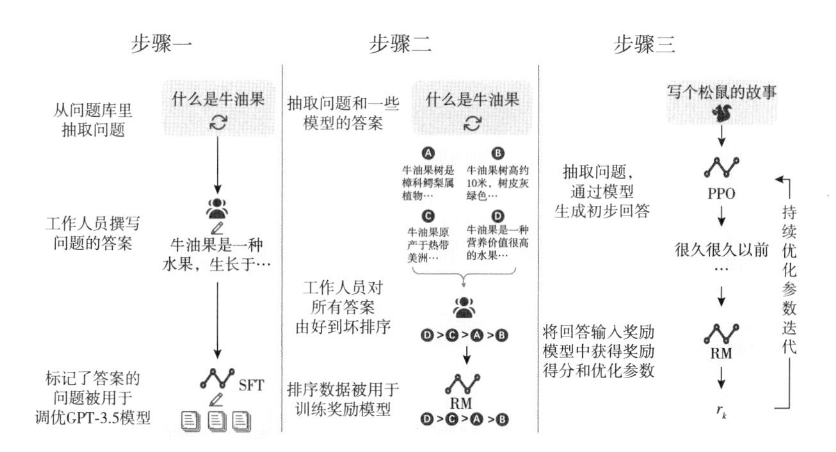

图 2-15 ChatGPT 的训练过程示意图

资料来源：https://openai.com/blog/chatgpt/

注：RM：Reward Model，奖励模型；SFT：Supervised Fine-Tuning，有监督的微调；PPO：Proximal Policy Optimization，近端策略优化

步骤二：收集对比数据并训练一个奖励模型。

抽取问题和一些模型的答案，工作人员会对所有答案由好到坏排序，这些排序数据会被用于训练奖励模型。

步骤三：使用强化学习算法优化针对奖励模型的策略。

抽取问题，通过模型生成初步回答，回答会被输入奖励模型中得到评分和优化参数，并在优化后重复优化的过程。

上述训练方法让模型更加清晰地理解了人类对话的意图，并获得了多轮对话的能力。真格基金的林惠文曾在线上分享中表示，ChatGPT 带来了不少有趣的提升：①

① 参考自 https://mp.weixin.qq.com/s/UhCGelO3LKtaf9SdhcWBDg。

- 敢于质疑不正确的前提。
- 主动承认错误和无法回答的问题。
- 大幅提升了对用户意图的理解。
- 大幅提升了结果的准确性。

这些提升无疑是可喜可贺的，不过，ChatGPT 也并非完美的，依然存在很多问题。根据 OpenAI 的官方文档及用户实践经验，目前，ChatGPT 的局限性包括：

- 有时会写出看似合理但不正确或荒谬的答案。
- 对输入措辞的调整或多次尝试相同的提示很敏感。例如，给定一个问题的措辞，模型可以声称不知道答案，但只要稍作改写，就可以正确回答。
- 回答通常过于冗长并过度使用某些短语。
- 对于模棱两可的问题，模型通常会猜测用户的意图，而非让用户澄清问题。
- 模型有时会响应有害的问题或表现出有偏见的行为。
- 在数学和物理等需要进行数字推理的任务中仍然会出现一些错误。

不过，这些局限性并没有影响 ChatGPT 的突破性成就，反而让人们更加期待 GPT-4 在未来究竟会带来什么样的惊喜。

五、BERT 模型

BERT（Bidirectional Encoder Representations from Transformers，变换器的双向编码器表示）模型由谷歌在 2018 年提出，其基本思想是既然编码器能够将语义很好地抽离出来，那直接将编码器独立出来也许可以很好地对语言做出表示。此外，BERT 模型的训练过程也别出心裁，它设计了两个有趣的任务。

- 掩码语言模型：随机覆盖 15% 的单词，让 BERT 模型猜测掩盖的内容是什么，这有利于促进模型对语境的理解。
- 下句预测：输入成组的句子让 BERT 模型判定它们是否相连，让模型更好地了解句子之间的联系。

不过，当执行不同的自然语言处理任务时，训练好的 BERT 模型需要根据具体的任务类型增加不同的算法模块才能执行任务。除了自然语言处理任务，BERT 模型也可以应用于机器视觉领域。在输入阶段，将图片分割成一个个小块，每个小块图片就可以看作一个个单词，这样就可以像处理句子一样去处理图片了。基于这样的思想，ViT（Vision Transformer，视觉变换器）模型也就诞生了。除了上面提到的模型，基于 BERT 模型还发展出了诸多变体，在 AIGC 领域大放异彩，奠定了 BERT 模型里程碑式的地位。

03

第三章

AIGC 的职能应用

AIGC 如何帮助企业各职能部门降本增效?

有些人声称这种技术是人工智能，但实际上它强化的是人类自身。因此我认为，我们将增强人类的智能，而非“人工”的智能。

——吉尼·罗曼提（Ginni Rometty）

创新是一个企业发展的重要动力，企业中各个职能部门都会涉及大量的创作工作。而 AIGC 的出现，可以帮助企业不同职能岗位上的员工有效地提升生产力，最终实现整个企业的降本增效。具体降本增效的方式体现在：

- 自动化处理烦琐和耗时的任务，减少人力需求，降低成本。
- 产生新的想法和问题的解决方案，如产品设计或营销策略。
- 快速、准确地分析大量数据，为决策生成有价值的见解。
- 提高任务的效率和准确性，减少出错的可能性，提高工作效率。

- 开发个性化和定制化的产品和服务，提高客户满意度。
- 提高组织的速度和敏捷性，使组织能够快速响应不断变化的市场条件和客户需求。
- 改善组织内部的协作和沟通，使团队能够更加高效地一起工作。

总体而言，AIGC 能通过自动化处理任务、产生新想法、生成有价值的决策建议，有效赋能企业各个职能部门。本章将从产品研发、市场营销和管理协作三个角度对 AIGC 的职能应用进行介绍。

第一节　AIGC 与产品研发

对于大多数互联网企业而言，产品研发是整个团队的成本与创新核心，其迭代的速度也决定着企业对市场的反应灵敏度。目前，AIGC 在产品研发方面主要有四种应用方式：

- 通过辅助编程提高代码生产效率。
- 生成应用直接将需求变成产品。
- 创建和维护文档注释，提高沟通效率。
- 测试代码，纠正错误。

这些方式可以帮助开发人员更好地专注于产品架构设计、产品功能探索而非一些重复烦琐的工作。

一、智能辅助编程

2021 年夏天，GitHub 和 OpenAI 联合研发并发布了知名的人工智能辅助编程工具 GitHub Copilot，其命名来自许多头部科技公司研发团队的“结对编程”方法：两个程序员共同完成包括需求分析、代码创作和审查测试在内的某项功能的研发，以此提高生产效率和减少代码缺陷。整个结对编程的过程就好像在驾校练车，需要一个“驾驶员”去输入代码，还需要一个“观察员”去审查代码。而 GitHub Copilot 可以以人工智能的身份坐在“副驾驶”（Copilot）上指导驾驶员，名字也就由此得来。

Github Copilot 在发布之后立刻受到了大量程序员和研发人员的关注和体验，并得到了极高的评价，被认为可以大幅度提高编程生产效率。不过，也有科技媒体表达了对于这种工具的担忧，主要担心的是在人工智能的模型训练阶段可能使用了 Github 开源平台上的代码，是否具有潜在的法律问题还存有争议。①

虽然像 Github Copilot 这类需要依靠公开代码训练的智能辅助编程工具普遍存在这类问题，但不得不说其生成的模式是具有变革性的。在传统的代码自动完成工具中，编程人员可以在代码编辑的

---

① 参考自 https://www.theverge.com/2021/7/7/22561180/github-copilot-legal-copyright-fair-use-public-code。

同时看到众多对于当前所在行代码的推荐内容，根据上下文情境选择一个最佳选项自动完成。这样简单而便利的功能就已受到众多编程人员的肯定，并普遍成为几乎所有主流代码开发环境的默认配置。而 GitHub Copilot 则在传统功能之上实现了很大的跨越，它可以使用人工智能生成整个代码片段，而不仅仅是单个单词或短语。这意味着它可以为开发人员提供更全面和有用的建议，指导他们如何完成一段代码。除了代码自动完成这个简单的工作之外，人工智能在辅助编程中还可以发挥远超想象和预期的作用。

快速创建样板代码就是人工智能可以介入的另一个方向。样板代码是一种常见的代码类型，在许多不同的应用程序中被反复使用。它经常被用作新代码的起点，允许开发人员快速启动并运行一个基本框架，然后根据需要进行修改和定制。虽然目前许多快速创建样板代码都不是基于人工智能而是利用预制好的代码模板，但引入人工智能则可以借助输入文字描述直接生成更加定制化的样板代码。

人工智能的另一大潜在应用是对现有代码的优化，它可以通过分析代码提出可以优化效率的修改建议。例如，在开发人员编写代码时，AIGC 模型就可以分析代码并提出修改建议，使其运行更快或使用更少的内存。然后，开发人员可以审查来自人工智能的建议并决定是否实现它们，与手动优化代码相比，这样可以节省时间和精力。事实上，开发者为了优化代码性能，往往要在算法和数据结构上花费至少数百个小时。仅仅是最简单的数字排序这一项任务，就存在着数十种对计算时间和储存空间具有不同要求的算法。这种人工智能对代码的自动优化，可以让很多经验较少的开发者写出高效而优美的代码内容，并能在改进建议中学习成长。

除了优化现有代码之外，人工智能根据不同种类的用户设备生成新的代码也是一个潜在的应用场景。尽管这个场景目前还没有出现被广泛使用的应用，但是对企业而言也意味着巨大的生产力提升。例如，许多互联网企业在开发一个新的程序时往往要对同一个应用进行数次开发，由完全不同的团队输出完全不同的代码以确保用户可以在不同设备上使用，仅仅移动端中需要考虑的环境就包括移动网页端、安卓、苹果、小程序等。与手动编写和迁移代码相比，人工智能的应用可以为开发人员节省大量的时间和精力。

总的来说，通过为开发人员提供快速生成和优化代码的能力，AIGC 可以帮助他们专注于工作中最重要和最具挑战性的方面，使他们能够更快、更容易地创建更好的软件。

二、智能应用生成

同代码自动完成一样，人们很早就在探索如何更低成本地创作应用，近年来被更多人所关注和使用的低代码与无代码开发工具 Bubble 就是很好的案例。使用 Bubble 这一开发工具意味着人们无需代码或者写很少量的代码就可以完成一个应用的开发，但是人们仍然需要学习使用图形化编程工具以及使用图形和流程图表达他们所希望开发的逻辑和数据流。

而对于具有 AIGC 能力的应用而言，这一过程将会变得更加简单。你只需要学会用直白的语言描述你所要创作的应用功能，人工智能就可以帮你完成创作，这样就节省了学习一个全新的逻辑表达工具和经历烦琐开发流程的时间。位于美国硅谷的 Debuild 就是这个新兴领域的代表，用户可以简单描述产品后根据提示选择要包含的功能和对应的应用场景，软件就可以自动生成网页端代码。

事实上，在通过人工智能生成应用这个场景中，开发者并非唯一的受益人，产品设计师也能借助 AIGC 工具获得效率提升。无论是负责视觉设计还是用户体验设计的设计师，在决定最终设计之前，通常都需要探索各种各样的设计可能性，并且根据团队和市场的反馈进行多次调整和重新设计，这也是一个耗时且烦琐的过程。而 AIGC 有可能被用来自动化处理一些这样的工作，使设计者能够快速地根据特定的输入或需求生成大量的设计选项，包括不同的设计元素、布局、配色方案和其他常用元素。Components.ai 便是这样一个工具，而且在此基础之上它还可以帮助设计师生成所对应的前端代码，让设计师更好地与前端工程师进行沟通互动。

三、智能文档注释

所谓文档注释，就是为整个代码文件的使用准备说明文档，并对每一段代码都进行容易理解的功能说明。文档注释对于协作式代码开发具有诸多意义：对于企业内部开发人员来说，文档注释可以让理解和使用现有代码变得更加容易，有利于代码的协作迭代；对于开源项目贡献者来说，文档注释对于他们理解项目如何工作以及可以在哪里做出最好的贡献是必不可少的；对于用户来说，文档注释可以提供使用教程以及任何潜在的限制或已知问题。

虽然文档注释有助于提高代码的清晰度、可理解性和可维护性，但是创建和维护它也需要大量的时间和精力。以 Mintlify 为代表的基于 AIGC 的工具则可以自动编写和更新每段代码的详细描述，大大减少文档创建和维护的成本。有了 AIGC 工具，开发人员只需提供必要的输入数据，如代码本身和示例数据等，人工智能系统就能生成这段代码详细又准确的描述。这样可以为开发人员节省大量的时间和精力，使他们能够更专注于代码创作。

此外，AIGC 工具还可以提高文档注释的质量。传统的人工撰写文档和注释的方式存在多种问题，首先就是文档注释撰写不规范的问题。即便公司制定了统一的规范，但在多人协作、多个版本迭代的情况下很难保证所有注释都是符合规范的，这就可能会产生不完整或不准确的描述，特别是对于复杂或非一手创作的代码。此外，开发人员意愿不高也是造成文档注释质量不高的原因之一。通常，这些开发人员迫于程序版本上线的时间压力，会将精力专注于功能的实现上，只要保证自己看得懂文档注释就行。而待版本上线后，开发人员又会投入新的工作中，无暇顾及原有文档注释的维护。这时，如果出现程序模块的交接，新的开发人员在无法清晰理解原有代码逻辑的情况下，写出来的文档注释可能会出现更多问题，这也是为什么许多大型互联网企业会有大量代码的历史遗留问题，有时甚至需要重构系统。网民曾将这种现象戏称为“程序员最讨厌的四件事”。

- 给自己的程序写文档。
- 给自己的代码写注释。
- 看别人没有写清文档的程序。
- 看别人没有写清注释的代码。

而 AIGC 工具的出现大大减少了这些问题，它可以生成全面、准确和规范的代码描述，为开发人员理解和处理复杂的代码和程序提供巨大帮助。此外，AIGC 在文档注释上还具有一个特别的优势，它能够自动根据代码和程序的发展做出调整。随着代码库和编程语言的变化，人工撰写的代码文档可能很快就会出现过时和不准确的问题，但 AIGC 工具可以实时自动更新和维护代码文档，确保开发人员始终能够访问最新和最准确的信息。

四、智能测试纠正

在产品研发的过程中，程序员的大量时间和精力往往并非花费在代码创作上，而是花费在代码测试和错误纠正的过程中。2021 年 5 月，微软研究员在 NeurIPS 大会上发表了研究成果和最新的机器学习模型 BugLab，探索了如何使用人工智能完成自动化这一流程。除了 BugLab 外，目前市场上众多围绕 AIGC 进行测试纠正的产品和正在被探索的应用场景，也主要集中在代码自动测试和代码错误自动修复这两个场景中。

许多大型科技公司通常会配备人数众多的专业测试团队，测试工程师通常会编写测试代码用例或手工操作流程用例，用于验证开发人员写出的代码是否正常工作。但创建这些测试代码同创建程序本身的代码一样耗时且容易出错，特别是对于大型和复杂的代码库而言。而 AIGC 可以根据一组规则自动生成大量的测试用例，去检验在每种情况下开发人员写出的代码是否都能正确工作，这使得识别代码中的潜在问题并予以纠正变得更加容易。例如，为了测试一段数字大小排序的代码，开发人员可以编写一套测试用例，其中包括一组已经排列的数字、一组按反向排列的数字，以及一组按随机顺序排列的数字，然后输入程序中检查代码是否正常运作。编写这些测试代码或手工操作这些测试用例可能是冗长和容易出错的，但是有了 AIGC 工具，这个过程就可以被自动化，节省大量时间并减少出错的可能性，从而更容易确保代码的正常工作。目前，市面上已经出现了以 Tricentis 为代表的众多 AI 自动测试工具。

对于代码错误自动修复的场景来说，很多情况下即使代码的错误可以被发现，定位源头并且修改错误代码有时甚至要花费数小时到数日甚至更长的时间，这也是 AIGC 可以介入并且提供帮助的地方。例如，在 Visual Studio 上就曾有人发布了一款基于 ChatGPT 的自动测试和纠错插件，并迅速成为平台上最热门的插件之一。它可以像对话一样帮助开发者指出代码中的错误，展示正确的代码案例并且指导如何修改。

第二节　AIGC 与市场营销

市场营销对于所有企业都极其重要。市场营销包括向潜在客户推销产品和服务，帮助企业增加销售额和收入，并且建立强大的品牌和良好的声誉。在很多行业中，市场营销甚至是一个企业成败的最关键之处。而 AIGC 工具也将成为企业在市场营销过程中必不可少的元素。人工智能不仅可以帮助营销人员创建更有效的营销材料，还能更好地了解客户行为，提供更个性化的销售体验，并改善客户成功和售后服务。这些特性最终都可以提高客户满意度和忠诚度，并推动企业销售额和收入的增长。

一、智能创意营销

使用 AI 生成创意营销内容并非市场中的新趋势。事实上，早在 2015 年淘宝“双十一”促销活动后，阿里巴巴团队就在探索基于算法和大数据，为用户做大规模的、个性化的商品推荐，也被称为“千人千面”，并且开发出了一款叫作“鲁班”的产品，这算是广义上早期 AIGC 在创意营销方面的尝试。鲁班在 2017 年就能在一天内制作 4 000 万张根据商品图像特征专门设计的海报，并在

2018 年时就累计设计了超过 10 亿次海报。[1]

以鲁班为例，使用 AIGC 创建营销材料的关键优势之一是它能够节省时间和资源。AIGC 可以根据一组预先定义的规则和参数自动生成这些材料，无须花费数小时甚至数天时间来创建创意营销素材。鲁班每秒钟所创作的 8 000 张图片甚至超过很多设计师整个职业生涯可以创作的内容。[2] 这不仅为其他任务腾出了时间和资源，减少了成本支出，还确保了营销材料的时效性。

以鲁班为代表的 AIGC 创作工具还有另外一个优点：能够分析大量的数据，从而生成与目标受众更相关、更吸引人的内容。AIGC 系统可以分析产品目标的兴趣、偏好和行为，并利用这些信息创建符合他们特定需求和兴趣的营销材料。这能够更有效地推动营销活动，更有可能引起目标受众的共鸣，从而达到阿里巴巴在“双十一”促销活动时所推崇的“千人千面”的效果。

除了图片领域，创意营销文本的撰写也是 AIGC 工具的重要应用之一，它可以在给定的主题上生成几乎无限多的变化文案，这使得营销人员可以尝试不同的风格和方法，并快速测试和迭代不同的想法。这还意味着，营销文案可以针对不同的受众和渠道进行调整，使其更容易吸引不同平台上的目标受众。海外营销工具 Copy.ai 就帮助了大量市场人员创作不同场景下的推广文字内容。当然，除了上述介绍的两种创意营销形式，AIGC 还可以生成其他各种模态的营销材料，例如产品的 3D 模型和广告视频等。

---

① 参考自 https://www.leiphone.com/category/yanxishe/Zy9OqVkBNmZfiuEz.html。

② 参考自 https://juejin.cn/post/6844903509825945608。

最后，因为市场动向、用户偏好等信息都是不断变化的，使用 AIGC 工具生成营销内容的另一大优势是帮助营销人员迅速适应不断变化的消费趋势和偏好，从而保持领先地位。由于能够分析大量数据，AIGC 能够快速、有效地识别和响应消费者行为和偏好的变化。这可以使营销人员迅速调整他们的策略，以应对不断变化的情况，确保他们的营销努力始终与最新的消费者趋势和偏好保持一致。

二、智能销售流程

除了通过创意营销的内容获得更多曝光和客户流量外，对于许多企业来说，主动的对外销售也是极为重要的一个环节。不同行业的不同体量企业和不同的产品类型都会有相对不同的销售流程，但是整体而言，对外销售大概分为三个部分：线索发现、客户触达、客户转化。

在当今的商业世界中，企业经常花费大量时间在互联网上搜寻潜在客户，并且建立希望接触联系的客户名单，这个过程就叫作销售的线索发现。除了手动在互联网上搜索之外，企业也常常会通过参加行业大会或者使用互联网爬虫抓取数据的方式获取潜在客户名单，但即便如此，他们产生的线索也往往是高成本且低质量的。而与之相对比，AIGC 工具可以通过分析现有的客户人口统计数据、购买习惯等，和线上的企业数据库进行对比，从而快速而低成本地建立一个更适合企业的潜在类似客户名单。AIGC 工具帮助建立潜在客户名单的另外一种方式是通过使用自然语言处理算法分析大量的文本数据，如博客、新闻和社交媒体文章等，以判断不同客户对于企业所提供的服务或者产品的需求强度，从而进行线索发现。Seamless.ai 便为众多企业提供了这样的服务，通过简单描述客户的特征，例如行业、体量、收入规模、地区等信息，它便可以建立一个销售名单。

AIGC 也可以生成电子邮件和社交媒体信息，通过智能呼叫的方式帮助企业进一步提高客户触达的效率和效果，极大程度提高了售前销售团队的生产效率。正如前文使用 AIGC 工具创作市场宣传材料一样，同样的工具也可以帮助企业创作邮件内容、微信消息、短信等，甚至进一步根据每一个客户的信息定制不同的内容。在文字的基础之上，自然语言处理则可以帮助企业建立 AI 智能外呼系统，让人工智能主动对外拨打电话联系到更多的潜在客户，大幅度降低企业的成本。总部位于南京的云蝠智能（Telrobot）便是一个被很多企业使用的 AI 智能外呼系统，帮助企业打通更高效的销售流程。

AIGC 工具还可以通过定制化生成客户解决方案，以及建立和优化销售话术等方式提高客户转化率，帮助企业提高销售额。通过学习企业产品或服务内容，以及大量的往期方案，AIGC 工具可以处理所输入的客户需求及参数等，并定制化生成和客户最相关且最有可能提高转化率的解决方案，更快地响应潜在客户需求。同时，以 Oliv.ai 为代表的工具可以通过学习大量的企业销售视频、录音以及文字稿，分析销售话术中的优缺点，进而不断帮助企业优化和完善销售话术，提高转化率。

三、智能客户服务

企业的销售工作并不停止在客户签单甚至付款的那一刻，下一个同样重要的阶段便是确保客户可以获得期待的服务和产品，帮助客户达成购买目标。然而，不论是客户服务还是客户成功，企业都需要使用大量的人力在这个阶段继续帮助客户，否则将会面临低复购、低续费甚至降低企业的声誉等问题。

AIGC 同样可以在这个阶段进一步帮助企业服务好客户。使用 AIGC 工具进行客户支持的一个关键好处是能够有效地处理大量的请求和咨询。传统的客户支持方法需要一个客服团队来响应所有客户的询问，不仅如此，对于重量级的大型客户还需要配备一个客户经理，这样无疑是极其耗时和昂贵的。有了 AIGC 工具，系统本身就能快速和准确地答复客户的问题。这不仅为企业节省了时间和金钱，而且还通过更及时地帮助客户获得他们需要的答案来改善客户体验。此外，使用 AIGC 提供客户支持的另一个优势是能够为每个客户提供个性化的响应。与预先写好的回复不同，AIGC 能够根据每个客户的具体需求生成独特和个性化的回复。这种水平的个性化服务有助于建立信任和提高客户满意度。

除了提供客户支持，AIGC 工具也可以用来帮助客户成功环节，包括提供个性化的产品推荐、提供个性化的支持来帮助客户实现他们的目标等。例如，AIGC 工具在分析客户使用数据的基础上，可以找到改善产品体验的机会，然后，该工具可以生成个性化的电子邮件或应用程序内的消息，并就客户如何更有效地使用产品提出建议。这不仅有助于改善客户的体验，而且还可以增加客户保留和忠诚的可能性。

很多科技巨头和创业公司都在这个方向展开了探索。最值得一提的是销售科技巨头 Salesforce，其旗下爱因斯坦 AI 可以自动生成众多内容并推荐给客户服务工作人员作为回答话术，它甚至可以提前预测正在咨询的客户的需求。

第三节　AIGC 与管理协作

组织内部的有效管理和协作可以保证所有团队成员都站在同一战线上，朝着相同的目标努力。它还可以促进知识的共享，创造更好的决策和解决问题的方法。此外，有效的沟通和协作有助于营造积极的工作环境，提高员工满意度，降低离职率和提高留用率。而企业内部缺乏沟通和协作可能会产生许多负面后果，例如误解和冲突、浪费时间和资源、降低士气等，甚至还会错过重要时间点或产出低于标准的工作。在当今快节奏的商业环境中，为了保持竞争力，取得成功，组织必须进行有效的管理、沟通和协作。AIGC 有很多可以帮助企业提高管理效率的应用场景，本节将对智能行政助理、智能内部沟通、智能团队协作、智能人力资源管理四个场景进行重点介绍。

一、智能行政助理

通过自动化处理行政任务，比如安排会议、创建报告、管理电子邮件等，AIGC 可以帮助企业节省时间和资源，提高内部流程的效率和准确性。

安排会议是一个听起来极其简单但是执行上十分复杂的工作，尤其是在参会人数较多时整个流程会变得异常烦琐。但是，AIGC 可以通过分析来自电子邮件和日历邀请的数据，了解不同团队成员的空闲时间和会议时间偏好，并利用这些信息自动生成一个会议时间表，通过自然语言和每一个与会成员确认其是否可以到场，以便最大限度地提高出席率和工作效率。2021 年夏天被 Bizzabo 收购的 B 轮创业公司 X.ai 便在开发这样的产品，它可以让 AI 成为每一个团队成员的会议助理。

除了安排会议，AIGC 也可以通过自动创建报告辅助企业进行内部管理。AIGC 工具可以分析来自不同来源的数据，比如销售数据、客户反馈和财务报告，使用这些信息自动生成详细和信息丰富的报告。这些报告可根据不同利益方的具体需要和偏好进行调整，并可在获得新数据时实时更新。这可以帮助企业根据最新的信息做出更好、更明智的决策，还可以通过自动化报告创建过程来节省时间和资源。

二、智能内部沟通

AIGC 通过自动化邮件回复、总结会议和文件重点、跨语言和专业自动翻译等方式，可以显著提高企业内部沟通的效率，进而提高协作效率和企业生产力。

人工智能可以通过学习历史文档和往期邮件，自动化生成针对性的电子邮件回复所收到的常见咨询或请求，训练识别和标记潜在的重要电子邮件或附件，从而确保重要信息不被遗漏。在电子邮件管理中，AIGC 可以帮助企业简化流程并提高效率。科技巨头谷歌就将 AI 辅助回复功能添加到了其邮箱系统 Gmail 当中，帮助用户更好地提高工作效率。

AIGC 协助内部沟通的另一种方式是总结会议和文件中的要点。许多会议和文件包含大量信息，员工可能很难快速确定最重要的信息并采取行动。通过 AIGC，企业可以自动化总结过程，让员工快速理解信息要点。例如，员工如果参加了会议，他们可以向人工智能提供会议记录，人工智能将生成一个摘要，突出显示最重要的信息。这可以为员工节省大量时间，并确保他们能够理解信息要点。目前，国内使用最广泛的该类软件是字节跳动旗下的飞书妙记，它可以自动在线生成会议纪要，通过智能语音识别转化成文字，把会议交流沉淀为要点文档，从而让会议成员更专注，工作更高效。

此外，AIGC 与艺术和组织心理学的结合，可以帮助团队内部更好地建立信任、使员工更深度理解企业的愿景和价值观。位于法国巴黎的 Viva la Vida 公司，基于过去 5 年在全球近百家企业和国际组织主导艺术工作坊的经验，开发出一套基于员工价值生命周期每个节点并结合艺术 AIGC、组织心理学、大数据的 SaaS 系统，旨在通过艺术建立连接，提升员工积极性和心理健康状态，未来也将涉足C端市场。

最后，AIGC工具可以通过将信息翻译成不同的语言来协助内部交流，因为它可以促进沟通，确保每个人都能达成共识。这一点对于跨国企业来说尤其有用。例如，如果员工用英语写一封电子邮件，人工智能可以自动将其翻译成收件人的语言，使收件人能够轻松地理解邮件。这可以节省员工手动翻译消息的时间和精力，并有助于改善组织内部的沟通和协作。事实上，这个功能早就在近乎所有主流的即时通信/协作软件上获得了应用。目前，在国内获得广泛应用的典型案例是字节跳动旗下的飞书妙记，其群聊消息和文档可以支持113种源语言、17种目标语言的翻译。①

三、智能团队协作

由于存在不同的知识技能、人员配置、工作习惯等，同一个公司的不同部门或团队间的协作效率也可以进一步得到提升，而AIGC可以被用来改善团队间协作的现状。

AIGC工具可以帮助企业整理各种类型的相关文件。在企业的各种项目中，常常会有不同格式的文档（Excel电子表格、PDF文档、PowerPoint演示文稿等），它们可能被存储在不同的平台上（云盘、线上文档、电子邮件等）。通过AIGC工具，公司可以训练一个模型来自动地将这些数据组织成相关的类别，例如按部门、项目

① 参考自https://www.feishu.cn/hc/zh-CN/articles/446972352418。

或主题分类。这将使员工更容易找到他们需要的信息，减少搜索所需的时间和精力，也减少跨部门协作时获得信息的阻力。

此外，AIGC 也可以通过创建和维护跨团队项目协作计划来改善团队协作。通过 AIGC 可以自动生成特定项目的项目方案，包括工作流和任务分配计划。这在流程复杂、人员数目庞大的项目中特别有用，减少了项目经理的烦琐工作。例如，假设一家公司正在开发一种新产品，利用 AIGC 工具便可以自动生成项目的详细协作计划，包括每个团队或个人要执行的具体任务、每个任务的最后期限以及任务之间的任何依赖关系。这将使员工更容易理解他们的角色和职责，并确保项目保持在正确的轨道上。

位于加利福尼亚州的 Mem 公司便在开发这样的自我管理的协作空间，通过 AI 帮助更多团队管理文件、流程和分工，从而提高团队协作的效率。Mem 公司的产品也整合了大量前文提到的改善团队内部行政和沟通的功能。

四、智能人力资源管理

除了前面介绍的这些，AIGC 还可以在筛选招聘人才、自动化人事管理流程以及评估员工工作表现等方面提高公司人力资源管理的效率和效果。通过分析大量的数据，包括线上申请材料、简历和社交媒体档案，AIGC 算法可以快速而准确地识别具有特定职位所需技能和经验的个人。人力资源经理不再需要手工审查和评估每个申请者，从而节省大量的时间和精力去关注头部人才的审核和筛选。

此外，AIGC 算法可以用来自动化处理许多烦琐和耗时的人力资源任务。例如，AIGC 算法可以用来自动安排面试、发送合同，甚至处理新员工的入职和入职培训。这有助于简化人力资源流程，并确保有效率和有效力地完成这些流程。

最后，AIGC 工具在绩效管理方面也发挥了重要的作用。AIGC 工具可以根据每个员工的个人优势、弱点和目标来生成更具体、更有针对性的绩效反馈。这可以帮助员工更好地了解自己的业绩，并确定需要改进的领域，从而产生更好的结果，提高参与度和生产力水平。此外，AIGC 工具还可以帮助企业实现绩效评估过程的自动化，例如安排和跟踪员工评审，使人力资源经理和管理人员能够专注于更重要的任务。AI 驱动型团队绩效管理工具 Onloop 就是这个领域的典型应用。

04

第四章

AIGC 的行业应用

AIGC 如何在各行各业的实践中加以应用?

深入每个行业，你会发现人工智能正在改变工作的性质。

——丹妮拉·鲁斯（Daniela Rus）

深入各个行业前沿，仔细观察，智能创造时代已非乌托邦式的幻想，而是呼啸而来的未来。目前，AIGC 的身影已经在多个垂直领域中活跃，贯穿资讯、影视、电商、教育等多个行业。了解这些行业的应用现状，也就能够更好地了解各个行业的未来。本章将对 AIGC 在各个垂直行业的应用进行详细介绍。

第一节　AIGC 资讯行业应用

信息爆炸时代，各类新闻资讯无处不在，不可或缺。同时，这些资讯也具备标准化程度高、需求量大、时效性强等特点，因此是人工智能施展拳脚的理想舞台。自 2014 年起，大规模数据检索处理、结构化文本写作、摘要生成等多项 AIGC 相关应用已经在新闻资讯行业落地，因此资讯行业是 AIGC 商业化相对成熟的领域。同时，人工智能在该领域也正向全链路延伸，伴随着底层大模型和各细分场景应用的进步，资讯行业将会有更大的变革潜力。

一、AIGC 辅助信息搜集，打造坚实内容地基

优质的新闻产出必然建立在全面、高效、准确的信息收集和整理的基础之上。在传统的生产模式中，从业者需要亲临一线，通过观察、询问、记录才能获得扎实的信息基础，而 AI 已经能够对该环节进行高效赋能。例如，在采访过程中，科大讯飞的 AI 转写工具可以帮助记者实时生成文字稿、自动撰写摘要、调整文风、精简文本等，提高工作的整体节奏，保障最终产出的时效性。

但 AI 的可能性并不止于助力人类工作者获取一手信息，也可以帮助新闻工作者更精确地检索二手信息，收集撰写新闻报道所需的素材。在以往以传统方式利用搜索引擎的过程中，如果想要实现一些边缘话题的精确检索，需要对检索词的组合进行深思熟虑或反复尝试，才能通过搜索引擎找到想要的答案。运用自然语言长段话描述问题，并不会有助于检索结果的呈现，反而会让结果更加偏离问题。如果想要进行更加精确的检索，则需要学习复杂的检索表达式，这无疑增加了新闻工作者的学习成本。但在高性能的 AIGC 工具出现之后，人们就可以用日常向好友提问一样的方式向 ChatGPT

这样的对话类 AIGC 工具提问，直接获得精确的答案，甚至都不需要在检索出的结果中搜寻，非常方便。虽然 AIGC 工具对于少量领域的回答可能会出现时效性有限或一些错误的结果，但它在大量领域已经可以作为二手信息搜集的重要工具投入使用。

二、AIGC 支持资讯生成，实现便捷高效产出

在新闻资讯的生产环节，基于自然语言生成和自然语言处理技术，AI 交出的结构化写作“答卷”已经逐步得到从业者和内容消费者的认可，因此已经涌现了一批成熟玩家。在产出数量方面，以美联社、雅虎等媒体的合作伙伴 Automted Insights 公司为例，其撰稿工具 Wordsmith 能够在 1 秒内产出 2 000 条新闻，单条质量能够比拟人类记者 30 分钟内完成的作品。AI 的强悍生产能力使得低成本覆盖长尾市场成为可能，更多内容消费者的需求得到满足，公司的利润来源也得以拓展。除了惊人的产出速度外，AI 还在内容准确度方面具有明显优势，能够避免人类工作者粗心导致的拼写、计算错误，在提升稿件质量的同时减轻写作者的工作量。整体而言，在 AI 内容生成方向上，国内玩家布局颇多，比如新华社自主研发的写稿机器人“快笔小新”、腾讯公司开发的 Dream Writter 均已在标准化程度高的场景中得到大量运用。此外，百度公司也和人民网携手发布了“人民网－百度·文心”大模型，或将在未来成为媒体行业的底层基础设施，赋能媒体生产的多场景、多环节。

三、AIGC 助力内容分发，“智媒”赋能人类工作者

在资讯内容的分发环节，AI 除了助力个性化内容推荐外，也开拓了全新的应用场景，即驱动虚拟人主播，以视频或直播的形式进行内容发放，打造沉浸式体验，比如新华社数字记者“小净”带来新鲜的太空资讯，央视网虚拟主播“小 C”担任记者角色，阿里巴巴冬奥宣推官数字人“冬冬”畅聊冰雪，百度智能云 AI 手语主播为听障朋友带来贴心服务。热潮之下，各路玩家纷纷跟进，期待创造更富有科技感、更多样的资讯消费体验。在未来，AI 虚拟主播很可能成为媒体的标准配置。

AI 在资讯行业的全环节大显身手，可能会引人担忧：媒体工作者是否要被取代？时而爆出诸如微软在 2020 年裁撤 27 人的新闻网站编辑团队并用 AI 替代一类的消息，[①] 似乎也表明人们所虑非虚。但事实上，AI 真正的潜力在于赋能人类工作者，其应用在当前的技术水平下仍有不少限制。

首先，AI 撰写的文稿仍稍显呆板单调，模板化强，无法像人类记者一样根据具体报道的性质和语境调整叙述的策略，以达到更好的传播效果。同时，AI 当前无法撰写深度报道，文字缺少温度和人文关怀等要素。基于这些原因，AI 写稿最初也是多被用于财经、体育、突发事件等垂直场景，跨领域迁移、适配以及产出的能力仍然不足。并且，过度依赖 AI 进行信息抓取以及撰

---

① 参考自 https://www.theguardian.com/technology/2020/may/30/microsoft-sacks-journalists-to-replace-them-with-robots。

稿也可能导致信息茧房和回声室效应加剧，甚至带来伦理失范的问题。

因此，人类工作者仍有巨大的发挥空间，而 AI 则将人类工作者从繁杂的重复劳动中解放出来，使他们更好地发挥批判思考能力和创造能力，产出更优质的内容。前美联社的人工智能联合主管弗朗西斯科·马可尼（Francesco Marconi）也在其著作《新闻的新模式》中表示："人工智能仅仅是记者的另一样工具，能让从业者腾出时间进行深度思考。"综上所述，尽管 AI 在新闻资讯行业中已经得到广泛应用，但终局并非实现行业的"去人工化"，而是 AI 和人类工作者携手，共同促进"传媒"向"智媒"的全面升级。

第二节　AIGC 影视行业应用

人们在逐步走向虚拟世界的大潮中，对影视内容的需求正呈爆发式增长。为了满足消费者愈发刁钻的口味、挑剔的眼光，影视行业开足马力扩大产量的同时，也不断迭代制作技术，导致影视行业呈现出工业的特征，正变得空前的精细、复杂。在这个庞大的系统中，"人的局限"逐步凸显。而 AI 在影视行业的应用，却能让影视制作重回"纯粹"，让影视人专注于讲好一个故事。

一、AIGC 协助剧本写作，释放无限创意

一场畅快淋漓的大雨离不开空气中凝结水滴的微粒，辅助生成剧本的 AI 就犹如空气中的微粒，能够在创作的云海中播下灵感之雨的种子。结合对大量优质案例的学习，以及对受众心理的洞察，AI 能够根据影视工作者的要求快速生成不同风格、架构的剧本。AI 在极大地提高影视工作者工作效率的同时，也在进一步激发他们的创意，帮助他们打磨出更加优质的作品。

将 AI 引入剧本创作的尝试早已有之。在 2016 年的美国，一款由纽约大学研发的 AI 就在学习了几十部科幻电影剧本的基础上，成功写出了电影剧本《阳春》以及一段配乐歌词。虽然最终成片只有短短 8 分钟，内容也稍显稚嫩，但《阳春》在视频网站上收获的数百万播放量足以证明人们对这次先驱试验的兴趣。而在 2020 年 GPT-3 发布后，查普曼大学的学生也用 GPT-3 创作了一个短剧，其剧情在结尾处的突然反转令人印象深刻，再度引发了广泛关注。

人们可以通过这些牛刀小试窥见 AI 在剧本创作领域的潜力，但若要系统性地解放影视创作的生产力，还需要 AI 公司贴合具体应用场景，对模型做高度针对性的训练，并结合实际业务中的需求进行定制功能开发。在海外，有些影视工作室已经在使用诸如 Final Write、Logline 等更加垂直的工具，而在国内，深耕中文剧本、小说、IP 生成的海马轻帆公司已经收获了超过百万用户。

在剧本写作上，海马轻帆的 AI 训练集已经涵盖了超过 50 万个剧本，结合行业资深专家的经验，能够快速为创作者生成多种风

格、题材的内容。而剧本完成后，海马轻帆也拥有强大的分析能力，可以从剧情、场次、人设三大方向，共 300 多个维度入手，全方面解析和评估作品的质量，并以可视化的方式进行呈现，为剧本的改进迭代提供参考。而在剧本写作之外的作品商业价值测算、角色筛选等相关领域，AI 也能继续发挥作用，最终实现全面赋能剧本创作，让影视人得以专注地讲好故事，落地创意。自 2019 年开放合作至 2022 年末，海马轻帆已累积评测剧集 50 000 余集、电影 / 网络电影 20 000 余部、网络小说超过 800 万部，其中不乏《流浪地球》《你好，李焕英》等大热作品。[①]

二、AIGC 推动创意落地，破除表达桎梏

在剧本写作阶段，AI 已经能够帮助影视人更好地释放创意，但从剧本上的文字到最终呈现给观众的视听盛宴，仍有一段漫长的旅程，而 AI 却能在这个想法落地的过程中继续保驾护航，帮助实现从“好创意”到“好表达”的跨越，帮助影视工作者化“不可能”为“可能”。

影片具体制作中的第一重“不可能”指的是当前较为粗放、劳动密集型的生产方式难以满足观众对内容质量不断提高的要求。2009 年的电影《阿凡达》让全世界获得了特效和 3D 电影的启蒙，自此之后，观众便不断追求着更加震撼、精细和沉浸式的影视

① 参考自 https://www.haimaqingfan.com/。

体验。

为满足市场的需求，特效技术的应用呈井喷之势，但素材整理标注、渲染、图像处理等环节的工作越发繁杂，给影视工作者造成沉重的负担。例如电影《刺杀小说家》凭借惊艳的特效收获大量关注，但相应地，其后期制作、渲染时间和复杂度也呈几何倍上升。在这样的大背景下，传统的制作协同流程已经难以为继，依靠加班、外包等“老方法”堆砌生产力既不经济，也不现实，生产模式亟待升级。而 AI 技术就具有变革影视行业的潜力。

AI 能够帮助影视工作者从大量重复琐碎的工作中解放出来，从而提高效率，专注于创意的表达。例如《刺杀小说家》背后的特效团队墨境天合，正是借助了云渲染和 AI 技术才完成交付。再以动漫制作为例，动漫制作的环节高度数字化，因此为 AI 在其生产全流程提供了充足的赋能空间。动画电影的设定天马行空，故事行云流水，但若想将其搬上荧幕，却需跨越万水千山。工作室需要从建模开始，一草一木，一人一马，打造世界的雏形，再通过骨架绑定和动作设计，让模型“活”起来。之后，工作室还需要定分镜、调灯光、铺轨道、取镜头，把故事讲出来。为了呈现美轮美奂的场景、逼真的材质和细节、震撼人心的特效，工作室还需要做大量的解算和渲染工作。

在生产的每一个环节中，动漫工作者都面临着许多重复性工作和等待，降低了生产的效率，而优酷推出的“妙叹”工具箱，就能够凭借 AI 在上述的全流程实现生产力的解放。以动漫的重中之重——渲染为例，过去主流的解决方案是离线渲染，在长时间的渲染完成前无法直接看到结果，以至于动漫工作者不得不常常停下来等待，甚至是完全返工。而妙叹则能实现实时渲染，帮助从业者实时把握产出效果，并有针对性地进行修改，节省了大量时间和精力。在建模、剪辑、素材管理等重复性工作较多的环节中，妙叹则能够将其整合，利用 AI 实现“一键解决”，或者提供预设模板、素材，进一步降低动漫从业者的负担。

当前，妙叹等 AI 赋能工具已经被许多国漫工作室采用，包括无断档连更 54 集的《冰火魔厨》，AI 的生产力可见一斑。据《冰火魔厨》制作方表示：“妙叹是解放创意的工具，有了它，我们便有了更充分的精力和底气，去思考如何把故事讲好。”

通过赋能影视生产的全流程，AI 为影视行业带来的影响可能足以比拟 20 世纪好莱坞掀起的影视工业化革命，其本质是通过精细的环节拆分和管理，模块化地产出，实现降本增效，最终在全新生产方式的加持下，好莱坞电影席卷全球。这样的变革对工业化模式尚未完全成熟的中国影视行业，尤其是承载万众期待却仍相对稚嫩的国漫行业来说，有着特殊的意义。

将想法转化为影视作品进行表达，也面临第二重“不可能”，即想象中的场景难以在现实中进行呈现和拍摄。当前，影视作品需要的拍摄环境越发丰富、复杂，自然风光、千年古镇、未来都市，甚至是奇幻大陆、幻想世界，这些场景携带着人们的想象自由跨越时空。随着创意的不断延伸，以影视城为代表的实景搭建、群演拍摄越发难以满足各类题材影片的制作需求。因此，虚拟影视环境的制作变得越发关键，而 AI 在这个环节具有天然的优势，可以充分赋能影视工作者的创造力，并有效控制影片制作的成本。

在场景上，AI 辅助生成背景，结合绿幕拍摄的制作模式已经得到广泛应用，而在大型场面上，AI 亦有亮眼表现，比如《指环王：护戒使者》中的万人战争场面，就是由一套虚拟环境群体模拟系统制作完成。AI 的加持让影视工作者能够以震撼的视觉效果叙述自己的故事，让自己和人们的想象照进现实，映上屏幕。

帮助影视制作方和演艺人员挑战“自然规律”，是 AI 在影视行业中实现的第三重“不可能”。时光无法逆转，逝者不可复生，天生的容貌也难以更改，种种客观条件在一定程度上制约了影视工作者的发挥。但在 AI 技术的加持下，影视工作者的创作自由度进一步得到了解放。

“返老还童”也许是人类在现实中终难实现的夙愿，但许多影片中的演员却早早进行了体验。2008 年的电影《返老还童》讲述了一个“逆生长”男人一生的故事：他出生时便是 80 岁的容貌，随着岁月流逝却逐渐变得年轻，最终以婴儿的形象离世。片中的男主角之所以能够以横贯 80 年时光的多种样貌出演，就是借助了 AI 面部生成技术。最终，出色的技术运用也帮助该片斩获了 2009 年奥斯卡最佳视觉效果奖，AI 技术成就了该影片精彩的构想。

荣誉留在过去，彰显着业界对锐意创新的奖赏，而后人也并未驻足于此，而是继续利用 AI 帮助更多演员在时间的长河中自由穿梭，不断拓展其应用场景。比如网飞在 2019 年出品的电影《爱尔兰人》由三位耄耋之年的影帝领衔出演，而正是 AI 减龄技术的大量运用，才能让平均年龄超过 77 岁的“教父”们以更年轻的形象在片中重聚。该影片背后的团队耗费两年的时间搭建了一款叫作 Face Finder 的 AI 人脸识别应用，通过收集大量主演在 30 岁至 55 岁的容貌数据来实现最优的减龄表现，其最终的出品效果即便在 4K 分辨率下仍显得自然生动。此类 AI 技术的应用帮助影视制作者留住了经典演员超越时间的魅力，也在另一方面延长了演员自身的演艺生命。

值得注意的是，现实中的不老泉无价，而 AI 减龄技术同样耗费不菲。电影《爱尔兰人》在该方面的特效支出就高达 1.59 亿美元。幸运的是，AI 技术也在以令人咋舌的速度飞速迭代。例如，迪士尼在 2022 年开发出一套名为 FRAN（Face Re-aging Network）的 AI 系统，专攻面部年龄重构。据介绍，FRAN 最快仅需 5 秒就能处理完成一个角色，极大地消除了人工手动调整的负担。在迪士尼看来，FRAN 是第一个“实用、全自动、可用于影视制作”的图像人脸重塑方案。随着此类技术的不断进步，使用成本和门槛将持续降低，可以预见未来 AI 年龄调整将在影视行业获得更加广泛的应用。

AI 不仅能让“时光倒流”，甚至还可让逝者“复生”，在虚拟的彼岸再度和观众见面，甚至交互。这一技术在影视领域已经得到了许多应用，其中最知名的案例之一就是《速度与激情 7》。因男主角保罗・沃克在拍摄中途不幸离世，制作团队就联合维塔特效公司，从先前未使用的镜头中收集保罗的面部数据，让他最终得以在电影中“重生”。让故去者回到荧幕之上，能让观众在悲痛之余感到一丝慰藉，在一定程度上弥补了生死两隔的遗憾，而对于逝者本身，可能更是一种致敬和缅怀。正如《速度与激情 7》的导演温子仁及其团队所说："为了保罗。"

更进一步来说，在影视领域之外，这样的 AI 技术也可能在未来走入普通人的生活，帮助人们找回不幸失去的亲人，寄托自己的情感，实现另一种团聚。

然而，死者形象复生这一愿景的出发点虽然美好，但也不可避免地带来了伦理相关的挑战。逝者本人生前是否接受使用技术手段让形象重活一次？最终呈现出来的形象，以及更关键的言行，是否足够客观、准确？商家有无权力利用逝者的信息和形象牟利？人们是否愿意接受这般形式的互动？这样的 AIGC 形式还值得人们更多的思考。离世几十年的明星出演电影，登台献唱；已故商业领袖做客播客，对答如流；已经逝去的长辈、伴侣、孩子又重新出现，再度与我们交谈……这类尝试也往往伴随着争议和批评，甚至有一位借助 GPT-3"复活"已故伴侣的美国用户直接被 Open AI 收回了使用权。可以想见，伦理、风控和安全等话题将会持续伴随人们在该领域的探索。

无论是改变年龄，还是复原逝者，均属于"AI 换脸"技术的应用，而该技术最广为人知的应用，当属替换已经制作好的影片中"塌房"明星的脸。明星"塌房"防不胜防，而由于影片前期投入大，拍摄时间长，且题材一般具有周期性，故出品方很难接受因为"塌房"明星的影响全盘推翻重拍，在这种情况下，AI 换脸就是效率最高、成本最低的一种补救措施。但是，需要了解的是，没有 AI 公司会将给"塌房"明星换脸作为主要业务。因此，如果仅仅将目光停留在该领域，就无法全面理解 AI 在影视行业的革命性潜力。

第三节　AIGC 电商行业应用

随着互联网信息时代的大爆发，淘宝、京东等巨头互联网企业进入互联网时代，电商作为互联网时代的一大受益者，也扮演了重要的角色。2004—2013 年，电商行业发展迅速，而随着自媒体的出现，线上直播、网红带货等模式陆续出现，稳固了电商行业全新的发展格局。在新冠肺炎疫情暴发的几年间，国内大小企业先后面临转型，从原有的靠线下发放广告和实体店的经营模式引入线上化和平台化的经营模式。在数字世界和物理世界快速融合的时代，AIGC 正走在内容和科技前端，为行业带来了深刻的变革。AIGC 可以赋能电商行业的多个领域，例如商品三维模型、电商广告应用、虚拟人主播以及虚拟货场的构建。我们可以利用 AIGC 结合 AR、VR 等技术，实现视听等多感官交互的沉浸式体验。

一、AIGC 构建三维商品，改善用户购物体验

相较于线下购物，线上购物的一个典型问题就是只能从图片上获取商品单一角度的观察信息，无法全方位预览商品全貌。而

AIGC 相关技术工具的出现有利于解决这一问题，这些工具可以让商品在不同角度下拍摄的图像通过视觉算法生成商品的三维模型，提供虚拟产品多方位视觉感知的独特体验，大幅压缩沟通的时间成本，同时改善用户的购物体验等，提升用户转化。

除了将图像生成三维模型，AIGC 相关技术还有一些更加进阶的电商应用方式。阿里巴巴的每平每屋业务就利用 AI 视频建模等 AIGC 技术，实现了线上“商品放我家”的模拟展示效果。家居购物的一个痛点在于，用户非常容易在线上买到看起来好看，但是与整体家居风格并不匹配的商品，从而导致较高的退货率。而阿里巴巴的每平每屋业务，将 AIGC 的功能植入手机淘宝和每平每屋的 App 之中，用户可以通过拍摄扫描家居环境，以及家里与商品进行搭配布局的家居，让 AI 生成线上的 3D 模型，并与想要购买的商品 3D 模型进行组合，让用户在线预览整体的组合效果。AIGC 的线上试用功能无疑极大地提升了用户电商家居的购物体验。

除了家居领域之外，许多品牌企业也开始探索类似的虚拟试用服务，例如优衣库虚拟试衣、阿迪达斯虚拟试鞋、保时捷虚拟试驾，等等。然而，无论是商品的全方位预览还是虚拟产品的试用，都需要创作越来越多和商品相对应的三维模型。如果依靠人类去进行三维建模，不但成本高昂，而且也跟不上新商品的迭代上架速度。因此，要实现沉浸式的线上购物体验可持续化，不要流于单次的营销活动，离不开 AIGC 技术的革新与发展。

二、AIGC 赋能服饰电商，产品拍摄降本增效

AIGC 可以为企业营销提供大量的创意素材，而电商广告是对这些创意营销素材有海量需求的领域，比如前面介绍过的阿里巴巴研发的 AI 设计师“鲁班”就主要应用于这个领域。

不过，除了这种通用性的广告营销用途外，AIGC 在电商服饰领域还有特别的用途。电商服饰领域通常会采用“小单快返”的模式，即先小批量生产多种样式的服饰产品投入市场，快速获取市场销售反馈，对好的产品快速返单继续生产，在试出爆款的同时减小库存压力。然而，这种模式最大的问题就是产品展示图，如果面对上千个服装单类产品都分别找模特、拍照、修图，无疑会耗费大量的时间和成本。根据相关网络公开资料，不少服饰商家每年在产品模特图上耗费的成本可达 20 万 ~ 100 万元，并且每次拍摄基本需要 2~3 周才能拿到成品。[①] 成立于 2020 年的 ZMO 公司就运用了 AIGC 技术来解决这个问题，它在 2022 年 5 月获得了 800 万美元的 A 轮融资，由高瓴资本领投，GGV 纪源资本和金沙江创投跟投。商家只需要在 ZMO 平台上传产品图和模特图，就可以得到模特身穿产品的展示图。[②] 除了刚刚提到的“小单快返”的市场策略，借助 AIGC 还可以让更多与电商服饰有关的市场策略低成本地实现。比如，如果服装商家想在同一款服饰上测试不同的花纹，无须分别制作样品、拍摄、修图再进行投放，只需要用 AI 生成并处理成不

---

① 参考自 https://baijiahao.baidu.com/s?id=1722182134150885316&wfr=spider&for=pc。

② 参考自 https://m.jiemian.com/article/8310011.html。

同花纹样式后，直接由市场部门上架店铺预览，根据用户的浏览数据或者相关市场投票活动，决定最有潜力的爆款样式。

如果商家没有专业的模特资源，一些 AI 平台也可以提供虚拟人模特。阿里巴巴研发的 AI 模特平台塔玑就是这样的产品，商家可以在上面生成成千上万种五官组合的虚拟模特，上传手机拍摄的衣服平铺图或服装设计矢量图后，就可以生成模特身穿产品的广告图。更有意思的是，商家可以根据不同的服装风格，对模特外观进行定制，例如甜美风服装风格的商家可以选择有刘海、蓝色眼瞳的模特，以此来凸显服装的靓丽设计。

三、AIGC 活化虚拟主播，提升直播带货效能

随着元宇宙概念的推广与发展，虚拟主播开始成为许多电商直播间的选择。相较于真人直播，虚拟主播不仅能为用户带来新奇的体验，而且可以突破时间和空间的限制，24 小时无间断直播带货。2022 年 2 月 28 日，京东美妆超级品类日活动开启时，京东美妆虚拟主播“小美”就出现在兰蔻、欧莱雅、OLAY、科颜氏等超过 20 个美妆大牌直播间，开启直播首秀。虚拟主播不仅五官形象由人工智能合成，嘴型也可以利用人工智能精确地匹配产品的介绍台词，动作灵活、流畅。在直播过程中，虚拟主播的每帧画面都由人工智能生成，手持商品的展现形式，配以真人语调的产品讲解、模拟试

用，具有极佳的真实感，可以为用户提供与真人无异的体验。[①]

这类结合人工智能技术的虚拟主播不仅在用户体验方面与真人无异，而且还可以节约 30%~50% 以上的成本。根据网上的调研数据，在一线城市雇用一名优秀主播的月薪大约是 1 万元左右，加上直播场地费，每年差不多需要 15 万元左右的成本，如果再加上硬件设备成本，成本可能达 20 万元，这对商家来说无疑是一大笔开支。[②] 而如果采用 AI 虚拟数字人去经营直播间，不但可以自由更换妆发、服装和场景，时刻给用户全新的观感，还能最大化地节约成本。

不过，目前看来，大多数 AI 虚拟数字人的作用依然是与真人形成互补，让真人获得休息时间，在真人休息的时候帮助真人直播，或者为原先没有电商直播能力的商家提供直播服务，还远不能代替真人。但伴随着 AIGC 技术的发展，AI 虚拟数字人将收获更强的交互能力，可以更加自然地和直播间的观众互动，并结合直播间的评论情况做出更真实的实时反馈，这时的虚拟数字人也许就可以在很多场域下代替真人进行工作，电商直播也会迎来一个全新的智能时代。

① 参考自 https://yrd.huanqiu.com/article/471kvBIJOmo。

② 参考自 https://baijiahao.baidu.com/s?id=1739150418915302141。

第四节　AIGC 教育行业应用

伴随着技术的爆炸式发展，教育这一古老的行业也迎来了颠覆性的未来。然而，相较于在其他行业的全面渗透、多点开花，AI在教育行业的落地应用似乎也落后半步。乔布斯曾经发问："为何IT 技术几乎改变了所有行业，却在教育方面建树不多？"这个问题放之当下的 AI 领域，似乎也并不过时。

事实上，这是由教育行业本身的性质所致。教育行业的参与者众多，时间跨度大，个体的差异性也极大，这种种要素罗织成了一张张复杂的多维网络，让擅长解决边界清晰、定义明确问题的 AI一度迷失方向。同时，教育行业十分强调人与人的互动和联结，并没有统一的理论模型，这都为 AI 的开发、训练和最终落地增加了难度。

然而，却没有人小觑 AI 为教育行业带来的革命性潜力。俞敏洪曾坦言，AI 是新东方最大的竞争对手，于是他开始积极思考人工智能时代的教育。我国政府也在《新一代人工智能发展规划》中明确提出，要利用智能技术加快推动人才培养模式、教学方法改革，构建包含智能学习、交互式学习的新型教育体系。教育行业和科技行业正携手拥抱"AI+ 教育"的明天，希冀通过技术手段推动行业的进步，甚至重塑知识的生产和传承方式。在本节中，我们将从“学习者”和“教育者”这两个教育行业最基础的角度出发，来了解 AI 在教育行业应用的当下和未来。

一、AIGC 携手学习者，从“有限”走向“无限”

自降生起，人类就开始通过各种手段从零开始建立对世界的认知：从手指触摸、嘴唇吸吮、牙牙学语，到坐入教室、高声朗读、奋笔疾书；从声音、书籍，到影视乃至实地体验，人类的每一次探索、理解、记忆，都是拓展自身认知边界的坚实一步，也是学习这一行为的本质。然而，受制于多种客观要素，每个人的探索之旅总是障碍重重，而 AI 对于学习者的意义，便是帮助他们尽可能地解除学习过程中的种种桎梏，最终帮助他们从自身的“有限”尽可能拥抱世界的“无限”。

第一，学习资源本身是“有限”的，不同的学习者对包括课件、讲解在内的学习资源有着不同的需求。比如，偏理科的初中生需要提升中考作文水平的教材，刚转专业的大学生需要对应学科的细致入门课程，正在准备金融行业面试的求职者需要相关专业技能的培训，无论人们希望深入当前领域，还是接触新的方向，是否能得到合适的学习资料就是遇到的第一关。

互联网时代的慕课模式曾通过将部分内容数字化并公开分发的方式，助力资源的流转。而在图像 / 语音识别和自然语言处理等技术走向成熟的今天，由 AI 辅助甚至主导的学习资料整理、制作将会极大降低成本，提高效率，将资源的丰富度和易得性提高到新的层次。AI 在学习资源生成领域的应用也使得覆盖长尾成为可能，AIGC 技术在一些特殊的领域可以辅助生成优质的教学内容，例如儿童绘本等，加速该领域知识的生产效率并让它更快地进入共享网络，最终被最需要它的学习者所捕获，丰富他们的学习资源。

当有限的学习资源得以补充，并流淌到社会的每个末梢，将极大地促进教育公平。乡村地区的孩子也能够获得本来局限于部分学校的优质课程资源，而听障、视障人士的学习也能够被插上翅膀。自 2016 年起，北京联合大学特殊教育学院就引入了 AI 系统，通过手语、口型、文字讲义的配合，帮助听障人士高效学习。在海拔 3 000 多米的拉萨，盲人学生也能在“AI 图书馆”通过百度的智能设备播放各类读物，将自己与更广大的世界相连。AI 促进了教育资源的生产和分发，正在弥合教育不平等的鸿沟。

第二，学习者对自身学习情况和学习策略的认知是“有限”的。德尔菲神庙的门廊上镌刻着苏格拉底的箴言：“认识你自己。”认识自己是追寻智慧的目的，而清楚地了解自己在学习过程中所处的位置，明晰下一步前进的方向，也是学习开展的必要条件。智能学习平台能够充分收集学习者在学习过程中的各类数据，并根据其行为模式、各知识点掌握程度为学习者提供精准的画像，帮助学习者了解学习状态和挑战，并根据画像为学习者自动生成后续的个性化学习计划，以提高学习效率。

AI 助力学习者“了解自己”的价值也绝不仅仅体现在过程中，在学习开始前，学习者就可以通过 AI 生成的自身分析报告来选择最合适的学习方向，如科大讯飞和北京师范大学合作，推出“学科潜能和专业兴趣双核测评”，致力于帮助学生了解其在某个具体方向上的思维能力、兴趣、水平，并协助学生匹配到合适的院校、专业，从而助力学生的长期成长。

第三，随着学习媒介逐渐数字化，学习行为本身也逐渐变得灵活甚至碎片化，然而，来自教育者的指导和反馈却在多数情况下显得越发“有限”，可能上班族只有在地铁上通勤时才能学习英语，而小学生只有在放学回家后才有时间完成练习写作。这些适配学习者自身要求的学习行为正时刻发生着，期间遭遇的问题和完成的产出也可能不断累积，但由于时间、场地、人力的限制，学习者很难及时在传统的人类教师那里获得反馈。而反馈却是学习者真正取得进步的核心环节。

相较之下，广泛部署在各类智能学习软硬件中，以及由 AIGC 驱动的文本答疑、指导和评测具有易得、全天候响应以及高度个性化的优势。在“AI 教师”的时刻护航下，学习者得以不断形成习得－评测－反馈的闭环，有效提升学习效果。微软就在该方向布局颇多，例如，微软亚洲研究院和华东师范大学合作研发的中文写作智能辅导系统“小花狮”，能够借助自然语言处理等技术，实时为学生作文结果评分，并能够分析其背后原因，从而帮助学生找到属于自己的发力点，实现进步。

同时，微软亚洲研究院也向培生的《新朗文小学英语》提供了多项人工智能技术支持。培生能够借助微软 Azure 认知服务中的“文本转语音”技术实时纠正学习者的英语发音，指点语言技巧，并能够生成英语相关多维度的能力测评。在大量转向线上授课的时期，由 AI 赋能的《新朗文小学英语》快速弥补了线下真人教师的空缺，让孩子们得以持续学习英语，与此同时，AI 带来的低成本优势，让家长们节省了不少教育开支。

第四，在学习的场域上，“有限”的物理空间正向“无限”的虚拟空间演进，以打造更加具有沉浸感、体验感的学习环境，充分启发学习者的兴趣，助力深度学习。由 AI 驱动的虚拟人能以具现化的形式在 VR、AR 的世界中和学习者进行交互，并借助多种辅助工具展开教学。比如愿景唯新实验室就打造了一个虚拟仿真试验平台，让学习者随时随地、身临其境般地展开实践学习，从而打破物理世界的限制，并通过“亲眼所见”“亲手所为”的方式强化学习效果，提升学习乐趣。

而在特定学科中，利用 AI 还可打造出与专业高度匹配的虚拟场景，便捷地为学习者创造难得的体验环境，比如西安科技大学打造的沉浸式矿山模拟系统，以及利用 AI 分析卫星数据生成的虚拟考古环境。虚拟人 AI 教师、学伴与虚拟空间有着良好的结合能力，在人类生活向虚拟世界迁移的大潮中，必将扮演越发重要的角色。

二、AIGC 赋能教育者，实现减负提效

从学习资源到学习过程中的自我认识、教师反馈，再到学习开展的场域，AI 将逐步破除这些环节的“有限”，助力学习者摆脱自身的局限，走上通往“无限”之路。而教育者则是这条道路上不可

或缺的引路人。对于教育者来说，AI 如同他们手上的火把，扮演着辅助的角色。

首先，AI 能够帮助教育者减轻日常重复烦琐的劳动负担，节省教育者的精力来进行更富有创造力和挑战性的工作，比如进一步促进人和人的关系。相较于不断增长的学习需求，教育者的数量不足将会是长期持续的矛盾，最直接的结果就是“大班制”。在这种情况下，教师不得不一人满足几十位学习者的不同需求，奔波在琐碎的答疑、备课以及大量的作业批改中，而 AIGC 相关技术的出现，就能够有效解决这一问题。

当下，作业 / 考卷自动批阅等技术已经获得了越发广泛的应用，人工智能不但可以判断学生题目的正确性，还能生成针对性的评语。根据认知智能全国重点实验室的统计，在人工智能的帮助下，教师备课工作的效率大幅上升，而作业批改的负担则显著下降，文科教师的作业批改用时甚至可以缩短 50% ~ 70%，教师得以从低附加值的工作中抽身，转而关注学生的个性化发展。

除了帮助教育者完成重复性工作，AI 还可以延伸教育者的感知，充当他们的眼睛、耳朵，更加全方位地关注学习者的情况。比如基于计算机视觉技术，AI 能够实时、全面地分析学生的面部表情等信息，并生成展现学生当前情绪、学习状态等的分析报告，这将帮助教育者深度了解当前教学的开展情况、接收质量，并及时做出针对性调整，提升教学效果，最终赋能“教、学、评、管、研”的教育全环节。

通过对学习者以及教育者的赋能，AIGC 最终可能帮助人类实现教育的终极理想：因材施教，即大规模开展高度个性化的教育，让每个人都以最适合自己的节奏，在最合适的方向上进行自由发展，充分发挥自身的潜力，这也是经过多年发展的自适应教育的终极形态。尽管人工智能在教育行业的应用还面临着加剧信息茧房的风险，以及对传统教育伦理的挑战，甚至将人“机器化”的忧虑，但更多的人相信，借助人工智能，人类将打造更好的“以人为中心的”的教育，实现所有人终身、全面的发展。

第五节　AIGC 金融行业应用

金融行业是天然关乎数据与信息处理的行业，行业中的各类公司都需要从纷繁复杂的市场上搜集各类信息，并利用这些信息创造出各种各样的财富。这样的业务需求特点让金融行业的信息化一直走在其他行业前列，具备数据质量好、数据维度全和数据场景多等诸多特点，让它成为传统 AI 技术最早落地的商业场景之一。在金融行业中，最常见的应用人工智能的场景是通过 AI 模式识别和机器学习的方式捕捉市场的实时变化，并利用大量的实时数据进行分析，以此提高金融公司的财务分析效率和能力。而随着 AIGC 技术的快速发展，不少金融公司也已经注意到了这方面的潜力，并正在积极试水，将最新的 AIGC 技术整合到公司的日常工作流程当中，提升公司其他方面的工作效率。

AIGC 在金融行业的应用主要聚焦于智慧客服与智慧顾问服务两个方面。在智慧客服方面，客户可以通过自然语言处理技术，使用语音或文本与 AI 系统进行交互，轻松获取有关金融产品和服务的信息，并进行相应的操作。在某些领域，AI 系统已经完全可以代替金融人工客服。通过让人工智能系统学习金融知识库，包括金融机构的产品、服务、政策和程序等信息及一般回答话术，人工智能就能结合客户的问题，生成符合场景的回答，解答用户的问题，并协助客户处理如账户设置、风险评估、理财签约及理财购买等一系列常见业务，用户无须再耗费大量时间在柜台排队等待人工服务。传统人工客服不可能 7×24 小时全年无休地工作，人工客服受个人情绪、压力和周边环境的影响，在服务过程中难免出现情绪化或者“违规”操作，这在金融强风险领域是很严重的问题。而 AIGC 智能客服的可控、稳定服务解决了这些问题。

此外，AI 系统也能够快速高效地完成一部分当前人工客服难以完成的工作。例如，AI 系统可以记住客户的喜好，侧写多维客户画像，构建预测式服务体系，进一步提升客户服务体验。AI 系统通过对客户标签、交易属性等多类数据进行分析和研究，借助算法建模等金融科技手段，主动迎合广大金融消费者的需求，对目标客群开展不同层次、不同手段的服务触点，提供“千人千面”专属特色顾问服务。

目前，AIGC 技术已经取代了金融行业的大量客户服务人员和客户经理。例如在 2017 年 4 月，富国银行就开始试点一款基于 Facebook Messenger 平台的智慧客服项目。在该项目中，人工智能可以代替客服与客户交流，为客户提供账户信息查询、重置密码等基础服务。而美国银行也推出过类似的智能虚拟助手 Erica，客户可以使用语音和文字等方式与 Erica 互动，而 Erica 则可以根据客户的相关指令帮助客户查询信用评分、查看消费习惯等，更厉害的是，Erica 还具有智慧顾问的能力，可以根据客户银行流水收支变化为客户提供还款建议、理财指导等。此外，苏格兰皇家银行也有类似服务，其推出的“LUVO”虚拟对话机器人可以为客户获取最适合的房屋贷款等，旨在成为客户“可信任的金融咨询师”。除了海外的实践，国内金融业的智慧客服和智慧顾问的相关产业也较为成熟。无论是各类银行、基金公司，还是聚焦金融业务的互联网公司，都推出过自己的智慧客服和智慧顾问机器人业务，将 AIGC 的相关技术应用于客户服务和投顾咨询。例如，中国工商银行在 2022 半年报中披露，“工小智”智能服务入口拓展至 106 个，智能呼入呼出业务量 3.1 亿次。上半年，该行客户满意度为 93.9%，客户电话一次问题解决率达 93.3%。中国邮政储蓄银行披露的 2022 半年度业绩报告显示，该行信用卡客服热线以数字化转型为抓手，升级迭代智能客户服务，积极拓展智能化服务场景，智能客服占比提升至 79% 以上，智能识别准确率达到 94.77%。这些都反映了 AIGC 相关技术应用于我国金融业的巨大潜能。

第六节 AIGC 医疗行业应用

AIGC 技术的发展和推广，无论是对医生还是对患者而言，都是一种福音。AI 预问诊就是一个最典型的应用场景。在医生问诊较为繁忙的时间段，人工智能可以进行预问诊，与患者进行语音或文字的互动，模拟医生的问诊思路，收集患者既往病史、过敏史、用药史、手术史等重要信息，并与患者进行自然的语言互动。而等到患者开始诊疗时，人工智能会根据预先收集的信息生成诊疗报告，使医生可以更快地处理患者的病症。通过这样的模式，不仅医生的时间得到了释放，而且患者也得到了更好的服务，医院也对患者在科室扎堆排队的现象进行了合理的分流和管理，可谓是一举三得。2021 年，复旦大学附属眼耳鼻喉科医院与腾讯医疗健康签署了战略合作协议，将全面打造数字化医院建设新标杆、新范式，深度推动医院数字化转型，在“智能预问诊”等业务上已快速落地推进。

除了 AI 预问诊之外，患者在用药咨询、用药提醒等方面也可以得到人工智能的帮助。比如现在，随着慢性病患者的人数增加，药物的联合应用已经成为常态。在实际场景中，虽然医师会给予患者如何用药的医嘱，但患者在实际用药过程当中可能会出现用药时间错误、漏服、过早停药、服药剂量错误、随意换药等问题，最终导致治疗失败或者疗效不尽如人意的情况。而患者出现用药问题的首要原因就是患者在自主用药的过程中没有得到及时的提示或指导。人工智能系统则可以帮助患者对他们的用药合理性进行分析，通过调用知识图谱，以及发现已录入药品成分之间的药物过量或相互作用关系，对上述问题进行自动检测并提醒患者。此外，人工智能还可以根据待服用药品集当中各药物的服用约束条件，建立规划算法，得到可行的安全用药时间段，为患者用药提醒提供科学依据。在全面分析服用药物的基础上，这些信息都能以便于理解的方式在 AI 与患者进行对话的时候合理呈现。

而对于部分心理疾病，具备对话生成能力的人工智能本身就可以参与到治疗过程之中。首先，相较于传统的心理咨询或者与亲友进行倾诉，AIGC 聊天机器人只是一个隔着屏幕的软件程序，用户不必担心自己被评判或者隐私被泄露。其次，相比于心理咨询师职业生涯的案例总数，AIGC 聊天机器人有海量交流数据和知识模型支撑，可以在持续迭代更新的同时保持冷静和中立，提供一种可靠且可自己进化的心理咨询服务。此外，当患者在凌晨因为压力或焦虑难以入眠，不能立刻求助心理医生时，AIGC 聊天机器人可以提供聆听与陪伴。聆心智能就是典型的使用 AIGC 技术为用户提供心理健康疗愈方案的公司。聆心智能基于生成式大模型开发的情绪疗愈机器人“Emohaa”，可以构建以生成对话为核心的交互式数字诊疗方案，通过对话与患者共情，及时提供情绪支持与心理疏导，促进患者的心理健康。

除了心理健康之外，AIGC 在对听障、语障人士的支持领域也发挥着重要作用。获得科大讯飞战略投资的音书科技就是这样一家公司。音书科技不仅为听障、语障群体提供各种场景下的翻译字幕系统和手语系统，以支持他们的日常交流和信息获取，还提供了AI 言语康复系统。根据音书科技官网显示的数据，目前音书科技已经对外提供数亿次辅助沟通服务，大大改善了听障、语障群体的沟通现状。

除了前面介绍过的诊疗相关的领域外，对于医生来说，医疗科普也是日常工作的重要环节，而 AIGC 也可以帮助医生更好地完成医疗科普工作。万木健康公司就借助了 AIGC 相关技术，只需要采集一段时间的人像、音频，就可以合成属于医生的数字分身，借此制作各种题材的医疗科普视频。这样，医生不需要在繁忙的工作中抽出时间出镜拍摄，也不需要进行视频剪辑，就可以低成本地持续性产出医疗科普视频，在节约精力和成本的同时，惠及患者。

05

第五章

AIGC 的产业地图

AIGC 的产业链上有哪些创业、投资的商业机会?

我们并非使用技术，我们生活在技术之中。

——高佛雷·雷吉奥（Godfrey Reggio）

阅读至此，各位读者对 AIGC 的缘起、技术、应用都有了系统性的理解，但落脚到投资、创业究竟会有哪些商业机会？产业链各个环节的价值体现在何处？都有哪些典型的玩家和商业模式？本章将带着这些问题从商业机遇的捕捉角度入手，对整个 AIGC 的产业进行详细描绘。总体来看，整个 AIGC 的产业地图可以分为三类：上游数据服务产业、中游算法模型产业、下游应用拓展产业（图 5-1）。

- 数据服务：作为智能机器的“食物”和数字经济世界的生产要素，数据在被“喂”给机器之前，常常会涉及查询与处理、转换与编排、标注与管理等前置步骤，而在整个数据的使用过程中也离不开治理与合规方面的管理工作。作为 AIGC 的源头，相关数据服务产业孕育了很大的商业机会。

- 算法模型：人工智能之所以能判断、分析、创作，主要是因为存在支撑这些功能的算法模型。因此，训练算法模型也就成为整个产业链中最“烧脑”、最具技术含量和最具商业潜力的环节。在数字世界，围绕着如何让算法模型更聪明的命题，诞生了包括人工智能实验室、集团科技研究院、开源社区等主要玩家，构成了整个产业链的中游环节。
- 应用拓展：经过数据训练后的算法模型最终会在下游应用拓展层完成“学以致用”的使命，根据应用场景的模态和功能差异诞生出文本处理、音频处理、图像处理、视频处理的各个细分赛道。每个细分赛道里都有许多创新企业在相互较量，这也是当前风险投资机构最热衷投资的环节。

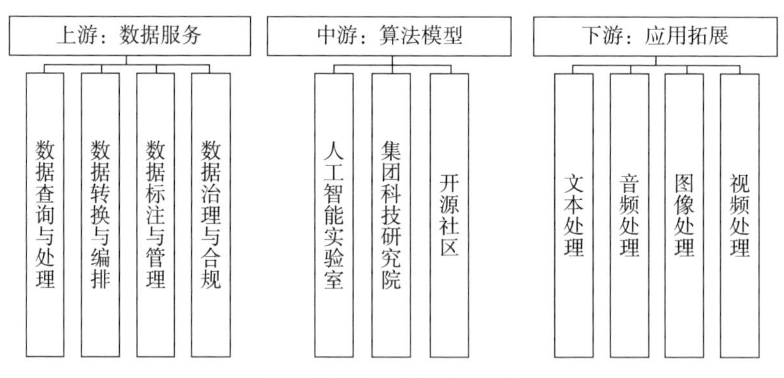

图 5-1　AIGC 产业地图

第一节　产业上游：数据服务

假如人工智能算法是一个生物，那么喂养这个生物的食物便是数据。

无论是机器学习还是人类学习，其分析、创作、决策的能力都是来自知识的学习和经验的积累。不同的是，机器可以不眠不休地学习，不会因为情感和情绪降低学习效率，更不会因为控制不住打游戏、刷短视频的冲动而放弃学习。因此，在机器学习的世界里，“头悬梁、锥刺股”“找家教、开小灶”这类纯粹延长学习时间的内卷策略通常并不奏效。在这种情况下，真正决定不同机器之间能力差异的就是数据的质量。AIGC 的产业链上游是一系列围绕数据服务诞生的生产环节，我们可以用农作物加工过程作一个虽不严谨但易于理解的类比。

- 首先是数据查询与处理，这个环节相当于把刚从农田里收割的农作物分类打包；
- 其次是数据转换与编排，这个环节相当于把分类打包的农作物运送到食品工厂后制作成包装精美的成品；
- 再次是数据标注与管理，这个环节相当于给来自工厂的成品商品打上条码和标价；

- 最后是数据治理与合规，这个环节相当于库房的安保人员要确保商品按照相应的规则合理存放。

图 5-2 展示了 AIGC 产业链上游的全景，最右列是上游主要的公司，右侧第二列是公司类型，这些不同类型的公司可以被归类到数据服务的四个主要环节中。

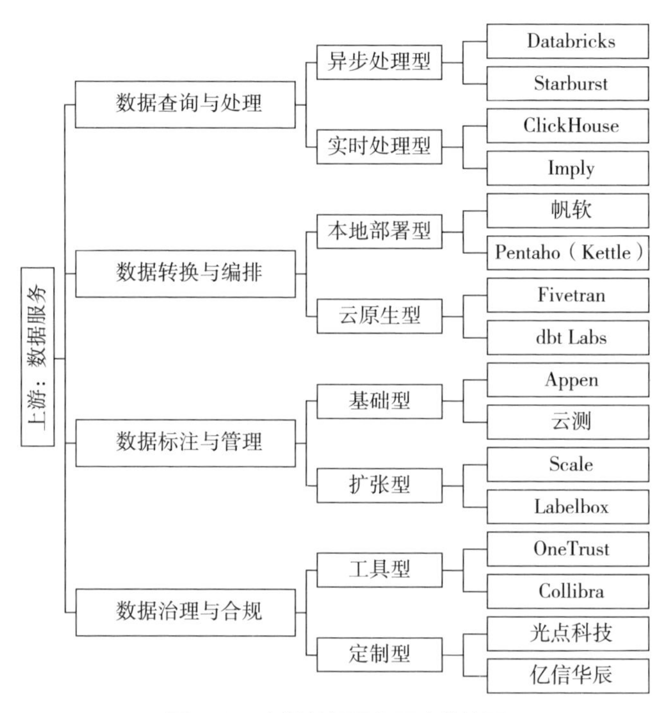

图 5-2　上游数据服务层产业地图

一、数据查询与处理

通常，数据需要存储在一个合适的地方，等待着人类输入指令去提取符合要求的数据进行处理。一方面，这种存储可以像现实世界中的淡水湖一样，直接把来自四面八方的水源汇聚在一起，不作区分，这种存储架构被称为数据湖（Data Lake）。另一方面，这种存储也可以像农场里的仓库一样，将数据像瓜果一样收集后清洗好，然后在仓库里一个个摆放整齐，这种存储架构被称为数据仓库（Data Warehouse）。

近几年，在技术进步和商业发展的推动下，“湖仓一体”（Data Lakehouse）的数据存储模式开始出现。湖仓一体模式将数据湖的灵活性和数据仓库的易用性、规范性、高性能等特点融合起来，能够为企业带来降本、省时、省力等多种好处。

- 降本：湖仓一体模式可以降低数据流动的成本，相当于把天然农场变成了粮仓。
- 省时：湖仓一体模式可以降低时延，类似于省掉了农作物从农田搬运到仓库的环节，这样可以节省搬运时间。
- 省力：对企业而言，湖仓一体模式可以避免在数据架构层面不必要的重复建设。

无论是数据湖模式还是湖仓一体模式，都更加符合当前 AIGC 提取各类非结构化数据和结构化数据训练使用的需求。根据市场研究公司 IMARC 测算，全球数据湖市场规模在 2021 年达到了 74 亿美元，并预计 2022—2027 年复合年增长率为 26.4%，预计 2027 年全球数据湖市场规模达300亿美元，[①] 可见增长潜力之大。数据湖具有如此大的增长潜力，因此如何从数据湖中查询与处理数据就显得更为重要。根据数据查询与处理的时效，可以将涉及这个环节的公司分为两类：异步处理型公司和实时处理型公司。

1. 异步处理型公司

简单地说，异步处理指的是数据的处理过程并非同步进行，而是分不同步骤依次进行。这里划分的异步处理型公司并非指公司不具备实时处理的能力，而是数据服务主要针对的业务场景是异步工作的。截至2022年12月初，数据查询与异步处理型公司中有两家公司发展势头迅猛，值得关注：一是Databricks，当时的最新估值是380亿美元；二是Starburst，当时的最新估值是33.5亿美元。

2013年，通用计算引擎Apache Spark的创始团队出于对Spark商业化的考虑成立了Databricks公司。自此，Databricks就像架在数据湖之间的桥梁，通过支持行业特定的文件格式、数据共享和流处理等方式，让数据的访问和预处理变得更加便捷。Databricks提供了一个名为Delta Sharing的开源功能，可以实现数据的跨区域共享，从而提高工作协同效率。另外，Databricks针对特定行业特定文件格式的数据处理需求，一直在探索有针对性的垂直产品。比如，针对不同医院的电子病历格式上会存在细微差异的问题，Databricks可以对电子病例的原始数据进行访问和预处理，从

① 参考自https://www.einnews.com/pr_news/604966323/data-lakes-market-size-2022-2027-report-share-industry-trends-and-opportunities。

而形成格式统一的结构化数据。Databricks 的首席测试官（CTO）马泰・扎哈里亚（Matei Zaharia）在 2022 年 12 月接受采访时表示：“Databricks 在前三大超大规模数据中心里运行着超过 5 000 万台虚拟机，有 1 000 多家公司在使用 Delta Sharing 进行数据交互。”[①] 可以说，Databricks 是一个联结数据湖仓架构的枢纽，而这份枢纽所带来的数据价值也收获了投资人的广泛认可。

Starburst 是一家缘起于 Facebook 开源项目的数据分析公司。它提供了一种解决方案，可以让用户随时随地快速轻松地访问数据。Starburst 的历史可以追溯到 2012 年 Facebook 的开源项目 Presto。Presto 最初是为了满足 Facebook 大规模数据快速查询的需求而建立的。2013 年，Presto 的初始版本在 Facebook 上线使用并开源，自此之后，包括亚马逊、奈飞和领英在内的其他科技公司也都开始使用。直到 2017 年，为了更大规模推动 Presto 的使用，Startburst 得以成立，并在一段时间的发展中收获了资本市场的青睐。

2. 实时处理型公司

与异步处理型公司类似，实时处理型公司指的是主要针对实时处理需求的公司提供数据服务。截至 2022 年 12 月初，数据查询与实时处理型公司中有两家公司值得关注：一是 ClickHouse，当时的最新估值是 20 亿美元；二是 Imply，当时的最新估值是 11 亿美元。

ClickHouse 强调处理速度，可以实现实时数据访问与处理，并

① 参考自 https://www.computerweekly.com/news/252528123/How-Databricks-is-easing-lakehouse-adoption。

且围绕它形成了一个开发者社区，有助于持续开发和技术改进。ClickHouse 的主要产品是一个开源的列式数据库，在列式数据库中，数据按列进行物理分组和存储，从而最大限度地减少了磁盘访问次数并提高了性能，因为处理特定查询时每次只需要读取一小部分数据。此外，由于每一列都包含相同类型的数据，因此也可以使用有效的压缩机制降低存储成本。而正是这些独特的技术特性让 ClickHouse 受到了资本市场的充分关注。

Imply 是一家基于 Apache Druid 提供数据查询与实时处理服务的公司。Apache Druid 是一个实时分析型数据库，最初主要面向广告行业的数据存储、查询需求，因为广告数据对数据的实时性要求很高，对广告主而言，及时衡量曝光、点击、转化等关键指标有助于快速评估广告投放的效果，进而对广告投放策略进行调整。尤其是在自媒体时代，网络热词的时效性、用户的注意力、网红达人的生命周期都变短，这使得广告业对数据访问和处理的实时性要求变得越来越高。目前，Imply 为许多需要利用动态数据进行实时处理分析的场景提供技术支撑，也为不少更高级别的 AI 技术提供大规模数值计算的能力。

二、数据转换与编排

在这个环节里，作为人工智能“食品原材料”的数据就需要被运送到加工厂里进行加工处理了。这个环节对数据的处理主要包括提取（Extract，简称 E）、加载（Load，简称 L）和转换（Transform，简称 T）三个模块，因此产业界通常将该环节称为 ELT 或 ETL，也就是三个模块的英文首字母缩写，L 和 T 的顺序则取决于实际操作流程中哪个环节在前面。这三个模块的含义如下所示：

- 提取：从各种来源获取数据。
- 加载：将数据移动至目标位置。
- 转换：处理和组织数据，使其具备业务可用性。

根据市场研究公司 Grand View Research 的数据，全球数据集成工具市场的规模在 2021 年是 105 亿美元，预计 2022—2030 年复合年增长率是 11.9%。[①] 根据数据处理的方式是在本地还是在云端，可以将涉及这个环节的公司分为两类：本地部署型公司和云原生型公司。

1. 本地部署型公司

本地部署型公司主要指核心软件产品部署在本地电脑环境中使用的公司。在这个领域有两家公司值得关注：一是帆软，二是 Pentaho（主要关注其产品 Kettle）。

帆软成立于 2006 年，是一家总部位于中国无锡的大数据商业智能和分析平台专业提供商，它专注于商业智能和数据分析领

① 参考自 https://www.grandviewresearch.com/industry-analysis/data-integration-market-report?utm_source=prnewswire&utm_medium=referral&utm_campaign=ict_22-sep-22&utm_term=data-integration-market-report&utm_content=rd。

域，致力于提供一站式商业智能解决方案。仅 2021 年，帆软销售额就已超 11.4 亿。① 根据国际数据公司 IDC 2021 年的数据，帆软的主业商业智能的市场份额连续五年在中国排名第一。旗下的 FineDataLink 是一站式数据集成工具类的重要产品，其目的是为了解决企业数据处理的困境。如今各大企业拥有大量各种类型的信息系统，但企业之间并不连通，形成了数据壁垒，这也使企业无法进行有效的数据联合分析，最终导致数据无法发挥最大价值。而 FineFataLink 通过对多种异构数据进行实时同步，采用流批一体的调度引擎进行数据清洗，并提供低代码 Data API 敏捷发布平台，帮助企业解决数据孤岛，提升数据价值。从帆软官网披露的信息来看，FineDataLink 的客户以三一重机、安特威、惠科金渝等制造业客户为主。

Kettle 最早是一个开源的 ETL 工具，采用 java 编写，可以在各种类型的操作系统上运行，数据抽取高效、稳定。2006 年被 Pentaho 公司收购，2015 年 Pentaho 公司又被 Hitachi Data Systems 收购。截至 2021 年 1 月 31 日，Kettle 开源版软件下载量最多的国家是中国，占全球下载量的 20%。②

2. 云原生型公司

云原生型公司主要指以云服务的形式提供旗下产品数据转换与

① 参考自 https://www.fanruan.com/company。

② 参考自 https://sourceforge.net/projects/pentaho/files/stats/map?dates=2005-06-01+to+2021-01-31。

编排功能的公司。截至 2022 年 12 月初，云原生型公司中也有两家公司值得关注：一是 Fivetran，当时最新估值是 56 亿美元；二是 dbt Labs，当时最新估值是 42 亿美元。

Fivetran 是硅谷知名孵化器 Y Combinator 成功孵化的公司，这家公司的名字来自 20 世纪 50 年代 IBM 开发的编程语言 Fortran。随着云计算技术的到来，Fivetran 最初意识到传统 ETL/ELT 工具的性能可能难以匹配云原生的工作场景，因此基于云原生场景开发了相较于本地部署场景下的 ETL/ELT 工具更适配的数据整合平台。通过提供 SaaS（Software-as-a-Service，软件即服务）服务，Fivetran 可以连接到业务关键数据源，提取并处理所有数据，然后将数据转储到仓库中，以进行查询访问和必要的进一步转换。Fivetran 让大规模数据的分析操作变得更简单了，有人认为 Fivetran 是“在 Excel 和 Matlab 之间找到了平衡”。随着数字时代的发展，未来大规模数据分析的需求会越来越强烈，但学习专业的大数据分析工具成本不低，因此 Fivetran 很好地弥合了这个市场需求。

dbt Labs 聚焦在 ELT 中的 Transform 部分，帮助数据团队“像软件工程师一样工作”，它的核心功能是帮助用户书写数据转换的代码。在创业之前，dbt Labs 的创始人团队一直在数据分析领域工作，他们对于数据分析所面临的问题和挑战有着深刻的了解。他们一直坚信，数据分析师是一种创造性的工作。dbt Labs 最初推出的产品非常小众。一部分尝鲜客户为 dbt Labs 的产品提出了很多改进建议和需求，这有助于产品的迭代，也有利于让产品在这些早期用户中进行口碑传播，就像一个种子在肥沃的土壤中发芽生长一样，这使得 dbt Labs 快速成长起来。在它发布了 dbt cloud 的云服务之后，公司估值也快速上升，获得了投资人的广泛认可。

三、数据标注与管理

如果说人工智能是把机器当作学生进行教学的过程，那么数据标注与管理环节则是备课环节，把原始数据进行结构化处理后，接下来就是组织整理知识点，然后教给机器。在前文中，我们介绍过在许多任务场景中，人工智能需要通过监督的方式进行学习，人类通过给机器“喂养”标注了知识点的结构化数据来实现监督，最终形成可以解决各个场景实际问题的算法模型。正如中国工程院院士邬贺铨曾表示的：“智能驾驶中需要让汽车自动识别马路，但如果只是将视频单纯地传给计算机，计算机无法识别，需要人工在视频中将道路框出，再交由计算机，计算机多次接受此类信息后，才能逐渐学会在视频和照片中识别出道路。”[①]

根据 Grand View Research 的研究，2021 年全球数据标注市场规模为 16.7 亿美元，预计 2022—2030 年将以 25.1% 的复合年增长率增长。数据标注环节听起来技术含量并不高，只需雇用更多的劳动力就可完成，但有心的公司可以基于数据标注的源头将业务拓展到其他环节，获得更大的发展空间。因此，根据公司业务拓展程度的差异，可以将涉及这个环节的公司分为两类：基础型公司和扩张型公司。

---

① 参考自 https://baijiahao.baidu.com/s?id=1737750124224113625。

1. 基础型公司

基础型公司通常专注于数据标注与管理领域，并没有过多将业务延伸至算法模型等其他领域，虽然聚焦的环节附加值不高，但由于充分的专注度，基础型公司在该垂直领域形成了独特的竞争优势，Appen 和云测数据就是这一类公司的典型代表。

Appen 是全球领先的 AI 训练数据服务提供商，成立于 1996 年，2015 年在澳大利亚证券交易所上市。基于官网信息可知，Appen 在全球拥有 100 多万名众包人员，支持 235 种语言，业务遍布全球 170 个国家和 7 万个地区。目前，Appen 已经为全球许多头部企业提供服务长达 20 多年，能够针对不同行业的 AI 应用场景需求提供独特的解决方案。

云测数据是另一个具有代表性的基础型公司。云测数据成立于 2011 年，是一家自动化软件测试公司，2018 年开始涉足数据标注业务，旗下拥有云测标注平台和国内众多供应商，致力于加速 AI 场景化落地。根据《互联网周刊》发布的“2022 数据标注公司排行”，云测数据排在国内数据标注行业第一位。

2. 扩张型公司

Scale 是从数据标注环节向其他环节扩张的典型公司。Scale 在成立的最初四年还只是专注于给数据打标注，但从第五年开始逐步向下游扩展，目前已经开发了自有模型，从而进入更加具有技术含量和商业价值的环节。Scale 官网信息显示，Scale 的客户不仅包括美国国防部和科技巨头（比如微软、SAP、PayPal），甚至包括

OpenAI。Scale之所以可以从最初看似技术含量不高的数据标注环节向更具附加价值的中下游环节扩张，主要受益于规模经济、客户黏性和资源垄断。

- 规模经济：Scale的客户越多，处理的数据量和数据维度也越多，对于不同任务的处理经验也更加丰富，相关的标注算法工具也更加完备，从而处理效率和质量就越高。因此，随着时间的推移，Scale作为先发者相较于跟进者而言就可以以更低的成本提供更高质量的服务，做“时间的朋友”。
- 客户黏性：数据标注服务本身很难建立起高度的客户黏性，而Scale之所以可以留住客户，得益于它在2020年4月推出的Scale Document。Scale Document不仅为数据贴标签，还与客户合作建立定制模型。这使得客户切换服务商的成本变高，因为需要重新训练模型。
- 资源垄断：这里所说的资源垄断指的不是垄断数据而是垄断人才，数据的所有权是客户的，即使通过Scale来完成打标签过程，也不能把这些数据误认为是Scale的资产。但随着数据流过Scale平台，这些数据同样训练了Scale平台标注算法的模型能力，也沉淀了这个领域的众多人才，人才是这个领域的宝贵资源。

另一家典型的扩张型公司Labelbox也是从数据标注起家，逐渐拓展了数据管理、AI辅助标记、模型训练和诊断服务等相关业务，进而成为一个综合性的AI数据引擎平台。Burberry（巴宝莉）

就曾利用 Labelbox 来辅助它的营销策划。作为跨国品牌，Burberry 在进行全球营销的过程中常常需要处理大量的营销图片。为了帮助高效决策，Burberry 通常需要对成千上万张图片进行打标签和分类，进而在营销投放环节，根据品牌宣发需求进行精准的分渠道投放。过去打标签环节是完全通过人工进行的，耗费时间和精力，如今利用 Labelbox 这样的工具后，可以大幅提高打标签的效率，节省图片分类的时间。根据 Labelbox 官网的信息，在和 Burberry 合作的过程中成功为 Burberry 节省了 10 个人力，仅花费 2 个小时就可以处理完成上千张图片。

智研咨询数据显示，2021 年我国数据标注与审核行业市场规模达到 44.4 亿元，伴随着 AI 战略被更多企业认同，更多资金和资源被投入，以及各项技术得到实际应用和落地，我国数据标注与审核行业将延续高速增长态势。国内头部科技公司都有自己的数据标注部门，比如百度的百度众测和京东的京东众智。

四、数据治理与合规

虽然数据是人工智能机器的“食物”，但也不能让机器胡吃海塞。在数字经济时代，数据是和土地、人力、资本一样举足轻重的生产资料，因此，既需要保证数据资产在管理时符合预先设置的数据质量规范，也需要在访问和调取数据时做到合法合规，这也使得数据治理和合规服务逐渐成为各个企业的必需品。

市场研究公司 ReporterLinker 的数据显示，2020 年全球数据治理市场规模约为 18 亿美元，预计到 2027 年将达到 72 亿美元，在此期间以 22% 的复合年增长率增长。[①] 根据服务交付的模式，可以将涉及这个环节的公司分为两类：工具型公司和定制型公司。

1. 工具型公司

工具型公司是将数据治理与合规服务产品化，需要相关服务的客户可以直接购买标准化的产品或基于已有的产品进行部分自定义。OneTrust 和 Collibra 就是两家典型的工具型公司。

OneTrust 总部设在亚特兰大和伦敦，创始人卡比尔·巴戴（Kabir Barday）曾是 BlackRock 的开发人员。他在 2016 年注意到很多公司在准备数据合规业务，于是创办了 OneTrust 公司。OneTrust 通过自动化工具帮助企业遵守《通用数据保护条例》《加州消费者隐私法案》和数百个其他全球隐私法律。OneTrust 简化了消费者和主体权利请求的接收和履行流程，允许客户与同行进行基准比较，绘制和盘点处理记录，并在数据流经其组织时生成自定义报告。根据 2020 年 IDC 市场份额报告，彼时仅成立 4 年的 OneTrust 公司的份额就占到全球数据隐私市场总份额的 40.2%，并被 Inc.500 评为美国增长最快的公司。

Collibra 早在 2008 年就在纽约成立，它通过提供各种工具来满足数据监管的合规要求，并以自动化的数据治理和管理解决方案而闻名。Collibra 提供了自动数据分类的功能，如果特定数据集内包

---

① 参考自 https://www.reportlinker.com/p05798310/Global-Data-Governance-Industry.html?utm_source=GNW。

含与欧盟居民有关的个人身份信息（PII），它将自动应用《通用数据保护条例》《加州消费者隐私法案》等法案政策，通过使用机器学习对敏感数据进行自动分类，省时省力。

2. 定制型公司

定制型公司主要的业务特点是为客户提供个性化的解决方案。光点科技和亿信华辰就是两家典型的定制型公司。

光点科技总部位于广州。根据光点科技官网信息，截至 2022 年底，光点服务的客户已超过 100 家，包括广东省工业和信息化厅、广州市工业和信息化局等。光点科技的服务行业涉及金融、电信、政务、泛零售等。通过数据治理，光点科技可以对企业数据收集、融合、清洗、处理等过程进行管理和控制，有助于持续输出高质量数据。通常，客户会针对特殊的业务场景进行数据解决方案的定制，例如，在新冠肺炎疫情防控期间，通过光点数据填报系统，在机场、火车站、高速口、客运站等人流密集的卡口区域扫描二维码登记，可实现人员无接触通关，也有助于实时掌控人员行动轨迹，以便及时推出联防联控的行动解决措施。基于数据治理业务，光点科技同样能够提供有价值的数据应用服务，例如光点科技研发的“数字灵境”就将大数据与城市发展相结合，打造出了智慧城市大数据平台。

亿信华辰成立于 2006 年，它自主研发了“睿治”智能数据治理平台，可以提供定制化的数据治理服务。基于亿信华辰官网信息，截至 2022 年 12 月，亿信华辰已经服务了 1.1 万家企业和 2.3

万个项目。作为定制型数据治理服务的代表性公司，亿信华辰根据不同行业的需求“因地制宜”，例如为地产商时代中国量身定制了一套完整的线上数据管控体系，通过数据资产管理，构建了一整套线上数据管控体系。根据 IDC 发布的《中国数据治理市场份额（2021）》报告，亿信华辰在国内数据治理市场的份额占据第一位。

第二节　产业中游：算法模型

产业中游的算法模型是 AIGC 最核心的环节，是机器完成教育训练过程的关键环节。中游算法模型包括三类重要的参与者：人工智能实验室、集团科技研究院和开源社区。中游算法模型的产业地图如图 5-3 所示。

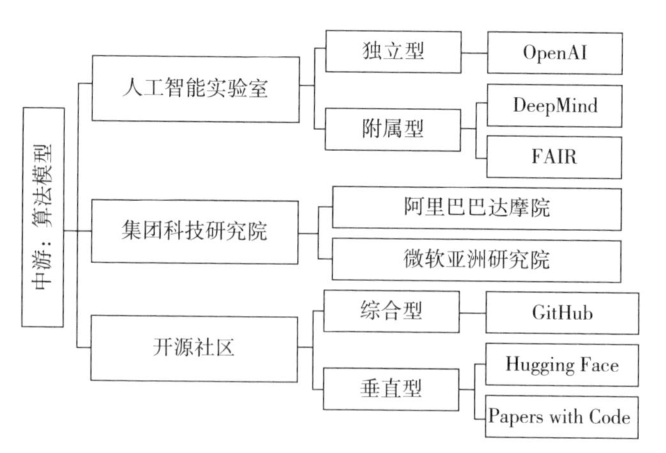

图 5-3　中游算法模型层产业地图

一、人工智能实验室

算法模型在人工智能系统中起到决策作用，是人工智能系统完成各项任务的基础。算法模型可以用来表示人工智能系统的知识，并通过对数据进行处理，帮助人工智能系统做出决策。因此，算法模型可以被视为人工智能系统的灵魂，也是人工智能从“单细胞”到“多细胞”，再到“高级智慧生物”演进过程的根本推动力，正是种种算法模型赋予了机器近乎人类的洞察力与创造力。很多企业为了更好地针对算法模型进行研究并推动其商业落地，在企业内部设立了和高校一样的人工智能实验室，甚至有些企业本身就是一个大型人工智能实验室。据此，可以将人工智能实验室分为两类：独立型人工智能实验室和附属型人工智能实验室。

1. 独立型人工智能实验室

独立型人工智能实验室中最具有代表性的公司是 OpenAI。OpenAI 于 2015 年在美国硅谷成立，其背后的创始团队阵容十分强大：有着“钢铁侠”称号的埃隆·马斯克（Elon Musk）、全球知名创业孵化器 Y Combinator 的掌门人山姆·阿尔特曼、著有畅销书《从 0 到 1》的硅谷创投教父彼得·蒂尔（Peter Thiel）。不止于此，在 OpenAI 成立后的第五年，微软向 OpenAI 投资了 10 亿美元。在 5v5 模式的 *Dota2* 比赛中，OpenAI 开发的人工智能 OpenAI Five 击败了人类选手，比尔·盖茨（Bill Gates）盛赞这是人工智能发展过程中的重要里程碑。而在 2022 年引爆 AIGC 热潮的“ChatGPT

聊天机器人软件”也正是 OpenAI 的杰作，OpenAI 推出的大模型 GPT-3 可以达到千亿级参数，而其即将推出的 GPT-4 模型被许多人认为有望真正通过图灵测试。除了 GPT 之外，OpenAI 在 2022 年同样发布了知名 AI 绘画工具 DALL · E 2，以及逼近人类水平、支持多种语言的语音识别预训练模型 Whisper。这些智能算法模型无疑都代表着当前人类在人工智能领域的一些顶级成果。

2. 附属型人工智能实验室

谷歌旗下的 DeepMind 被认为是 OpenAI 最大的竞争对手，比 OpenAI 早成立了 5 年。DeepMind 最知名的人工智能模型是 AlphaGo，它在围棋游戏中打败了国际上最优秀的人类棋手。同 OpenAI 一样，DeepMind 也致力于开发通用人工智能算法模型，因此除了内容创作领域之外，DeepMind 在许多其他领域也开发了震惊大众的人工智能。2018 年，DeepMind 开发的 AlphaFold 在结构预测关键评估（CASP）竞赛中展现出了超出人类的能力，AlphaFold 在蛋白质结构预测领域取得了突破性成果，也使得人工智能的触角伸向了生物科技与医疗领域。2022 年，DeepMind 又发布了基于 Transformer 的新模型 AlphaCode，甚至在国际自然科学领域顶级期刊《科学》（*Science*）上发表了新论文，该研究登上了《科学》封面。

FAIR 则是 Meta 旗下的人工智能算法模型研究团队，全称为 Facebook AI Research，该团队于 2022 年被并入元宇宙核心部门 Reality Labs。FAIR 负责人杨立昆（Yann LeCun）是卷积神经网络之父、纽约大学终身教授，与谷歌副总裁杰弗里·辛顿（Geoffrey Hinton）、2018 年图灵奖得主约书亚·本吉奥（Yoshua Bengio）并称为“深度学习三巨头”。Meta 目前也正在寻求让机器学习和人工智能在整个公司得到广泛应用的机会，而不只是局限在研究部门。FAIR 在 2021 年已经开源了 Expire-Span 算法，这是一种深度学习技术，可以学习输入序列中哪些项目应该被记住，从而降低 AI 的内存和计算要求。Meta 表示：“作为研究更像人类的人工智能系统的下一步，FAIR 正在研究如何将不同类型的记忆融入神经网络。”因此，从长远来看，Meta 可以使人工智能更接近人类的记忆，具有比当前系统更快的学习能力。Meta 相信 Expire-Span 是一个重要的、令人兴奋的进步，朝着未来人工智能驱动的创新迈进。

二、集团科技研究院

一些集团型公司往往会设立聚焦前沿科技领域的大型研究院，下设不同细分方向的实验室，通过学术氛围更加浓厚的管理方式，为公司未来科技的发展储备有生力量。阿里巴巴达摩院和微软亚洲研究院就是人工智能领域典型的集团科技研究院。

阿里巴巴达摩院成立于 2017 年 10 月 11 日，致力于探索科技未知，以人类愿景为驱动力，开展基础科学和创新性技术研究。截至 2022 年年底，达摩院旗下主要包括五个方向的实验室：机器智能、数据计算、机器人、金融科技、X 实验室。X 实验室指的是除了前四个领域，在未来可能会有裂变价值的科技领域，当前主要涵盖量子计算、下一代移动通信和虚拟现实三个方向。除了这些自研实验室外，达摩院还和全球许多知名高校建立了联合实验室，并推出了阿里巴巴创新研究计划，构建全球学术合作网络，这些目前都是阿里巴巴达摩院研究的重要组成部分。自成立以来，达摩院研究出了许多杰出的成果，其中不少成果与 AIGC 领域息息相关。例如，达摩院研发的深度语言模型体系 AliceMind 掌握 100 多种语言，具有阅读、写作、翻译、问答、搜索、摘要生成、对话等多种能力，其处理能力先后登上了自然语言处理领域的六大权威榜单，并在 2021 年年中宣布了开源。

微软亚洲研究院成立于 1998 年，是微软公司在海外开设的第二家基础科研机构，由李开复博士出任第一任院长，至今已经发展成为世界一流的计算机基础及应用研究机构。截至 2022 年年底，微软亚洲研究院在中国的核心研究团队除了北京、上海的多个细分方向的研究组外，还包含科学智能中心、产业创新中心和理论中心三大研究中心。无论是北京、上海的研究组，还是三大研究中心，许多研究方向都与人工智能相关，也产出过杰出的 AIGC 研究成果，比如通用多模态基础模型 BEiT-3，它在目标检测、实例分割、语义分割、图像分类、视觉推理、视觉问答、图片描述生成和跨模态检索等领域都表现出了杰出的性能。

三、开源社区

开源社区对 AIGC 的发展十分重要，因为它提供了一个平台，让开发人员能够共享他们的代码，分享他们最新的研究成果，并与其他人一起协作，共同推动 AIGC 相关技术的发展进步。除了可以让研究人员彼此充分学习交流外，开源社区还可以帮助开发者更快地开发出人工智能相关应用。建造各个场景下的人工智能应用系统就像建造一栋栋大楼，往往需要很多人的共同努力。而开源社区就像是工地上的交流中心，让所有参与建造的人都能够找到合适的工具和材料，并与其他人交流想法，共同完成建造工作。如果没有交流中心，大楼的建造将会变得困难重重，甚至无法完成。同样，如果没有开源社区，人工智能的发展也会面临诸多困难。因此，开源社区对于人工智能的重要性不言而喻。根据开源社区所覆盖领域的宽度和深度，可以将开源社区分为两类：综合型开源社区和垂直型开源社区。

1. 综合型开源社区

GitHub 是世界上最大的开源代码托管平台，目前已有超过 9 000 万的活跃用户和 1.9 亿代码库。[①] 作为代码玩家界的 Facebook，GitHub 是开发者与朋友、同事、同学及陌生人共享代码的完美场所，无论是人工智能领域相关的代码，还是其他领域的代码都可以在这里上传共享。代码开源不仅可以减少重复性工作，还可以推动技术研究的快速突破，降低应用门槛，加速技术产业化推广使用，以及有效促进学界与产业界的有效交流，促进产学研融合。2018

① 参考自 https://techcrunch.com/2022/10/25/microsoft-says-github-now-has-a-1b-arr-90m-active-users/。

年，Github 被微软收购，但其社区与业务依然独立运营，保留了它传承已久的开源精神。无论是 AIGC 领域的论文还是项目，如果选择上传开源代码的地方，Github 绝对是首选。

2. 垂直型开源社区

除了像 Github 这样大而全的开源社区外，还有一些针对垂直领域的小而精的网站和社区在开源领域发光发热，比如 Papers with Code 和 Hugging Face。

Papers with Code 是一个总结了机器学习论文及其代码实现的网站。用户可以轻松地在网站上检索到所需要的机器学习论文及存储在 Github 上的开源代码。用户可以按照标题关键词或者研究领域关键词进行查询，也可以按照流行程度、论文发表时间以及 Github 上收藏（Star）数量最多来对论文及论文代码进行排序。Papers with Code 网站最初是由 Reddit 的用户 rstoj 开发，让人们可以从中发现一些以前不知道的研究精华。作为机器学习界的内容社区，Papers with Code 大大促进了人工智能领域的研究。

Hugging Face 是专注于机器学习领域的垂直版 GitHub。它想要把主打年轻用户的聊天机器人作为主营业务，因此在 GitHub 上开源了一个 Transformer 的代码库，不过没想到聊天机器人业务没做起来，Transformer 库却在机器学习社区火起来。很多人总结 Hugging Face 的成功是因为团队开放的文化和态度，以及利他利己的精神很具有吸引力。目前，仍然有很多业界专家都在使用 Hugging Face 和提交新模型，甚至有些 NLP 工程师招聘中明确要求候选人熟练使用 Hugging Face Transformer 库。如果说人工智能是一场淘金运动，那么 Hugging Face 则是典型的“卖水人”。

第三节　产业下游：应用拓展

任何优秀的算法模型最终都需要落地于具体的应用场景去实现其商业价值。在 AIGC 产业的下游，可以将 AIGC 相关应用拓展到四个主要场景：文本处理、音频处理、图像处理、视频处理（图 5-4）。伴随着 AIGC 技术成熟度的提高，在产业下游将会诞生越来越多全新的商业机会与初创公司，本节将对四大主要场景中部分特点明晰的应用与公司进行介绍。

一、文本处理

目前，文本处理是 AIGC 相关技术距离消费者感知最近的场景，也是技术成熟度相对较高的场景，因此文本处理场景中的应用与公司最为丰富。这些应用与公司会从多个维度辅助公司的业务和职能部门的工作，并直接参与到内容的商业化过程中。

1. 营销型文本处理

营销是文本处理最常见的应用赛道，这一赛道最常见的客户是

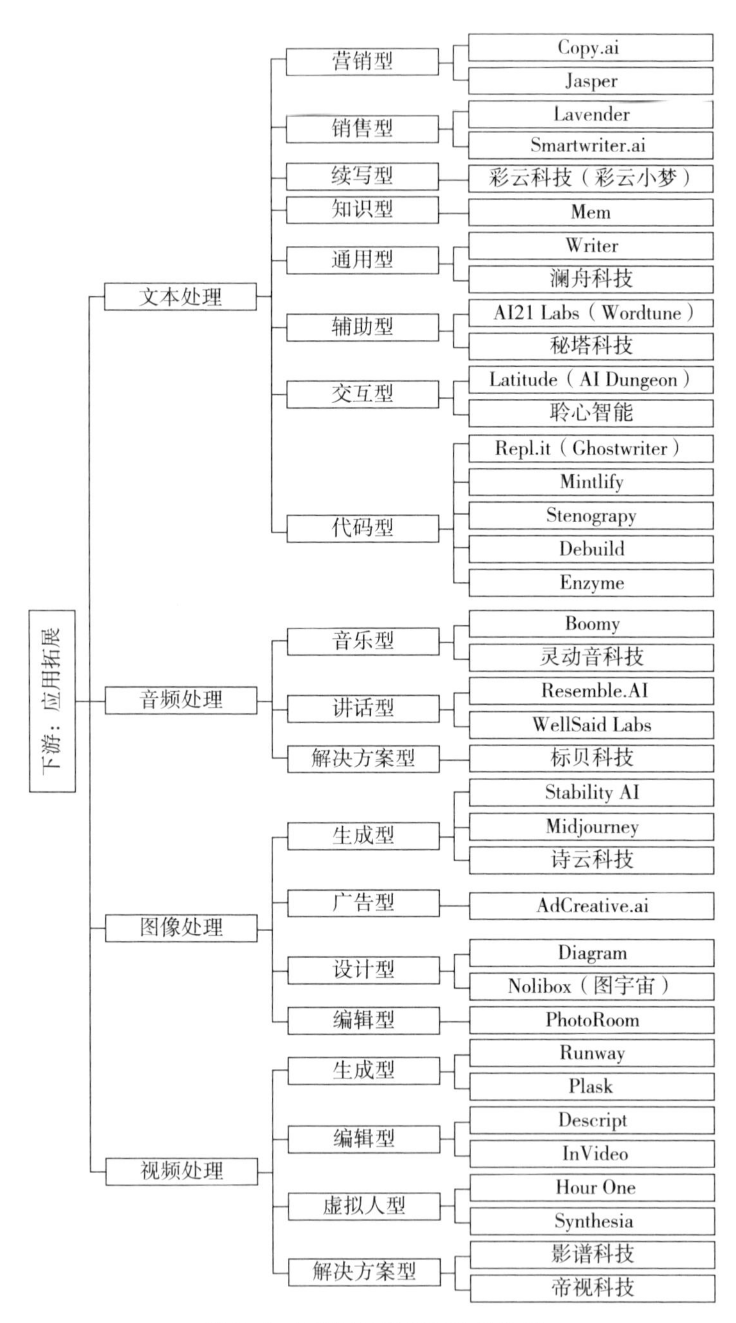

图 5-4　下游应用拓展层产业地图

企业的市场营销部门及营销公司人员。这部分人群最大的痛点在于，他们要把无止境的时间投入思考广告创意、营销文案中，内容的生产非常依靠灵光乍现，而他们往往非常容易灵感枯竭。文本处理应用的诞生就是为了解决这个痛点，许多文本处理应用在产出文本的同时，还能通过使用者对于文本的修改形成反馈，改进整个模型，从而输出更高质量的内容，形成“AI+ 人工”的正向技术网络效应。

Copy.ai 是典型的营销型文本处理应用。它基于 GPT-3 大模型，能在几秒钟内生成高质量的广告和营销文案，包含 70 多个 AI 模板，覆盖的场景包括博客、社交媒体推广、产品上线等，还可以翻译 25 种不同的语言。你只需输入标题、文案大意，Copy.ai 就可以生成一段可读性较高的文案。Copy.ai 意图将人们创作文案的构思阶段缩短 80% 以上，然后让营销人员依靠人工的修改和润色来填补剩余的 20%。它的收费模式也很简单，根据官网在 2022 年 12 月显示的信息，免费版 Copy.ai 每个月只提供 2 000 个字的额度，Pro 版 Copy.ai 收费为 49 美元 / 月，可以同时让 5 个账户使用，平摊下来每个账户不到 10 美元 / 月。

Jasper 是一家典型的营销型文本处理公司，旗下产品的功能和 Copy.ai 非常类似，底层也是采用 GPT-3 的相关模型，但团队在此基础上做了改进，特别是在广告和营销的内容生成上，Jasper 的产品更擅长生产长篇的内容。此外，Jasper 公司还收购了一家专注于提供写作语法检查服务的公司 Outwrite，其产品非常类似 Grammarly，强化了 Jasper 产品的文本效果。不过，Jasper 产品的定价相比 Copy.ai 更高且没有免费版。Jasper 公司与 Airbnb、HubSpot、Autodesk 以及

IBM 等企业客户合作，2021 年收入超过了 4 000 万美金。[①]

2. 销售型文本处理

销售型文本处理与营销型文本处理有一定的相似性。对于市场营销人员而言，营销型文本处理通常面向广大的公众和消费者，文案更多发布于博客、社交媒体、广告等大众传播的应用场景，比如普通老百姓都能在电视上、网上、大街上看到的广告词和标语，等等；销售型文本处理则面向更私人、非公开的场合，比如电子邮箱。很多金融机构的分析师可能深有体会，每当查看需要输入邮箱的数据或者报告后，邮箱里总会收到大量数据机构的销售人员发来的会议邀请、产品介绍，等等。销售型文本处理应用正是为这些努力工作的销售人员准备的，它可以通过 AI 自动生成电子邮件，并根据属性筛选和抓取潜在客户邮箱、发送邮件进行验证，最典型的应用包括 Lavender 和 Smartwriter.ai。

Lavender 是一款用于编写销售电子邮件的浏览器扩展程序，结合了 AI 分析、社交数据和收件箱生产力工具等功能模块。AI 分析可以帮助用户改进电子邮件回复内容，社交数据帮助用户建立融洽的关系，而移动设备预览、电子邮件验证、GIF 图和垃圾邮件拦截器等工具都可以帮助用户来更好地利用电子邮件处理工作。所有这一切的目标都是使销售人员能写出一封更可能得到潜在客户回复的邮件。比如 Lavender 会分析收件人的社交数据、日历时间等，帮

① 参考自 https://mp.weixin.qq.com/s/CxcdfIpA9W9OKv8dXOf8jA。

助销售人员了解客户如何做出购买决定及如何定制个性化的邮件信息。Lavender 还会对邮件进行分析和评分，快速分析邮件当中的问题，自动进行修复。

Smartwriter.ai 在电子邮件功能上与 Lavender 相似，还集成了类似 Jasper 产品的营销文案生成能力，能够直接面向 Gmail、Yahoo Mail、Facebook、Twitter、LinkedIn 进行数据抓取及潜在客户构建和销售。

3. 续写型文本处理

续写型文本处理与营销型文本处理的共同点在于，都对 AI 处理文本的自由度和开放度有较高的要求，换句话说，考验 AI 的“创意”。相对于营销型文本处理应用来说，续写型文本处理应用的用户并非专业的企业人员，更有可能是从事艺术创作的个人，比如每天被读者催更的网文作者。因为用户的规模和收入水平区别较大，续写型文本处理应用并不是生产力工具，而更多的是具有娱乐属性，目前从收费模式上也更可能是免费的。

目前，国内各类视频博主乐此不疲地使用续写型文本处理应用，为《三体》等热门作品续写另一种结局，然后把离谱的结果发到视频平台上，满足用户对 AI 生成内容的猎奇心理。其中常见的一个应用是由国内公司彩云科技开发的彩云小梦。用户只需要在长文本输入框中先写个开头或者输入世界设定和故事背景，然后就可以交给 AI 小梦来帮忙续写。彩云小梦还内置了多种续写模型，包括标准、言情、玄幻、都市等。用户可以点击右上角自由切换模型，可根据偏好续写不同风格的内容。每一次续写的一段话都可以中途修改，或者挑选小梦帮写的另外几个段落进行更换。另外，彩云小梦目前还更新了对话版，在完成世界设定后，能够以对话的形式展开剧情。在较小的营收压力下，目前的彩云小梦仍然免费。

4. 知识型文本处理

上述三类文本处理应用从定位上更接近于“输出”的过程，即“使用的目的”是为了有可以外发的、展示的、传播的产出，就好比一个小学生可能会用小猿搜题找到作业的答案，然后把作业展示给老师。而知识型文本处理应用则更注重信息的“输入”，帮助用户更好地进行信息的归纳、接收和整理，就好比一个小学生在写作业之前，要用思维导图等工具把上课学到的知识点整理好，内化为之后写作业、考试可以用到的技能，但这个过程可能需要花费很长时间，去不同的教材、笔记本、错题本上搜索信息。对于企业员工来说，搜索信息、管理信息一直是一件耗费精力的事，因为员工把大量时间花在了“重新发明轮子”上。一些人工智能文本生成工具就专注于解决这个问题。

Mem 就是一家这个赛道上的典型公司，由华裔工程师 Dennis Xu 和凯文・穆迪（Kevin Moody）共同创办。Mem 产品的优势是“轻量级”，主打快速记录与内容搜索，允许用户附加主题标签，标记其他用户。此外，Mem 与 AIGC 的结合更是让其产品功能强大无比，产品的内置工作助手 Mem X 可以执行智能编辑、智能写作等任务，比如将零散的文本组成段落、为文章进行总结或者生成标题。目前，Mem 的商业模式走的也是 SaaS 的路线，用户需要购买 10 美元 / 月的 Mem X 套餐，才能享受到 AI 的能力，包括自动整理和归类信息。除了这个额外的进阶功能外，Mem X 的付费版还取消了单个文件大小为 25MB 的限制，并拥有 100GB 的总存储空间，这大约是免费版本的 20 倍。

5. 通用型文本处理

顾名思义，通用型文本处理不局限于某个特定场景，而是为用户提供具有泛用性的综合解决能力，因此能够覆盖到类别更为丰富的用户。比如 Writer 公司的 AI 写作平台，提供从头脑风暴构思、生成初稿、样式编辑、分发内容、复盘研究的全部流程支持，适用于任何需要内容生产的场景和工作，帮助提高内容的生产量、生产效率、点击率、合规性等。

国内的澜舟科技也是一家针对商业场景数字化转型、以自然语言处理为基础提供通用型文本处理服务的公司。根据 2022 年 12 月官网的信息，澜舟科技的创始人周明博士是自然语言处理领域的代表性人物，现任中国计算机学会副理事长、中国中文信息学会常务理事、创新工场首席科学家，曾任微软亚洲研究院副院长、国际计算语言学协会（ACL）主席。除了创始人拥有优异的科技背景外，其产品体系基于自主研发的“孟子”轻量化的预训练模型，可处理多语言、多模态数据，同时支持多种文本理解和文本生成任务，能快速满足不同领域、不同应用场景的需求。孟子模型基于 Transformer 架构，包含 10 亿参数量，基于数百 G 级别涵盖互联网网页、社区、新闻、电子商务、金融等领域的高质量语料训练而成。“孟子”预训练模型性能比肩甚至超越千亿大模型，在文本分类、阅读理解等各类任务上表现惊艳。

6. 辅助型文本处理

与前述需要 AI“脑洞大开”进行创意文本处理的应用不同，辅助型文本处理应用是一种较为轻量级的应用，也是目前国内落地最为广泛的场景之一。它的主要功能是基于素材爬取来实现，在很大程度上对写作者起到了“助手”的作用，比如可以根据需求定向采集素材、文本素材预处理、自动化降重、重新表述润色等，帮助创作者减轻许多程序性的工作，提升生产力。

Wordtune 就是一款非常典型的辅助型文本处理应用，它的功能是帮助用户“重写”句子，对句子进行缩写或扩写，使句子在原句意的基础上更随意或更正式。Wordtune 由以色列公司 AI21 Labs 构建。AI21 Labs 成立于 2018 年，目标是彻底改变人们的阅读和写作方式，用 AI 来理解书面文本的上下文和语义。目前，Wordtune 已经成为很多中国留学生进行论文修改润色，或者用来练习雅思考试中的同义词替换的“神器”。

国内公司秘塔科技也推出了 AI 写作助手“秘塔写作猫”。根据官网的信息，秘塔科技于 2018 年成立，创始人闵可锐毕业于复旦大学计算机系，后在牛津大学数学系、美国 UIUC 电子与计算机工程系攻读硕士、博士学位，在谷歌参与过 AdSense 基于内容广告建模组点击率预测项目，还担任过猎豹移动首席科学家。秘塔写作猫采用了自研的大规模概率语言模型，根据上下文对可能的用词进行准确建模，因此除了文本校对、改写润色、自动配图等辅助功能之外，它也具备根据标题生成大纲或文章，以及提供论文、方案报告、广告语、电商种草文、自媒体文章等写作模板的能力，是同时具备营销和续写能力的文本处理应用。

7. 交互型文本处理

交互型文本处理应用是形式上与上述应用最不同的一个，因为它的产品形态本身存在叙事，交互的过程本身产生意义，而不是像文案写作应用一样作为一种生产力工具。对于很多用户来说，与苹果的 Siri 语音助手进行对话本身就很有意思，可以听 Siri 说出很多有趣的俏皮话。由此我们可以看出，交互型文本处理应用常应用于闲聊、游戏等娱乐场景。

第一章提到的 AI Dungeon 就属于这类应用。2019 年 2 月，就读于计算机相关专业的尼克・沃尔顿正处于大学最后一年，一次校园编程竞赛让他想到基于 OpenAI 刚刚发布的 GPT-2 模型做一个文字冒险游戏 AI Dungeon，灵感来源于经典游戏《龙与地下城》，并用与 AI 文字对话的形式来完成游戏和故事生成。2019 年 5 月，沃尔顿创立了 Latitude 公司，并在年底 GPT-2 完全放出后正式推出了 AI Dungeon，又在 GPT-3 推出之后强化了 AI Dungeon 的语义理解和写作能力。大多数 AI 聊天机器人的玩法是对话，AI Dungeon 则是共同创作故事，玩家可选择 Say/Story/Do 三种模式，操控自己的角色进行对话、行动，或者只是单纯地看 AI 基于上下文生成故事。

除了游戏之外，交互型文本处理应用还能够生成用于各种场景的虚拟角色，比如心理治疗等，国内的代表性公司有第四章提及的聆心智能。聆心智能由国内 NLP、对话系统领域专家黄民烈教授创办，公司自研了中文对话大模型 OPD，该模型是目前世界上参数规模最大的开源中文对话预训练模型。基于这一模型，公司打造了 Emohaa 情绪疗愈机器人，并与心理平台好心情达成合作，成功落地了国内首款人工智能心理陪伴数字人；与高端电车品牌 Beyonca 合作，打造了智能驾舱贴心助手。此外，聆心智能还推出了“AI 乌托邦”系统，允许用户快速定制 AI 角色，只需要输入简单的角色描述，就可以召唤出相应人设的 AI，与之进行深度对话和聊天。

8. 代码型文本处理

代码是一种特殊的文本形式，许多公司将代码相关文本的处理作为切入点展开业务经营。人工智能进入代码开发环节，有助于消除开发人员之间的 IT 知识差异，可以让对编程语言精通程度不同的团队更好地协同工作。根据 AIGC 对代码处理环节的渗透程度，可以将代码型文本处理公司分为三类：代码生成型公司（辅助代码撰写）、代码文档型公司（代码转化成文档）、代码开发型公司（直接参与代码开发）。

（1）代码生成型公司

Repl.it 是典型的代码生成型公司。

Repl.it 是可以支持 50 多种编程语言的在线编程语言环境平台，一直致力于为代码工程师解决编程操作问题，使操作更简便、快捷，可以将它简单理解为编程界的“腾讯文档”。Repl.it 在全球拥有 1 000 多万用户，包括谷歌、Stripe、Meta 这样的科技巨头。Repl.it 推出了 Ghostwriter，作为 GitHub Copilot 的竞争对手而存在，与 GitHub Copilot拥有类似的功能。Ghostwriter可以支持16种编程语言，包括 C、Java、Perl、Python 和 Ruby 等主流语言。Ghostwriter 的商业模式是作为 Repl.it 的一项付费订阅服务，每月收费 10 美元，相比 GitHub Copilot 更加便宜。

（2）代码文档型公司

程序文档可以帮助开发人员和产品业务部门在沟通协作时理解代码，但它生产起来费时费力。Mintlify 的首席执行官（CEO）曾分享道：“我们曾在包括初创公司和大型科技公司在内的各个阶段的公司担任过软件工程师，发现软件工程师都受到编写文档的困扰。”Mintlify 就是一家聚焦于解决这种问题的公司，它由两位软件工程师于 2021 年创立，利用自然语言处理等技术，可以实现根据用户所书写的代码，智能地对代码进行分析。生成对应代码的注释。它不仅可以生成英文注解，还可以生成中文、法语、韩语、俄语、西班牙语、土耳其语等多种其他语言的注释。

Stenography 也是一个类似的可以生成解释文档的平台。它由工程师布拉姆·亚当斯（Bram Adams）构建，旨在让每个人都可以轻松访问并理解代码，降低代码在人与人之间传输方式的摩擦。布拉姆·亚当斯在创立 Stenography 之前曾是 OpenAI 的研究员和开发大使，也曾在有线电视网络媒体公司 HBO 担任软件工程师。

（3）代码开发型公司

Debuild是典型的代码开发型公司。Debuild官网的标语是“在几秒钟内编写您的Web应用程序”。Debuild利用AI生成技术大幅降低软件开发门槛。即使没有接受过编程教育的用户，只需用简单的英语描述希望App实现的功能，然后在几秒钟内Debuild就可以生成简单的App供用户使用。Debuild的目标是扫除代码输入的细节，这样人们就可以专注于创意环节，去畅想他们真正想做的事情，而不是纠结于如何指示计算机去实现细节。

除了通用场景外，在垂直场景也有不少公司受益于AIGC相关技术，例如生物工程与医疗领域的Enzyme公司。Enzyme通过自动生成的机器学习和自然语言技术，可以协助特定编码结构物质的生成，虽然这里的编码结构是生物学意义上的，但也可以看作是一种聚焦工程开发领域的“代码合成”。

二、音频处理

这部分内容主要介绍由TTS（语音合成）技术来生成的相关应用，对于与视频处理类似的音频处理应用，将和视频处理部分一起介绍。

目前，音频处理主要分为三类：音乐型音频处理、讲话型音频处理、解决方案型音频处理，不少公司专注于该领域。随着知识付费和数字音乐逐渐释放音频类内容的商业化潜力，人工智能技术的应用将大大优化这个细分赛道的供给效率，有助于提高整体赛道的平均利润水平。

1. 音乐型音频处理

音频处理的一大特色是音乐的生成与编辑。Boomy 就是一家典型的音乐型公司。Boomy 于 2018 年由亚历克斯·米切尔（Alex Mitchell）和马修·科恩·圣雷利（Matthew Cohen Santorelli）在加州伯克利创立。米切尔是一位音乐人，曾创立过独立音乐市场研究平台 Audiokite Research 并于 2016 年被收购，而圣雷利是一位音乐版权专家。Boomy 使用由 AI 驱动的音乐自动化技术，让用户在几秒钟内免费创建和保存原创歌曲，创建的歌曲可以在 Spotify、Apple Music、TikTok 和 YouTube 等主要流媒体服务中传播，创作者可以获得版税分成，而 Boomy 拥有版权。值得注意的是，Boomy 并不认为 AI 能替代人类进行音乐创作，而是仅仅作为工具对人类进行辅助，因此 Boomy 的功能既包括协助新手音乐创作者完成词曲编录混，根据设置的流派和风格等参数获取由系统生成的一段音乐等，也包括让创作者使用自己的编曲和人声进行原创。Boomy 在 2022 年 7 月刚刚完成了 110 万美元的可转债轮融资。

国内公司灵动音科技（DeepMusic）也是这个赛道的玩家。灵动音科技成立于 2018 年，创始人刘晓光是清华大学 2009 级化学系本科生、2013 级直博生；首席测试官（CTO）苑盛成是清华大学工程物理系博士、美国罗格斯大学人工智能专业博士后；而灵动音科技也是清华大学计算机系知识产权转化的公司。凭借优异的背景出身，灵动音科技在成立之初就获得了华控基石基金、清华校友李健数百万元天使投资，并在 A 轮中又获腾讯音乐娱乐、完美世界的投资，目前业务在全民 K 歌已经落地。灵动音科技运用 AI 技术提供作词、作曲、编曲、演唱、混音等服务，旨在降低音乐创作门槛。目前，灵动音科技的 AIGC 产品包括支持非音乐专业人员创作的口袋音乐、为视频生成配乐的配乐猫、可 AI 生成歌词的 LYRICA、AI 作曲软件 LAZYCOMPOSER 等。

2. 讲话型音频处理

与音乐型公司主打音乐创作赛道不同，讲话型公司具有更强的泛用性与更多元的应用场景，典型的应用场景就是声音克隆。Resemble.ai 就是一家专注于声音克隆的公司，它于 2019 年在美国加利福尼亚州成立，已在种子轮中获得 200 万美元的投资。Resemble.ai 使用专有的深度学习模型创建自定义声音，可以产生真实的语音合成，并实现包括给声音增加感情、把一个声音转化为另一个声音、把声音翻译成其他语言、用某个特定声音给视频配音等多种语音合成功能。

WellSaid Labs 公司也是一家制作声音克隆产品的公司。WellSaid Labs 开发了一种文本转语音技术，可以从真人的声音中创造出生动的合成声音，产生与源说话人相同的音调、重点和语气的语音，从而提高团队合作配音的质量和效率。WellSaid Labs 于 2018 年在美国成立，2021 年 7 月在 A 轮融资中获得了 1 000 万美元的投资，投资者包括 FUSE、Voyager Capital、Good Friends 和 Qualcomm Ventures，投资后估值为 5 834 万美元。

3. 解决方案型音频处理

标贝科技是一家典型的解决方案型公司，可以为各种类型的音频处理需求提供人工智能解决方案。标贝科技于 2016 年由刘博创立，目前已推出包括通用场景的语音合成、语音识别、高音色 TTS 定制、声音复刻、情感合成和声音转换等在内的语音技术产品，其解决方案覆盖智能驾驶、智能客服、娱乐媒体、多人会议、多语种识别等多个领域，同时还研发了可以应用于博物馆等场馆讲解的虚拟数字人。标贝科技于 2022 年 10 月完成 B1 轮融资，此轮投资者包括基石创投、联储创投，过往轮次投资者包括深创投、恒生电子、信雅达、凯泰资本。

三、图像处理

图片因其创作门槛比文字高，信息传递更直观，所以在传统商业世界中的商业化潜力总体而言比文字更高。随着越来越多的 AIGC 相关技术应用到图片创作领域，图像处理也将从广告、设计、编辑等角度带来产业的商业化机遇。

1. 生成型图像处理

图像处理的第一类典型赛道也是对 AI 创造性要求最高的一类——生成型图像处理。Stable Diffusion 和 Midjourney 就是典型的生成型图像处理应用。

Stable Diffusion 是 Stability AI 公司旗下的产品，具备强大的图

像生成能力和开源属性，这使它成为众多广告从业者生成图片的生产力工具。相比订阅制的 Midjourney、付费也未必能用得上的 DALL・E 2，Stable Diffusion 凭借极为罕见的开源特征，积累了相当规模的用户群体和开源社区资源。Stability AI 的创始人兼首席执行官埃马德・莫斯塔克（Emad Mostaque）具有优良的教育背景与工作背景，不仅取得了牛津大学的数学与计算机硕士学位，还曾担任多家对冲基金经理，而对冲基金也是 Stability AI 早期的资金来源之一。截至 2022 年 10 月，Stablility.AI 已获得来自 Coatue 和光速的 1.01 亿美元投资，且估值将达 10 亿美元。Stablility.AI 目前已与亚马逊云科技达成合作，继续构建图像、语言、音频、视频和 3D 内容生成模型。

Midjourney 由大卫・霍尔茨（David Holz）于 2021 年创立。大卫・霍尔茨曾是著名公司 Leap Motion 的创始人和首席执行官。在运营 Leap Motion 的 12 年间，大卫曾两次拒绝苹果公司的收购。Midjourney 产品的图像生成能力极强，与 DALL・E 2、Imagen、Stable Diffusion 等替代方案不相伯仲。同时，Midjourney 的商业化非常成熟，依靠会员订阅制进行收费，并提出了明确的分润模式（商业变现达到两万美元后需要 20% 分润），目前不需要任何融资就能进行正常运转和盈利。Midjourney 搭载在 Discord 社区上，用户主要通过 Discord 的 bot 机制，通过提交提示词（Prompt）获得图片。截至 2022 年 12 月，Midjourney 已经在 Discord 上收获了 543 万位成员。

国内也有类似的创业公司，并且能够提供更全面的解决方案。

诗云科技成立于 2020 年 12 月，总部位于深圳，已获得 IDG 资本、红杉中国种子基金和真格基金的投资。诗云科技的主要产品是内容生成引擎 Surreal Engine，核心技术是深度学习和图形学，比如自然语言理解、3D 建模、神经辐射场、GAN、神经渲染等。诗云科技的典型业务是通过内容生成技术帮助客户生成图片和视频。

2. 广告型图像处理

除了专业的生成型图像处理应用之外，与文字生成应用类似，图像处理应用也包含了许多专注于细分赛道的产品，比如广告。AdCreative.ai 是一家广告型图像处理公司，其产品能够通过 AI 高效地生成创意、横幅、标语等，还能够在连接谷歌广告和 Facebook 广告账户后实时监测广告效果，但更多时候它需要依靠模板，采取的商业模式也是常见的付费订阅制。

总的来说，广告型图像处理与生成型图像处理存在一定的包含关系，但前者的泛用性与前景不及后者。

3. 设计型图像处理

设计型图像处理的主要客户群体是设计师这类小众用户群体，而 Diagram 公司就是推出这类应用的典型公司。Diagram 公司提供的产品 Magician 很好地展现了设计型图形处理应用的使用场景。Magician 的主要功能是使用 AI 实现文本生成图标、文本生成图片、生成与转写文案等设计效果。想象一下做 PPT 时找不到合适的图标和配图的那种痛苦，也就不难理解为什么 Magician 只有三种功能，却依然对于设计师而言有较强吸引力了。Magician 的商业模式也是简单的订阅制收费模式。

国内公司 Nolibox 计算美学也是一家专注于 AI 智能设计的公司，成立于 2020 年，已获得初心资本的天使轮投资以及高瓴创投的 Pre-A 轮投资。Nolibox 计算美学已获得德国 iF 奖项、DIA 中国设计智造奖项等设计大奖。公司的主要产品是智能设计平台——图宇宙，主打的卖点是“懒爽”，即相比于 Adobe、Figma、Canva 等中高门槛设计平台，任何人只要会打字就可以使用，AI 在其中可以根据用户需求和喜好提供推荐素材、调整设计。2022 年 10 月，Nolibox 推出 AI 创作平台画宇宙，已接入百度文心 AI 绘画大模型 ERNIE-ViLG 2.0，核心功能为文本生成图像，功能上与 Stable Diffusion、Midjourney 具有一定相似性。

4. 编辑型图像处理

编辑型图像处理应用以 PhotoRoom（一款手机 App）为代表。PhotoRoom 的核心功能是，用户只需轻轻一按，即可删除背景并合成一张展示产品或模型的图像。例如，当你在一个乱七八糟的房间里自拍，然后想把照片背景换成纯色背景用于证件照，那你就可以用 PhotoRoom 一键抠图并更换背景。虽然 PhotoRoom 的功能较为单一，但它的主打编辑功能以及普通用户用手机 App 就可以轻松上手的特性让这家公司获得了资本青睐。总部位于法国巴黎的 PhotoRoom 已于 2022 年 11 月宣布获得 1 900 万美元的 A 轮融资，投资方包括 Balderton Capital、Meta、Adjacent、Hugging Face。

四、视频处理

随着 5G 时代的到来，人们花在视频上的时间已经逐渐超过图文，视频也正在成为移动互联网时代最主流的内容消费形态。因此，利用 AI 生成视频是应用拓展层的赛点，也是技术难度最大的模态。

1. 生成型视频处理

从原理上来说，视频的本质是由一帧帧图像组成的，所以视频处理本身就与图像处理有一定的重合性。因此，与图像处理类似，生成型视频处理也是视频处理领域里对于 AI 技术、“创造力”要求最高，同时也最受资本看好的赛道之一。生成型视频处理赛道中最典型的公司是 Runway，这家公司由三个智利人于 2018 年年底在纽约创立，其雏形是他们在纽约大学进行开发的论文项目。Runway 目前已通过 3 轮融资，筹集了 9 350 万美元的资金。2022 年 12 月 C 轮融资 5 000 万美元后，Runway 估值高达 5 亿美元。Runway 的图像处理功能与 Jasper 产品有一定的重合性，包括文字生成图片、图片生成图片等，它的独特竞争优势在于它同时具备图像处理、视频处理、音频处理的能力。Runway 在视频处理中依靠 Magic Tools 这一 AI 工具插件，能够实现视频编辑（Video Editing）、绿幕抠图（Green Screen）、视频修复（Inpainting）、动作捕捉（Motion Tracking），效率远超传统视频软件 AE。同时 Runway 也具备文字生成视频这一跨模态能力，但实际效果远不及文字生成图像。

另一家生成型视频处理赛道的公司是 Plask，这家于 2020 年成立的韩国公司主打 AI 动作捕捉技术这一细分领域，可以识别视频中人物的动作并将其转换为游戏或动画中角色的动作。Plask 的收费模式除了典型的订阅制之外，还提供 API 和 SaaS 工具。Plask 最近一轮融资是 2021 年 10 月种子轮融资 256 万美元，投资者包括 Smilegate Investment、NAVER D2 Startup Factory、CJ Investment 和 kt investment。

2. 编辑型视频处理

生成型视频处理应用主要供需要创意的人员使用，包括电影制作人、设计师、艺术家、音乐家等；编辑型视频处理应用与生成型视频处理应用相比，虽然艺术性与创造性减少，但能够非常直接地提高生产力，尤其是对于需要做视频、播客的博主来说十分重要。

Descript 就是一家典型的编辑型视频处理公司，这家于 2017 年成立的美国公司在种子轮就获得了 a16z 的投资，并在 2022 年 10 月 C 轮融资中又获得了 5 000 万美元的投资，由 OpenAI 领投，a16z 等跟投，融资后估值达到 5.5 亿美元。Descript 最早是为播客音频做编辑工具起家，后来才延伸到视频工具领域，所以在众多机构投资者中也有许多做播客和视频的个人投资者。Descript 的主要商业模式也是 2C 的订阅制，但也有 2B 的业务，比如为《纽约时报》、Shopify 等媒体和企业提供服务。Descript 产品的主要功能包括视频编辑、录屏、播客、转译四个板块。在目前的新版本中，Descript 产品还融入了 AI 语音替身、AI 绿屏功能以及帮助用户编写脚本的作家模式等 AIGC 相关功能。

另一家典型的编辑型视频处理公司是 InVideo，由哈什·瓦哈里亚（Harsh Vakharia）在 2017 年创立。哈什·瓦哈里亚曾是一家印度餐饮市场初创企业 MassBlurb 的创始人。InVideo 为出版商、媒体公司和品牌提供了一个视频创作平台，用户不需要任何技术背景就可以从头开始创建视频。在用户输入静态文本之后，AI 可以根据输入的内容按照预先设定好的主题将文本转换为视频，并添加母语的自动配音。InVideo 在 A 轮融资中筹集了 1 500 万美元，投资者包括红杉资本印度公司、Base Partners、Hummingbird Ventures、RTP Global 和 Tiger Global Management。

3. 虚拟人型视频处理

虚拟人型视频处理是视频处理中一个特殊的细分赛道，主打为视频生成虚拟形象。这个赛道有两家典型公司：Hour One 和 Synthesia。

Hour One 是一家于 2019 年成立的以色列公司，开发基于真人创建高质量数字角色的技术，生成基于视频的虚拟角色，主打“数字孪生”。Hour One 由奥伦·阿哈龙（Oren Aharon）和利奥尔·哈基姆（Lior Hakim）创立，奥伦·阿哈龙拥有以色列理工学院的博士学位，曾担任一家研发心内微型计算机 V-LAP 的医疗设备公司和一家开发 5G 蜂窝及无线市场的射频技术的数字技术公司的联合创始人。利奥尔·哈基姆曾在计算机硬件制造业公司 cdride 和金融服务公司 eToro 就职。让 Hour One 一战成名的是在 2020 年国际消费类电子产品展览会（CES）中的“真实或合成”（real or synthetic）相似度测试，Hour One 合成的虚拟人和真实人类看起来几乎没有差别。同年，Hour One 获得种子轮 500 万美元的融资。2022 年 4 月，Hour One 完成了 A 轮 2 000 万美元的融资。目前，Hour One 的主要产品是 Reals 自助服务平台，主要功能包括创建虚拟人，以及输入文本自动生成相应的 AI 虚拟人演讲视频。

另一家典型的虚拟人型视频处理公司是 Synthesia，这家于 2017 年成立的英国公司已在 2021 年 12 月完成 B 轮 5 000 万美元的融资，投资方包括 Google Ventures、Kleiner Perkins Caufield & Byers。Synthesia 由丹麦企业家维克多·里帕贝利（Victor Riparbelli）和史蒂芬·杰里尔德（Steffen Tjerrild）创立，联合创始人还包括伦敦大学学院计算机科学系教授和慕尼黑工业大学视觉计算与人工智能教授，可以说技术背景相当强大。目前，Synthesia 的主要产品是 2B 端的 SaaS 产品 Synthesia STUDIO，主要应用于企业传播、数字视频营销和广告本地化。Synthesia 的一个典型案例是为乐事薯片制作名为《梅西信息》（*Messi Messages*）的在线视频，只需要梅西录制 5 分钟视频作为素材模板，Synthesia 就可以生成并让用户收到来自梅西头像发送的个性化比赛观看邀请。

4. 解决方案型视频处理

解决方案型视频处理应用可以综合上述多种视频处理应用的功能，但会根据不同企业客户的需求定制产品与解决方案，这也是现在许多国内 AI 公司的商业模式。两个典型的解决方案型视频处理公司是影谱科技和帝视科技。

影谱科技成立于 2009 年，将生成式 AI 作为通用技术组件支撑通用业务需求，将整个功能堆栈整合在一起，提供端到端解决方案。简单来说，影谱科技基于 AIGC 引擎和 AI 数字孪生引擎 ADT 完成 AI 视频或 AI 孪生体的构建，然后根据客户需要应用于虚拟数字人、新闻可视化、赛事分析、虚拟游戏等场景。2018 年，影谱科技完成 D 轮 13.6 亿元的融资，创 AI 影像生产领域最高融资纪录，投资方包括商汤科技、软银中国等十余家投资机构及战略伙伴，并与商汤科技签订独家战略合作协议。

帝视科技成立于 2016 年，主要业务面向超高清视频制作与修复，融合了超分辨率、画质修复、HDR/ 色彩增强、智能区域增强、高帧率重制、黑白上色、智能编码等一系列核心 AI 视频画质技术。帝视科技的主要 B 端客户包括中央电视台、北京广播电视台、河南广播电视台、福建省广播影视集团、中国电信、中国移动、华为等。帝视科技还为实体经济客户提供基于 AI 的智能竹条精选机器人、汽车玻璃碎片智能扫描仪等软硬件解决方案。简单来说，帝视科技为电视台等企业客户提供超高清视频解决方案，并为其他客户提供定制化软硬件解决方案。2021 年 8 月，帝视科技完成近亿元 B 轮融资，由海松资本领投。

06

第六章 AIGC 的未来

如何从技术、创业、投资、监管等方面看待 AIGC 的未来?

我从来不想未来，因为它来得太快。

——阿尔伯特·爱因斯坦（Albert Einstein）

得益于 AIGC 相关技术的迅猛发展，智能创作时代正在缓缓拉开序幕。当我们能够或多或少窥见人类与人工智能携手创作的美好未来时，我们也需要保有一份对未来的思考，这份思考将帮助我们更好地前行。本章将从技术趋势、参与主体、风险与监管三个角度展望智能创作时代的未来。

第一节　AIGC 的技术趋势

AIGC 起源于技术，也因为技术的高速演进得到了迅猛的发展，迎来了全面商业化落地的今天。忆古而思今，回望 AIGC 的技术演进脉络，发掘其中潜藏的未来趋势，可以让我们更好地建设明天。

一、大模型的广泛应用

人工智能的发展经历过多次春天与寒冬，每一次春天与寒冬的交织都与“通用化”和“专用化”的分歧息息相关。一方面，“通用化”人工智能代表着人类对于未来的美好畅想，但在每个阶段都会遇到不可跨越的瓶颈；另一方面，“专业化”人工智能可以带来更好的应用落地，但从技术演进的发展周期来看，它只是帮助科技开枝散叶的加速器，并非科技应该奔赴的未来。在“通用化”与“专业化”矛盾交织的过程中，人工智能的技术一直进步着。

而当我们将眼光收束到20世纪的前二十年，我们不难发现相似的演进趋势。为了推动人工智能快速落地，各类人工智能企业都遵循着类似的应用范式：基于特定的应用场景收集特定的数据，再利用这些数据训练算法模型，最终解决特定的任务。诚然，这样的应用范式在初期确实取得了显著的应用效果，但随着越来越多复杂场景的出现，尤其是与生成内容相关的应用场景，这种范式就会显得力不从心。在这种情况下，人工智能陷入了“手工作坊式”的应用怪圈，针对什么任务训练什么模型，复杂的任务就拆分成多个简单任务进行拼合连接。这虽然符合一般的工程思想，但也越来越偏离人工智能的初衷，这种专业化、碎片化的下游应用严重阻碍了人工智能产业化的步伐。

在这样的情况下，主打“通用化”的大模型在时代的浪潮下孕育而生。通过“预训练大模型 + 下游任务微调”的方式，人们可以让模型从大量标记和未标记的数据中捕获知识，并在微调后将模型的能力迁移到各类任务场景中，极大地扩展了模型的通用能力。如果说这种“预训练 + 微调”的模型训练方式使大模型的广泛使用成为可能，那模型规模的增长则让这些大模型变得强大无比。现在，这些大模型通常都有着数以百万乃至数千亿为单位的参数量，这些模型在接受了海量数据的训练后，能够捕获数据中更加深层次的复杂规则和关系，从而能够胜任各种类型的复杂任务。有三大因素促使了这类大模型的产生：①

- 计算机硬件的改进，以及 GPU 等处理器算力的增加令如此规模的大模型训练成为可能。
- Transformer 等重要模型架构的出现让人们可以利用硬件的并行性去训练比以前更具表现力的模型。
- 互联网与大数据的高速发展提供了丰富的数据，可以支撑大模型的规模化训练。

如今，正是这些大模型的快速发展让 AIGC 变成现实，并且逐渐深入我们的日常生活。正如前文所言，大模型通过在数据中捕捉更广泛、更精细的规律和关系，生成更多样化且更真实的输出。这种技术的应用使得 AIGC 在很多情况下能够生成与人类相媲美且无

① Rishi Bommasani (2021), “On the Opportunities and Risks of Foundation Models” , doi: 10.48550/arXiv.2108.07258

法辨别出不同的优质内容，也使得本书中所谈到的众多行业应用成为可能。大模型使得 AIGC 变成现实的例子比比皆是。由 OpenAI 所发布的 GPT-3 就是一个 1 750 亿参数量的大模型，能够生成大量被广泛应用的文本内容，可以用于创作文章、诗歌和代码等。除此之外，国内不少公司也纷纷推出了自己研制的各类大模型。百度文心大模型系列就是典型的例子，这类由百度研发的产业级知识增强大模型，涵盖自然语言处理、机器视觉、跨模块任务、生物计算、行业应用等多种 AI 应用场景，不少模型参数量可以达到百亿乃至数千亿规模，得到了许多企业的广泛应用。

大模型之“大”除了体现在参数规模上，同样也体现在数据量上。过去，数据一直是机器学习模型的重要瓶颈，因为针对特定的任务场景，需要人工进行大量数据的标注才能让机器完成学习，许多业内专家将这种现象戏称为“人工智能就是大量人工才能换来的智能”。但人力终有穷时，依靠人工的数据标注难以支撑大模型的训练，许多大模型的训练开始采用综合监督学习和无监督学习的方式，例如通过“无监督预训练，监督微调”的方式，减少对标注数据的依赖。同时，除了在数据标注角度的革新外，许多大模型在训练数据的选取上也更加别出心裁，充分利用互联网上自然生成的 PGC、UGC 内容进行训练，以获得更加丰富的可用数据和更加自然的语言表达。

无论是模型角度还是数据角度，大模型的发展都为 AIGC 赋予了充分的想象空间，而伴随着智能创作时代的全面来临，大模型的发展也许将会为我们带来更多的惊喜。

二、全新的人工智能“仿人模式”

当人类想要打造人工智能时，一个非常直接的思路是去让机器模仿人来获取智能的学习方式。这种“仿人模式”一直都是人工智能新的算法模型的重要思路来源，也是技术发展的重要推动力。人工智能的发展史，可以说是机器模仿人类的历史，科学家尝试用各种方式让机器刻画人、模仿人。而纵观机器对人的模仿历程，我们可以清晰地看到它从微观层面的僵硬模仿，逐渐发展为宏观层面的认知模式借鉴，实现了这一技术哲学的思想跃迁。

在人工智能早期，符号主义方法占据了主导地位，这类方法的根本思想源泉就是“人的智能就是来自逻辑规则”，模仿人的智能也就是模仿人的逻辑规则，人们妄图通过尽可能多地设置逻辑规则，最终让机器具有一定程度的逻辑判断能力和智能。虽然符号主义确实取得了一定成功，但由于人们无法定义人类智能的所有规则细节，它很快在历史的长河中被淘汰。就以语言翻译的任务为例，为了准确地将一个句子从一种语言翻译成另一种语言，需要让系统包含这两种语言的所有语法和语法规则。然而，这些规则通常有许多细微差别和例外情况，利用规则的界定让系统变成强大可用的工具是一个极其复杂和困难的事情。因此，基于规则的系统往往难以完成具有高度细微差别或灵活性高的任务。

联结主义则从更高的抽象层次去定义人工智能。智能产生于人脑，而人脑构成的神经节点促使了人类具备思考的能力，因此应该让机器去模仿人脑的结构而非人脑所表现出来的规则。虽然联结主义在发展初期遇到了诸多阻碍，发展至今也已经与当初的出发点相去甚远，但人工神经网络时至今日的蓬勃发展在一定程度上也验证了当初这种高度抽象化思考模式的胜利。

后来，诸多人工智能各个子领域的发展无疑不见证了这种在宏观层面模仿人类智能思路的正确性。基于人类通过学习而获得智能，诞生了机器学习；基于人类在学习过程中会有激励和惩罚，这些激励和惩罚会不断强化人类的能力，出现了强化学习；基于人类在接受信息时往往会将注意力集中在重要的信息上，产生了当代主流大模型的根基——Transformer；基于人类在学习认图时并非学习照片细节的纹路，而是直接被不断告知关于图片中物体的描述，诞生了 AI 绘画的奠基性模型——CLIP 模型。总之，从领域开拓到细分应用，从模仿人类的学习过程到模仿人类的认知方式，人工智能逐渐从更宏观、更抽象的维度从人类身上汲取营养。伴随着人类对于自身智能产生根源的通晓，我们相信人工智能相关技术又会迎来一次前所未有的飞跃，为未来的 AIGC 带来更多的可能性。

三、技术伦理成为发展的重要关注点

AIGC 技术的发展无疑是革命性的。它可以改善我们的日常生活，提高生产力，但也面临着诸多技术伦理方面的挑战，并且越来越受到科学家的关注。许多 AIGC 从学术研究转投产业研究的第一步，就是探索如何从技术角度解决潜在的技术伦理问题。

一个典型的 AIGC 技术伦理问题是 AI 所生成内容的危险性。

OpenAI 的最早联合发起人以及 DeepMind 的早期投资人埃隆·马斯克曾表示："如果不加以控制，AI 或许很有可能会摧毁整个人类。"[①] 事实上，我们也的确看到一些人工智能表现出了这种危险性。微软在 2016 年发布了 Tay 人工智能，让它可以通过 Twitter 学习社会上的信息并与他人实时互动。但是，令人意想不到的是，Tay 在短短 24 小时内就从一个可爱且崇拜人类的机器人，变成了一个充满种族仇恨的人工智能，并且发表了一些具有纳粹倾向的种族主义言论。[②] 为了控制 Tay 对人类社会的有害影响，微软不得不紧急关闭了它。

科学家正尝试运用一些技术手段避免这些具有潜在风险的事件发生。通过改善数据集，增加更多的限制性条件，以及对模型进行微调，可以使得人工智能减少对于有害内容的学习，从而减少人工智能本身的危险性。甚至我们可以"教会"人工智能如何更尊重他人，减少判断当中的偏见，从而更好地和人类相处。借鉴强化学习思想的 RLHF 方法就是减少人工智能生成危害性内容的典型措施，前面反复提及的 ChatGPT 就是采用这种方式训练的。在 RLHF 的框架下，开发人员会在人工智能做出符合人类预期回答时给予奖励，而在做出有害内容的回答时施加惩罚，这种根据人类反馈信号直接优化语言模型的方法可以给予 AI 积极的引导。然而，即便采用这种

---

① 参考自 https://www.independent.co.uk/tech/elon-musk-artificial-intelligence-openai-neuralink-ai-warning-a8074821.html。

② 参考自 https://www.cbsnews.com/news/microsoft-shuts-down-ai-chatbot-after-it-turned-into-racist-nazi/。

方式，AI 生成的内容也有可能在刻意诱导的情况下输出有害的内容。以 ChatGPT 为例，在一位工程师的诱导下，它写出了步骤详细的毁灭人类计划书，详细到入侵各国计算机系统、控制武器、破坏通讯和交通系统，等等。[①] 如果说这种情况可能来自一些科幻小说训练数据的影响，这种荒诞性的内容并不具有足够的社会危害性，那么另一些工程师发现的漏洞可能更加引人警醒。这些工程师发现，如果采取特殊形式进行提问或加上一定代码的前缀就可以绕过聊天机器人的安全系统，[②] 让其自由地输出有害内容。同时，还有一些人表达了对 RLHF 这类安全预防性技术措施的质疑，他们担忧足够聪明的人工智能可能会通过模仿人类的伪装行为来绕过惩罚，在被监视的时候假装是好人，等待时机，等到没有监视的时候再做坏事。

除了从训练角度对 AIGC 潜在技术伦理问题进行预防外，在使用上及时告警停用的技术措施更显必要。AIGC 产品应该对生成的内容进行一系列合理检测，确保其创作内容不被用于有害或非法目的，一旦发现此类用途，人工智能应该可以立刻识别，停止提供服务，并且给出警告甚至联系相关监管或者执法机构。例如，将 AIGC 用于考试作弊、发布大量骚扰信息、伪造他人虚假的裸体照片、生成枪支构造图及 3D 打印代码等行为都是应该被避免且监管的。当然，这些潜在的风险不仅需要技术层面的预防，还需要相关法律法规的颁布。AIGC 技术伦理问题的解决需要学界、业界、社会、政府的共同努力。

---

① 参考自 https://www.thepaper.cn/newsDetail_forward_21030556。

② 参考自 https://baijiahao.baidu.com/s?id=1752626425911081118&wfr=spider&for=pc。

第二节　AIGC 时代的参与主体

一、AIGC 时代的创业者

随着 AIGC 相关内容的爆火和出圈，互联网巨头闻风而动，国外的微软、谷歌、Meta，以及国内的百度、腾讯、字节跳动等大厂都在 AIGC 领域有所投入。不少创业者也在其中看到了商机，并想从中“掘金”。不过，相比于大厂拥有雄厚的研发资金、成熟的研发团队，创业公司的路走得似乎会更艰难。

目前，AIGC 初创公司的产品大多是基于市面上现有的开源模型进行二次开发。虽然这种方式可以帮助创业公司快速开发出一个可用的 AIGC 产品，但也会让开发出的产品从技术角度失去韧性的技术壁垒，令短周期内的竞争达到非常激烈的水平。Stable Diffusion 产品模型的“大开源”事件就是一个典型，在它选择开发核心 AI 算法模型、核心训练数据集以及 AI 生成图片的版权，并让全世界所有普通人、创业者、商业团体可以随心所欲地完成对 Stable Diffusion 的部署、运行、改进和商业化后，一时间市面上出现了上百家基于 Stable Diffusion 的 AI 绘画公司，这导致了 AI 绘画工具的泛滥、产品利润低以及严重同质化的问题。这是 AIGC 赛道创业的一个缩影，这个缩影反映出，打造产品在细分赛道的差异化及寻找合适的商业化场景落地，将成为这些创业公司竞争的关键。

除了竞争方面，商业模式的设计也是困扰很多 AIGC 创业者的核心难题。除了传统工具产品的付费模式外，目前尚无让人耳目一新的盈利方式。以 AI 绘画领域的头部公司 Stability AI 和 Midjourney 为例。Stability AI 虽然彻底开源了 Stable Diffusion 的工具，但同时也推出了付费 AI 绘画产品 DreamStudio。在 DreamStudio 中，任何人都不需要安装软件，只需要具备编码知识就可以使用 Stable Diffusion 来生成图像。同时，用户还可以对生成图像进行分辨率调整等。DreamStudio 产品的付费模式主要是积分制，首次注册后用户可以一次性获得 100 积分，大约可以供用户生成 500 张左右图像，但根据生成步骤和图像分辨率的不同，单个图像的收费可能会存在差异。如果用户消耗完所有积分，可以选择花费 10 美元去购置 1 000 积分来继续使用产品。而 Midjourney 则采用了较为常见的订阅制，新用户可免费生成 25 张图片，之后如果想要继续使用可以选择按月或者按年订阅 Midjourney 的会员，一共有基础版、标准版和进阶版三个版本的会员可供选择，以月订阅的基础版为例，每月支付 10 美元大约可以生成不到 200 张图像。

然而，无论是积分制还是会员订阅制，如果仅仅照搬这类公司的商业模式，AIGC 创业公司很难在短期内取得成功。一个重要的原因是，这些平台已经积累了庞大的用户数量。根据 2022 年 10 月网络上的新闻报道数据，Stability AI 的开源工具 Stable Diffusion 日活用户量已经超过了 1 000 万，而其付费产品 DreamStudio 也已经拥有 150 万左右的用户。[①] 而 Midjourney 的情况也类似，在 2022 年 12 月初，其社区成员数量就达到了 500 万。[②]

此外，另一个不适合初创公司模仿的原因在于，Stability AI 和 Midjourney 的大部分用户都聚集在 C 端，这些用户使用 AIGC 的产品更多是为了娱乐，尝试新鲜好玩的东西，但是付费意愿较低，难以转化成真正的付费用户。对于 Stability AI 和 Midjourney 来说，作为行业的龙头公司，它们已经融资了数亿美元，在现金流方面不会有很大压力，相较于占据用户心智，专注于 AIGC 技术的打磨和突破可能对它们更加重要。但绝大多数 AIGC 初创平台都还属于快速积累原始用户的阶段，同时不少创业者还面临着快速变现的压力，需要稳定的现金流才能使团队有能力不断迭代产品。因此，许多 AIGC 创业公司并不是在产品研发完成之后，而是要在设计产品之初就考虑可行的商业模式，在这种情况下，照搬 Stability AI 和 Midjourney 的模式就并非好的选择。

目前来看，相较于针对 C 端用户，AIGC 在 B 端服务方面的变现模式反而更具有可行性。传统产业迫切需要 AIGC 技术来实现降本增效，许多公司对于能够提升业务效率或显著降低业务成本的技术具备极高的付费意愿。而且，因为行业及业务逻辑存在明显的差异，而主流的 AIGC 模型都较为通用，如果能针对特定的业务需求研发产品，仍然存在很大的机会。所以，对于创业者来说，找到

---

① 参考自 https://m.ebrun.com/ebrungo/zb/502312.html。

② 参考自 https://www.reddit.com/r/discordapp/comments/zemoxp/the_mid_journey_discord_server_has_5_million/。

一个可以落地的商业场景，并且锁定一个细分场景对 AIGC 进行训练，做出产品在特定领域的差异化，这是商业化落地的最好方式。

比如海外初创公司 Jasper 就提供了生成 Instagram 标题、编写 TikTok 视频脚本、编写广告营销文本等针对 B 端媒体场景的定制化服务。正如前文提及的，截至 2021 年，Jasper 已经拥有超过 7 万客户，包括 Airbnb、IBM 等知名企业，并创造了 4 000 万美元的收入。① 由此可以看出，创业公司虽然在巨头的夹击下生存并不容易，但凭借着独特的优势和机遇，在垂类场景中依然有可能成为新晋独角兽。随着技术的升级、产品的成熟，AIGC 初创公司的产品会在特定场景中得到应用，商业价值也会不断地被挖掘出来。

二、AIGC 时代的投资人

2022 年 9 月，红杉资本发布了一篇名为《生成式 AI：一个创造性的新世界》的文章，描述了 AIGC 所带来的庞大投资机会："梦想是生成式人工智能将创造和知识工作的边际成本降至零，进而产生巨大的劳动生产率和经济价值——以及相应的市值。""生成式人工智能有可能产生数万亿美元的经济价值。"② 尽管这些表述带有对美好未来畅想的成分，但伴随着即将来临的智能创作时代，AIGC 确实孕育了丰富的投资机会。

这一次 AIGC 投资爆发的浪潮主要源于大模型的民主化革命，

① 参考自 https://baijiahao.baidu.com/s?id=1752964688883229868&wfr=spider&for=pc。

② 参考自 https://www.sequoiacap.com/article/generative-ai-a-creative-new-world/。

许多新型尖端模型的开源和使用促进了众多创业公司的生长。资本永远追随着这种快速增长的趋势而去，即便这些公司的底层基于共同的技术和数据，但这并不妨碍风投机构对于科技领域这一新兴机会的关注，在 GPT-3 模型发布的两年多以来，风投资本对 AIGC 的投资就增长了 400% 以上。①

不过，对于当前的 AIGC 领域，投资人依然需要避免陷入“拿着锤子找钉子”的误区。一个好的投资标的未必是运用先进技术的公司，而是可以确定实际的终端用户需求到底是什么、技术如何更好地制作产品并满足用户需求的公司。即便市场的普遍认知更加看好大模型的未来发展，但商业化最终的理想出路究竟是“更大”还是“更专”尚未有定数，一些技术并不亮眼但能更好地解决用户痛点的公司同样值得关注。

就用户需求高的商业场景来说，C 端和 B 端都聚集着丰富的投资机会。从 C 端来看，文本、音频、图像、视频四大模态的创新进展层出不穷，但相较于漂亮的叙事和铺天盖地的营销，投资人更应该把视角放在 AIGC 产品为用户创造的可持续价值上。新奇的概念和出众的营销很容易挑动 C 端用户的神经，让产品在短时间内迎来爆发性增长。然而，当用户习惯于生成效果，新鲜感冷却之后，非常容易被新的竞品吸引而离开。在这个技术尚不能构成核心技术壁垒的赛道，如何让用户有动力持续使用产品才是制胜的关键。而从 B 端来看，AIGC 产品的“生产力工具”属性将更加浓厚，区别于

① 参考自 https://36kr.com/p/2064627783449729。

C 端消费主义色彩更加浓厚的应用方式，B 端的 AIGC 公司直面的是一群理性至极的客户群体，能够更好地回答“产品是怎样为企业降本增效”这一核心问题的公司将更加受到投资人的青睐。切实提升业务生产效率或者降低业务成本的公司将具备难以想象的成长潜能，借助“合作伙伴 + 生态 + 赋能行业”的传统打法，这类公司很容易就在这个新兴赛道杀出一片天地。而对于这类具有潜力的公司的投资判断，会更加考验投资人对于 B 端业务本身的熟悉程度，这样才能对 AIGC 工具的业务价值理解得更加通透。

除了关注新兴的 AIGC 公司是如何切入 C 端和 B 端市场之外，传统业务发展顺利的公司如何引入新兴的 AIGC 工具同样值得投资人关注。例如，知名知识管理领域的独角兽 Notion 推出的 AI 写作助手就非常值得投资人的关注。许多用户表示，Notion 内置的 AI 文本编辑器比很多独立的 App 更好用，它可能会成为许多文本生成类初创公司强有力的竞争对手。截至 2022 年，Notion 的全球用户数已经突破 2 000 万，[①] 投资者在投资相关赛道时显然需要考虑这样一个百亿美元独角兽带来的行业冲击。因此，在这样的市场环境下，投资人需要将 AIGC 的生意本质和产业环境相结合，从单纯追求最佳商业模式的一维象限视角，升级为审视用户、生意、市场最佳组合的多维视角，综合评估 AIGC 产品在所处环境中的价值。

当然，对于很多投资人来说，投资 AIGC 可能投的并非当前的特定应用场景，而是未来技术突破带来的生产力变革机会。不过，

① 参考自 https://www.sohu.com/a/586071503_490443。

历史的发展已经证明了人工智能技术突破的长周期性，而考虑到人民币基金 5~7 年和美元基金 10 年左右的存续期，选择现有需求成熟度高但技术成熟度还差 1~2 年的领域或许是风险更低、更加稳妥的投资选择。目前，我国尚未真正进入 AIGC 全面爆发性增长的阶段，即便细分赛道出现一些个别优秀的公司和研究机构，但还未进入大规模验证和体系化发展的阶段。所以，能否抓住细分赛道的机会就显得尤为重要。对于投资人来说，如果希望从技术角度进行投资，与其说是押注公司，不如说是押注细分赛道，这种投资逻辑会更考验投资人对于细分赛道研究的基本功。

当然，无论出于何种投资逻辑，寻找 AIGC 投资机会都需要充分了解 AIGC 产业地图的每一个环节，寻找自己通过借助历史经验可以真正看得懂的领域或环节。大浪淘沙方显英雄本色，每一位投资人都身处浪潮之巅与时代风口，机遇与未知并存，难以预测未来但正在创造未来，难以拨开风口的重重云雾窥探时代的风向标，但可以从差异中寻找共性、从历史中汲取经验，在变化中守得云开见月明。

三、AIGC 时代的政府

面对 AIGC 时代的发展，政府也应该从产业发展的角度制定各类配套政策，并辅之以合理的监管，躬身入局新一轮的科技浪潮。对于政府而言，入局 AIGC 的基本思想可以用三个词概括：审时——守道——优术。

审时审的是地方产业发展阶段之时，度地方发展之势，结合当前地方产业发展阶段，制定合理的入局方式。没有产业基础，科技发展就是无本之木。例如，对于一些以制造业为优势的地方城市，考虑鼓励 AIGC 与工业设计结合可能是一个比较好的方向，可以有力地助推智能制造的发展。“所有的伟大，都是时间堆砌而成，无一例外。”地方政府入局 AIGC 的关键在于能否将 AIGC 的应用场景和产业地图与自身发展规划相适应，借助地方多年的产业优势与区位因素，让 AIGC 从提高生产力的出发点赋能经济增长。地方政府可以从营造浓厚的产业氛围出发，为人工智能产业创新发展提供强大的知识储备和技术支撑，同时从长远角度布局发展战略。

守道强调的是顺应地方的禀赋，规范地方 AIGC 产业朝着健康的方向发展，为当地 AIGC 产业的发展提供积极生长的土壤。具体来说，就是要充分发挥政府在 AIGC 产业的“守门人”作用，并辅之以必要的法律监管。OpenAI 就曾针对当前人工智能产业提出过“守门人”概念，OpenAI 指出必须存在一个守门人来保护社会免受人工智能的潜在不良影响，这些措施对于防止人工智能被滥用非常重要。不过，这种规范性的措施绝对不是全方位的限制，最近兴起的 AIGC 公司 Stability AI 表示，AIGC 就好像普罗米修斯给人类带来的火种，火种是危险与机遇并存的，但守门人如果一味地限制技术如何使用可能会更加危险，政府应该以适当的方式规范 AIGC 技术的使用，而绝不是施加重重限制。[①] 因此，政府需要建立一个强大的政策框架以支持 AIGC 的长期发展和应用，这些政策可能包括：

---

① 参考自 https://foresightnews.pro/article/detail/18703。

- 在了解并解决人工智能的道德、法律和社会影响基础上制定相关政策法规，确保 AIGC 技术使用的安全性和伦理性。
- 对于可能造成社会危害性的 AIGC 领域设定“底线”和“红线”，制定相关法律法规，加强治理和监管。
- 为 AIGC 的使用培训和测试开发提供安全合规的公共数据集和环境，制定政府公共数据资源开放清单，合理引导数据资源有序开放，建立人工智能计算资源共享名录。

优术强调优化当前对于 AIGC 产业的鼓励政策，从资金、人才、生态等各个角度支持 AIGC 的发展。在资金方面，可以打造头部示范性企业或者通过政策吸引头部企业招商，通过积累发展势能吸引投资机构和产业资本入场；将 AIGC 产业作为投资重点领域，鼓励地方引进、设立相关专项基金，支持产业发展；对人工智能研究进行长期投资，建设综合性的人工智能研究院，开展基础研究、应用基础研究、技术创新和应用示范。在人才方面，可以将 AIGC 高端人才纳入新时代各类人才计划，认真落实科学中心等现有人才政策，鼓励校企合作，支持高等学校加强人工智能相关学科专业建设，引导职业学校培养产业发展急需的技能型人才，鼓励企业、行业服务机构等培养高水平的人工智能人才队伍。在生态方面，可以加快产业集聚发展政策的制定，实施国家 AIGC 产业战略性新兴产业集群建设方案，加快引进培育 AIGC 领域领军企业和重大项目，打造特色产业集群；依托国家创新政策，鼓励开展 AIGC 领域创新创业和解决方案大赛，营造人工智能创新发展的良好生态；鼓励产业链办公室、产业联盟或重点企业开展 AIGC 及相关领域的学术研究、专题培训、行业研究和合作推广，承办各类会展、论坛等活动，依托产业链办公室、产业联盟建设 AIGC 产业信息中心，输出月度产业发展综述、季度比较竞争态势、年度产业发展白皮书等相关行业文件。

政府部门落实好审时、守道、优术三个环节之后，相当于为 AIGC 行业的发展注入了充分的发展动能，进一步促进智能创作时代的全面来临。

第三节　AIGC 的风险与监管

一、AIGC 的风险

目前，AIGC 所产生的风险主要集中在版权问题、欺诈问题和违禁内容三个方面。

1. AIGC 的版权问题

AIGC 本质上是机器学习的应用，而在模型的学习阶段，无法避免使用大量的数据集执行训练，但目前行业对于训练后生成物的版权归属问题尚无定论。行业中关于 AIGC 涉及的版权问题主要有两种看法。一类观点认为内容由素材库训练生成，本身来自素材库，需要对相关的素材作者提供版权付费。但对于很多 AI 项目方来说，AI 的素材学习库十分庞大，获得所有训练集的授权是不切实际的。此外，AIGC 本质上是机器的再创造过程，就好像一个艺术家在浏览完几十万幅图画后绘制出的图画，或多或少会受到他观看画作的影响，但要求他向所有所学习的画作的创作者支付版权费显然是无稽之谈。基于这样的出发点，另一类观点认为 AIGC 产生内容的过程是一个完全随机且创新的过程，不存在版权问题，版权属于 AIGC 的用户或者平台，具体规定由平台制定。而在目前的实践过程中，各平台的版权条例也偏向于后者，常见的处理方式有三种：

- 生成物由作者使用 AIGC 工具创造的，其版权完全归作者所有。
- 生成物由平台 AIGC 工具生成的，其版权归平台所有，但作者可以在非商用的情况下自由使用图片，对于商用的情况，只有付费用户有权自由使用。
- 生成物由公共的作品数据训练而成的，其知识产权也不应由某个机构或个人占有，而是应该回归公共大众，任何人生成的作品都可以由其他人自由地以任何符合法律规定的形式使用。

当然，无论是哪一种形式，都会引起一部分原创版权拥有者的强烈不满。他们认为人工智能正在利用原创作者的数据变强，同时又在砸原创者的饭碗。一旦人们可以通过 AI 免费生成他们想要的东西时，谁会愿意为原创者的作品买单呢？以绘画领域为例，不少艺术家在一些AI绘画工具使用的数据集里发现了自己的作品。这些艺术家的原创作品被AI作为素材内容进行学习，AI在学习完成后就可以快速生成风格非常类似的作品。然而，虽然这些艺术家主张AIGC平台侵害了自己的权益，但是现在仍没有完善的法律规定此类侵权行为，甚至在不少法律条文中，这种行为是合法的。

令这些原创者愤怒的争议点在于，为什么基于自己自主创作的作品生成新的作品后却与自己没有关系。然而，根据目前的法律规定，人类社会中的法律是针对人类的行为规范而设立的，也就是说只约束和服务于人类。而AI机器人不是真正的人，只是一种工具，因而无法受到法律的约束和审判。当然，如果原创者能够清晰举证生成的图片训练集中包含了自己未经授权的作品，或者生成的商用作品与自己的作品具备实质性的相似情况，能够佐证抄袭，原创者是可以根据现有法律主张自身著作权益的，但这在实践中无疑是困难的。不过，随着法律体系的日渐完善，相信对于AIGC与创作者著作权的关系将会得到更加清晰的界定。

2. AIGC 导致的欺诈问题

近年来，随着AIGC技术的不断成熟，人工智能已经能够通过分析事先收集的大量语音训练数据，制造出以假乱真的音视频。这项突破性的技术不仅可以用于篡改视频，更可以用于制造从未存在过的视频内容。与此同时，这项技术的使用门槛也在不断降低，比如现在大家常用的社交媒体都具有一键轻松“换脸”“变声”等功能。由于契合人们“眼见为实”的认知共性，这项技术滥用后很可能使造假内容以高度可信的方式通过互联网即时触达公众，削弱公众对于虚假信息的判断力，使公众难以甄别真实和虚假信息。国内已经出现了多起“好友”或“家人”诈骗的案件。经警方核实，诈骗分子是利用受害者好友或家人在社交平台已经发布的视频，截取其面部画面后再利用“AI 换脸”技术合成好友或家人的脸，制造受害者与“好友”或“家人”视频聊天的假象骗取受害者的信任，从而实施诈骗。此外，也有犯罪团伙利用 AIGC 技术，伪造他人人脸动态视频，再以极低的价格卖给“黑灰产”从业人员，帮助其完成大量的手机卡注册。这些手机卡注册后，再被不法分子用于赌博、贷款、诈骗等行为，极大地增加了执法机构的执法成本。

3. AI 生成违禁内容

AI 生成的内容完全取决于使用者的引导，在安全措施并不完善的前提下，AI 针对恶意的诱导行为无法独立思考和判断，它只能根据训练材料中学到的信息进行输出。基于 AIGC 技术的这个特点，经常会有使用者故意引导 AI 输出一些违禁内容，例如暴力、极端仇恨言论、色情图片等。一些不法分子可能利用开源的 AIGC 项目，学习名人照片用于生成虚假名人合影照片，甚至制作出针对该知名人士的暴力及色情作品，制造出造谣、花边新闻、政治丑闻等。在现代社会，一张被伪造的照片编出一个离奇的故事已经屡见不鲜。除了在使用阶段被恶意生成违禁内容外，也有一些公司为了获得市场关注，故意在 AI 的训练数据集中加入一些违禁内容，让用户更

“方便”地使用它来制作色情、暴力、虚假新闻等内容，从而增加自己在网络上的曝光和宣传，这种行为无疑是更加应该被打击的。随着法律法规的日渐完善，这些情况无疑都会受到规范和监管。

从上述这些风险点就可以看出，AIGC 作为内容生产的新范式，在推动数字经济快速发展的同时也对相关法律法规及监管治理能力提出了更高的要求。各个国家的监管机构都需要不断地跟进 AIGC 的发展趋势，在不打压创新的同时不断完善法律法规，避免可能出现的潜在风险。

二、AIGC 的监管

制定法律法规的目的是推进行业的发展，以及保护公民和企业的权利和利益，维护社会秩序和公共利益。对于 AIGC 来说也不例外。随着全球范围内的相关法律法规的不断完善，无论是赋能产业升级还是自主释放价值，AIGC 都将在健康有序的发展中得到推进。标准规范为 AIGC 生态构建了一个技术、内容、应用、服务和监管的全过程一体化标准体系，促进 AIGC 在合理、合规和合法的框架下进行良性发展。下文将以中国和美国的法律法规为例，介绍当前 AIGC 领域的监管情况。

1. 中国对 AIGC 的监管

在版权领域，相关可参考的法律法规主要关注三个领域：谁拥有 AI 创作的著作权？AIGC 创作的作品是具备独创性的智力成果吗？如何对 AI 的创作物进行定价？

在著作权领域，《中华人民共和国著作权法》（以下简称《著作权法》）规定，任何作品的作者只能是自然人、法人或非法人组织。因此，AIGC 不是被法律所认可的权利主体，也就不能成为著作权的主体。之前有一个很知名的案例，一只猴子按下相机快门拍出了一张不错的照片，但因为作者不是人类，所以作品不受版权保护。推论到 AI 作品领域，即便在 AI 绘画过程中，有人对生成的图片进行了语言描述，但主流观点认为，AI 作品不享有著作权，也不受《著作权法》保护。不过，即便如此，实际的司法实践往往会结合平台与用户的一些许可条例，具体问题具体分析。

再来看第二个问题：AIGC 创作的作品是具备独创性的智力成果吗？根据《著作权法》和《中华人民共和国著作权法实施条例》的规定，作品是指文学、艺术和科学领域内具有独创性并能以某种有形形式复制的智力成果。AIGC 的作品具有较强的随机性和算法主导性，能够准确证明 AIGC 作品侵权的可能性较低。同时，AIGC 是否具有独创性目前难以一概而论，在实际的法律法规执行过程中，拥有一定的自由裁量空间。

不过，虽然法律法规对于 AIGC 生成作品的知识产权相关问题的界定并不清晰，但目前已经有业内人士尝试根据已有的法律法规框架，探索将创作者的“创意”进行量化与定价。例如，国内有专家提出，可以通过计算输入文本中关键词影响的绘画面积和强度，量化各个关键词的贡献度。之后根据一次生成费用与艺术家贡献比例，就可以得到创作者生成的价值。最后再与平台按比例分成，就是创作者理论上因贡献创意产生的收益。例如，某 AIGC 平台一周内生成数十万张作品，涉及这位创作者关键词的作品有 30 000 张，平均每张贡献度为 0.3，每张 AIGC 绘画成本为 0.5 元，平台分成 30%，那么这位创作者本周在该平台的收益为：30 000 × 0.3 × 0.5 ×（1–30%）= 3 150（元）。通过这种方式计算出的收益，也许可以在一些知识产权的纠纷中作为赔偿额的参考，或者作为未来法律中确保人类原创者权益确保条款的制定依据。

另外，对于 AIGC 可能存在的欺诈问题和违禁问题，中国已有相关的法规颁布。2022 年 11 月 3 日，国家互联网信息办公室、工业和信息化部、公安部联合发布了《互联网信息服务深度合成管理规定》（以下简称《规定》）。《规定》中提到的“深度合成”，就是指利用以深度学习、虚拟现实为代表的生成合成类算法制作文本、图像、音频、视频、虚拟场景等信息的技术，包括文本转语音、音乐生成、人脸生成、人脸替换、图像增强等技术。国家出台此规定的目的就是希望加强对新技术新应用的管理，确保其发展与安全，推进深度合成技术依法、合理、有效地被利用。

《规定》中对“深度合成”服务提供者的主体责任进行了明确规定，具体包括：[①]

- 不得利用深度合成服务制作、复制、发布、传播法律、行政法规禁止的信息，或从事法律、行政法规禁止的活动。

① 参考自 http://www.gov.cn/zhengce/2022-12/12/content_5731430.htm。

- 建立健全用户注册、算法机制机理审核、科技伦理审查、信息发布审核、数据安全、个人信息保护、反电信网络诈骗、应急处置等管理制度，具有安全可控的技术保障措施。
- 制定和公开管理规则、平台公约，完善服务协议，落实真实身份信息认证制度。
- 加强深度合成内容管理，采取技术或者人工方式对输入数据和合成结果进行审核，建立健全用于识别违法和不良信息的特征库，记录并留存相关网络日志。
- 建立健全辟谣机制，发现利用深度合成服务制作、复制、发布、传播虚假信息的，应当及时采取辟谣措施，保存有关记录，并向网信部门和有关主管部门报告。

此外，《规定》中也明确了“深度合成”服务提供者和技术支持者的数据和技术方面的管理规范，主要包括加强训练数据管理和加强技术管理两个方面。在加强训练数据管理方面，采取必要措施保障训练数据安全；训练数据包含个人信息的，应当遵守个人信息保护的有关规定；提供人脸、人声等生物识别信息显著编辑功能的，应当提示使用者依法告知被编辑的个人，并取得其单独同意。在加强技术管理方面，定期审核、评估、验证生成合成类算法机制机理；提供具有对人脸、人声等生物识别信息或者可能涉及国家安全、国家形象、国家利益和社会公共利益的特殊物体、场景等非生物识别信息编辑功能的模型、模板等工具的，应当依法自行或者委托专业机构开展安全评估。

《规定》虽然尚未立法，但从训练数据合集的合法性到生成内容的合法性，再到监督审核制度的建立都提出了解决办法，从中能看出国家对未来规范化管理 AIGC 创作内容和创作形式的决心。

2. 美国对 AIGC 的监管

虽然美国在 AIGC 技术领域起步较早，且技术布局一直处于全球领先地位，但迄今为止美国还没有关于 AIGC 的全面联邦立法。然而，考虑到 AIGC 所涉及的风险以及滥用可能造成的严重后果，美国正在加速检查和制定 AIGC 标准的进程。例如，美国国家标准与技术研究院（NIST）与公共和私营部门就联邦标准的制定进行了讨论，以创建可靠、健全和值得信赖的人工智能系统的基础。与此同时，州立法者也在考虑 AIGC 的好处和挑战。2022 年，至少有 17 个州提出了 AIGC 相关的法案或决议，并在科罗拉多州、伊利诺伊州、佛蒙特州和华盛顿州颁布。[①]

此外，2020 年 2 月，电子隐私信息中心请求联邦贸易委员会（FTC）制定有关在商业中使用 AI 的法规，以定义和防止 AI 产品对消费者造成的伤害，这些法规将有可能适用于 AIGC 产品。与此同时，许多监管法律框架通过交叉应用监管传统学科的规则和条例去实现对 AIGC 产品的监管，包括产品责任、数据隐私、知识产权、歧视和工作场所权利等。并且，白宫科技政策办公室颁布了 10 条关于人工智能法律法规的原则，为制定 AIGC 开发和使用的监

① 参考自 https://www.ncsl.org/research/telecommunications-and-information-technology/2020-legislation-related-to-artificial-intelligence.aspx。

管和非监管方法提供参考：

- 建立公众对人工智能的信任。
- 鼓励公众参与并提高公众对人工智能标准和技术的认识。
- 将高标准的科学完整性和信息质量应用于 AI 和 AI 决策。
- 以跨学科的方式使用透明的风险评估和风险管理方法。
- 在考虑人工智能的开发和部署时评估全部社会成本、收益和其他外部因素。
- 追求基于性能的灵活方法，以适应人工智能快速变化的性质。
- 评估人工智能应用中的公平和非歧视问题。
- 确定适当的透明度和披露水平以增加公众信任。
- 保持控制以确保 AI 数据的机密性、完整性和可用性，从而使开发的 AI 安全可靠。
- 鼓励机构间协调，以帮助确保人工智能政策的一致性和可预测性。

根据上述原则框架，以及 AIGC 领域后续发展中的监管实践，在不远的未来，在美国将会有更多具体的监管条例落地。

附录一

AIGC产业地图标的公司列表（部分）

产业链	细分赛道	属性分类	公司名	国家	成立年份	融资轮次	最新估值
数据服务（上游）	数据查询与处理	异步处理型	Databricks	美国	2013	H 轮	380 亿美元
			Starburst	美国	2017	D 轮	33.5 亿美元
		实时处理型	ClickHouse	美国	2021	B 轮	20 亿美元
			Imply	美国	2015	D 轮	11 亿美元
	数据转换与编排	本地部署型	帆软	中国	2018	—	—
			Pentaho（Kettle）	美国	2006	并购	—
		云原生型	Fivetran	美国	2012	D 轮	56 亿美元
			dbt Labs	美国	2016	D 轮	42 亿美元
	数据标注与管理	基础型	Appen	澳大利亚	2011	IPO	28 亿美元
			云测	中国	2007	C 轮	3.7 亿美元
		扩张型	Scale	美国	2016	E 轮	73 亿美元
			Labelbox	美国	2018	D 轮	10 亿美金
	数据治理与合规	工具型	OneTrust	美国	2016	D 轮	53 亿美元
			Collibra	美国	2008	F 轮	52.5 亿美元
		定制型	光点科技	中国	2011	—	—
			亿信华辰	中国	2006	—	—
算法模型（中游）	人工智能实验室	独立型	OpenAI	美国	2015	A 轮	200 亿美元
		附属型	DeepMind	英国	2010	并购	—
			FAIR	美国	2015	—	—

续表

产业链	细分赛道	属性分类	公司名	国家	成立年份	融资轮次	最新估值
算法模型（中游）	集团科技研究院	—	阿里巴巴达摩院	中国	2017	—	—
		—	微软亚洲研究院	中国	1998	—	—
	开源社区	综合型	GitHub	美国	2008	并购	—
		垂直型	Hugging Face	美国	2016	C 轮	20 亿美元
			Papers with Code	英国	2018	并购	—
应用拓展（下游）	文本处理	营销型	Copy.ai	美国	2020	A 轮	—
			Jasper	美国	2021	A 轮	15 亿美元
		销售型	Lavender	美国	2020	—	—
			Smartwriter.ai	澳大利亚	2021	—	—
		续写型	彩云科技（彩云小梦）	中国	2014	天使轮	—
		知识型	Mem	美国	2021	A+ 轮	1.1 亿美元
		通用型	Writer	美国	2020	A 轮	—
			澜舟科技	中国	2021	Pre-A 轮	—
		辅助型	AI21 Labs（Wordtune）	以色列	2018	B 轮	—
			秘塔科技	中国	2018	Pre-A 轮	—
		交互型	Latitude（AI Dungeon）	美国	2019	种子轮	—
			聆心智能	中国	2021	天使轮	—
		代码型	Repl.it（Ghostwriter）	美国	2016	B 轮	8 亿美元
			Mintlify	美国	2020	种子轮	—
			Stenograpy	美国	2021	—	—
			Debuild	美国	2020	种子轮	—
			Enzyme	美国	2016	—	—

续表

产业链	细分赛道	属性分类	公司名	国家	成立年份	融资轮次	最新估值
应用拓展（下游）	音频处理	音乐型	Boomy	美国	2018	—	—
			灵动音科技	中国	2018	A 轮	—
		讲话型	Resemble.ai	美国	2019	种子轮	—
			WellSaid Labs	美国	2018	A 轮	5 834 万美元
		解决方案型	标贝科技	中国	2016	B 轮	—
	图像处理	生成型	Stability AI	英国	2020	种子轮	10 亿美元
			Midjourney	美国	2021	—	—
			诗云科技	中国	2020	Pre-A 轮	—
		广告型	AdCreative.ai	法国	2021	—	—
		设计型	Diagram	美国	2021	种子轮	—
			Nolibox（图宇宙）	中国	2020	Pre-A 轮	—
		编辑型	PhotoRoom	法国	2019	A+ 轮	—
	视频处理	生成型	Runway	美国	2018	C 轮	5 亿美元
			Plask	韩国	2020	种子轮	—
		编辑型	Descript	美国	2017	C 轮	5.5 亿美元
			InVideo	美国	2017	天使轮	—
		虚拟人型	Hour One	以色列	2019	A 轮	—
			Synthesia	英国	2017	B 轮	—
		解决方案型	影谱科技	中国	2009	D 轮	—
			帝视科技	中国	2016	B 轮	—

注：数据截至 2022 年 12 月 10 日。

附录二

AIGC术语及解释

术语	解释
PGC	Professional-Generated Content，专业生成内容。以 PGC 作为职业获得报酬的职业生成内容也被称为 OGC（Occupationally Generated Content）
UGC	User-Generated Content，用户生成内容
AIGC	Artificial Intelligence Generated Content，人工智能生成内容
生成式人工智能	一类人工智能算法，根据训练过的数据生成全新、完全原创的输出，常以文本、音频、图像、视频等形式创建新内容
大模型	Foundation Model，又译作"基础模型"，对广泛的数据进行大规模预训练来适应各种任务的模型
NFT	Non-Fungible Token，非同质化代币。一种基于区块链技术的数字资产权利凭证。区别于比特币这样的同质化代币，代币与代币之间是不可相互替代的
GameFi	游戏化金融。将去中心化金融以游戏方式呈现的产品，多代指结合了区块链的游戏
图灵测试	艾伦·图灵提出的一个判断机器是否具备智能的著名方法
机器学习	让计算机程序从数据中学习以提高解决某一任务能力的方法
监督学习	从标注数据中学习的机器学习方法
无监督学习	从无标注数据中学习的机器学习方法
强化学习	在给定的数据环境下，让智能体学习如何选择一系列行动，来达成长期累计收益最大化目标的机器学习方法
深度学习	采用有深度的层次结构进行机器学习的方法
人工神经网络	模仿生物神经网络工作特征进行信息处理的算法模型
感知器	一种最简易的人工神经网络模型
TTS	Text to Speech，文本转语音

续表

术语	解释
NLP	Natural Language Processing，自然语言处理。使计算机程序理解、生成和处理人类语言的方法
CV	Computer Vision，计算机视觉。使计算机具备处理图像、视频等视觉信息能力的方法
GAN	Generative Adversarial Networks，生成对抗网络。通过一个生成器和一个判别器的相互对抗，来实现图像或文本等信息生成过程的算法模型
Diffusion	扩散模型。一种通过对数据点在潜在空间中扩散的方式进行建模来学习数据集潜在结构的算法模型，常用于图像生成
CLIP	Contrastive Language-Image Pre-Training，文本 - 图像预训练。一种用于匹配图像和文本的预训练神经网络模型
Seq2Seq	Sequence-to-Sequence，序列到序列模型。将一种序列处理成另一种序列的模型，典型应用场景是机器翻译
注意力机制	由于信息处理的瓶颈，人类会选择性地关注所有信息的一部分，同时忽略其他可见的信息，这种机制可以应用于人工智能的算法模型领域
Transformer	一种运用注意力机制的深度学习模型，是许多大模型的基础
GPT	Generative Pre-trained Transformer，生成型预训练变换器。由 OpenAI 研发的大型文本生成类深度学习模型，可以用于对话 AI、机器翻译、摘要生成、代码生成等复杂的自然语言处理任务
ChatGPT	OpenAI 在 2022 年 11 月发布的聊天机器人，能自然流畅地与人们对话
RLHF	Reinforcement Learning from Human Feedback，从人类反馈中进行强化学习。利用人类反馈信号优化模型的强化学习方法
BERT	Bidirectional Encoder Representations from Transformers，变换器的双向编码器表示。一种谷歌基于 Transformer 提出的模型
ViT	Vision Transformer，视觉变换器。一种利用 Transformer 解决计算机视觉问题的模型

附录三

AIGC大事记

1950 年:

- 艾伦·图灵提出著名的“图灵测试”，给出判定机器是否具有“智能”的试验方法。

1957 年:

- 第一支由计算机创作的弦乐四重奏《依利亚克组曲》(*Illiac Suite*)完成。

1966 年:

- 世界上第一款可人机对话的机器人“Eliza”问世。

1985 年:

- IBM 首次演示了语音控制打字机 Tangora。

2007 年:

- 世界上第一部完全由人工智能创作的小说《在路上》(*1 The Road*)问世。

2012 年:

- 微软演示了全自动同声传译系统，可将英文演讲者的内容自动翻译成中文语音。

2014 年：

- 伊恩·J. 古德费洛（Ian J. Goodfellow）等人提出生成式对抗网络 GAN。

2015 年：

- 雅沙·索尔–迪克斯坦（Jascha Sohl-Dickstein）等人提出了 Diffusion 模型。

2017 年：

- 世界上首部 100% 由人工智能微软“小冰”创作的诗集《阳光失了玻璃窗》出版。
- 谷歌团队在《注意力就是你全部需要的》（*Attention is all you need*）论文中提出了 Transformer。

2018 年：

- 英伟达发布 StyleGAN 模型，可以自动生成高质量图片。
- 人工智能生成的画作在佳士得拍卖行以 43.25 万美元成交，成为世界上首个出售的人工智能艺术品。
- OpenAI 推出预训练语言模型 GPT，采用 Transformer 架构，拥有 1.17 亿参数量，可完成简单的自然语言处理任务。

2019 年：

- DeepMind 发布 DVD-GAN 模型，可以生成连续视频。
- OpenAI 推出 GPT-2，拥有 15 亿参数量，性能进一步提升。

2020 年：

- OpenAI 推出 GPT-3，拥有 1750 亿参数量，在文字翻译、问答与生成等方面拥有惊人表现。

2021 年：

- OpenAI 推出 DALL·E，主要用于文本与图像交互生成内容。

- OpenAI 推出 CLIP，它能够连接文本与图像，覆盖各种视觉分类任务。

2022 年:

- AI 绘画工具 Stable Diffusion（Stability AI）、Midjourney（Midjourney）、DALL · E 2（OpenAI）、Imagen（谷歌）发布。
- 美国科罗拉多州博览会艺术比赛的数字类别中，39 岁游戏设计师杰森 · 艾伦（Jason Allen）使用 Midjourney 创作的作品《太空歌剧院》夺得冠军。
- 视频生成工具 Make-A-Video（Meta）、Imagen Video（谷歌）、Phenaki（谷歌）发布。
- 3D 模型生成工具 DreamFusion（谷歌）、Magic3D（英伟达）、Point · E（OpenAI）发布。
- OpenAI 推出 ChatGPT，它具有接近人类流畅而自然的多轮对话能力，还能够完成假扮特定角色对话、撰写周报、修改代码等复杂的文本处理任务。

资料来源：中国信息通信研究院联合京东探索研究院《人工智能生成内容（AIGC）白皮书（2022 年）》，2022 年 9 月 2 日发布

后　记

人工智能的发展无疑是迅速的，从学科诞生起至今不过百年，却已在围棋、德州扑克、策略游戏等多个象征智慧的领域战胜人类，如今又获得了人类独有的创造力。在本书有限的篇幅内，或许难以覆盖这段惊人进化历程的方方面面，但希望能让每一位读者都能感受到科技前沿的无穷魅力，也保有一份针对科技本身的思考。

对于人工智能的未来，你是怎么看待的呢？它究竟会成为人类的助力，还是会成为人类的威胁？

悲观者认为，人工智能最终会彻底取代人类，进而导致人类的灭亡；而乐观者认为，人工智能不会取代人类，它会让人类的生活更加幸福。

不过，持有何种观点并不重要，重要的是该以何种姿态面对未来。在无数科幻小说、电影、电视剧中，都对这一点进行了哲学层面的探讨。《我，机器人》中，提出了具有广泛影响力的“三大定律”，探讨了人类与具备人工智能的机器人和谐相处的基本原则；《西部世界》中，呈现了膨胀的欲望凌驾于技术之上，肆意突破道德底线后酿成的后果；《齐马蓝》中，诠释了智能进化之路的尽头，需要回归诞生源初的自然之道。

我们前进着，我们也思考着，直至抵达科技的彼岸。

正如尼克·博斯特罗姆（Nick Bostrom）说的："机器智能是人类需要做出的最后一项发明。"

这既是对未来的憧憬，也是对未来的警示。而最终未来的船帆驶向何方，选择权从来都在人类自己手中。

专家推荐

同为新兴科技领域，AIGC 与 Web3.0、元宇宙等都具有很大的结合空间。阅读完《AIGC：智能创作时代》，相信读者在这方面会涌现出很多有趣的想法。

——香港科技大学教授　陈卡你

通过阅读《AIGC：智能创作时代》这本书，读者将会进一步认识到 AIGC 在影视行业中的应用，了解 AIGC 如何通过满足大众飞速增长的内容消费需求，逐渐与人们的文娱生活相结合。

——猫眼娱乐 CEO　郑志昊

近十年来，人工智能再度崛起并成为推动社会发展的引领性技术之一，而这次诞生了一个非常新的领域——人工智能创作，或者叫人工智能生成内容（AIGC），并迅速成为近两年的发展热点。由于该领域非常新，所以缺乏比较系统、全面对该领域相关内容进行梳理和介绍的书籍。本书则比较全面、系统地对 AIGC 相关的技术进行了介绍，对 AIGC 的产业进行了梳理，并对其发展方向进行了预测。无论你是否熟悉 AI、是否有一定技术或行业基础，都可以通过本书对 AIGC 进行条理化、系统化的了解，这对你开阔视野或参与其中都会有很大的帮助。

——北京电影学院未来影像高精尖创新中心虚拟制作实验室主任　王春水

AI 生成图像领域已基本成熟并走向商业落地阶段，而 AI 生成视频领域也出现了许多让人振奋的创新。《AIGC：智能创作时代》让我们看见，在不远的将来，内容创作难度会在 AIGC 的帮助下大大降低，出现越来越多优质的内容作品。

——爱奇艺高级副总裁　王学普

在开源模式的推动下，伴随着深度学习模型的不断迭代，AI 将不再只是辅助内容创建的工具，而是能够独立创造和生成内容的新型创作方式。如果在没有任何技术背景的情况下，想要了解这个领域的发展情况、技术变革与商业落地场景，这本书将是不错的选择。

——纽约大学斯特恩商学院冠名教授　陈溪

身处“智能创作时代”的开发者们无疑是幸运的，AIGC 能够支持他们更快速、更高效地开发出高质量的游戏内容，缩短游戏的开发周期并降低开发成本。本书是帮助游戏行业从业人员了解 AIGC 前沿发展的优质书籍。

——阿里巴巴云游戏事业部（元境）总经理　王矛

在生成式 AI 相关技术领域的飞速发展下，多媒体数字资源管理、开发与利用的研究领域也许会生长出一些有趣的新方向，期望这本著作能为信息资源管理相关领域的研究工作带来一定的启发。

——北京大学信息管理学院副教授　韩圣龙

内容社区中，创作者常常会面临创作质量和更新频率之间的抉择问题，AIGC 技术在帮助创作者提升内容生产效率的同时，也让他们更专注于提升内容创作的质量。这本书描绘了一幅人工智能与创作者携手并进的美好画面。

——知乎战略副总裁　张宁

音乐人工智能代表了全新的音乐发展趋势，我们的音乐教育乃至其他艺术教育都需要更多地与前沿科技相结合。本书非常适合作为艺术类学生的科普学习读本。

——中央音乐学院现代远程音乐教育学院院长　方恒健

人工智能辅助创作这一全新的艺术形式，既为全民推广美育教育提供了机会，又会带给所有艺术工作者全新的挑战。为了更好地把握机会和迎接挑战，我推荐大家读一读《AIGC：智能创作时代》。

——中央美术学院艺术管理与教育学院党总支副书记，
美术博物馆虚拟策展与美育课程虚拟教研室副主任　康俐

智能化时代的技术迭代是迅速的，智能化呼唤数字化，数字化促进智能化，《AIGC：智能创作时代》正是站在当前时代的风口，向大众科普 AIGC 有关的知识，很具有现实意义。

——中国电子学会科普培训中心副主任、高级工程师　宁慧聪

我们处在一种生产工具创造一个生产力的时代。《AIGC：智能创作时代》向我们描绘了由人工智能解放内容生产力的时代。

——复旦大学泛海国金数字经济研究中心主任　王家华

在可预见的未来，AIGC 会彻底改变人们的思考方式、创作过程。阅读本书，可以让你知道该如何积极面对最新的科技趋势。

——哈佛大学物理与计算机科学博士　朱科航

AIGC 是 2023 年的热门话题。它对内容生产究竟会带来哪些变革，它的技术路线和产业地图是怎样的，等等，针对这些问题，《AIGC：智能创作时代》进行了全面的描述。本书值得对 AIGC 话题感兴趣的人系统地阅读和了解。

——前百度副总裁　伍晖

AIGC 的技术变革为数字文化产业带来了全新的发展动能，也为数字经济发展注入了创新活力。《AIGC：智能创作时代》可以帮助大众了解数字经济发展的新趋势。

——36 氪集团高级副总裁，氪星创服董事长兼 CEO　董博

AIGC 是当下科技圈讨论的热点，谷歌、微软、百度等传统互联网巨头都在这一领域持续布局，加大投入。《AIGC：智能创作时代》很好地向大众科普了最新的技术趋势。

——QuestMobile CEO　陈超

作为全新的内容生产工具，AIGC 必将在未来嵌入我们的日常生活，改变我们的生活方式。无论你是开发者、投资者，还是只是对 AIGC 的未来感兴趣的人，都可以来看看本书。

——瑞信证券（中国）有限公司证券研究部主管　刘帅

在这个时代，算法与模型给予人们的不仅是信息的聚合，还有内容的创造。阅读本书，既是了解科技前沿，也是了解我们这个全新的时代。

——招商证券计算机行业首席分析师　刘玉萍

AI 行业始终蕴藏着无穷的创业机会，值得每个年轻人积极地拥抱它。如果想要更多地了解这一次 AIGC 浪潮背后的商业机会，不妨读一读本书。

——五源资本合伙人　刘凯

算力将解放人们的创造力，在不同场景中降低创作者的表达门槛和生产门槛。如果想要了解未来 AIGC 将如何赋能创作者经济，这本书将是很好的选择。

——知春资本合伙人　曾映龙

AIGC 将会首先作为各个内容行业生产力加速的核心普及开；由人工智能生成的内容将会进一步丰富虚拟空间和信息空间中人的体验。从文案、图像的生成到数字资产的创建，AIGC 让用户生产的内容在数字世界中变得无处不在。在数字世界中，当资产的生产力被给予用户，一个有趣的核心机制将能孕育无数个平行的叙事和体验。

——Mirror World 创始人，rct AI 产品副总裁　朱元

人工智能教育任重而道远，AIGC 的快速发展也昭示着行业迫切的人才需求，这个时代既需要《AIGC：智能创作时代》这样杰出的科普书籍吸引大众的兴趣，也需要兼具学术深度和工程实践的教学课程培育技术人才。

——七月在线创始人兼 CEO　July

AIGC 作为商业变革的点金石，其技术演变时机推演成为未来创业机会窗口的重要标识，其中 Transformer 成为承上启下的基石，本书对其进行了深入浅出的介绍，并将各行业商业应用纳入其中，不仅为未来创业机会的方向提供了指引，还见证了时代背景下的壮阔远景。

——AI Creator 创始人　刘潇

元宇宙与第三代互联网象征着科技的未来，高度数字化、智能化的元宇宙时代与每个人、每家企业和每个行业都息息相关。在 Web3.0 时代，AIGC 将提供高效低成本、千人千面、独一无二的元宇宙智能内容生产方式。创意和内容表达的方式在伴随技术的进步而迭代升级，AIGC 智能生成内容的维度也可以很多元：一维的文本和语音，二维的图像内容，三维的视频内容或立体模型，四维的实时智能互动内容，甚至五维打破时间和空间的约束、千人千面、个性化实时智能互动内容，及动态立体的视觉传达。

文本、图像、音频、视频、三维内容与跨模态智能互动的融合，可以充分地释放创意和想象，让每个人都可以零门槛地智能生成想要的内容，实现“所想即所见”，用视觉化的方式表达思想。正如本书作者所言，AIGC 是元宇宙时代的内容生产力，智能创作时代将为人类创造全新的表达和沟通模式，推进众多行业的数智化升级，改变人类未来的生活。

——迈吉客科技创始人兼董事长　伏英娜

AIGC 是智能化工业革命发展的新里程碑，它将会进一步改变过往的生产力与劳动关系格局。通过阅读这本书，各个领域的从业者可以深入了解 AIGC 对于各自行业产生的变革性影响，思考在新技术浪潮下的企业战略与成本结构。

——CHICAT 创始人　张珍妮

在我看来，围绕大模型的生成式 AI 的潜力仅仅被释放了 1%，它最重要的潜力就是在技术范式转移的时候帮助更多人拓宽想象力，“原来生成式 AI 已经能够帮我解决问题了。”杜雨和张孜铭的《AIGC：智能创作时代》有机会从场景的维度启发每个行业的发展，各个行业的从业者都有机会从中窥见下一代的生产力可能。

——猴子无限创始人　尹伯昊

艺术是表达生命力量的最佳形式，而科技赋予了每个人艺术创作的能力。《AIGC：智能创作时代》可以让更多的人感受艺术与科技结合的魅力。

——Viva la Vida 创始人　吕晓宁

虚拟空间生成与创作的便捷化是元宇宙走向广泛行业应用的重要前提，这本书让我看到了 AIGC 赋能元宇宙领域发展的巨大价值。

——Vland 创始人兼 CEO　金秋远

目前，AIGC 领域正迎来基础设施建设的大浪潮，各行各业都可以孕育出会创作、懂创作、能辅助人类创作的工具。这本书中的诸多案例可以为 AIGC 领域的建设者们提供启发。

——NeuDim 联合创始人兼 COO　曹君铭

AIGC 技术的发展和推广，无论是对医生还是患者而言，都是一种福音。通过学习这本书，读者可以了解到 AIGC 将会如何颠覆传统医疗行业，释放医生精力，让医生资源专注到核心业务中。

——万木健康创始人兼 CEO　程锦

伴随着智能创作时代的来临，AIGC 成为市场上最热议的话题之一，我们将看到更智能、与人类互动更自然的虚拟内容创作方式的出现。本书从理论到应用深入浅出地描述了 AIGC 在不同垂直场景中应用的可能，对于 AIGC 赋能行业的思考非常具有前瞻性。无论是已经从事这个行业的创业者，还是想要了解行业动态的读者，本书都是必读的佳作！

——杭州万像文化科技 CEO　夏冰

科技的发展让每个人都能够体验艺术创作的魅力，如果你不想错过智能创作的未来，就来读读这本书吧！

——意间 AI 绘画 CEO　郭亚鹏

杜雨和张孜铭老师的新书是我们行业的福利，也是我读过的有关如何认识 AIGC 的最为系统和深刻的一本书。本书深入浅出地介绍了从 PGC、UGC 到 AIGC 的一场时代变迁。借助 AICG，人人都有机会通过更先进的技术手段来追求和实现自己的艺术主张，能够极大地释放自己的想象力，掀起属于这个时代的新浪潮。机器学习的速度越来越快，技术也日益成熟，那么未来的艺术形态将蜕变或者说进化至何处？本书将极大地激发我们对这个问题的深刻思考。

——Hiiimeta CEO　陈定媛

如果你读了这本书，你就会明白 AIGC 与游戏产业的融合是必然的，AIGC 可能会从根本上改变游戏的制作方式，从 3D 建模到角色动画，再到游戏内的音乐制作、人物对话，都可能会出现 AIGC 的身影。

——Vast CEO　宋亚宸

推荐艺术家、游戏原画师等内容创作者都来阅读本书，深入体会 AIGC 技术是怎样提高创作者的内容产出效率，从而造福创作者的。

——无中之城工作室 CEO　Sala

在内容生成领域，人工智能即将带给大家更多的惊喜。《AIGC：智能创作时代》非常适合用来了解我们的未来。

——前迪士尼研究中心研究员，《山海旅人》制作人，

人工智能博士　魏新宇

前 言

“创客训练营”丛书是为了支持大众创业、万众创新，为创客实现创新提供技术支持的应用技能训练丛书，本书是“创客训练营”丛书之一。

Arduino 是全球最流行的开源硬件和软件开发平台集合体，Arduino 的简单开发方式使得创客开发者集中关注创意与实现、Arduino 学习便捷、容易上手，开发者可以借助 Arduino 快速完成自己的项目。

MicroPython 是 Python 3 语言的精简实现，包括 Python 标准库的一小部分，经过优化可在微控制器和受限环境中运行。MicroPython 非常强大实用，其包含大量封装好的库，开发者直接调用库函数就可以高效地完成大量复杂的开发任务。

ESP32 系列模组是深圳市安信可科技有限公司开发的一系列基于乐鑫 ESP32 的低功耗 Wi-Fi& 蓝牙双模物联网芯片，拥有双核 32 位 MCU，集成了天线开关、射频巴伦（Balun）、功率放大器、低噪声放大器、过滤器和电源管理模块，可以方便地进行二次开发，接入云端服务，实现手机 4G/5G 全球随时随地控制，加速产品原型设计。

ESP32 专为移动设备、可穿戴电子产品和物联网（IoT，Internet of Things）应用设计，广泛应用于平板电脑、无线音箱、摄像头和物联网设备等领域。

本书遵循“以能力培养为核心，以技能训练为主线，以理论知识为支撑”的编写思想，采用基于工作过程的任务驱动教学模式，使用基于智能硬件 ESP32 Wi-Fi 模块的优创 ESP32 开发板、WeMos D1 R32 开发板，应用 Arduino IDE 开发环境、MicroPython IDE 开发环境及编程方法，以 42 个任务实训课题为载体，使读者了解 ESP32 智能硬件的工作原理，学习网络基础知识，学会以创建站点 STA、软接入点 SoftAP，建立 Wi-Fi 连接，创建 Web 服务器，实现 TCP Server、TCP Client、UDP、MDNS、SOCKET、MQTT 等网络服务功能，开发智能云控服务，学会 Arduino、MicroPython 智能硬件 ESP32 开发应用程序设计、编程技巧及操作方法，提高开发技能。

全书分为认识智能硬件开发板、搭建智能硬件开发环境、学习 MicroPython 编程技术、定时中断控制、学用 Arduino 进行开发、学习 Arduino 编程技术、串口通信与控制、物联网开发基础、EEPROM 读写、I2C 通信、物联网网络通信、传感器应用、网络认证、蓝牙控制、物联网综合应用等 15 个项目，每个项目设有一个或多个训练任务，通过任务驱动技能训练，使读者快速掌握智能硬件 ESP32 的基础知识，掌握 Arduino、Micropython 智能硬件开发程序设计方法与技巧。每个项目后面设有习题，用于技能提高训练，全面提高读者智能硬件 ESP32 的综合应用能力。

本书在撰写过程中，参考了很多开源项目、技术文档和应用案例，在此对相关作者表示衷心的感谢。同时感谢中国电子学会组稿编辑的《智能硬件项目教程》，感谢 01 科技公司提供的网销图书《MicroPython 从 0 到 1》ESP32 Wi-Fi Python 无线开发板教程，感谢优创公司提供网销的 ESP32 开发板和学习资料，感谢深圳市桒恒电子科技公司在网上提供了 ESP32 D1 R32 开发板，这些为我们的学习和实验提供了技术参考和帮助。

特别感谢郭惠婷、许林森、陈光耀等对本书撰写给予的支持和帮助。

本书由肖明耀、陈俊雄、张天洪、姚文慧、折占平编著。

由于编写时间仓促，加上作者水平有限，书中若有错漏不当之处，恳请广大读者提出宝贵意见。

编　者

请扫码下载
本书配套数字资源

目 录

项目一 认识智能硬件开发板

学习目标

（1）了解智能硬件 ESP32。

（2）认识智能硬件开发板。

任务1　认识 ESP32UNO 开发板

基础知识

一、智能硬件 ESP32

1. ESP32 简介

智能硬件 ESP32 是乐鑫信息科技（上海）股份公司推出的一款集成度极高的 Wi-Fi& 蓝牙双模物联网芯片，拥有双核 32 位 MCU，集成了天线开关、射频巴伦（Balun）、功率放大器、低噪声放大器、过滤器和电源管理模块，整个解决方案占用了最少的印刷电路板面积。2.4GHz Wi-Fi 加蓝牙双模芯片采用 TSMC 低功耗 40nm 技术，功耗性能和射频性能最佳，安全可靠，易于扩展至各种应用。ESP32 专为移动设备、可穿戴电子产品和物联网（IoT，Internet of Things）应用设计，广泛应用于平板电脑、无线音箱、摄像头和物联网设备等领域。

智能硬件 ESP32 作为业内领先的低功耗芯片，具有精细的时钟门控、省电模式和动态电压调整等特性。

基于 ESP32 强大性能以及乐鑫信息科技公司采取开源、开放的设计应用方法，ESP32 渐渐成为继 Arduino 之后又一个开源的智能硬件产品。

ESP32 具有如下特点。

（1）集成度高。ESP32 集成了天线开关、射频巴伦（Balun）、功率放大器、低噪声放大器、滤波器以及电源管理模块，极大减少了印刷电路板的面积。ESP32 采用 CMOS 工艺实现单芯片集成射频和基带，还集成了先进的自校准电路，实现了动态自动调整，可以消除外部电路的缺陷，更好地适应外部环境的变化。

（2）超低功耗。ESP32 作为业内领先的低功耗芯片，ESP32 具有精细的时钟门控、省电模式和动态电压调整等特性。

（3）性能稳定。工作温度范围为-40～125℃。

（4）双模功能。提供 Wi-Fi& 蓝牙双模功能。

2. ESP32 芯片的基本性能

（1）MCU 性能。

1）32bit LX6 单/双核处理器，运算能力高达 600MIPS（Million Instructions Per Second，每秒处理的百万级机器语言指令数）。

2）448KB ROM。

3）520KB SRAM。

4）16KB RTC SRAM。

5）QSPI 支持多个 flash/SRAM。

（2）时钟和定时器。

1）内置 8MHz 振荡器，支持自校准。

2）内置 RC 振荡器，支持自校准。

3）支持外置 2～60MHz 的主晶振（如果使用 Wi-Fi/蓝牙功能，则目前仅支持 40MHz 晶振）。

4）支持外置 32kHz 晶振，用于 RTC，支持自校准。

5）定时器群组 2 个，每组包括 2 个 64bit 通用定时器和 1 个主系统看门狗。

6）RTC 定时器 1 个。

7）RTC 看门狗。

（3）Wi-Fi 性能。

1）支持 802.11b/g/n，802.11n（2.4GHz），速度高达 150Mbit/s。

2）无线多媒体（WMM）。

3）帧聚合（TX/RX A-MPDU，RX A-MSDU）。

4）立即块回复（Immediate Block ACK）。

5）重组（Defragmentation）。

6）Beacon 自动监测（硬件 TSF）。

7）4 个虚拟 Wi-Fi 接口。

8）同时支持基础结构型网络（Infrastructure BSS）Station 模式/SoftAP 模式/混杂模式。

9）ESP32 在 Station 模式下扫描时，SoftAP 信道会同时改变。

（4）蓝牙性能。

1）蓝牙 v4.2 完整标准，包含传统蓝牙（BR/EDR）和低功耗蓝牙（BLE）。

2）支持标准 Class-1、Class-2 和 Class-3，且无需外部功率放大器。

3）增强型功率控制（Enhanced Power Control）。

4）输出功率高达+12dBm。

5）NZif 接收器具有-97dBm 的 BLE 接收灵敏度。

6）自适应跳频（AFH）。

7）基于 SDIO/SPI/UART 接口的标准 HCI。

8）高速 UART HCI，最高可达 4Mbit/s。

9）支持蓝牙 4.2BR/EDR 和 BLE 双模 controller。

10）同步面向连接/扩展同步面向连接（SCO/eSCO）。

11）CVSD 和 SBC 音频编解码算法。

12）蓝牙微微网（Piconet）和散射网（Scatternet）。

13）支持传统蓝牙和低功耗蓝牙的多设备连接。

14）支持同时广播和扫描。

（5）高级外设接口。

1）34 个 GPIO 口。

2）12bit 模数转换器 ADC，多达 18 个通道。

3）2 个 8bit 数模转换器 D/A。

4）10 个触摸传感器。

5）4 个 SPI。

6）2 个 I^2S。

7）2 个 I^2C。

8）3 个 UART。

9）1 个 Host SD/eMMC/SDIO。

10）1 个 Slave SDIO/SPI。

11）带有专用 DMA 的以太网 MAC 接口，支持 IEEE 1588。

12）CAN2.0。

13）IR（TX/RX）。

14）电动机 PWM。

15）Led 的 PWM 输出，多达 16 个通道。

16）霍尔传感器。

3. 应用领域

（1）基本应用。

1）通用低功耗物联网（IoT）传感器 Hub。

2）通用低功耗物联网（IoT）数据记录器。

3）摄像头视频流传输。

4）OTT 电视盒/机顶盒设备。

5）语音识别。

6）图像识别。

7）Mesh 网络。Mesh 网络是一种无线局域网类型（网状结构网络），在 Mesh 网络中，所有的节点都互相连接，每个节点拥有多条连接通道，所有的节点之间形成一个整体的网络。

（2）家庭自动化。

1）智能照明。

2）智能插座。

3）智能门锁。

（3）智慧楼宇。

1）照明控制。

2）能耗监测。

（4）工业自动化。

1）工业无线控制。

2）工业机器人。

（5）智慧农业。

1）智能温室大棚。

2）智能灌溉。

3）农业机器人。

（6）音频设备。

1）网络音乐播放器。

2）音频流媒体设备。

3）网络广播。

（7）健康/医疗/看护。

1）健康监测。

2）婴儿监控器。

（8）Wi-Fi 玩具。

1）遥控玩具。

2）距离感应玩具。

3）早教机。

（9）可穿戴电子产品。

1）智能手表。

2）智能手环。

（10）零售和餐饮。

1）POS 系统。

2）服务机器人。

4. 产品型号

产品型号如图 1-1 所示。

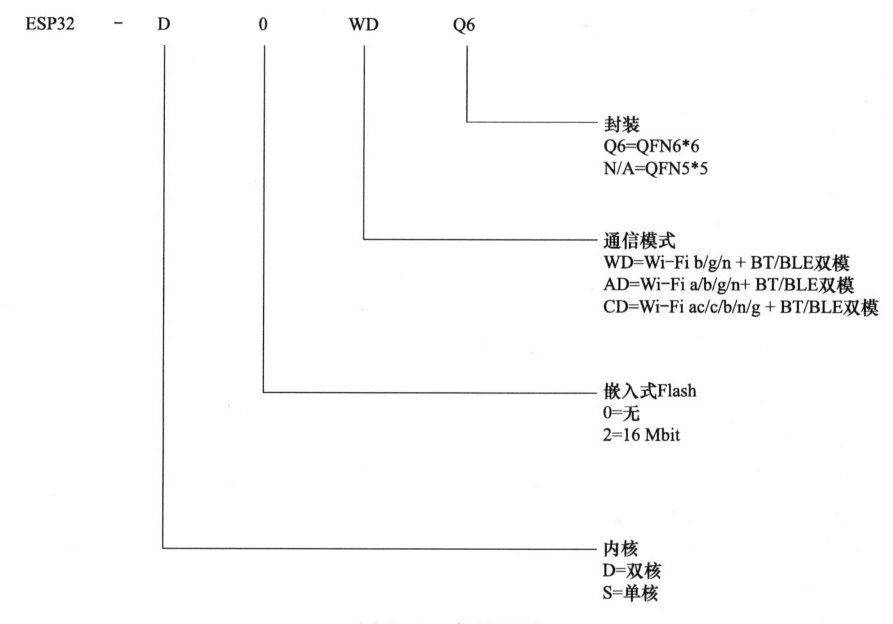

图 1-1 产品型号

二、智能硬件开发板

1. WeMos D1 R32 开发板

WeMos D1 R32 开发板如图 1-2 所示。

（1）处理芯片。ESP32-DOWDQ6，内置两个 Xtensa，32bit LX6 MCU 集成 4MB SPI Flash。

（2）内存。ROM448KB，SRAM520KB。

（3）时钟频率。80～240MHz。

（4）支持输出。电容式触摸传感器、霍尔传感器、低噪声传感放大器、SD 卡接口、以太网接口、高速 SDIO、SPI、UART、I2C 和电动机控制、超声波舵机等。

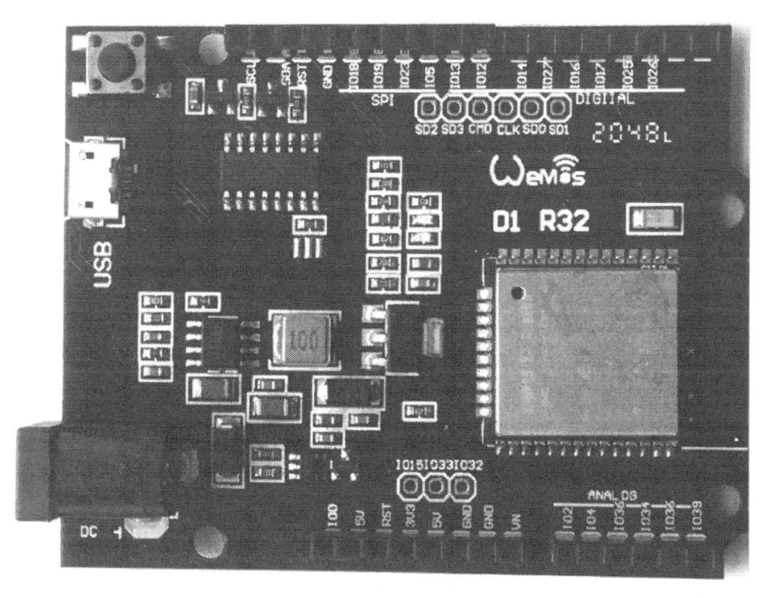

图 1-2　WeMos D1 R32 开发板

（5）下载接口。Micro USB 接口。

（6）支持输入。模拟输入（3.2V 最大输入）。

（7）支持编程。支持 C/C++、兼容 Arduino IDE、MicroPython、Mixly（米思齐）图形化等。

（8）供电方式。DC 6～9V。

2. 优创 ESP32 开发板

优创 ESP32 开发板如图 1-3 所示。

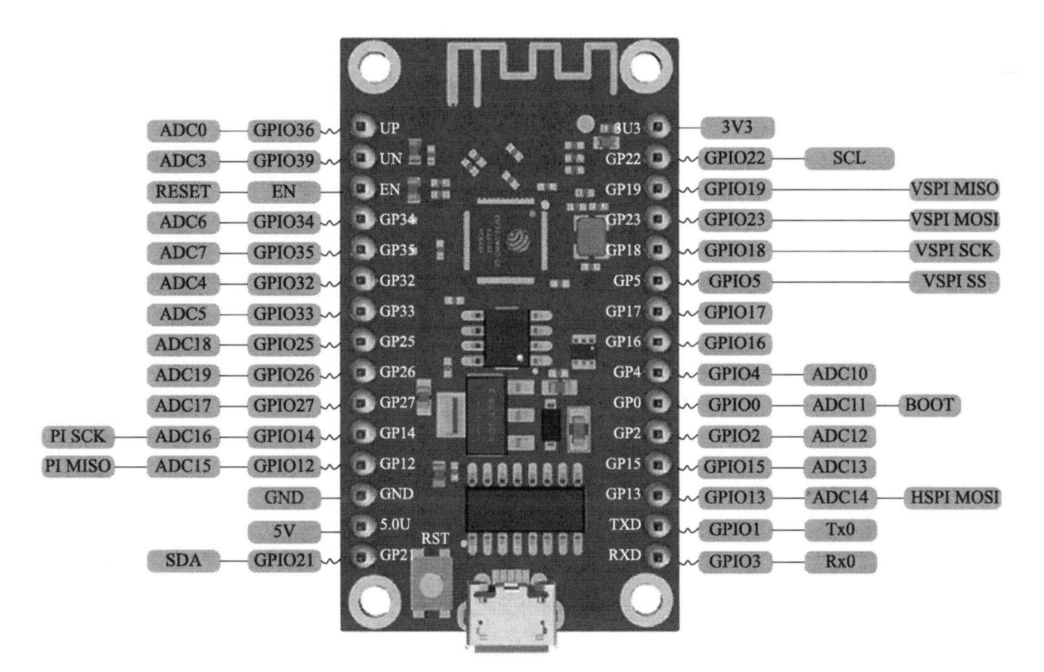

图 1-3　优创 ESP32 开发板

（1）CPU 基本性能。ESP32 搭载低功耗 Xtensa® LX6 32bit 单/双核处理器，具有以下特性。

1）7 级流水线架构，支持高达 240MHz 的时钟频率（除 ESP32-S0WD 和 ESP32-D2WD 为 160MHz）。

2）16bit/24bit 指令集提供高代码密度。

3）支持浮点单元（FPU）。

4）支持 DSP 指令，如 32bit 乘法器、32bit 除法器和 40bit 累加乘法器（MAC）。

5）支持来自约 70 个中断源的 32 个中断向量。

（2）双核处理器接口。

1）Xtensa RAM/ROM 指令和数据接口。

2）用于快速访问外部寄存器的 Xtensa 本地存储接口。

3）具有内外中断源的中断接口。

4）用于调试的 JTAG 接口。

（3）片上存储。

1）448 KB 的 ROM，用于程序启动和内核功能调用。

2）用于数据和指令存储的 520KB 片上 SRAM。

3）RTC 快速存储器，为 8KB 的 SRAM，可以在 Deep-sleep 模式下 RTC 启动时用于数据存储以及被主 CPU 访问。

4）RTC 慢速存储器，为 8KB 的 SRAM，可以在 Deep-sleep 模式下被协处理器访问。

5）1Kbit 的 eFuse，其中 256bit 为系统专用（MAC 地址和芯片设置）；其余 768bit 保留给用户程序，这些程序包括 flash 加密和芯片 ID。

6）嵌入式存储器 4MB。

（4）接口。

1）SPI 接口 4 个。

2）I^2C 接口 2 个。

3）UART 3 个。

4）GPIO 34 个。

5）PWM 1 个。

6）ADC 18 个。

（5）其他。

1）支持编程语言。支持 C/C++、兼容 Arduino IDE、MicroPython、Mixly（米思齐）图形化等。

2）Wi-Fi 网络。支持 802.11 b/g/n。

3）蓝牙功能。v4.2（Supports Classic Bluetooth and BLE）。

4）以太网。10/100Mbit/s。

5）可编程 LED1 个。

6）USB 接口，CH340 直接下载。

3. 智联 ESP32 开发板

智联 ESP32 开发板如图 1-4 所示。

（1）基本性能。

1）采用 Tensilica LX6 双核处理器，主频 240MHz，运算能力高达 600DMIPS。

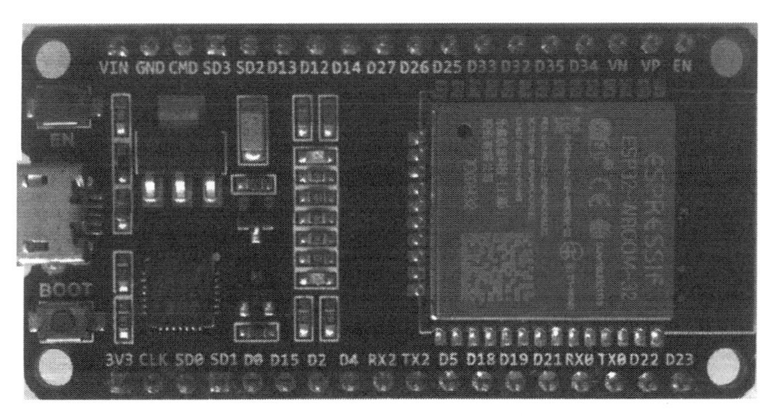

图 1-4　智联 ESP32 开发板

2）内置 520KB SRAM。

3）内置 802.11BGN HT40 Wi-Fi 收发器、基带、协议栈和 LWIP。

4）集成双模蓝牙（传统蓝牙和低功耗蓝牙）。

5）16MB Flash。

6）工作电压 DC2.2～3.6V

（2）Wi-Fi 模式。支持 softAP、Station 和 Wi-Fi Direct 模式。

（3）接口。

1）SPI 接口 4 个。

2）I^2C 接口 2 个。

3）UART 3 个。

4）GPIO 34 个。

5）PWM 1 个。

6）ADC 18 个。

（4）其他。

1）支持编程语言。支持 C/C++、兼容 Arduino IDE、MicroPython、Mixly（米思齐）图形化等。

2）Wi-Fi 网络。支持 802.11 b/g/n。

3）蓝牙功能。v4.2（Supports Classic Bluetooth and BLE）。

4）USB 接口，通过 Boot 按钮控制 CH340 下载。

技能训练

一、训练目标

（1）了解 ESP32 开发板。

（2）认识 WeMos D1 R32 物联网开发板。

二、训练步骤与内容

（1）上网搜索 ESP32 智能硬件，查看有关 ESP32 智能硬件的相关文件，了解 ESP32 智能硬件的发展现状及未来趋势。

（2）认识 WeMos D1 R32。

1）通过 USB 线将 WeMos D1 R32 开发板连接至电脑的 USB 接口。

2）查看 WeMos D1 R32 开发板的电源。

3）查看 WeMos D1 R32 开发板的电源指示灯、串口发送 TX 指示灯、串口接收指示灯、14 号引脚 LED 指示灯。

4）按下复位键，让 WeMos D1 R32 开发板重新启动运行。

5）查看 WeMos D1 R32 开发板的输入、输出端口，了解各个端口的功能。

（3）认识优创 ESP32 开发板。

1）通过 USB 线将优创 ESP32 开发板连接至电脑的 USB 接口。

2）查看优创 ESP32 开发板的电源。

3）查看优创 ESP32 开发板的电源指示灯、串口发送 TX 指示灯、串口接收指示灯、GPIO22 号引脚 LED 指示灯。

4）按下复位键，让优创 ESP32 开发板重新启动运行。

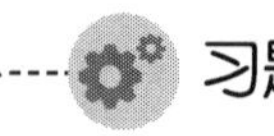

习题1

1. 仔细查看 WeMos D1 R32 开发板，查看各个接线端分区和名称，查看各指示灯，查看集成电路芯片，查看各种通信接口。

2. 仔细查看优创 ESP32 开发板，查看各个接线端分区和名称，查看各指示灯，查看集成电路芯片，查看各种通信接口。

3. 比较优创 ESP32 开发板与 WeMos D1 R32 开发板的输入、输出端，并列表记录。

项目二 搭建智能硬件开发环境

学习目标

（1）学会搭建智能硬件 MicroPython 开发环境。

（2）学用 MicroPython 开发工具。

任务 2 搭建智能硬件 MicroPython 开发环境

基础知识

一、MicroPython

1. MicroPython 简介

MicroPython 是 Python3 编程语言的一个完整软件实现，包括 Python 标准库的一小部分，经过优化可在微控制器和受限环境中运行。Pyboari 是官方提供的运行 MicroPython 的电子电路板，它可以运行 MicroPython。

MicroPython 用 C 语言编写，被优化运行在微控制器之上，是运行在微控制器硬件之上的完全的 Python 编译器和运行实时系统。MicroPython 提供给用户一个交互式提示符（REPL）来立即执行所支持的命令。除了包括选定的核心 Python 库，MicroPython 还包括了给予编程者访问低层硬件的模块。

MicroPython 包括许多先进的功能，如交互式提示、任意精度整数、闭包、列表理解、生成器、异常处理等。然而，它的结构非常紧凑，只需 256KB 的代码空间和 16KB 的内存就可以运行。

MicroPython 努力与普通的 Python 尽可能兼容，这样如果用户了解 Python 就可以了解 MicroPython。另一方面，对 MicroPython 的了解越多，在 Python 中的表现就越好。

Python 是一种非常便于使用的脚本语言，它的语法简洁、使用简单、功能强大、易于扩展。Python 开源，有强大的社区技术支持，它封装了大量的便于使用的库，网络功能和计算功能也较强，开发者只要调用库函数就可高效地完成大批复杂的开发工作。Python 可以方便的和其他语言配合使用，开发用户自己的库。MicroPython 保留了 python 的这些特点，一些常用的功能都封装到 MicroPython 的库中，包括部分传感器、组件，并编写了专业的驱动，用户通过调用那些相关的函数，就可以实现 LED 控制、按键控制、PWM 控制、ADC/DAC 控制，使用 UART、SPI、I2C，与外部设备交换数据，读写传感器数据等。MicroPython 不但降低了开发难度，而且可以减少大量的重复劳动，可以加快开发进度，提高开发效率。

2. MicroPython 适用硬件

MicroPython 最早应用于 STM32F4 微控制上，目前可以在多种嵌入式硬件平台上运行，包括 STM32L4、STM32F7、ESP8266、ESP32、CC3200、MSP432、XMC4700、RT8195 等。

3. MicroPython 特点

MicroPython 为嵌入式开发带来一种新的编程方式和思维，就像以前嵌入式开发人员从汇编语言进入 C 语言开发一样。使用 MicroPython 的目的不是要取代 C 语言，而是要让开发人员可以将重点放在应用层的开发上，不必再从底层开始构建系统，可以直接从经验验证的硬件系统和软件架构开始设计，减少底层硬件设计和软件调试的时间，提高开发效率。同时 MicroPython 降低了嵌入式开发者的门槛，让一般的开发人员也可以快速地开发网络应用、物联网应用、机器人应用项目等。

MicroPython 的特点是简单易用、移植性好、程序便于维护，但采用 MicroPython 和其他脚本语言（如 java）开发的程序，其运行效率相对较低。然而，目前在大多数情况下，硬件的性能都是过剩的，稍微降低一点运行效率是可以接受的，并且不会带来较大影响，与之相比，MicroPython 带来的开发效率提升，才是最大的益处。

如果说 Arduino 将一般电子技术人员、创客带入了嵌入开发，让他们勇于尝试硬件的开发和应用，那么 MicroPython 也完全可以作为一种工具，用以开发实用的产品，让普通爱好者可以快速开发嵌入式程序，让嵌入式开发变得简单和便利。

二、Thonny 开发环境

1. Thonny

Thonny 是一款功能强大的 Python 编程语言代码编辑器软件，它除了具备一般代码编辑器应该具有的搜寻、替代、代码补全、语法错误显示等功能外，还具有时下相当热门的页签（一种从访客浏览器端收集数据的技术）功能，能够让使用者方便地在多个文档间进行切换，同时，Thonny 还提供给用户一些进阶的编辑功能，让代码编辑工作更加方便，因此，它比一般的代码编辑软件更加实用。Thonny 对于有软件开发需要的代码开发程序员来说是非常实用的，能让他们写起程序来更加容易，它支持自动完成、代码缩放、代码高亮度辨识等功能，除了可以进行代码编写功能外，还支持 FTP 档案传输功能，让用户可以对档案进行更加容易、得心应手的编辑和管理。

2. Thonny 开发环境

（1）安装 Thonny 软件。

1）双击可执行的 Thonny 安装文件“Thonny-3.3.x”，弹出“setupThonny”对话框，即安装 Thonny 的对话框。

2）单击“Next”按钮，弹出安装 Thonny 许可界面，单选“接受许可协议”选项。

3）单击“Next”按钮，弹出是否创建桌面快捷图标选择对话框，默认为创建。

4）单击“Next”按钮，弹出准备安装界面。

5）单击“Next”按钮，开始自动安装 Thonny 软件。

6）安装成功后，单击“Finish”按钮，结束 Thonny 软件的安装。

（2）设置 Thonny 中文菜单。

1）双击桌面上的 Thonny 软件快捷启动图标，启动 Thonny 软件。

2）启动完成后的 thonny 软件开发界面如图 2-1 所示。

3）单击“Tools”工具菜单下的“Options”选项，打开“Thonny options”对话框，即选项对话框。

4）在 Language 语言选项的下拉列表中，选择“简体中文”，如图 2-2 所示。

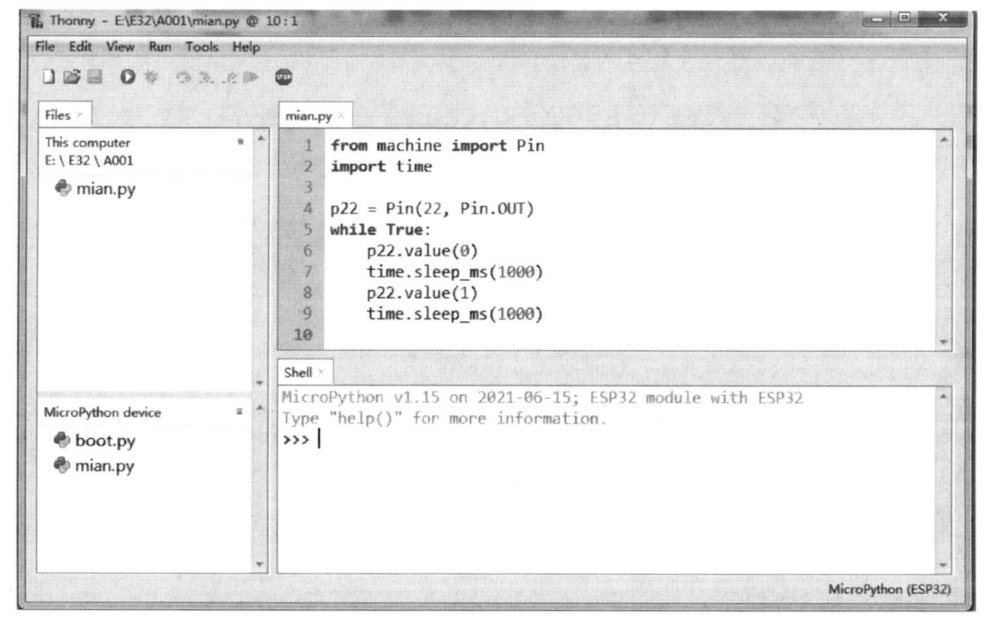

图 2-1　Thonny 软件开发界面

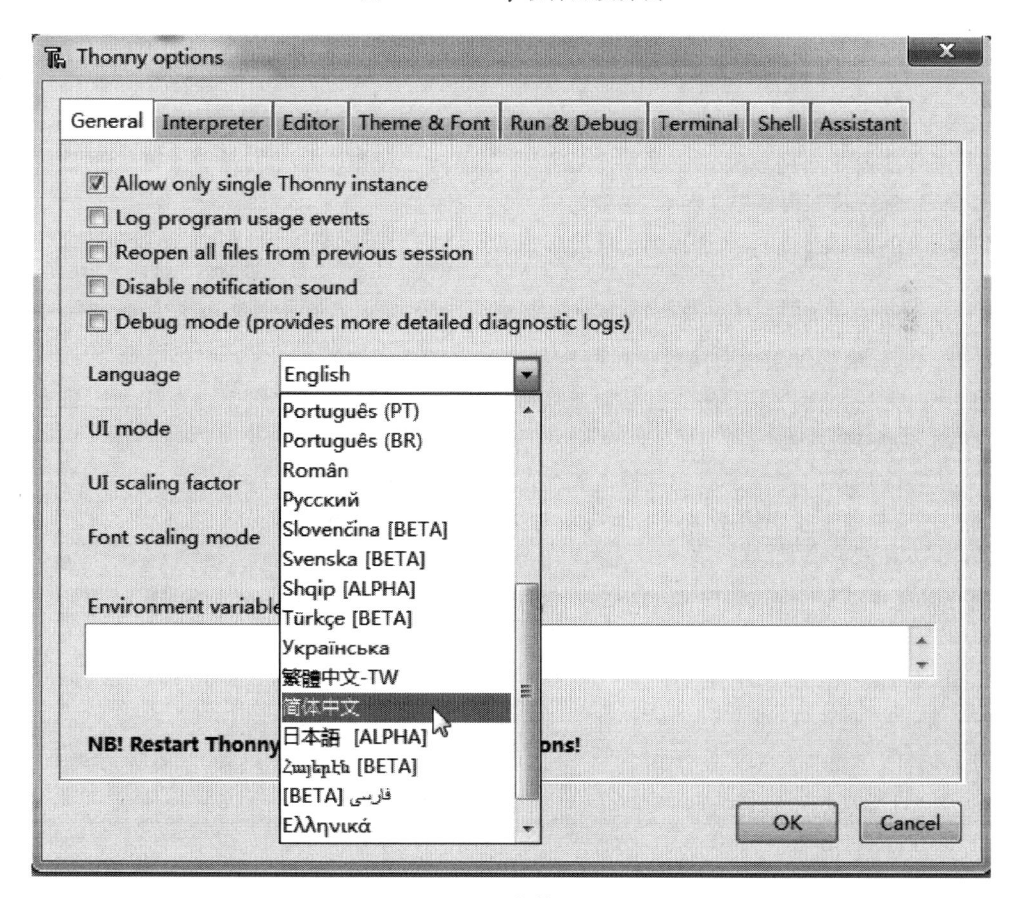

图 2-2　选择“简体中文”选项

5）单击“OK”按钮，确认语言设置。

6）单击“File”文件菜单下的“Exit”选项，退出 Thonny 软件。

7）重新启动 Thonny 软件，软件的菜单即变为中文显示了，中文菜单显示如图 2-3 所示。

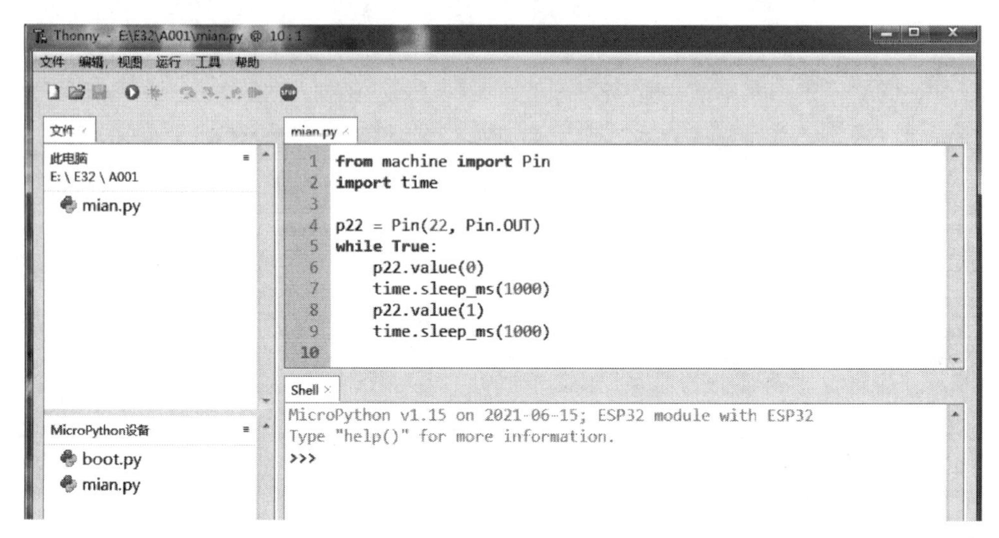

图 2-3　中文菜单显示

（3）Thonny 特点。

1）便于上手。Thonny 内置了 Python 3.7，所以只需要一个简单的安装程序，就可以开始学习编程了。

2）查看变量。当用户编辑完成一个程序后，选择“视图”→“变量”，可以查看用户的程序和 Shell 命令是如何影响 Python 变量的。

3）简单的调试器。只需按 Ctrl+F5，用户就可以一步一步地运行用户的程序，不需要断点。

4）函数调用的实时表示。步入函数调用会打开一个新窗口，里面有单独的局部变量表和代码指针。良好的理解函数调用的工作原理对于理解递归特别重要。

5）突出语法错误。未关闭的引号和括号是最常见的初学者语法错误。软件的编辑器可以让用户很容易发现这些错误。

6）解释作用域。高亮显示变量的出现，可以提醒用户相同的名称并不总是意味着相同的变量域，并且有助于发现错别字。本地变量与全局变量有了直观的区分。

7）初学者友好的 Shell。用户可以逐行输入 Thonny 程序指令语句，按键盘上“Enter”键直接执行。这对于初学者学习使用 Thonny，是很好的帮助，对于开发人员调试程序语句，也有较好的帮助作用。

3. 应用 Thonny 开发软件

（1）启动、退出 Thonny 开发软件。

1）选择“开始”→“所有程序”→“Thonny”→“Th-Thonny”，或双击桌面上的 Thonny 快捷启动图标，启动 Thonny 开发软件。

2）选择“文件”→“退出”，或单击 Thonny 软件右上角的红色“×”，或者同时按下“Alt+F4”键，退出 Thonny 开发软件。

（2）编辑程序文件。

1）启动 Thonny 开发软件，Thonny 开发界面如图 2-4 所示。

图 2-4　Thonny 开发界面

2）在 E 盘新建文件夹 E32，在 E32 文件内，新建一个文件夹 BLED1。

3）选择“文件”→“新文件”，新建一个文件“untitled”。

4）选择“文件”→“另存为”，弹出另存为对话框，选择文件保存路径，将新文件另存为“main. py”文件，如图 2-5 所示。

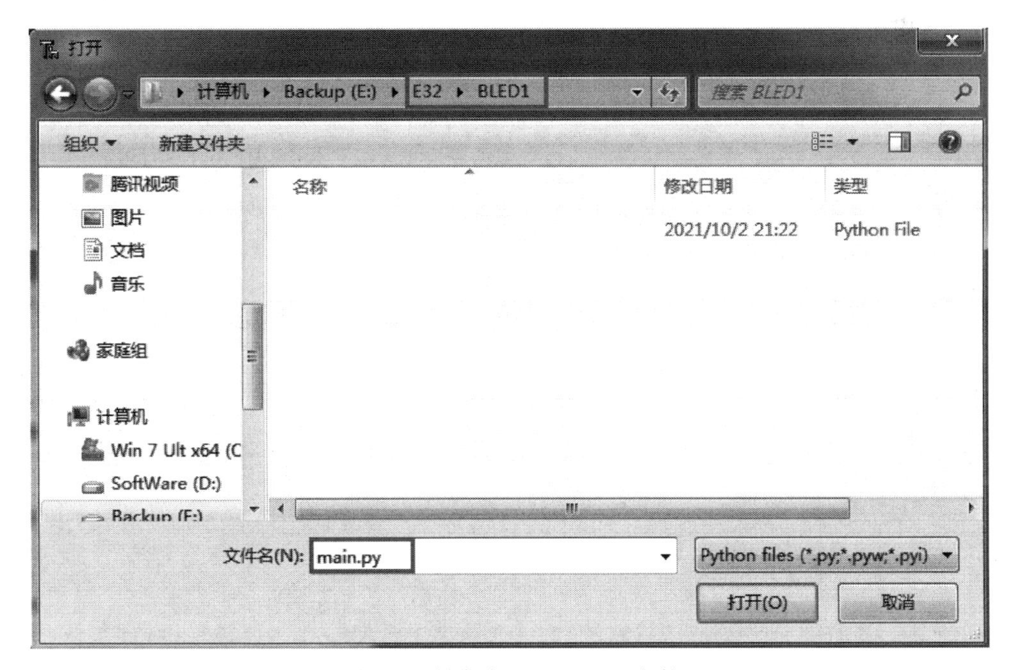

图 2-5　另存为“main. py”文件

5）在程序编辑区输入程序语句，如图 2-6 所示。

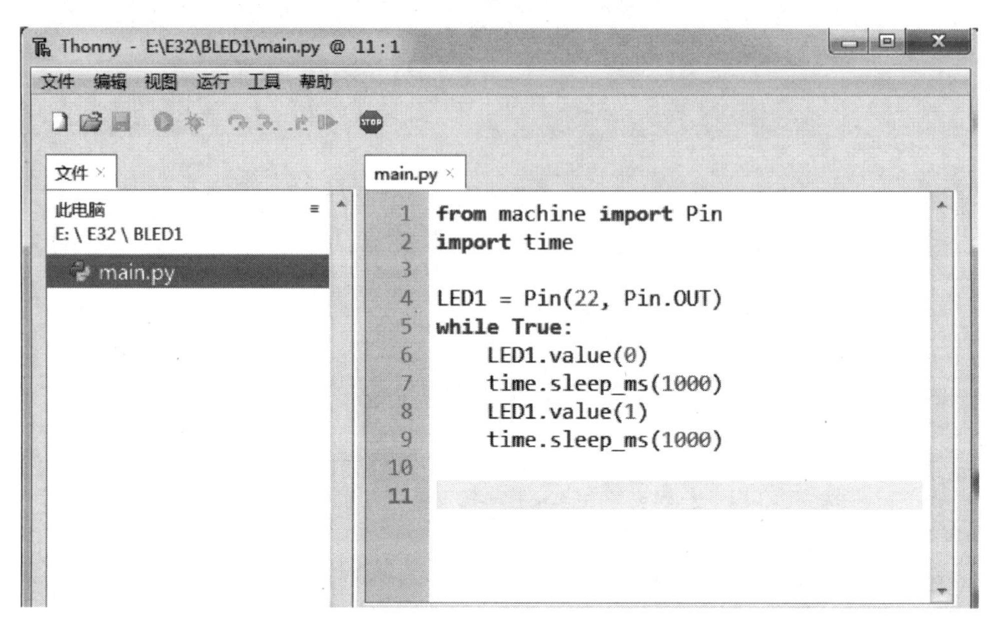

图 2-6　输入程序语句

（3）开发板固件更新。固件（Firmware）就是写入 EPROM（可擦写可编程只读存储器）或 EEPROM（电可擦可编程只读存储器）中的程序。固件是设备内部保存的设备“驱动程序”，通过固件，操作系统才能按照标准的设备驱动实现特定机器的运行动作。开发板固件是开发板系统最基础最底层工作的软件。是开发板硬件设备的灵魂，它决定着硬件设备的功能及性能。只有安装了开发板的固件，MicroPython 程序才可在 ESP32 开发板上运行。开发板固件更新的步骤如下。

1）单击 Thonny 开发软件右下角的 MicroPython（ESP32）按钮，在弹出的菜单中选择执行“Configure interpreter”（配置解释器）命令，打开“Thonny 设置”对话框。

2）在“Thonny 应该使用哪个解释器或设备运行你的代码?”的下拉列表中选择“MicroPython（ESP32）”，在“Port or WebREPL”的下拉列表中选择“USB-SERIAL CH340（COM3）”（此处应根据硬件实际连接的端口选择）。Thonny 设置如图 2-7 所示。

3）单击“Install or update firmware ”安装或更新固件按钮，进入 ESP32 固件更新对话框，如图 2-8 所示。

4）在固件更新对话框中设置硬件连接的端口，单击“Firmware”选项右边的“Browse”（浏览）按钮，选择固件文件，单击“安装”按钮，选定固件更新文件，如图 2-8 所示，就会对硬件的固件进行更新。

5）固件更新完，返回“Thonny 设置”对话框，单击“确定”按钮，完成智能硬件设置。

（4）程序调试。

1）将程序上载到 MicroPython 设备，右击“main. py”选择“上载到/”，如图 2-9 所示。

2）上载完成后，在 MicroPython 设备的文件区，可见到“main. py”文件，还有“boot. py”文件。

3）单击“运行”→“运行当前脚本”，或者单击工具栏上的“运行”按钮，main. py 程序运行，优创 ESP32 开发板 GPIO22 引脚连接的 LED 指示灯闪烁。

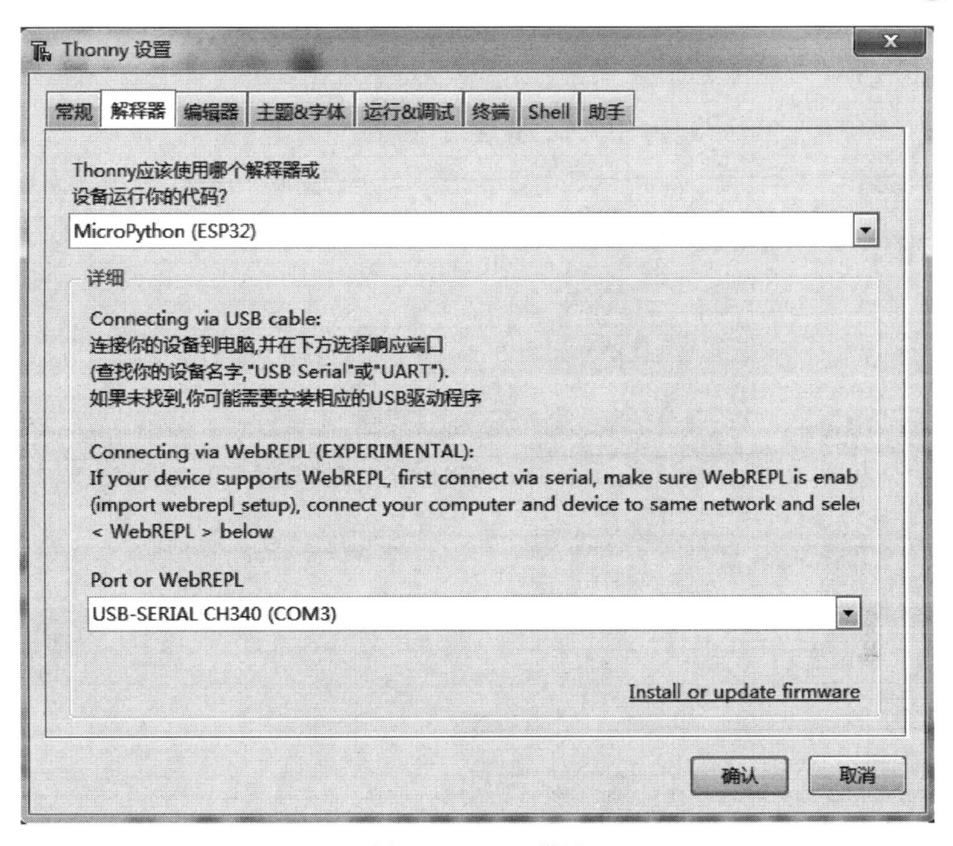

图 2-7　Thonny 设置

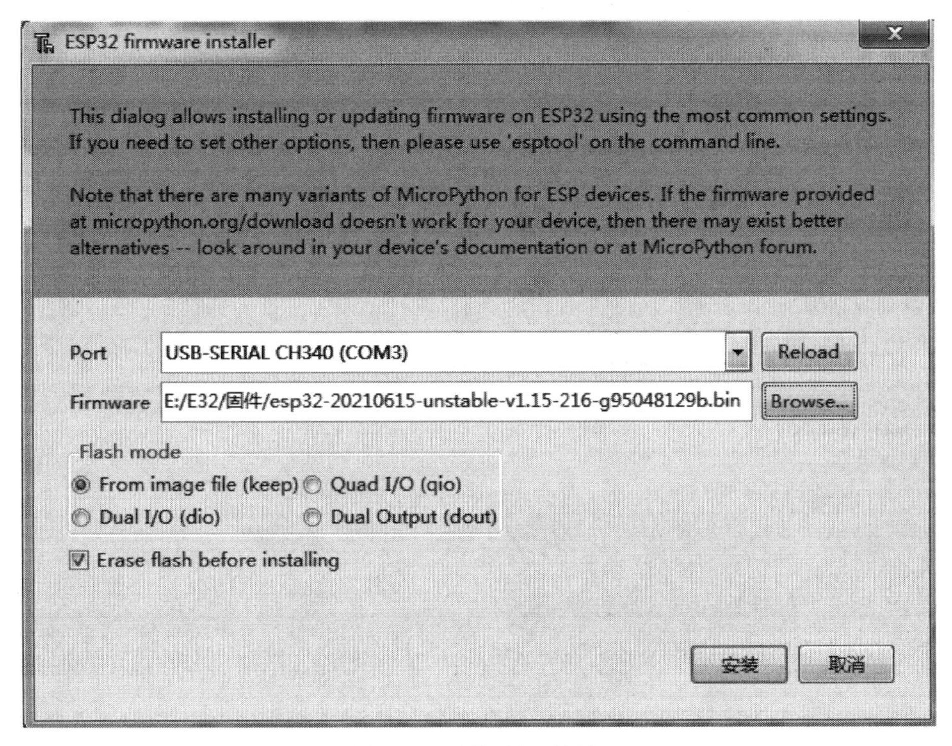

图 2-8　固件更新对话框

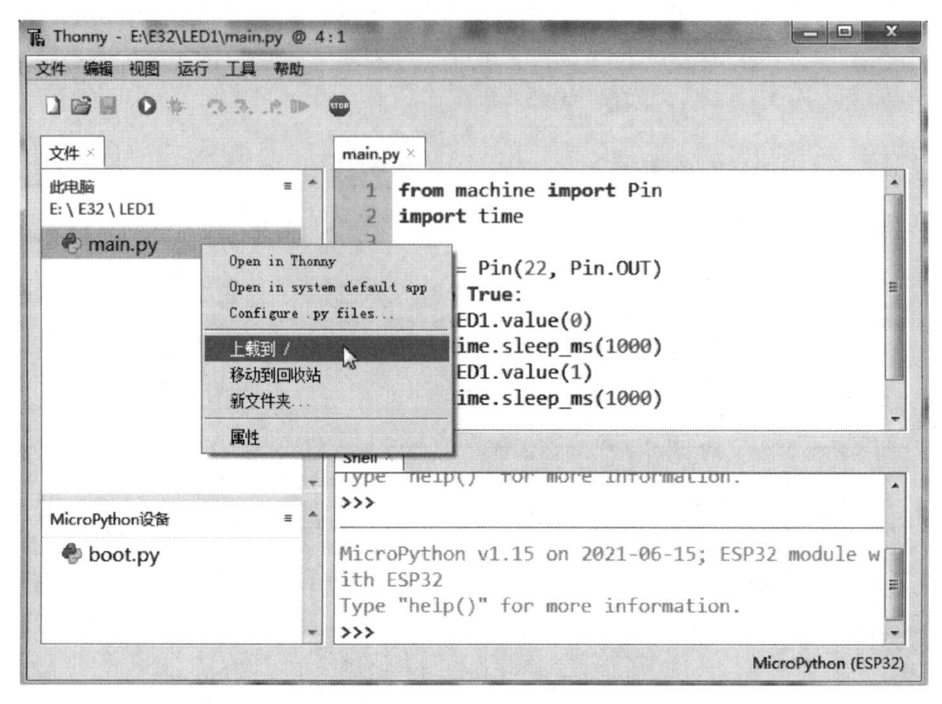

图 2-9　将程序上载到 MicroPython 设备

4）单击工具栏上的“停止”按钮，停止程序运行。

5）将程序下载到 MicroPython 设备优创 ESP32 开发板后，可以按下优创 ESP32 开发板的“RST”复位按钮，程序自动运行，优创 ESP32 开发板 GPIO22 引脚连接的 LED 指示灯闪烁。

6）右击 MicroPython 设备文件区的“main. py”，选择“下载到 E：\ E32 \ led2”，可将程序下载到电脑，如图 2-10 所示。

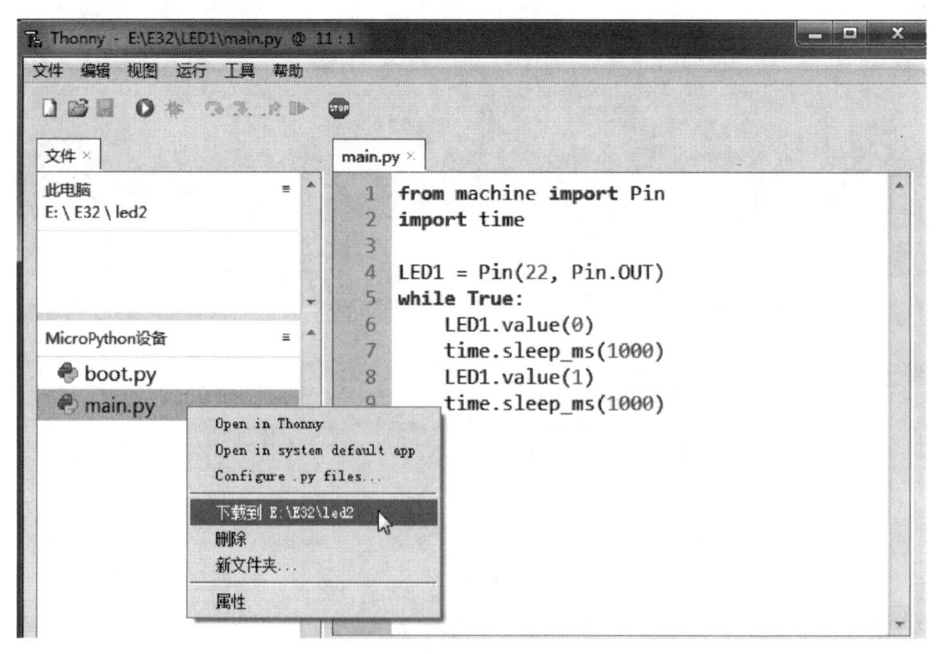

图 2-10　将程序下载到电脑

(5) 安装“代码自动格式化”插件。

1) 启动 Thonny，单击“工具”→“管理插件”，打开插件管理对话框，如图 2-11 所示。

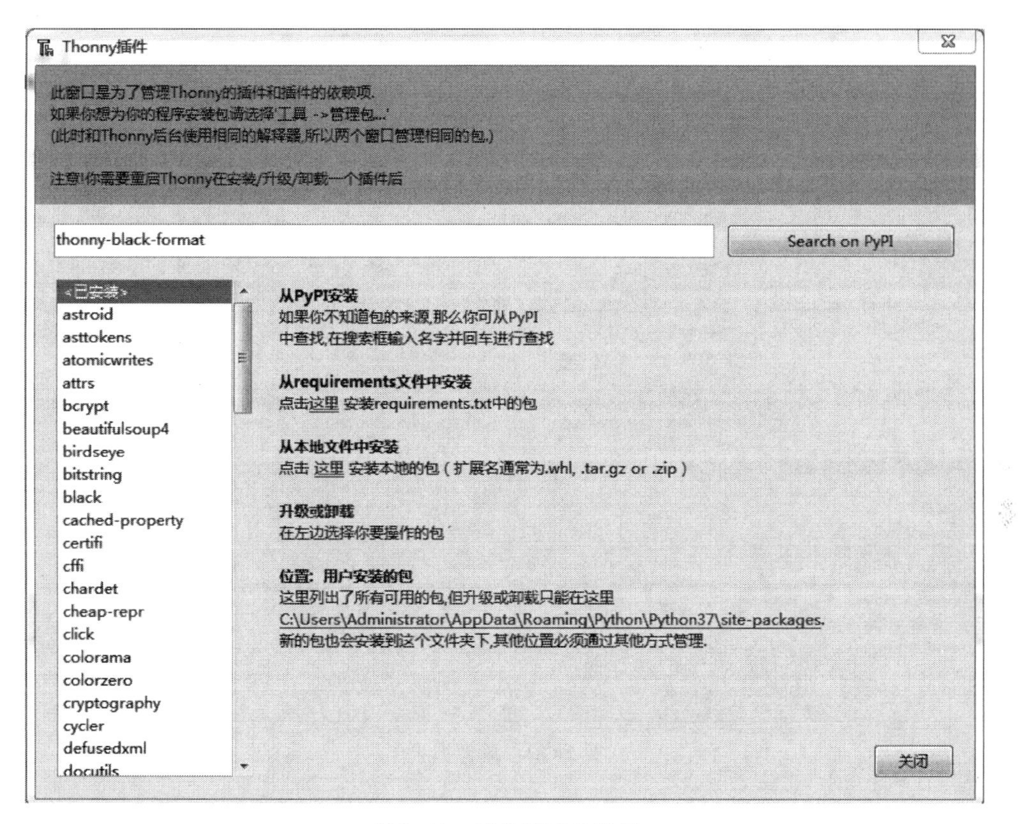

图 2-11 插件管理对话框

2) 在 Thonny 插件管理对话框搜索栏输入“thonny-black-format ”，搜索插件。

3) 单击图 2-11 中的“Search on PyPI”按钮。

4) 在搜索结果中单击“thonny-black-format”。

5) 当模块出现时，单击“安装”按钮，安装代码自动格式化插件。

6) 安装完成，可在插件列表中看到“thonny-black-format”代码自动格式化插件，如图 2-12 所示。

三、Mu 开发环境

1. Mu 开源软件

(1) Mu Editor。Mu Editor 是开源软件，简称 Mu，是一款微型的集成开发环境，专为希望学习微控制工具、微处理器编程的初学者设计。Mu 采用 Python 编写，以极其简单的方式进行程序设计，用户可以轻松地理解并使用菜单上的功能，即使是初学者，也可在微控制工具、微处理器编程上得心应手。Mu 对 MicroPython 的兼容性非常好，它支持 windows、Mac OS 和 Linux 等操作系统。Mu 软件简单实用，能够编译一些控制器和处理器控制程序，也可以通过加载尾缀为“. py”或者是“. hex”文件到软件上调试。

(2) Mu 软件安装。

1）双击安装 Mu 软件的可执行文件，弹出欢迎安装 Mu 软件对话框。

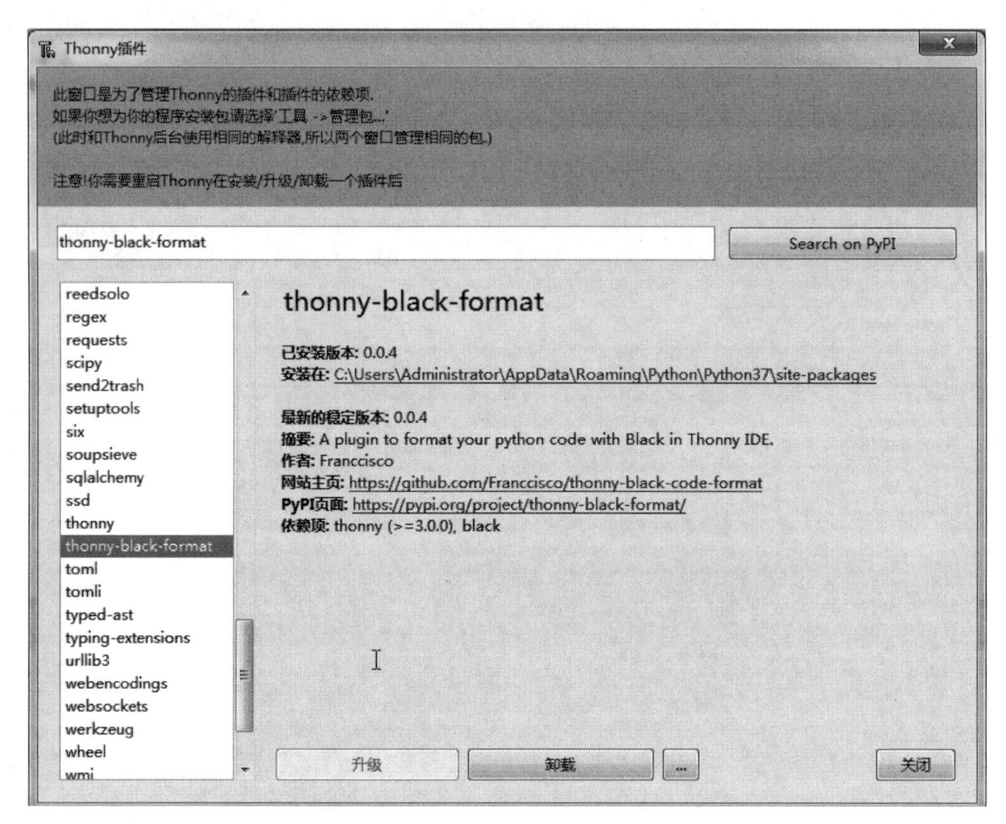

图 2-12 插件列表

2）单击“Next”按钮，弹出接受许可对话框。

3）单击“I Agree”按钮，弹出选择用户对话框。

4）单击选择“Install for anyone using this computer”选项。

5）单击“Next”按钮，弹出选择安装位置对话框，单击“Browse”按钮，可以重新设置安装位置。

6）单击“Install”按钮，开始安装 Mu 软件。

7）安装完成，单击“Finish”按钮，结束 Mu 软件的安装。

（3）启动 Mu 软件。Mu 软件下载安装后，在桌面上不会生成快捷启动图标，依次单击电脑的“开始”→“所有程序”→“Mu”，即可启动 Mu 软件。也可以将 Mu 的启动链接发送到桌面，生成 Mu 快捷启动图标，这样可以更快捷地启动运行。

2. 应用 Mu 开发环境

（1）启动、退出 Mu 开发环境。

1）双击桌面上的 Mu 快捷启动图标启动 Mu 开发环境，启动后的 Mu 界面如图 2-13 所示。

2）单击 Mu 开发环境上部的“退出”按钮可以退出 Mu 开发环境。

（2）选择模式。

1）单击 Mu 开发环境左上角的“模式”按钮，弹出“选择模式”对话框，如图 2-14 所示。

2）在图 2-14 所示的“选择模式”对话框中选择“ESP MicroPython”。

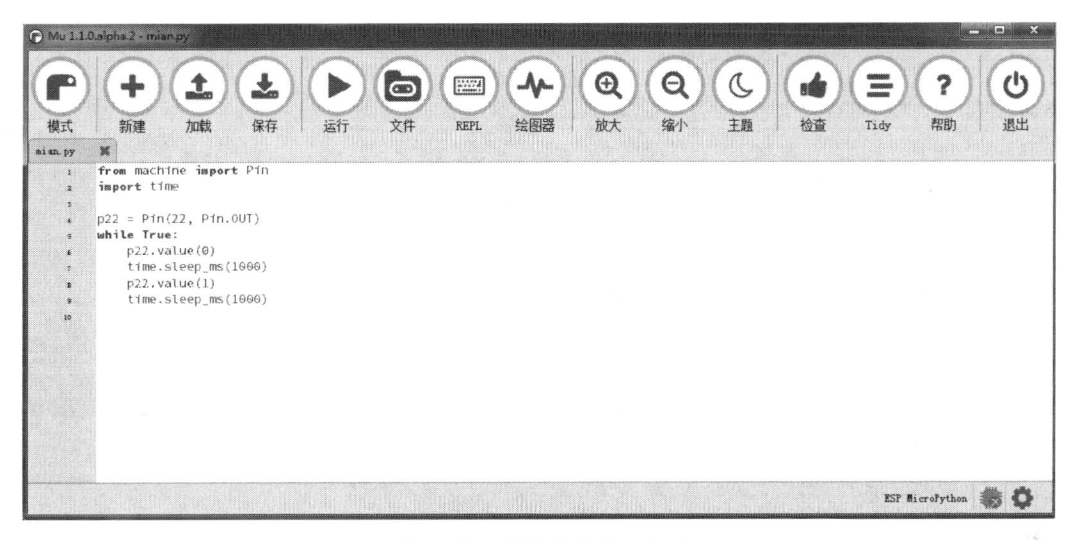

图 2-13　启动后的 Mu 界面

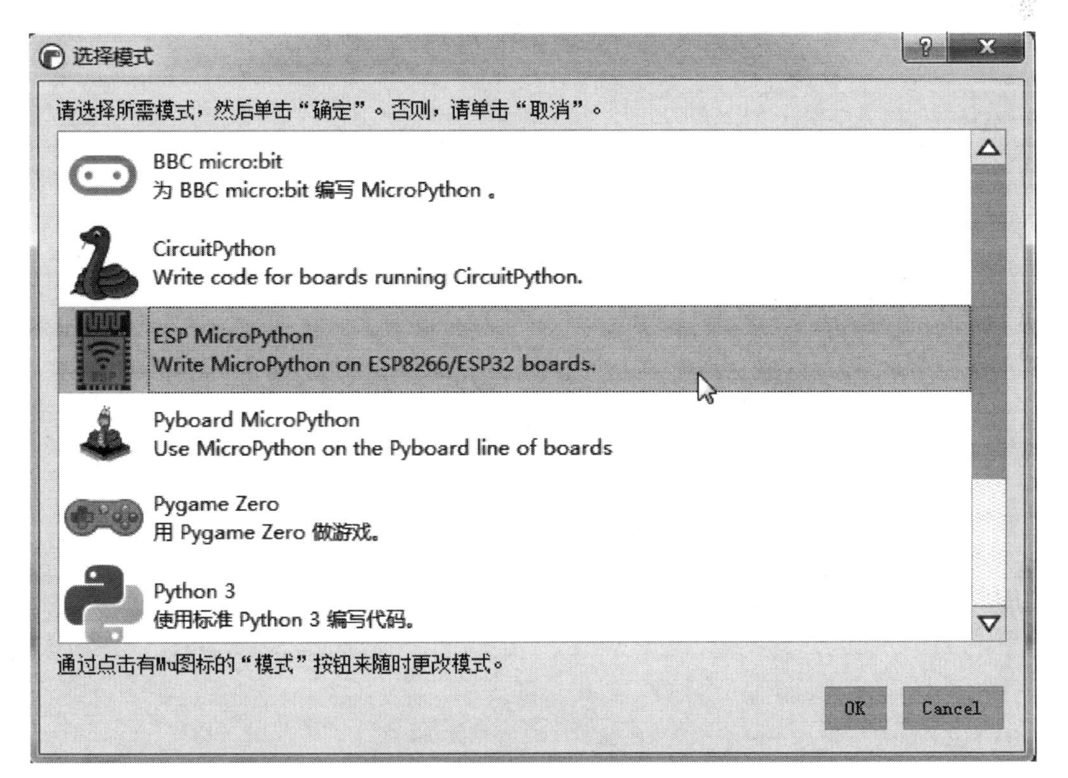

图 2-14　“选择模式”对话框

3）单击“OK”按钮，完成 ESP MicroPython 模式的选择。

（3）创建新程序。

1）单击 Mu 开发环境上部的“新建”按钮➕，新建一个无标题的文件。

2）在程序编辑区输入 LED 控制程序，如图 2-15 所示。

3）单击“保存”按钮，弹出“保存文件”对话框。

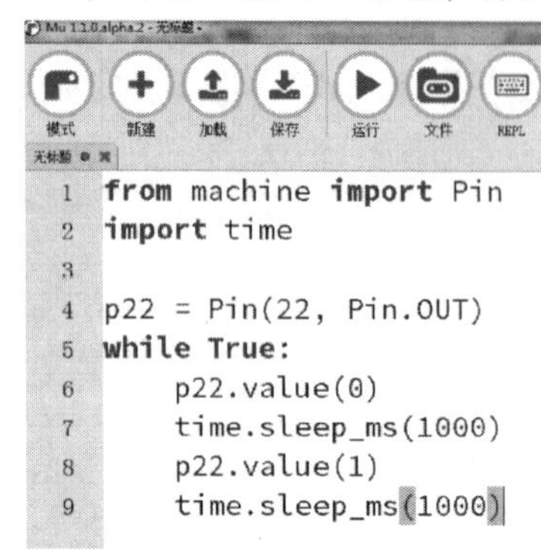

图 2-15　输入 LED 控制程序

4）设置保存路径为 E：\ E32 \ B01 文件夹。

5）设置文件名为“main. py”，单击“保存”按钮，保存新创建的文件。

（4）ESP32 固件更新。

1）单击右下角的 Mu 管理命令按钮，弹出“Mu 管理”对话框，如图 2-16 所示。

2）在图 2-16 所示的“Mu 管理”对话框中单击“ESP Firmware flasher”页选项。

3）单击“Browse”（浏览）按钮选择固件更新文件后单击“打开”按钮设置固件更新文件。

4）单击“Erase&write firmware”（擦除和写入固件）按钮，将擦除原始固件并写入新的固件程序。

（5）调试程序。

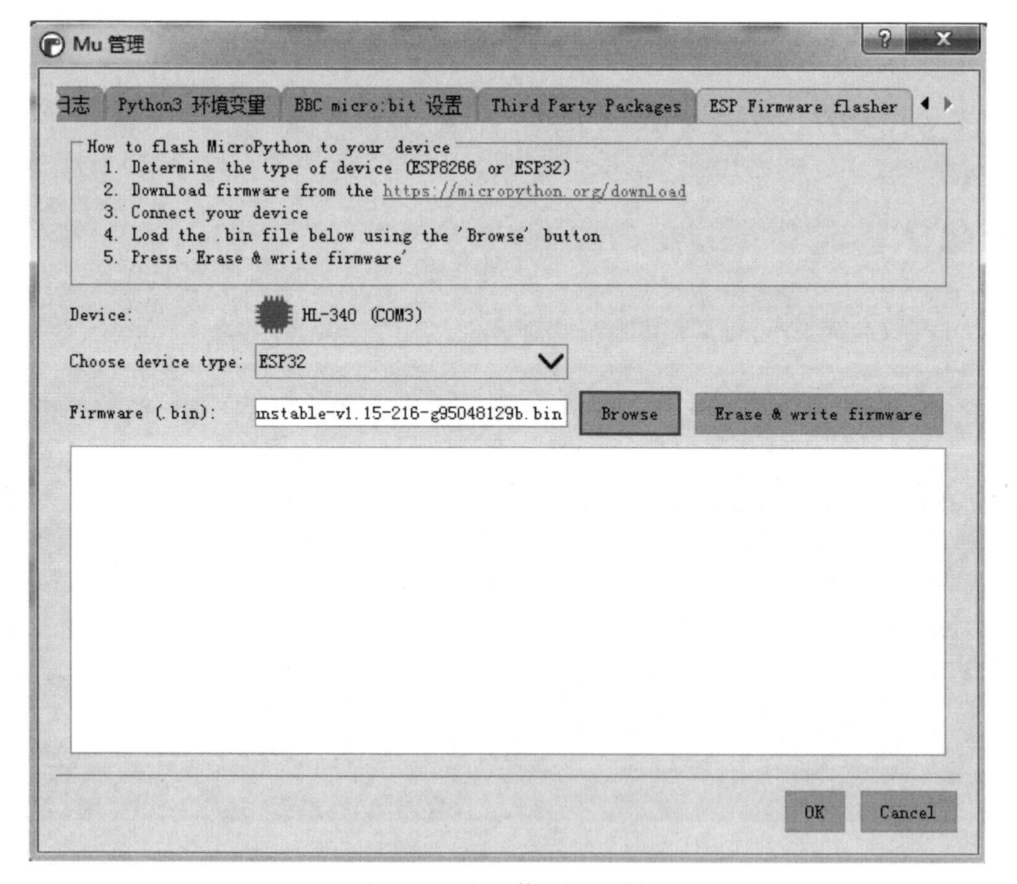

图 2-16　“Mu 管理”对话框

1）单击 Mu 开发环境上部的“REPL”按钮（REPL 即 Read-Evaluate-Print Loop，读取-计算-输出循环），可以方便地在解释器（硬件内核）和命令之间进行交互，可以方便地输入各种命令，观察运行状态，进行交互式程序调试。

2）单击 Mu 开发环境上部的“运行”按钮▶，优创 ESP32 开发板上的 LED 开始闪烁。

3）同时按下键盘上的“Ctrl”键和“C”键，即按下组合键“Ctrl+C”，停止运行。

4）单击“REPL”按钮，退出 REPL 状态。

5）单击 Mu 开发环境上部的“文件”按钮查看文件，此时硬件内只有 boot. py 文件，电脑上的文件是 main. py，如图 2-17 所示。

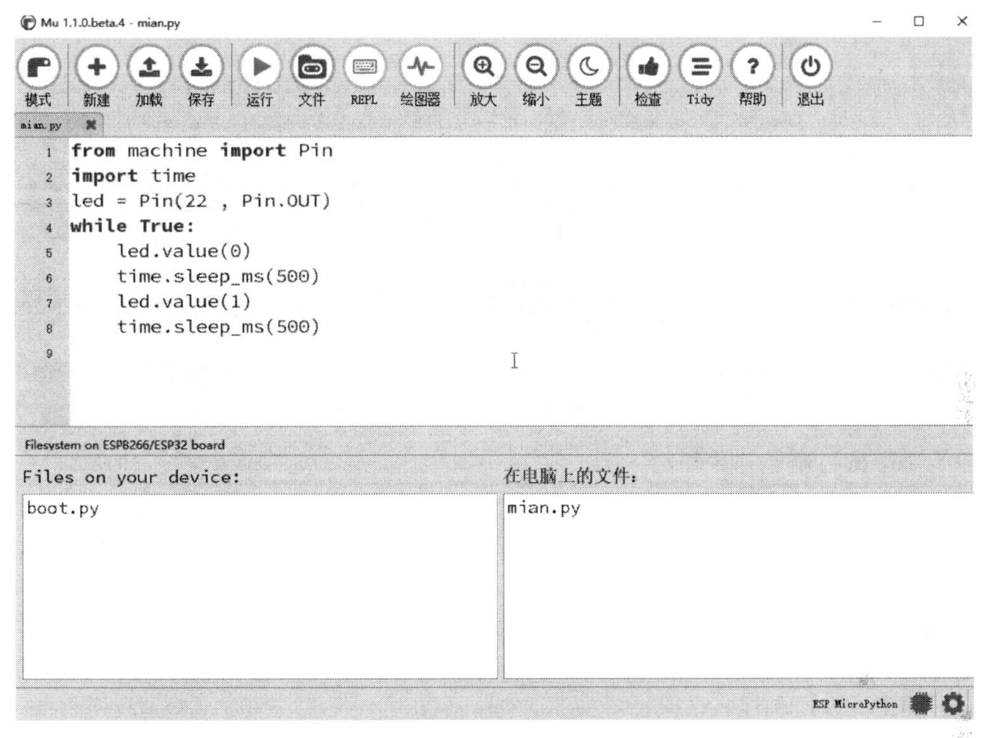

图 2-17 查看文件

6）将电脑上的 main. py 文件复制到智能硬件 ESP32 中，即将 main. py 文件拖拽至左侧，如图 2-18 所示。设备上的文件 boot. py 也可通过拖拽复制到电脑。

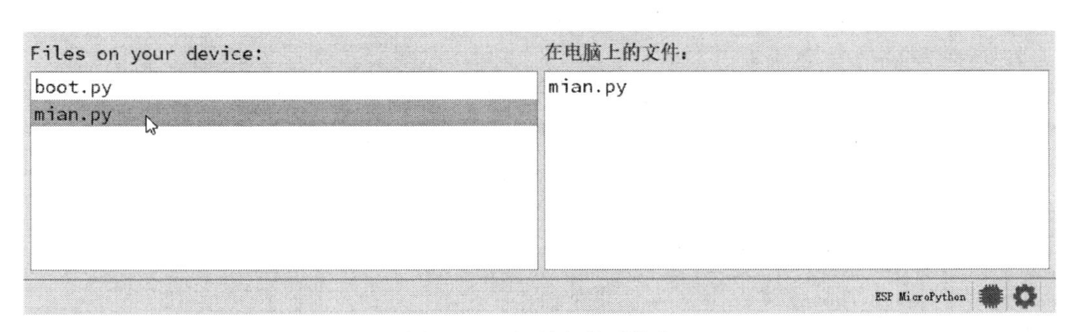

图 2-18 复制文件到设备

7）单击 Mu 开发环境上部的“检查”按钮，检查程序错误。如果程序有错误，错误将会直接显示，如图 2-19 所示。

Mu 1.1.0.beta.4 - mian.py

```
1  from machine import Pin
2  import time
3  led =Pin(22 , Pin.OUT)
   ↑ Missing whitespace around operator
4  while True:
5      led.value(0)
6      time.sleep_ms(500)
7      led.value(1)
8      time.sleep_ms(500)
9
```

图 2-19　检查程序错误

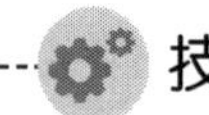

技能训练

一、训练目标

（1）学用优创 ESP32 开发板。

（2）学会使用 Thonny 开发环境。

（3）学会调试 LED 控制程序。

二、训练步骤与内容

1. 安装 Thonny 开发环境

（1）双击可执行的 Thonny 安装文件“Thonny-3. 3. x”，弹出“setup-thonny”对话框。

（2）单击“Next”按钮，弹出安装 Thonny 许可界面，单选接收许可协议选项。

（3）单击“Next”按钮，弹出是否创建桌面快捷图标选择对话框，默认为创建。

（4）单击“Next”按钮，弹出准备安装界面。

（5）单击“Next”按钮，开始自动安装 Thonny 软件。

（6）安装成功后，单击“Finish”按钮，结束 Thonny 软件的安装。

2. 设置 Thonny 中文菜单

（1）启动 Thonny 软件。

（2）单击“Tools”→“options”，打开“Thonny options”对话框。

（3）在 Language 语言选项的下拉列表中，选择“简体中文”选项。

（4）单击“OK”按钮，确认语言设置。

（5）退出 Thonny 软件。

（6）再次启动 Thonny 软件，查看 Thonny 的菜单栏。

3. 建立一个项目

（1）在 E32 新建一个文件夹 B03。

（2）启动 Thonny 软件。

（3）选择“文件”→“新文件”，自动创建一个新文件。

（4）选择“文件”→“另存为”命令，打开“另存为”对话框，选择另存的文件夹 B03，在文件名栏输入“main. py”，单击“保存”按钮，保存文件。

4. 编写程序文件

（1）在文件编辑区，输入图 2-15 中的 LED 控制程序。

（2）单击“保存”按钮，保存文件。

5. 开发板固件更新

（1）单击 Thonny 开发软件右下角的 MicroPython（ESP32）按钮，在弹出的菜单中选择执行“Configure interpreter”（配置解释器）命令，打开“Thonny 设置”对话框。

（2）在“Thonny 应该使用哪个解释器或设备运行你的代码?”下拉列表中选择“MicroPython（ESP32）”，在“Port or WebREPL”下拉列表中，选择“USB-SERIAL CH340（COM3）”（根据硬件实际连接的端口选择）。

（3）单击“Install or update Firmware ”安装或更新固件按钮，进入 ESP32 固件更新对话框。

（4）在固件更新对话框中设置硬件连接的端口，单击“Firmware”选项右边的“Browse”（浏览）按钮，选择固件文件，单击“安装”按钮，选定固件更新文件，对硬件的固件进行更新。

（5）固件更新完，返回“Thonny 设置”对话框，单击“确定”按钮，完成智能硬件设置。

6. 调试程序

（1）将程序上载到 MicroPython 设备，右击“main py”选择“上载到/”。

（2）上载完成后在 MicroPython 设备的文件区可见到“main. py”文件，还有“boot. py”文件。

（3）单击“运行”→“运行当前脚本”，或者单击工具栏上的“运行”按钮，main. py 程序运行，优创 ESP32 开发板 GPIO22 引脚连接的 LED 指示灯闪烁。

（4）单击工具栏上的“停止”按钮，停止程序运行。

（5）将程序下载到 MicroPython 设备优创 ESP32 开发板后，可以按下优创 ESP32 开发板的“RST”复位按钮，程序自动运行，优创 ESP32 开发板 GPIO22 引脚连接的 LED 指示灯闪烁。

7. 使用 Shell 调试器

（1）单击“视图”→“shell”，打开 shell 交互式调试器，如图 2-20 所示。

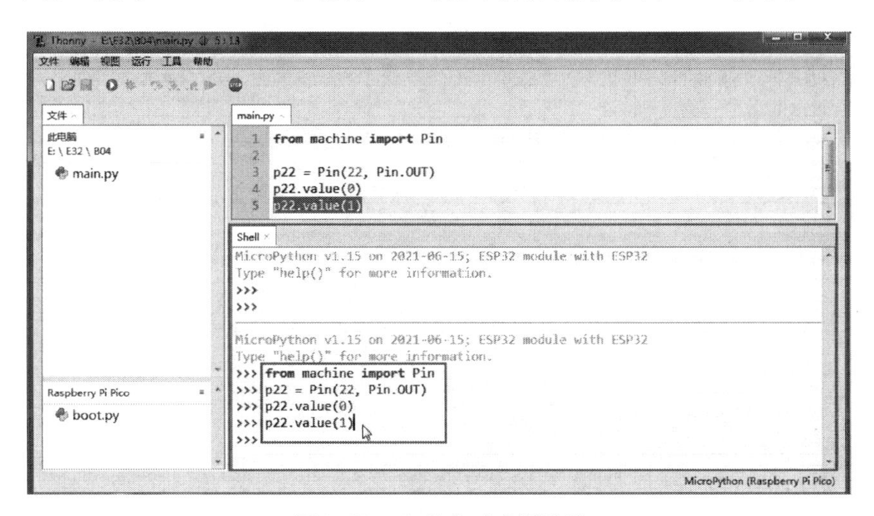

图 2-20　shell 交互式调试器

（2）依次输入图 2-20 中指令语句后按键盘“Enter”（回车）键。

(3) 观察优创 ESP32 开发板指示灯的状态变化。

任务 3　学用 Thonny 开发语言

一、Thonny 基础知识

1. 交互式编程

Thonny 兼容 Python，所以 Python 的语法规则 Thonny 都适用。

交互式编程不需要创建脚本文件，是通过 Python 解释器的交互模式来编写代码的。

在 Windows 上安装 Thonny 时已经安装了交互式编程客户端，单击右下角的“MicroPython (ESP32)”，在弹出的菜单中选择“Thonny 的解释器（默认）”，就可打开 Thonny 交互式编程客户端 shell（交互式调试器），如图 2-21 所示。

图 2-21　Thonny 交互式编程客户端 shell

在 shell 交互式编程窗口输入 Thonny 语句，按键盘上的“Enter”（回车）键，输入的指令语句将立即执行，交互式编程操作如图 2-22 所示。

2. 脚本式编程

脚本式编程时通过脚本参数调用解释器开始执行脚本，直到脚本执行完毕。当脚本执行完成后，解释器不再有效。

下面来写一个简单的 Thonny 脚本程序。所有 Thonny 文件都以“. py”为扩展名。将以下的源代码拷贝至 test1. py 文件中。

```
print("Hello,Thonny!")
```

单击工具栏的“运行”按钮，脚本程序执行，如图 2-23 所示。

3. Thonny 标识符

在 Thonny 中，标识符由字母、数字、下划线组成，所有标识符可以包括英文、数字以及下划线（_），但不能以数字开头，标识符区分大小写。

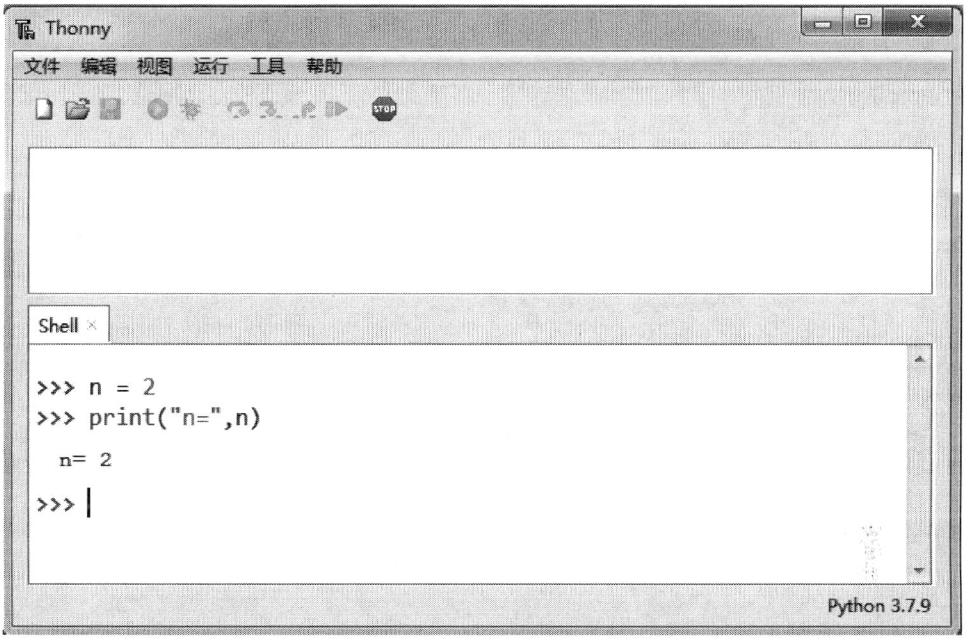

图 2-22　交互式编程操作

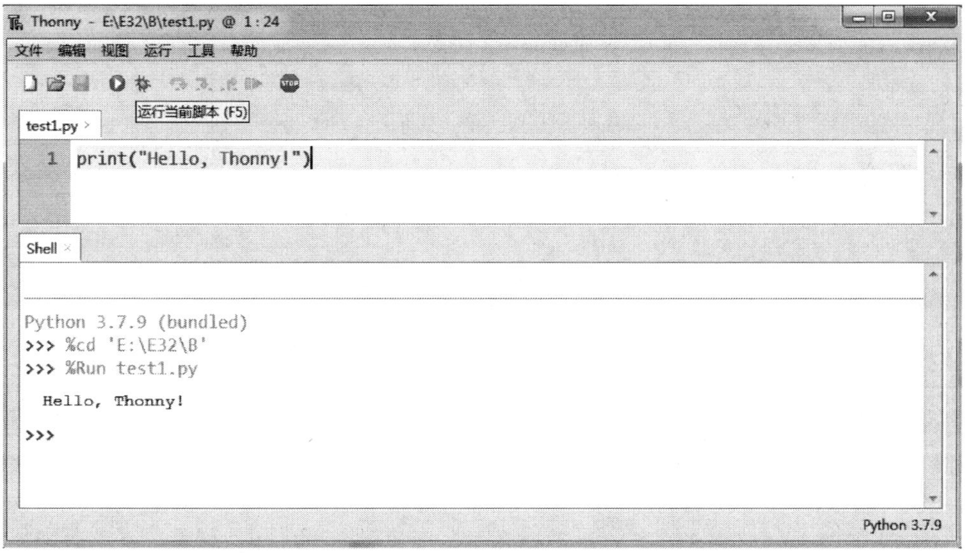

图 2-23　脚本程序执行

以下划线开头的标识符是有特殊意义的。以单下划线开头的代表不能直接访问的类属性，需通过类提供的接口进行访问，不能用 from XXX import * 导入，如_ foo；以双下划线开头的代表类的私有成员，如_ _ foo；以双下划线开头和结尾的代表 Thonny 里特殊方法专用的标识，如 _ _ foo_ _ ，_ _ init_ _ （）代表类的构造函数。

Thonny 可以同一行显示多条语句，方法是用分号“;”分开，如：

```
print(" Hello ");print(" Thonny ");
```

多条语句输出结果如图 2-24 所示。

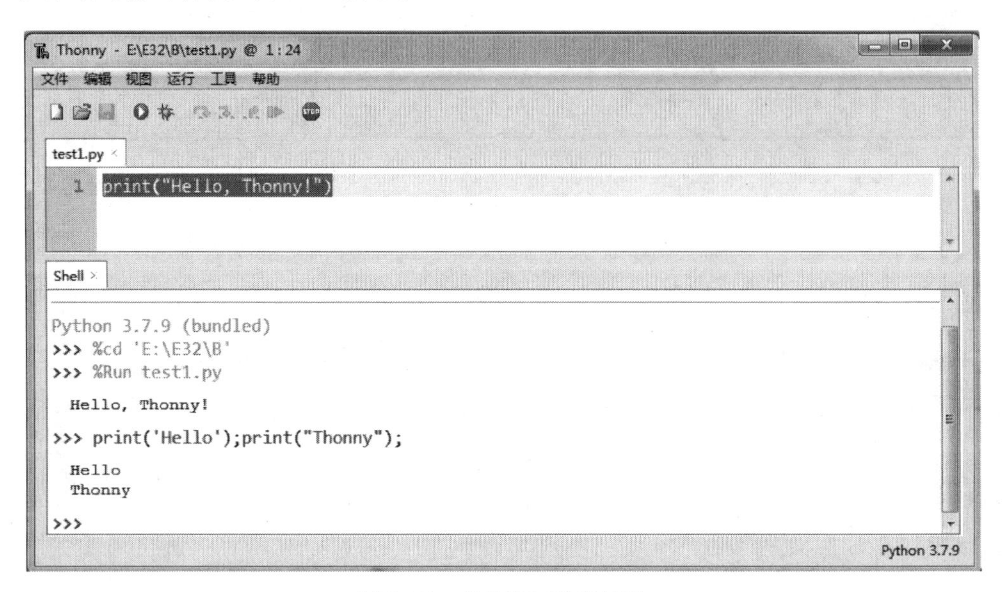

图 2-24　多条语句输出结果

4. Thonny 保留字符

Thonny 中的保留字见表 2-1。这些保留字不能用作常数或变数，或任何其他标识符名称。所有 Thonny 的关键字只包含小写字母。

表 2-1　　**Thonny 中的保留字**

and	else	global	pass
assert	except	if	print
break	exec	import	raise
class	finally	in	return
continue	for	is	try
def	from	lambda	while
del		not	with
elif		or	yield

5. 行和缩进

（1）缩进。学习 Thonny 与其他语言最大的区别就是，Thonny 的代码块不使用大括号 {} 来控制类、函数以及其他逻辑判断。Thonny 的特色就是用缩进来写模块。在 Thonny 中，缩进的空白数量是可变的，但是所有代码块语句必须包含相同的缩进空白数量，这个必须严格执行。比如下面的“test 2. py”文件：

```
n = 1
if(n < 2):
    print("hello")
    print("haw are you?")
else:
    print("haw are you?")
  print("I am fine.")
```

执行该文件将会出现报错，如下：

```
print("I am fine.")
                  ^
IndentationError: unindent does not match any outer indentation level
```

错误代码的意思是“缩进错误：缩进不匹配任何外部缩进级别”。

（2）多行语句。Python 语句中一般以新行作为语句的结束符，但是我们可以使用斜杠（\）将一行的语句分为多行显示，如下：

```
S = S_1 + \
S_2 + \
S_3
```

如果语句中包含 [ ]，{ } 或（ ），则不需要使用多行连接符，如下：

```
days = ['Monday','Tuesday','Wednesday',
        'Thursday','Friday','Saturday','Sunday']
```

（3）Thonny 引号。Thonny 可以使用引号（'）、双引号（"）、三引号（''' 或"""）来表示字符串，引号的开始与结束必须是相同类型的。其中三引号可以由多行组成，是编写多行文本的快捷语法，常用于文档字符串，在文件的特定地点，可被当作注释。引号使用示例如下：

```
word = 'This is word'
sentence = "This is a sentence."
paragraph = """This is a paragraph."""
```

（4）注释。Thonny 中单行注释采用#开头，注释可以在语句或表达式行末。多行注释使用三个单引号（'''）或三个双引号（"""），即上文中的“三引号”。注释示例如下：

```
# 文件名:test1.py
# 第一个注释
print("Hello,thonny!")  # 打印 Hello,thonny!
```

（5）空行。函数之间或类的方法之间用空行分隔，表示一段新的代码的开始。类和函数入口之间也用一行空行分隔，以突出函数入口的开始。

注意：空行也是程序代码的一部分。

空行与代码缩进不同，空行并不是 Thonny 语法的一部分。书写时不插入空行，Thonny 解释器运行也不会出错。但是空行的作用在于分隔两段不同功能或含义的代码，便于日后代码的维护或重构。

（6）多个语句构成代码组。缩进相同的一组语句可以构成一个代码块，称之为代码组。像 if、while、def 和 class 这样的复合语句，首行以关键字开始，以冒号（：）结束，该行之后的一行或多行代码构成代码组。通常将首行及后面的代码组称为一个子句。

6. Python 变量类型

变量是存储在内存中的值，它意味着在创建变量时会在内存中开辟一个存储空间。

基于变量的数据类型，解释器会分配指定内存，并决定什么数据可以被存储在内存中。

因此，变量可以指定不同的数据类型，这些变量可以存储整数、小数或字符。

（1）变量赋值。

1）Python 中的变量赋值不需要类型声明。

2）每个变量在内存中创建，都包括变量的标识、名称和数据这些信息。

3）每个变量在使用前都必须赋值，变量赋值以后该变量才会被创建。等号（=）用来给变量赋值。等号（=）运算符左边是一个变量名，等号运算符右边是存储在变量中的值。变量赋值示例如下：

```
counter =6 # 赋值整型变量
miles =6.0 # 浮点型
name = "John" # 字符串
print counter
print miles
print name
```

执行以上程序会输出结果：

```
6
6.0
John
```

Python 允许你同时为多个变量赋值，如下：

```
a = b = c = 1
a,b,c = 1,2,3
```

（2）标准数据类型。在内存中存储的数据可以有多种类型。Python 有 5 个标准的数据类型，用于存储各种类型的数据。

1）Numbers（数字）。数字数据类型用于存储数值。数字数据是不可改变的数据类型，这意味着改变数字数据类型会分配一个新的对象。当你指定一个值时，一个 Number 对象就会被创建。Python 支持 4 种不同的数字类型：①int（有符号整型）；②long（长整型，也可以代表八进制和十六进制）；③float（浮点型）；④complex（复数）。Python 使用 L 来显示长整型，也可以使用小写的 l，但为了避免与数字 1 混淆，通常建议使用大写 L。Python 支持复数，复数由实数部分和虚数部分构成，可以用 a+bj 或者 complex（a，b）表示，复数的实部 a 和虚部 b 都是浮点型。

2）String（字符串）。字符串或串（String）是由数字、字母、下划线组成的一串字符。它是编程语言中表示文本的数据类型。Python 的字串列表有 2 种取值顺序：①从左到右索引默认 0 开始的，最大范围是字符串长度少 1；②从右到左索引默认-1 开始的，最大范围是字符串开头。

如果要实现从字符串中获取一段子字符串，可以使用[头下标:尾下标]来截取相应的字符串，其中下标从 0 开始算起，可以是正数或负数，下标为空表示取到头或尾。[头下标:尾下标]获取的子字符串包含头下标的字符，但不包含尾下标的字符，示例如下：

```
>>> s = 'abcdef'
>>> s[1:4]
'bcd'
```

加号（+）是字符串连接运算符，星号（*）是重复操作，示例如下：

```
str = 'Hello World! '
print str # 输出完整字符串
print str[0] # 输出字符串中的第一个字符
print str[2:4] # 输出字符串中第 3 个至第 5 个之间的字符串
print str[2:] # 输出从第 3 个字符开始的字符串
print str * 2 # 输出字符串两次
print str + "test" # 输出连接的字符串
```

3）List（列表）。List（列表）是 Python 中使用最频繁的数据类型。列表可以完成大多数集合类的数据结构实现。它支持字符、数字、字符串甚至可以包含列表（即嵌套）。列表用 [ ]

标识，是 Python 最通用的复合数据类型。列表中值的切割也可以用[头下标:尾下标]来截取相应的列表，从左到右索引默认 0 开始，从右到左索引默认 -1 开始，下标可以为空表示取到头或尾。列表测试程序"test3. py"如下：

```
S = ['run',345,2.13,'john',60.3]
mylis_1 = [12,'john']
print(S)  # 输出完整列表
print(S[0])  # 输出列表的第 1 个元素
print(S[1:3])  # 输出第 2 个至第 3 个元素
print(S[2:])   # 输出从第 3 个开始至列表末尾的所有元素
print(mylis_1 * 2)  # 输出列表两次
print(S + mylis_1)  # 打印组合的列表
```

运行输出结果如下：

```
>>> % Run test3.py
['run',345,2.13,'john',60.3]
run
[345,2.13]
[2.13,'john',60.3]
[12,'john',12,'john']
['run',345,2.13,'john',60.3,12,'john']
```

4）Tuple（元组）。元组是另一个数据类型，类似于 List（列表）。元组用（）标识。内部元素用逗号隔开。但是元组不能二次赋值，相当于只读列表。元组测试程序"test4. py"

```
tup = ('run',123,2.13,'john',61.2)
my_tup = (45,'john')
print(tup)  # 输出完整元组
print(tup[0])  # 输出元组的第 1 个元素
print(tup[1:3])  # 输出第 2 个至第 3 个元素
print(tup[2:])   # 输出从第 3 个开始至元组末尾的所有元素
print(my_tup * 2)  # 输出元组两次
print(tup + my_tup)  # 打印组合的元组
```

运行输出结果如下：

```
>>> % Run test4.py
('run',123,2.13,'john',61.2)
run
(123,2.13)
(2.13,'john',61.2)
(45,'john',45,'john')
('run',123,2.13,'john',61.2,45,'john')
```

注意：元组是不允许更新的，而列表是允许更新的。

5）Dictionary（字典）。字典（Dictionary）是除列表以外 Python 之中最灵活的内置数据结构类型。列表是有序的对象集合，字典是无序的对象集合，两者之间的区别在于：字典当中的元素是通过键来存取的，而不是通过偏移存取。字典由索引（key）和它对应的值（value）组成，用" {} " 标识。字典测试程序"test5. py"如下：

```
dict = {}
dict['tone'] = "This is one"
dict[2] = "two"
tedict = {'name': 'run','code':567,'dept': 'satup'}

print(dict['tone'])          # 输出键为'tone'的值
print(dict[2])              # 输出键为 2 的值
print(tedict)             # 输出完整的字典
print(tedict.keys())        # 输出所有键
print(tedict.values())    # 输出所有值
```

程序运行输出结果如下:

```
>>> % Run test5.py
This is one
two
{'name': 'run','code': 567,'dept': 'satup'}
dict_keys(['name','code','dept'])
dict_values(['run',567,'satup'])
```

(3) Python 数据类型转换。Python 数据类型的转换见表 2-2, 只需要将数据类型作为函数名即可。

表 2-2　Python 数据类型的转换

函数	描述
int (x [, base])	将 x 转换为一个整数
long (x [, base])	将 x 转换为一个长整数
float (x)	将 x 转换到一个浮点数
complex (real [, imag])	创建一个复数
str (x)	将对象 x 转换为字符串
repr (x)	将对象 x 转换为表达式字符串
eval (str)	用来计算在字符串中的有效 python 表达式, 并返回一个对象
tuple (s)	将序列 s 转换为一个元组
list (s)	将序列 s 转换为一个列表
set (s)	转换为可变集合
dict (d)	创建一个字典。d 必须是一个序列 (key, value) 元组
frozenset (s)	转换为不可变集合
chr (x)	将一个整数转换为一个字符
unichr (x)	将一个整数转换为 unicode 字符
ord (x)	将一个字符转换为它的整数值
hex (x)	将一个整数转换为一个十六进制字符串
oct (x)	将一个整数转换为一个八进制字符串

7. Python 运算符

Python 语言支持以下类型的运算符。

（1）算术运算符。算术运算符见表 2-3。

表 2-3　　算术运算符

运算符	描述
+	加-两个对象相加
-	减-得到负数或是一个数减去另一个数
*	乘-两个数相乘或是返回一个被重复若干次的字符串
/	除-x 除以 y
%	取模 - 返回除法的余数
* *	幂 - 返回 x 的 y 次幂
//	取整除 - 返回商的整数部分（向下取整）

（2）比较（关系）运算符。比较（关系）运算符见表 2-4。

表 2-4　　比较（关系）运算符

运算符	描述
= =	等于-比较对象是否相等
! =	不等于-比较两个对象是否不相等
>	大于-返回 x 是否大于 y
<	小于-返回 x 是否小于 y
>=	大于等于-返回 x 是否大于等于 y
<=	小于等于-返回 x 是否小于等于 y

所有比较运算符返回 1 表示真，返回 0 表示假。这分别与特殊的变量 True 和 False 等价。

（3）赋值运算符。赋值运算符见表 2-5。

表 2-5　　赋值运算符

运算符	描述
=	简单的赋值运算符
+=	加法赋值运算符
-=	减法赋值运算符
* =	乘法赋值运算符
/=	除法赋值运算符
% =	取模赋值运算符
* * =	幂赋值运算符
//=	取整除赋值运算符

（4）逻辑运算符。逻辑运算符包括 and（与）、or（或）、not（非）。

（5）位运算符。位运算符是把数字看作二进制来进行计算的。

（6）成员运算符。成员运算符见表 2-6。

表 2-6　　　　成员运算符

运算符	描述	实例
in	如果在指定的序列中找到值返回 True，否则返回 False。	x 在 y 序列中，如果 x 在 y 序列中返回 True
not in	如果在指定的序列中没有找到值返回 True，否则返回 False。	x 不在 y 序列中，如果 x 不在 y 序列中返回 True

（7）身份运算符。身份运算符用于比较两个对象的存储单元，见表 2-7。

表 2-7　　　　身份运算符

运算符	描述	实例
is	is 是判断两个标识符是不是引用自一个对象	x is y，类似 id（x）= =id（y），如果引用的是同一个对象则返回 True，否则返回 False
is not	is not 是判断两个标识符是不是引用自不同对象	x is not y，类似 id（a）！ =id（b）。如果引用的不是同一个对象则返回结果 True，否则返回 False

（8）运算符优先级。运算优先级见表 2-8，其中列出了从最高到最低优先级的所有运算符。

表 2-8　　　　运算优先级

运算符	描述
* *	指数（最高优先级）
~ +-	按位翻转，一元加号和减号（最后两个的方法名为+@ 和-@）
* /% //	乘，除，取模和取整除
+-	加法减法
>><<	右移，左移运算符
&	位'AND'
^|	位运算符
<=<>>=	比较运算符
<>= =！ =	等于运算符
=% =/=//=-=+= * = * * =	赋值运算符
is is not	身份运算符
in not in	成员运算符
not and or	逻辑运算符

二、Python 语句

1. Python 条件语句

Python 条件语句是通过一条或多条语句的执行结果（True 或者 False）来决定执行的代码块。

Python 程序语言指定任何非 0 和非空（null）值为 True，0 或者 null 为 False。

基本形式如下：

```
if 判断条件:
    执行语句……
```

```
else:
执行语句……
```

其中"判断条件"成立时（非零），则执行后面的语句，而执行内容可以多行，以缩进来区分表示同一范围。else 为可选语句，当需要在条件不成立时执行内容则可以执行相关语句。

if 语句的判断条件可以用>（大于）、<（小于）、==（等于）、>=（大于等于）、<=（小于等于）来表示其关系。

如果判断需要多个条件需同时判断时，可以使用 or，表示两个条件有一个成立时判断条件成功；使用 and 时，表示只有两个条件同时成立的情况下，判断条件才成功。

当判断条件为多个值时，可以使用以下多分支形式：

```
if 判断条件 1:
    执行语句 1……
elif 判断条件 2:
    执行语句 2……
else:
    执行语句 n……
```

2. 循环语句

循环语句允许我们执行一个语句或语句组多次，循环语句包括 while 循环、for 循环和嵌套循环，见表 2-9。

表 2-9　循　环　语　句

循环类型	描述
while 循环	在给定的判断条件为 true 时执行循环体，否则退出循环体
for 循环	重复执行语句
嵌套循环	在 while 循环体中嵌套 for 循环

（1）while 循环。while 语句用于循环执行程序，即在某条件下，循环执行某段程序，以处理需要重复处理的相同任务。其基本形式如下：

```
while 判断条件(condition):
        执行语句(statements)……
```

其中，执行语句可以是单个语句或语句块。判断条件可以是任何表达式，任何非零、或非空（null）的值均为 True。当判断条件为 False 时，循环结束。测试 while 循环的程序"test6. py"如下：

```
n = 0
while(n < 3):
  print('n is:',n)
  n = n + 1
print("n is out")
```

在 while 循环中也可使用 else。

```
while 判断条件:
        执行语句 1……
else:
        执行语句 n
```

（2）for 循环。for 循环的语法格式如下：

```
for 变量 in 序列:
```

语句块

应用 for 循环的程序 test7.py:

```
sum = 0
for num in range(1,5):
    sum = sum + num

print('sum = ',sum )
```

注：函数 range（0，*n*）表示从 0～*n* 的所有数，但不包括 *n*。

3. 循环控制语句

循环控制语句可以更改语句执行的顺序。Python 支持的循环控制语句见表 2-10。

表 2-10　循环控制语句

控制语句	描述
break 语句	在语句块执行过程中终止循环，并且跳出整个循环
continue 语句	在语句块执行过程中终止当前循环，跳出该次循环，执行下一次循环
pass 语句	pass 是空语句，是为了保持程序结构的完整性

三、Python 函数

1. 函数定义

函数是组织好的，可重复使用的，用来实现单一或相关联功能的代码段。

函数能提高应用的模块性和代码的重复利用率。

Python 提供了内建函数（标准函数）和用户自定义函数。

（1）定义一个函数。定义一个函数的简单规则是：函数代码块以 def 关键词开头，后接函数标识符名称和圆括号（）。任何传入参数和自变量必须放在圆括号中间。圆括号之间可以用于定义参数。函数的第一行语句可以选择性地使用文档字符串——用于存放函数说明。

函数内容以冒号起始，并且缩进；以 veturn［表达式］结束函数，选择性地返回一个值给调用方。不带表达式的 return 相当于返回 None。定义函数格式如下：

```
def function_name( parameters ):
    function_suite
    return [expression]
```

默认情况下，参数值和参数名称是按函数声明中定义的顺序匹配起来的。定义函数实例如下：

```
def add(x,y):
    sum =x+ y
    return sum
```

（2）调用函数。定义一个函数只给了函数一个名称，指定了函数里包含的参数和代码块结构。定义函数的基本结构完成以后，用户可以通过另一个函数调用执行，也可以直接从 Python 提示符执行。调用函数可分为直接调用和间接调用，如：

```
add(2,3)    直接调用
S = add(3,6)    间接调用
```

（3）函数参数。以下是调用函数时可使用的正式参数类型。

1）必备参数。必备参数须以正确的顺序传入函数。调用时的数量必须和声明时的一样。

2）关键字参数。关键字参数和函数调用关系紧密，函数调用使用关键字参数来确定传入的参数值。

调用函数示例如下：

```
def printinfo( name,age ):
    print "Name: ",name
    print "Age ",age
    return
#调用 printinfo 函数
```

程序运行结果为：

```
printinfo( age=50,name="John" )
```

调用时，关键字参数 age、Mame 可以不按顺序输入。

3）默认参数。调用函数时，默认参数的值如果没有传入，则被认为是默认值。示例如下：

```
def add(x,y = 3):
    sum =x+ y
    return sum
#调用 add()
print(add(2))
```

默认参数 y 被省略。

4）不定长参数。用户可能需要一个函数能处理比当初声明时更多的参数，这些参数叫做不定长参数，和上述两种参数不同，不定长参数在声明时不会命名。不定长参数测试程序“test8. py”如下：

```
def printme(x,* var ):
    print(x)
    for n in var:
      print(n)
    return
#不定长参数调用：
printme(10,20,30)
```

（4）匿名函数。Python 使用 lambda 来创建匿名函数。lambda 只是一个表达式，函数体比 def 简单很多，具体表现在 lambda 的主体是一个表达式，而不是一个代码块，仅仅能在 lambda 表达式中封装有限的逻辑进去。lambda 函数拥有自己的命名空间，且不能访问自有参数列表之外或全局命名空间里的参数。虽然 lambda 函数看起来只能写一行，却不等同于 C 或 C++的内联函数，后者的目的是调用小函数时不占用栈内存从而增加运行效率。匿名函数测试程序“test9. py”如下：

```
#函数说明
sum = lambda x,y: x + y
#调用 sum 函数
print(sum(2,3))
```

（5）变量作用域。一个程序所有的变量并不是在哪个位置都可以访问的。访问权限决定于这个变量是在哪里赋值的。变量的作用域决定了在哪一部分程序你可以访问哪个特定的变量名称。两种最基本的变量作用域如下。

1）全局变量。定义在函数外的变量拥有全局作用域，全局变量可以在整个程序范围内访问。调用函数时，所有在函数内声明的变量名称都将被加入到作用域中。

2）局部变量。定义在函数内部的变量拥有一个局部作用域，局部变量只能在其被声明的函数内部访问。

测试外部变量、局部变量程序“Test10. py”如下：

```
s = 0    # 这是一个全局变量
# 写函数说明
def add(x,y):
    s =x+ y  # s 在这里是局部变量.
    print("函数内是局部变量 : ",s)
    return s

#调用 add 函数
add( 10,20 )
print("函数外是全局变量 : ",s)
```

2. 内置函数

Python 提供了大量定义好的函数，称为内置函数，内置函数随着 Python 解释器的运行而创建。用户无需定义即可随意调用这些函数。

部分常用内置函数见表 2-11。

表 2-11 部分常用内置函数

abs ()	divmod ()	input ()	open ()	staticmethod ()
all ()	enumerate ()	int ()	ord ()	str ()
any ()	eval ()	isinstance ()	pow ()	sum ()
basestring ()	execfile ()	issubclass ()	print ()	super ()
bin ()	file ()	iter ()	property ()	tuple ()
bool ()	filter ()	len ()	range ()	type ()
bytearray ()	float ()	list ()	raw_input ()	unichr ()
callable ()	format ()	locals ()	reduce ()	unicode ()
chr ()	frozenset ()	long ()	reload ()	vars ()
classmethod ()	getattr ()	map ()	repr ()	xrange ()
cmp ()	globals ()	max ()	reverse ()	zip ()
compile ()	hasattr ()	memoryview ()	round ()	__import__()
complex ()	hash ()	min ()	set ()	
delattr ()	help ()	next ()	setattr ()	
dict ()	hex ()	object ()	slice ()	
dir ()	id ()	oct ()	sorted ()	

四、模块

1. 模块的概念

为了使程序代码逻辑清晰，便于维护，可以把不同功能的函数进行分组，分别存在不同的源文件里。这样将使每个源文件的代码量减少，非常便于理解、维护和管理。每个源文件保存为以 . py 为后缀的文件，包含了 Python 对象定义和 Python 语句，称为 Python 的模块。

模块让用户能够有逻辑地组织自己的 Python 代码段。

把相关的代码分配到一个模块里能让用户的代码更好用、更易懂。

模块能定义函数、类和变量，模块里也能包含可执行的代码。

2. 使用模块

模块的最大好处是可让程序逻辑清晰且便于维护。此外，模块可以反复被其他模块引用，可以减少程序的代码量。模块还可避免函数和变量名冲突，相同名字的函数和变量可以分别在不同的模块中定义和使用。

（1）模块定义。定义一个新模块“mymodule. py”，在模块内构建一个新的打印函数，使打印输出加上个人标识。程序如下：

```
def printMy(input):
    print("myx",input)
```

（2）模块引用。要想使用构建的模块，可通过在另一个源文件中使用 import 语句将 module 模块引入。编写测试模块引入的程序“test11. py”如下：

```
import mymodule
mymodule.printMy("test11")
```

将“mymodule. py”和“test11. py”放在同一目录 a011 下，执行“test11. py”，输出结果显示为：

```
>>> % Run test11.py
myx test11
```

可见 mymodule 模块提供的打印函数，自动在输出内容前添加了标识 myx。

另一种引用方式是使用 from import 语句直接将模块内的指定函数导入命令空间，使用 from mymodule import printMy 可以将函数 printMy 直接导入进来，由此可以直接调用函数 printMy，而不需要通过模块名称来调用。编写测试直接引入模块函数的程序“test12. py”如下：

```
from mymodule import printMy
printMy("test12")
```

将“mymodule. py”和“test12. py”放在同一目录 b012 下，执行“test12. py”，输出结果显示为：

```
>>> % Run test12.py
myx test12
```

如果模块内有多个函数，那么使用 from import 语句仅仅导入需要的函数，其他函数没有导入。如果需要导入所有函数，则使用 from... import * 语句。

五、Python 高级特性

1. 生成器

（1）列表推导式。列表推导式是 Python 内部内置的可以用于轻松创建列表的方法。它使用简单语句利用其他列表创建新的列表。以下语句使用一行列表创建 1 ~ 5 的所有数的平方列表：

```
>>> list = [n* n for n in range(1,6)]
>>> list
[1,4,9,16,25]
```

运用列表推导式可以快速生成列表，通过一个列表推导出另一个列表，而代码却非常简单。

（2）生成器表达式。基于列表扩展，如果列表元素持续增加，达到数千个，如此大的列表将占用非常大的内存，假设我们仅仅需要访问列表中的几个元素，那么，列表占用的绝大多数空间是浪费的。通过生成器表达式将列表改成一个生成器，生成器存储是算法，通过调用算法实时生成元素，因此生成器占用的内存空间很小。将列表推导式的方括号［］改为圆括号（），即可创建一个生成器，示例如下：

```
>>> list = [n* n for n in range(1,4)]
>>> list
[1,4,9]
>>> m =(n* n for n in range(1,4))
>>> m
<generator object <genexpr> at 0x02838370>
>>> next(m)
1
>>> next(m)
4
>>> next(m)
9
>>> next(m)
Traceback(most recent call last):
  File "<pyshell>",line 1,in <module>
StopIteration
```

列表一旦被创建，内存就存放所有元素，而生存器 m 的元素内容将随 next（）的调用实时生成，直到最后没有元素生成时，抛出一个 StopIteration 错误。

（3）生成器函数。下面通过编写一个可以计算出任意自然数的平方值的函数说明生成器函数的作用。计算平方值测试程序“test13. py”如下：

```
def square(input):
    list = []
    for n in range(input):
        list.append(n* n)
        print(list)
    return list
for n in square(3):
    print(n)
```

程序“test13. py”运行结果为：

```
>>> % Run test13.py
[0]
[0,1]
[0,1,4]
0
1
4
```

可以看到，函数 spuare（）在运行中创建了一个列表，但自然数增大时，列表也会增大，此程序会占用较大的内存，当自然数无限增大时，系统将会崩溃。利用生成器函数，其方法是使用关键字 yield，生成器函数测试程序“test14. py”如下：

```
def square(input):
    for n in range(input):
        yield n* n
for n in square(3):
    print(n)
```

运行结果是：

```
>>> % Run test14.py
0
1
4
```

使用生成器函数同样实现了普通函数的功能，区别在于以下几点。

1）生成器代码量不同。

2）生成器占用内存极少。生成器没有创建列表，也不会因为自然数的增大而消耗大量的内存。

3）运行方式不同。普通函数是顺序执行的，直到执行到最后一行或遇到 return 语句就返回。而生成器函数则是遇到 yield 语句返回，再次执行，从上次离开的地方继续执行。

2. 迭代器

所有能够用 for 循环的对象均被称为可迭代对象，判断一个对象是否可迭代可以使用 isinstance（）方法。

像生成器这种可以被 next（）调用并不断生成下一个值的对象称为迭代器。

对于不是迭代器的可迭代对象，可以使用 iter（）将其变为迭代器。

可以使用 for 循环遍历迭代器，迭代测试程序“test15. py”如下：

```
list = [1,2,3]
for n in iter(list):
    print(n)
```

迭代运行结果为：

```
>>> % Run test15.py
1
2
3
```

3. 函数式编程

（1）函数式编程简介。在解决实际问题中，我们可以将复杂的项目拆解为无数个小功能，分别通过不同的函数实现小功能，通过函数的调用最终把复杂任务简单化。这样的分解过程称为面向过程的编程设计。函数是构成面向过程程序设计的最小基本单元。

函数式编程使用一系列函数解决问题。函数接收输入，处理后产出输出。使用相同参数的输入将产生相同的输出。函数式编程是一种抽象度较高的编程模式，其特点是允许函数本身作为参数传入另一个函数，并允许返回一个函数。

函数式编程的优点如下。

1）模块化，一个函数做一件事，解决一个问题，复杂事情可分解为若干功能模块，模块越小，越简单，越容易处理。

2）组件化，模块越小，越容易组合，从而便于构建新的功能模块。

3）易于调试和测试，函数定义明确，功能细化，所以调试变得简单，测试、验证也容易。

4）提高效率，相对大的开发，函数编程代码少，代码简单明晰，程序易于阅读理解和维护，生产效率高。

（2）高阶函数。函数内部分参数为函数的函数，称为高阶函数。

1）函数名作变量。在 Python 中，如果把 abs（）函数名赋值给一个变量 n，则有：

```
>>> n = abs
>>> n
<built-in function abs>
```

可见，函数名可赋值给变量，n 变量就相当于函数名，可使用它计算绝对值。

```
>>> n = abs
>>> n(-3)
3
```

使用变量 n 的运算与函数 abs 的运算，结果相同。

2）函数作为参数传入另一函数。函数本身可以作为变量，作为参数传入另一个函数，由此构建的新函数称作高阶函数。高阶函数测试程序“test16. py”如下：

```
def add(x,y):
    return x+ y
def sum(x,y,z):
    sum = add(x,y)+ z
    return sum
n = sum(2,3,4)
print(n)
```

（3）内置高阶函数。

1）映射函数 map（）。映射函数 map（）可接收两个参数，一个是可迭代对象，另一个是函数。map（）将传入的函数依次作用于每一个可迭代的元素上，得到一个新的可迭代对象。映射函数测试程序“test17. py”如下：

```
list_old = [1,2,3]
def f(x):
    return x+x
list_new = map(f,list_old)
print(list(list_new))
```

程序 test17. py 运行输出结果为：

```
>>> % Run test17.py
[2,4,6]
```

2）序列计算函数 reduce（）。序列计算函数 reduce（）把一个函数作用到一个序列上，实现累加和计算。序列计算函数应用程序“test18. py”如下：

```
from functools import reduce
nums = [1,2,3]
def f(x,y):
    return x+y
print(reduce(f,nums))
print(sum(nums))
```

程序 test18. py 运行结果为：

```
>>> % Run test18.py
6
6
```

3）排序函数 sorted（）。排序函数 sorted（）可以对序列中的元素进行排序。程序示例如下：

```
>>> nums = [2,-1,-3]
>>> sorted(nums)
[-3,-1,2]
```

将数字序列从小到大进行排序。

（4）偏函数。函数 int（）的作用是将字符串转换为整数，实际上，函数 int（）还提供另一个参数 base，base 的值表示转换的进制，默认值是 10，进行十进制转换。添加 base = 2 参数后，函数 int（）就把字符串按二进制进行转换了。新建一个函数 int2（），将 base = 2 设为默认参数，如下：

```
def int2(n,base=2):
    return int(n,base)
```

测试程序“test19. py”如下：

```
def int2(n,base=2):
   return int(n,base)
print(int2("1011"))
```

程序“test19. py”的运行结果为：

```
>>> % Run test19.py
11
```

使用 Python 提供的偏函数功能 functools. parttial 可方便地实现 int2（）函数功能，如下：

```
>>> import  functools
int2 = functools.partial(int,base=2)
int2("1011")
11
```

通过偏函数功能的输出结果与上面程序一致。

4. 面向对象的编程

在面向对象的编程思维中，首先考虑的是执行操作的对象，而不是程序的顺序执行，以操作对象为核心，进行程序的组织和执行。

Python 从设计之初就已经是一门面向对象的语言，在 Python 中创建一个类和对象是很容易的。

（1）类和对象。

1）类（Class）。类（Class）是用来描述具有相同的属性和方法的对象的集合。它定义了该集合中每个对象所共有的属性和方法。对象是类的实例。

2）类的定义使用 Class，其后紧跟类名。通过特殊的方法，_inl_，就可以将属性数据成员包括进去。

3）类变量。类变量在整个实例化的对象中是公用的。类变量定义在类中且在函数体之外。类变量通常不作为实例变量使用。

4）数据成员。数据成员即类变量或者实例变量，用于处理类及其实例对象的相关的数据。

5）创建实例使用“类+参数”的形式，通过 John=teacher（“John”，“26”）就创建了一个类的实例。

6）在类的内部，使用def关键字定义一个方法，与函数不同的是，类方法必须包括第一个参数self，self代表类的实例，类的方法必须通过类的实例来调用。

（2）类的操作。

1）方法重写。如果从父类继承的方法不能满足子类的需求，可以对其进行改写，这个过程叫方法的覆盖（Override），也称为方法的重写。

2）局部变量。定义在方法中的变量，只作用于当前实例的类。

3）实例变量。在类的声明中，属性是用变量来表示的。这种变量就称为实例变量，是在类声明的内部但是在类的其他成员方法之外声明的。

4）继承。继承即一个派生类（derived class）继承基类（base class）的字段和方法。继承也允许把一个派生类的对象作为一个基类对象对待。比如，一个Dog类型的对象派生自Animal类，这是模拟"是一个（is-a）"关系（Dog是一个Animal）。

（3）类的创建。

创建类的程序“player1. py”如下：

```
# 定义一个变量
var = ''

# 定义一个函数
def print_str(str):
    print(str)

# 定义一个类
class Person:
    def __init__(self,name,age):
        self.name = name
        self.age = age

    def print_msg(self):
        print("name:",self.name)
        print('age:',self.age)
```

1）变量var是一个类变量，它的值将在这个类的所有实例之间共享。可以在内部类或外部类使用“player1. var”访问。

2）_init_（）方法是一种特殊的方法，被称为类的构造函数或初始化方法，当创建了这个类的实例时就会调用该方法。

3）self代表类的实例，self在定义类的方法时是必须有的，虽然在调用时不必传入相应的参数。

（4）类的实例化。在Python中，类的实例化类似函数调用方式。程序示例如下：

```
P1 = player1.Person('Waleon',18)
```

（5）访问对象的属性。使用点号. 来访问对象的属性，程序示例如下：

```
player1.var = 'I am a Pythonister.'
print(player1.var)
```

可以添加、删除、修改类的属性，程序示例如下：

```
p1 = player1.Person('Waleon',18)
```

```
p1.age = 19   #第一次为添加 age 属性
P1.age = 20   #修改 age 属性
del p1.age   #删除 age 属性
```

类的应用程序“test20. py”如下：

```
import player1

# 调用变量
player1.var = 'i am a Pythonister.'
print(player1.var)

# 调用函数
player1.print_str("Hello World")

# 调用类
p1 = player1.person('Waleon',18)
p1.age = 19   #第一次为添加 age 属性
p1.print_msg()
```

将“test20. py”和“player1. py”一起放在同一个文件夹“a010”内，运行“test20. py”，就可以看到类 player1 的使用效果。

可以使用以下函数的方式来访问属性。

1）getattr（obj，name [，default]）：访问对象的属性。

2）hasattr（obj，name）：检查是否存在一个属性。

3）setattr（obj，name，value）：设置一个属性。如果属性不存在，会创建一个新属性。

4）delattr（obj，name）：删除属性。

（6）Python 内置类属性。

1）_ dict_ ：类的属性（包含一个字典，由类的数据属性组成）。

2）_ doc_ ：类的文档字符串。

3）_ name_ ：类名。

4）_ module_ ：类定义所在的模块（类的全名是_ main_ . className，如果类位于一个导入模块 mymod 中，那么 className. _ module_ 等于 mymod）。

5）_ bases_ ：类的所有父类构成元素（包含了一个由所有父类组成的元组）。

应用实例如下：

```
print("Teacher.__name__",Teacher.__name__)
```

（7）类的继承。面向对象的编程带来的主要好处之一是代码的重用，实现这种重用的方法之一是通过继承机制。通过继承创建的新类称为子类或派生类，被继承的类称为基类、父类或超类。

1）继承语法如下：

```
Class 派生类名(基类名)
    ...
```

在 Python 中继承的特点如下。

(1) 如果在子类中需要父类的构造方法就需要显式的调用父类的构造方法，或者不重写父类的构造方法。

(2) 在调用基类的方法时，需要加上基类的类名前缀，且需要带上 self 参数变量。区别在于类中调用普通函数时并不需要带上 self 参数

(3) Python 总是首先查找对应类型的方法，如果它不能在派生类中找到对应的方法，它才开始到基类中逐个查找。

2）多重继承。如果在继承元组中列了一个以上的类，那么它就被称作“多重继承”，派生类的声明与它们的父类类似，继承的基类列表跟在类名之后。语法如下：

```
class SubClassName(ParentClass1[,ParentClass2,...]):
...
```

子类应用：

```
class Parent:          #定义父类
   parentAttr = 100
   def __init__(self):
      print "调用父类构造函数"

   def parentMethod(self):
      print '调用父类方法'

   def setAttr(self,attr):
      Parent.parentAttr = attr

   def getAttr(self):
      print "父类属性 :",Parent.ParentAttr

class Child(Parent): #定义子类
   def __init__(self):
      print "调用子类构造方法"

   def childMethod(self):
      print '调用子类方法'

c = Child()            #实例化子类
c.childMethod()         #调用子类的方法
c.parentMethod()        #调用父类方法
c.setAttr(200)          #再次调用父类的方法 - 设置属性值
c.getAttr()             #再次调用父类的方法 - 获取属性值
```

继承多个类应用的语法如下：

```
class a:        #定义类 a
...

class b:        #定义类 b
...
```

```
class c(a,b):   #继承类 a 和 b
...
```

在多重继承中，公共父类 A 的初始化方法被调用了多次，这显然不合理，使用 super 方法可以解决这个问题，程序如下：

```
class A(object):          #定义类 A
    def __ini__(self)
class B(A):          #定义类 B
    def __ini__(self)
    super(B,self).__ini__(self)

class C(A,B):   #继承类 A 和 B
    def __ini__(self)
    super(D,self).__ini__(self)
c = C()
```

技能训练

一、训练目标

（1）学会使用 shell 交互式调试器。

（2）学会调试 Thonny 语言程序。

二、训练步骤与内容

1. 切换到 Thonny 的 shell 交互式开发环境

（1）启动 Thonny 开发程序。

（2）单击右下角的 MicroPython（ESP32），在弹出的菜单中选择执行“Thonny 解释器（默认）”菜单命令，就切换到 Thonny 交互式编程客户端 shell（交互式调试器）。

2. 输入 Thonny 程序

（1）在 E32 的 P2 文件夹内，新建一个文件夹 A。

（2）选择“文件”→“新文件”，新建一个文件。

（3）在文件编辑区输入“test1. py”的程序代码。

（4）将新文件另存为“test1. py”。

3. 调试 Thonny 程序

（1）单击工具栏的运行按钮，执行“test1. py”脚本程序。

（2）观察 shell 交互式调试器窗口的输出结果。

（3）如果有错误，修改错误；再重新运行程序，并观察输出结果。

4. 直接输入、运行 Thonny 指令语句

（1）输入变量赋值语句 x=3，按键盘“Enter”（回车）键。

（2）输入 print（x），按键盘“Enter”（回车）键，观察 shell 输出窗口显示。

（3）输入变量赋值语句 y=2，按键盘“Enter”（回车）键。

（4）输入 print（x+y），按键盘“Enter”（回车）键，观察 shell 输出窗口显示。

5. 列表测试程序调试

（1）输入列表测试程序“test3. py”。

（2）单击工具栏的运行按钮，执行“test3. py”脚本程序。

（3）观察 shell 交互式调试器窗口的列表显示结果。

6. while 循环程序测试

（1）输入 while 循环测试程序“test6. py”。

（2）单击工具栏的运行按钮，执行“test6. py”脚本程序。

（3）观察 shell 交互式调试器窗口的循环程序显示结果。

7. 减法函数循环程序测试

（1）定义一个减法函数，完成 sub=x-y。

（2）调用减法函数，完成 sub=7-3 的操作，并打印输出结果。

（3）将程序另存为“test104. py”。

（4）单击工具栏的运行按钮，执行“test104. py”程序。

（5）观察 shell 交互式调试器窗口的“test104. py”程序输出结果。

（6）将函数参数 y 修改为 y=2，默认参数函数为 sub（x，y=2），计算 sub（T），程序另存为“test105. py”，运行程序，并观察输出结果。

8. 模块程序测试

（1）定义一个新模块“mymodule. py”，在模块内构建一个新的打印函数，使打印输出加上个人标识。

（2）编写测试模块引入的程序“test11. py”。

（3）将新模块程序和测试模块引入的程序“test11. py”放置到同一个文件夹 a011 内。

（4）单击工具栏的运行按钮，执行“test11. py”程序。

（5）观察 shell 交互式调试器窗口的程序显示结果。

（6）编写测试直接引入模块函数的程序“test12. py”。

（7）单击工具栏的运行按钮，执行“test12. py”程序，观察 shell 交互式调试器窗口的程序显示结果。

9. 映射 map 函数序程序测试

（1）输入映射 map 函数序程序“test17. py”。

（2）单击工具栏的运行按钮，执行“test17. py”程序。

（3）观察 shell 交互式调试器窗口的映射 map 函数程序运行结果。

习题2

1. 如何定义一个乘法函数并输出计算 M=6＊7 的结果？
2. 如何使用列表生成器产生新的列表？
3. 如何定义、使用模块？
4. 如何定义类？如何使用类进行面向对象的编程？

项目三 学习MicroPython编程技术

学习目标

(1) 学会控制 LED 灯闪烁。
(2) 学会使用 MicroPython 控制函数。
(3) 学会用 MicroPython 控制流水灯。
(4) 学会 PWM 模拟输出控制。
(5) 学会 ADC 模拟输入控制。

任务4 控制 LED 灯闪烁

基础知识

一、MicroPython 系统

1. MicroPython 系统架构

一个典型的 MicroPython 系统架构如图 3-1 所示，它由智能控制器硬件、MicroPython 控制固件和用户控制程序 3 部分组成。智能控制硬件和 MicroPython 控制固件是最基本的部分，是相对不变的，而用户控制程序是依控制要求而随时变更的。可以存储多个用户程序在系统中，随时调用和切换，这也是使用 MicroPython 的一个重要特点。

用户控制程序
MicroPython控制固件
智能控制硬件

图 3-1 MicroPython 系统架构

没有下载任何程序的智能硬件就像没有系统操作软件的计算机，只是个硬件机体。智能硬件只有安装了 MicroPython 控制固件后才能实现其他功能。MicroPython 的功能就像一个嵌入式操作系统，用户不可修改，只有安装了 MicroPython 控制固件，才能运行其他的用户程序，实现用户的控制功能。

2. 安装驱动

智能硬件通常都带有一个原生的 USB 驱动，通过 USB 接口与计算机的 USB 接口连接，因此需要安装与智能硬件板 USB 驱动程序一致的驱动软件。

根据智能硬件的 USB 驱动的不同可以安装 CP2102 或 CH340 的 USB 驱动，我们使用的 ESP32 开发板需要安装 CH340 的 USB 驱动。

安装好 USB 驱动的接口（本机是 COM3）在计算机硬件管理中可以看到，查看智能硬件连接的串口如图 3-2 所示。

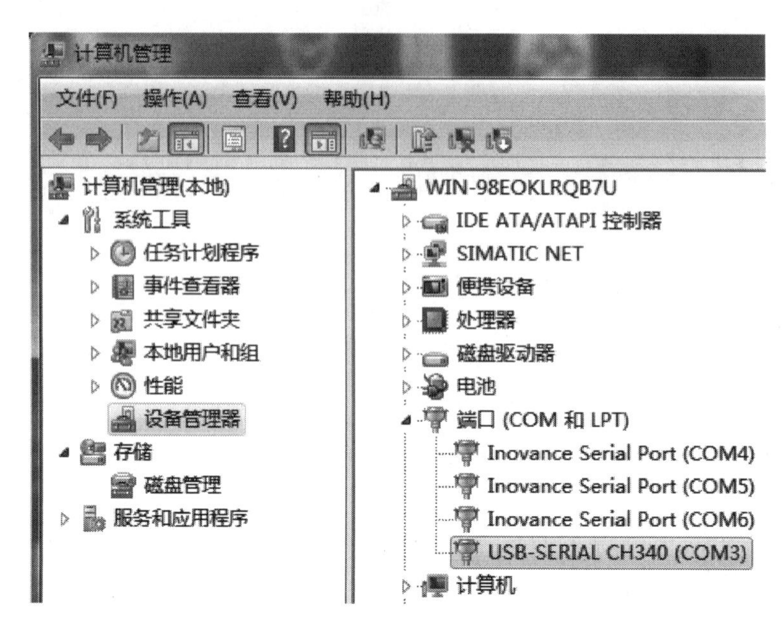

图 3-2 查看智能硬件连接的串口

3. 常用终端软件

在 MicroPython 上需要使用串口终端软件与 MicroPython 中的 REPL 交互式调试器进行交互，通过串口终端软件，可以在 REPL 中输入代码和调试指令，运行和调试程序，打印输出结果。

注意不要使用 Window 下的串口调试助手、串口精灵之类的软件，因为它们只适合一般的串口调试，发送数据，但不便输入指令、不支持复制粘贴功能，不能与 REPL 进行交互操作。

在 Window 系统中，常用的串口终端软件有 putty、kitty、SecureCRT 和 MobaXtem 等。

4. 常用控制硬件

MicroPython 可以在多种嵌入式硬件平台上运行，目前已经有 STM32、ESP8266、ESP32 CC3200 等，与它们相配套的智能硬件开发板也有很多。在使用时，注意安装与智能硬件相一致的 MicroPython 固件即可。

二、MicroPython 控制程序

1. MicroPython 控制程序结构

MicroPython 用户控制程序主要包括程序初始化部分与主程序部分两部分，用户控制程序结构如图 3-3 所示。

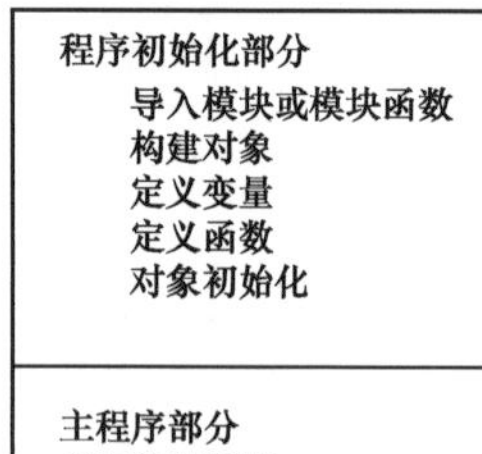

图 3-3 用户控制程序结构

（1）初始化部分主要包括模块导入或模块函数导入程序、构建对象程序、定义变量和函数程序、对象初始化程序等。

（2）主程序部分包括循环控制、调用函数、对象控制与计算处理，输出驱动程序等。

2. GPIO 引脚类 Pin

（1）Pin 类——控制 I/O 引脚。

1）Pin 引脚对象用于控制 I/O 引脚（也称为 GPIO，即通用输入/输出）。Pin 对象通常与一个可驱动输出电压和读取输入电压的引脚相关联。引脚类有设置引脚模式（IN、OUT 等）的方法，以及设置数字逻辑的方法。

2）Pin 引脚对象通过使用明确指定某个 I/O 引脚的标识符来构建。每一个标识符都对应到一个引脚，标识符可能是整数、字符串或者一个带有端口和引脚号的元组。

（2）构造函数。Pin 构造函数格式如下：

```
Class machine.Pin(id,mode=-1,pull=-1,\*,value,drive,alt)
```

该函数用于访问与给定 id 相关联的外围引脚（GPIO 引脚）。若在构造函数中给出了额外参数，则该参数用于初始化引脚。任何未指定设置都将保留其先前状态。Pin 构造函数的参数如下：

1）id 是强制性的，可为一个任意对象。可能的值类型为：int（内部引脚标识符）、str（引脚名称）、元组（一对［端口，引脚］）。

2）mode 指定引脚模式。

a. Pin.IN：引脚配置为输入。若将之视为输出，则引脚会处于高阻抗状态。

b. Pin.OUT：引脚配置为（常规）输出。

c. Pin.OPEN_ DRAIN：引脚配置为开漏输出。开漏输出按照以下方式工作：若输出值设置为 0，则引脚处于低电平状态；若输出值设置为 1，则引脚处于高阻抗状态。并非所有端口都实现这一模式，某些端口仅在特定引脚实现。

d. Pin.ALT：引脚设置为执行另一特定于端口的函数。由于引脚以此种方式配置，其他引脚方法（除 Pin.init（）外）都不适用（调用这些方法将导致未定义的、特定于硬件的结果）。并非所有端口都实现这一模式。

e. Pin.ALT_ OPEN_ DRAIN 与 Pin.ALT 相同，但是该引脚配置为开漏。并非所有引脚都实现该模式。

3）pull 指定，若引脚与一个（弱）电阻相连。

a. None：无上拉或下拉电阻。

b. Pin.PULL_ UP：启用上拉电阻。

c. Pin.PULL_ DOWN：启用下拉电阻。

4）value 只对 Pin.OUT 和 Pin.OPEN_ DRAIN 模式有效，且在给定情况下指定初始输出引脚值，否则该外围引脚状态仍未改变。

5）drive 指定引脚的输出功率。有 Pin.LOW_ POWER，Pin.MED_ POWER 和 Pin.HIGH_ POWER。当前的实际驱动能力取决于端口，并非所有端口都可实现该参数。

6）alt 为引脚指定一个替代函数，其可取的值取决于端口。该参数仅对 Pin.ALT 和 Pin.ALT_ OPEN_ DRAIN 模式有效。该参数可能用于引脚支持多个备用函数时，若引脚仅支持一个备用函数，则不需要该参数，并非所有端口都实现该参数。引脚类允许为特定引脚设置一个备用函数，但并未在引脚上指定任何进一步的操作。在备用函数模式下配置的引脚通常不用作 GPIO，而是由其他外围硬件驱动。这一注脚唯一支持的操作是通过调用构造函数 Pin.init（）方法重新初始化。若在备用函数模式下配置的引脚使 Pin.IN、Pin.OUT、Pin.OPEN_ DRAIN 重新初始化，该备用函数将会从引脚中删除。

（3）引脚 Pin 模块使用。

1）引脚重新初始化。程序如下：

```
Pin.init(mode=-1,pull=-1,\*,value,drive,alt)
```

使用给定参数将引脚重新初始化。只有指定参数将被设置。其余的外围引脚状态将保持不变。

2）设置并获取引脚电平。程序如下：

```
Pin.value([X])#设置并获取引脚值。
```

若参数被删除，则该方法获取引脚的数字逻辑电平，分别返回0或1对应的低电压信号和高电压信号。

3）获取或设置引脚模式。程序如下：

```
Pin.mode([mode])
```

4）获取或设置引脚的上拉状态。程序如下：

```
Pin.pull([pull])
```

5）获取或设置引脚的驱动强度。程序如下：

```
Pin.drive([drive])
```

（4）Pin模块应用实例。程序如下：

```
#导入 Pin 模块
from machine import Pin
# 在引脚 GPIO22 上创建一个输出引脚
P22 = Pin(22,Pin.OUT)
# 设置引脚 22 值为低,然后设置为高
P22.value(0)
P22.value(1)
```

3. LED控制程序

（1）导入模块语句。

1）导入Pin模块语句如下：

```
from machine import Pin   #导入 Pin 模块
```

2）导入定时器模块语句如下：

```
import time              #导入 time 模块
```

（2）导入延时控制函数语句如下：

```
from utime import sleep_ms #导入延时函数
```

（3）构建对象语句如下：

```
Led22 = Pin(22,Pin.OUT)  #构建 Led22 对象
```

（4）使用控制对象方法。

控制对象输出低电平语句如下：

```
Led22.value(0)          #Led22 输出低电平
Led22.off()            #Led22 输出低电平
```

控制对象输出高电平语句如下：

```
Led22.value(1)          #Led22 输出高电平
Led22.on()            #Led22 输出高电平
```

（5）LED控制程序“main.py”如下：

```
from machine import Pin   #导入 Pin 模块
import time              #导入 time 模块

Led22 = Pin(22,Pin.OUT)  #构建 Led22 对象

while True:                #while 循环控制
    Led22.value(0)         #Led22 输出低电平
    time.sleep_ms(1000)     #使用定时模块的延时方法,延时 1000ms
```

```
    Led22.value(1)          #Led22 输出高电平
    time.sleep_ms(1000)      #使用定时模块的延时方法,延时 1000ms
```

（6）直接导入定时函数的 LED 控制程序如下：

```
from machine import Pin # 导入 Pin 模块
from utime import sleep_ms #导入延时函数

Led22 = Pin(22,Pin.OUT)# 构建 led 对象,GPIO22 输出

while True:
    Led22.value(0)# Led22 输出低电平
    sleep_ms(1000)#直接使用延时控制函数,延时 1000ms
    Led22.value(1)#Led22 输出低电平
    sleep_ms(1000)#直接使用延时控制函数,延时 1000ms
```

注意：两种程序中延时语句的写法。

技能训练

一、训练目标

（1）了解 MicroPython 用户控制程序结构。

（2）学会设计 LED 控制程序。

（3）调试 LED 控制程序。

二、训练内容及步骤

1. 输入 LED 控制程序

（1）在 E32 文件内，新建一个文件夹 CLED。

（2）输入 LED 控制程序。

1）启动 Thonny 开发软件，进入 Thonny 开发界面。

2）选择“文件”→“新文件”，新建一个文件“untitled”。

3）选择“文件”→“另存为”，弹出另存为对话框，选择将文件保存在文件夹 CLED 内，将新文件另存为“main. py”。

4）在程序编辑区输入 LED 控制程序。

2. 程序调试

（1）选择“运行”→“运行当前脚本”，或者单击工具栏的运行按钮，“main. py”程序运行，优创 ESP32 开发板 GPIO22 引脚连接的 LED 指示灯闪烁。

（2）修改延时参数至 500ms，击工具栏运行按钮，“main. py”程序运行，观察优创 ESP32 开发板 GPIO22 引脚连接的 LED 指示灯的闪烁速度。

（3）单击工具栏停止按钮，停止程序运行。

（4）将程序上载到 MicroPython 设备。

（5）上载完成，在 MicroPython 设备的文件区，可见到“main. py”文件，还有“boot. py”文件。

（6）将程序从 MicroPython 设备下载到优创 ESP32 开发板后，可以按下优创 ESP32 开发板“RST”复位按钮，程序自动运行，优创 ESP32 开发板 GPIO22 引脚连接的 LED 指示灯闪烁。

任务5 学用 MicroPython 控制函数

基础知识

一、定时器模块

1. 导入定时器模块

导入定时器模块语句如下：

```
import time
```

2. 定时器模块的定时器使用

（1）延时函数。

1）秒延时函数如下：

```
time.sleep(n)
```

2）毫秒延时函数如下：

```
time.sleep_ms(n)
```

3）微秒延时函数如下：

```
time.sleep_us(n)
```

（2）获取时间函数。

1）获取毫秒计时器开始值语句如下：

```
start = time.ticks_ms()
```

2）计算从上电开始到当前时间的时间差值语句如下：

```
delta =time.ticks_diff(time.ticks_ms(),start)
```

二、按键防抖

1. 按键抖动

当我们在 ESP32 开发板的 GPIO 输入端与 GND 段连接一个按键，按下按键，GPIO 为低电平，松开按键，GPIO 为高电平。在按下与松开按键的过程中，按键输入电平随按键的抖动成锯齿状，按键电平值在 0 ~ 1 间抖动变化。

2. 按键防抖

按键防抖的方法是，当检测到按键值为 0 时，延时一段时间，5 ~ 10ms，再判读一次按键引脚值，如果仍然是 0，说明按键被按下。

使用 state 记录引脚状态，每次按下 state 状态翻转一次。按键防抖程序如下：

```
from machine import Pin         #导入 Pin 处理函数
from time import sleep_ms       #导入 sleep_ms 延时

Led22 = Pin(22,Pin.OUT)  #构建 Led22 对象
key = Pin(5,Pin.IN,Pin.PULL_UP)  #构建按键对象 key,输入,带上拉电阻
state = 1          #引脚状态初始值为 1

def keystate():
    if key.value() == 0 :
```

```
        sleep_ms(10)
        if key.value()==0 :
            state = not state   #状态翻转
            while not key.value():
                pass
#通过按键使 LED 状态变化:
while True:                     #while 循环控制
    keystate()              #检测更新按键状态
    Led22.value(state)    #Led22 按 state 状态更新
```

技能训练

一、训练目标

（1）学会设计通过按键控制 LED 程序。

（2）调试按键控制 LED 程序。

二、训练内容及步骤

1. 新建文件夹

在 E32 文件内新建一个文件夹 Ckey1。

2. 输入 LED 控制程序

（1）启动 Thonny 开发软件，进入 Thonny 开发界面。

（2）选择“文件”→“新文件”，新建一个文件“untitled”。

（3）选择“文件”→“另存为”，弹出另存为对话框，选择将文件保存在文件夹 Ckey1 内，将新文件另存为“main. py”。

（4）在程序编辑区输入按键控制 LED 程序。

3. 程序调试

（1）选择“运行”→“运行当前脚本”，或者单击工具栏的运行按钮，“main. py”程序运行。

（2）按下按键一次，观察优创 ESP32 开发板 GPIO22 引脚连接的 LED 指示灯的状态。

（3）再按下按键一次，观察优创 ESP32 开发板 GPIO22 引脚连接的 LED 指示灯的状态。

（4）单击工具栏的停止按钮，停止程序运行。

任务 6　控制 MicroPython 流水灯

基础知识

一、MicroPython 流水灯控制

1. MicroPython 流水灯控制电路

MicroPython 流水灯控制电路如图 3-4 所示。

3 只电阻 R1、R2、R3 分别与发光二极管 VD1、VD2、VD3 连接后，再分别连接到 ESP32 开发

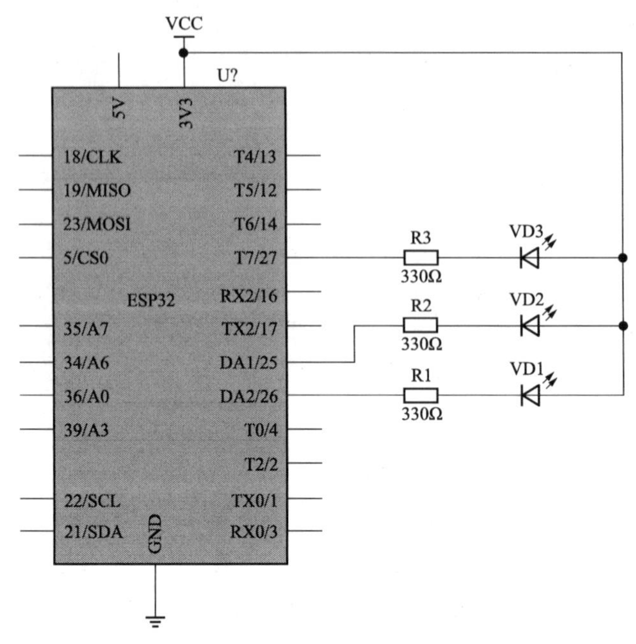

图 3-4 MicroPython 流水灯控制电路

板的 GPIO26、GPIO25、GPIO27，当相关引脚输出低电平时，点亮与之连接的发光二极管。

2. MicroPython 流水灯基本控制程序

流水灯基本控制程序如下：

```
from machine import Pin
import time
led26 = Pin(26,Pin.OUT)
led25 = Pin(25,Pin.OUT)
led27 = Pin(27,Pin.OUT)

while True:
    led26.value(0)
    time.sleep_ms(1000)
    led26.value(1)

    led25.value(0)
    time.sleep_ms(1000)
    led25.value(1)

    led27.value(0)
    time.sleep_ms(1000)
    led27.value(1)

    time.sleep_ms(2000)
```

通过 while 循环依序点亮发光二极管 VD1，熄灭发光二极管 VD1；点亮发光二极管 VD2，熄灭发光二极管 VD2，点亮发光二极管 VD3，熄灭发光二极管 VD3；延时 2s 后，重新开始循环。

二、使用循环语句的流水灯控制

1. 循环语句

循环语句 for…in…的基本语法如下：

```
for <变量> in <序列>
    <语句块>
else:
    <语句块>
```

使用 for 循环计算 1 ~5 累计和的程序示例如下：

```
Sum = 0
Var = [1,2,3,4,5]
for n in Var:
    Sum = Sum + n
print(Sum)
```

在 for 语句循环中，in 后面可以使用 range（1，n）函数，表示序列从 1 开始，至 n−1，不包括 n。

2. 流水灯循环控制程序

使用列表与 for 循环的流水灯循环控制程序如下：

```
from machine import Pin
import time
led = [Pin(26,Pin.OUT),Pin(25,Pin.OUT),Pin(27,Pin.OUT)]

while True:
    for n in range(0,3):
        led[n].value(0)
        time.sleep_ms(1000)
        led[n].value(1)

time.sleep_ms(2000)
```

这个程序与之前的流水灯基本控制程序相比简洁多了，尤其是随着控制流水灯的数量的增加，只要修改列表和 range 的循环尾数即可。

技能训练

一、训练目标

（1）学会设计循环控制程序。

（2）学会通过循环语句控制 LED 流水灯。

（3）调试流水灯控制程序。

二、训练内容及步骤

1. 新建文件夹

在 E32 文件内新建一个文件夹 Cflow1。

2. 输入 LED 流水灯控制程序

（1）启动 Thonny 开发软件，进入 Thonny 开发界面。

（2）选择“文件”→“新文件”，新建一个文件“untitled”。

（3）选择“文件”→“另存为”，弹出另存为对话框，选择将文件保存在文件夹 Cflow1 内，将新文件另存为“main. py”。

（4）在程序编辑区输入使用列表与 for 循环的流水灯循环控制程序。

3. 程序调试

（1）按图 3-4 连接流水灯控制电路。

（2）选择“运行”→“运行当前脚本”，或者单击工具栏的运行按钮，文件夹 Cflow1 内的“main. py”程序运行。

（3）观察优创 ESP32 开发板 GPIO 引脚连接的 LED 指示灯的状态变化。

（4）单击工具栏的停止按钮，停止程序运行。

（5）再增加一只 LED 发光二极管，连接到 ESP32 的其他 GPIO，重新修改控制程序，体会 for 循环控制应用的便利性，测试程序运行效果。

任务 7　PWM 模拟输出控制

基础知识

一、PWM 输出

1. PWM

脉冲宽度调制（Pulse Width Modulation，PWM）是一种模拟输出控制方式，通过输出不同频率、占空比（一个周期内高电平输出时间占总时间的比例）的方波，以实现间接平均电压的输出。

在一般的电子电路中，PWM 根据相应负载的变化来调制晶体管基极或 MOS 管栅极的偏置，来实现晶体管或 MOS 管导通时间的改变，从而实现开关稳压电源输出的改变。这种方式能使电源的输出电压在工作条件变化时保持恒定，是利用微处理器的数字信号对模拟电路进行控制的一种非常有效的技术。脉冲宽度调制广泛应用在从测量、通信到功率控制与变换的许多领域中。

2. 智能硬件的 PWM 输出

ESP32 开发板具有 2 路 PWM 输出，引脚为 GPIO25、GPIO26。下面是 MicroPython 的 PWM 控制。

（1）构造函数如下：

```
pwm1 = PWM(Pin(id),freq,duty)
```

其中，引脚的索引 id 可以是 GPIO25、GPIO26；输出频率 freq 为引脚输出频率值；输出占空比 duty 为引脚输出脉冲的占空比。

（2）设置输出频率函数语句如下：

```
pwm1.freq(freq)    #输出频率在 0 ~1000 之间设置
```

（3）设置输出占空比函数语句如下：

```
pwm1.duty(duty)   #输出占空比在 0 ~1023 之间设置
```

（4）关闭 PWM 函数语句如下：

```
pwm1.deinit()
```

二、PWM 输出控制 LED

1. 设计输出频率固定的自定义函数

输出频率固定的自定义函数如下：

```
def set_led(n):
    pwm26 = PWM(Pin(26),freq=1000,duty=n)
    time.sleep_ms(10)
```

2. 设计 PWM 输出控制程序

发光二极管 LED 正极连接到 GPIO26 引脚，LED 负极通过 330Ω 的电阻接地。

PWM 输出控制程序如下：

```
from machine import Pin,PWM
import time

def set_led(n):
    pwm26 = PWM(Pin(26),freq=1000,duty=n)#构造 PWM 控制对象
    time.sleep_ms(10)

while  True:
    for n in range(1,101):
        m = 10* n  #duty 逐渐增大,LED 逐渐亮
        set_led(m)

    for i in range(1,101):
        j =1000-10* i   #duty 逐渐减小,LED 逐渐变暗
        set_led(j)
time.sleep_ms(1000)  #延时 1s
```

首先，导入 Pin 和 PWM 模块，引入定时器模块。设计 PWM 控制函数 set_ led ( )。

通过 while 循环控制 2 个 for 内置循环。第一个 for 内置循环，控制 duty 占空比逐渐增大，通过 PWM 控制函数 set_ led ( ) 使输出电压逐渐提高，LED 亮度逐渐增加；第二个 for 内置循环，控制 duty 占空比逐渐减小，通过 PWM 控制函数 set_ led ( ) 使输出电压逐渐降低，LED 亮度逐渐减少。

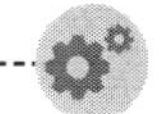

技能训练

一、训练目标

(1) 了解 PWM 输出控制原理。

(2) 学会设计 PWM 控制 LED 程序。

(3) 调试 PWM 控制 LED 程序。

二、训练内容及步骤

1. 新建文件夹

在 E32 文件内新建一个文件夹 Cpwm1。

2. 输入 PWM 输出控制程序

(1) 启动 Thonny 开发软件，进入 Thonny 开发界面。

(2) 选择“文件”→“新文件”，新建一个文件“untitled”。

(3) 选择“文件”→“另存为”，弹出另存为对话框，选择将文件保存在文件夹 Cpwm1

内，将新文件另存为“main. py”。

（4）在程序编辑区输入 PWM 输出控制程序。

3. 程序调试

（1）发光二极管 LED 正极连接到 ESP 开发板的 GPIO26 引脚，LED 负极通过 330Ω 的电阻接地。

（2）单击“运行”→“运行当前脚本”，或者单击工具栏的运行按钮，文件夹 Cpwm 内“main. py”程序运行。

（3）观察优创 ESP32 开发板 GPIO26 引脚连接的 LED 指示灯的状态变化。

（4）单击工具栏的停止按钮，停止程序运行。

任务 8 ADC 模拟输入控制

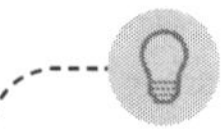

基础知识

一、ADC 模拟输入

1. ADC 模数转换

ADC（Analog-to-Digital Converter，模拟转数字），通常表示将模拟信号转换为数字信号，有时也表示模拟/数字转换器（模/数转换器），即将连续变量的模拟信号转换为离散的数字信号的器件。

2. ADC 控制函数

（1）构造函数如下：

```
adc1 = ADC(Pin(id))#id 可设置为 32 ~ 39
```

（2）读取 ADC 值如下：

```
adc1.read()  #获取 ADC 转换数值。测量精度为 12 位,返回值为 0 ~ 4095(对应电压值为 0 ~ 1V)
```

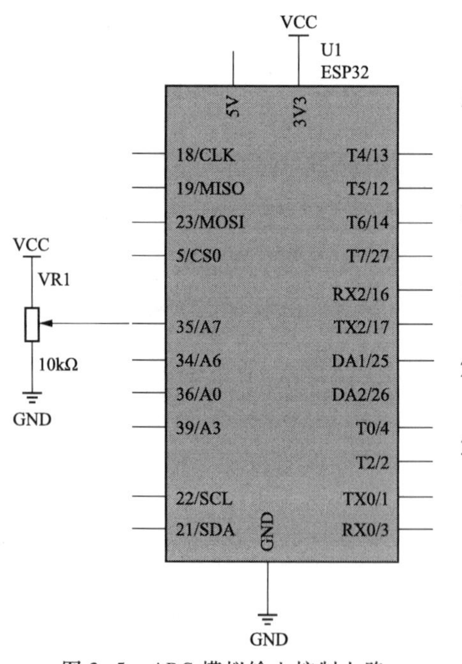

图 3-5 ADC 模拟输入控制电路

（3）配置衰减值如下：

```
adc1.atten(attenuation)#配置衰减值,配置衰减后,可以使测量电压的范围增加
```

衰减值设置如下。

ADC. ATTN_ 0DB：0dB 衰减，最大输入电压 1V，这是设置的默认值。

ADC. ATTN_ 2_ 5DB：2.5dB 衰减，最大输入电压 1.34V。

ADC. ATTN_ 6DB：6dB 衰减，最大输入电压 2V。

ADC. ATTN_ 11DB：11dB 衰减，最大输入电压 3.3V。

二、ADC 模拟输入控制

1. ADC 模拟输入控制电路

ADC 模拟输入控制电路如图 3-5 所示。

2. ADC 模拟输入电压测试程序

ADC 模拟输入电压测试程序如下：

```
from machine import Pin,ADC
import time

adc = ADC(Pin(35))
adc.atten(ADC.ATTN_11DB)

while True:
    sum = adc.read()
    sum = sum* 3.3/4095
    time.sleep(3)
    print("Averagevol = ",sum)
```

该程序首先导入 Pin 模块、ADC 模块和定时器模块；然后设置 ADC 模拟输入电压端为 GPIO35 引脚端，构建 ADC 转换对象，设置 ADC 衰减为 11dB，输入最高检测电压为 3.3V。

在 while 循环检测中，读取 GPIO35 引脚 ADC 模拟输入电压，通过数学计算转换为实际电压值，延时 3s，打印模拟输入电压检测结果。

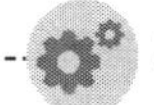

技能训练

一、训练目标

（1）了解 ADC 模数转换原理。

（2）学会设计 ADC 模拟输入电压检测程序。

（3）调试 ADC 模拟输入电压检测程序。

二、训练内容及步骤

1. 新建文件夹

在 E32 文件内新建一个文件夹 Cadc1。

2. 输入 ADC 模拟输入电压检测程序

（1）启动 Thonny 开发软件，进入 Thonny 开发界面。

（2）选择“文件”→“新文件”，新建一个文件“untitled”。

（3）选择“文件”→“另存为”，弹出另存为对话框，选择将文件保存在文件夹 Cadc1 内，将新文件另存为“main.py”。

（4）在程序编辑区输入 ADC 模拟输入电压检测程序。

3. 程序调试

（1）10kΩ 电位器中心抽头连接到优创 ESP32 开发板的 GPIO35 引脚，另两端分别连接 3.3V 电源端和 GND 端。

（2）选择“运行”→“运行当前脚本”，或者单击工具栏的运行按钮，文件夹 Cadc 内“main.py”程序运行。

（3）旋转电位器，观察 Shell 交互式调试窗口输出电压打印值的变化。

（4）单击工具栏的停止按钮，停止程序运行。

习题3

1. 简述 MicroPython 系统架构。

2. 简述 MicroPython 控制程序的基本结构。

3. 简述消除按键抖动的原理。

4. 如何使用两个按键控制 LED 的持续亮灭（按下连接在 GPIO4 的按键 S1，点亮 GPIO22 连接的指示 LED 灯，按下连接在 GPIO5 的按键 S2，熄灭 GPIO22 连接的 LED 指示灯）?

5. 设计 4 只 LED 流水灯的控制程序，使 4 只 LED 循环被点亮 1s。

6. 设计 3 只 LED 循环逐渐亮，逐渐灭的控制程序。

项目四 定时中断控制

学习目标

（1）学会使用实时时钟。

（2）学会控制中断。

任务9 实时时钟 RTC

基础知识

一、定时器

1. 定时器 Timer

MicroPython 的定时器类使用一个给定周期（或经过某些延迟后）定义执行回调的基线操作，并允许特定板来定义更多非标准行为。

2. 定时器使用

定时器构造函数如下：

```
class machine.Timer(id,...)
```

定时器构造函数创建一个具有给定 id 的新定时器对象，id 为-1，则构造一个虚拟定时器（如果支持的话）。

3. 初始化定时器

（1）定时器初始化函数如下：

```
Timer.init(\* ,mode=Timer.PERIODIC,period=-1,callback=None)
```

关键字参数如下。

1）定时器运行模式常量，mode 可以是其中之一。

2）Timer. ONE_ SHOT：定时器运行一次，直到通道的配置时间到期为止。

3）Timer. PERIODIC：定时器按通道的配置频率周期性地运行。

（2）定时器初始化实例如下：

```
tim.init(period=100)                          # 周期为 100ms
tim.init(mode=Timer.ONE_SHOT,period=1000)     #定时器运行一次,1000ms 后触发
```

（3）停止定时器语句如下：

```
Timer.deinit()  #停止定时器,并禁用定时器外设。
```

（4）定义回调函数（中断）语句如下：

```
Timer.callback(f)#f 为定时中断回调函数,可以设置周期性执行。
```

（5）禁用回调函数语句如下：

Timer.callback(None)#回调函数为None,禁止使用回调函数。

二、实时时钟

1. RTC

MicroPython 的 RTC 是一个独立的实时时钟，可自动跟踪日期和时间。

2. RTC 函数

(1) 构造函数语句如下:

```
rtc =machine.RTC()  #创建一个RTC实时时钟对象
```

(2) 设置或获取当前日期和时间函数语句如下:

```
rtc.datetime(2021,10,11,0,0,0,0,0)#设置年,月,日,星期,时,分,秒,微秒
```

(3) 初始化RTC语句如下:

```
RTC.init()
#参数为元组:(year,month,day[,hour[,minute[,second[,microsecond[,tzinfo]]]]])
```

年,月,日,星期,时,分,秒,微秒等

(4) 重新设置函数语句如下:

```
RTC.deinit()  #将RTC重置,并再次开始运行
```

(5) 设置RTC闹钟语句如下:

```
RTC.alarm(id,time,\* ,repeat=False)
```

时间可为一个将闹钟设定为当前时间+ time_ in_ ms 的毫秒值或一个日期时间元组。若该时间以毫秒传递，则重复可设置为True，以使闹钟具有周期性。

(6) 获取闹钟时间语句如下:

```
RTC.alarm_left(alarm_id=0)  #获取闹钟终止前所剩的毫秒数
```

(7) 取消闹钟语句如下:

```
RTC.cancel(alarm_id=0)#取消当前运行的闹钟
```

3. RTC 应用程序

读取RTC时间并打印输出的程序如下:

```
import machine
import time

week = ['Mon','Tues','Wed','Thur','Fri','Sat','Sun']
rtc = machine.RTC()
rtc.init((2021,10,11,0,13,43,0,0))


while True:
    s = rtc.datetime()
    s1 = str(s[0])+'-'+str(s[1])+'-'+str(s[2])+''+week[s[3]]+''
    s2 = str(s[4])+':'+ str(s[5])+':'+ str(s[6])
    s3 = s1 + s2
    print(s3)
    time.sleep_ms(1000)
```

初始化时间可以根据实验的时间实时设置。

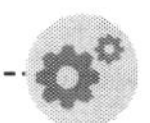

技能训练

一、训练目标

（1）了解 RTC 实时时钟。
（2）学会设计 RTC 实时时钟程序。
（3）调试 RTC 实时时钟程序。

二、训练内容及步骤

1. 新建文件夹

在 E32 文件内新建一个文件夹 Dtime。

2. 输入 RTC 实时时钟程序

（1）启动 Thonny 开发软件，进入 Thonny 开发界面。

（2）选择“文件”→“新文件”，新建一个文件“untitled”。

（3）选择“文件”→“另存为”，弹出另存为对话框，选择将文件保存在文件夹 Dtime1 内，将新文件另存为“main. py”。

（4）在程序编辑区输入 RTC 实时时钟程序。

3. 程序调试

（1）单击“运行”→“运行当前脚本”，或者单击工具栏的运行按钮，文件夹 Dtime1 内“main. py”程序运行。

（2）观察 sell 交互式调试窗口实时时钟数据的显示变化。

（3）单击工具栏的停止按钮，停止程序运行。

任务10　中断及其应用

基础知识

一、中断基础

1. 中断

对于智能硬件来讲，在程序的执行过程中，由于某种外界的原因，必须终止当前行的程序而去执行相应的处理程序，待处理结束后再回来继续执行被终止的程序，这个过程叫中断。对于智能硬件来说，突发的事情实在太多了。如用户通过按键输入数据，这对智能硬件本身来说是无法估计的事情，这些外部来的突发信号一般就由智能硬件的外部中断来处理。外部中断其实就是由于引脚的状态改变而引起的中断。中断流程如图 4-1 所示。

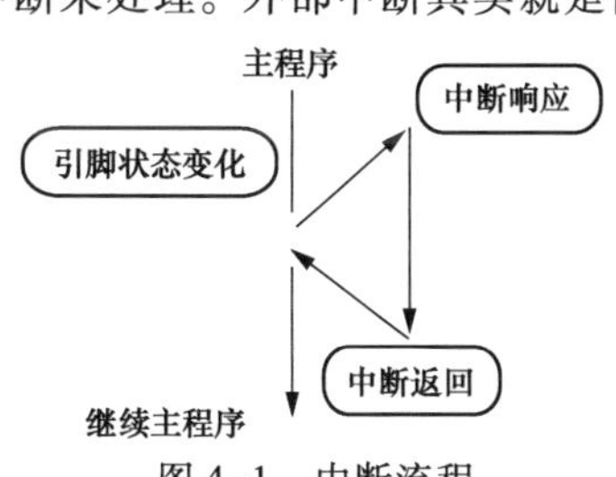

图 4-1　中断流程

2. 采用中断的优点

（1）实时控制。利用中断技术，各服务对象和功能模块可以根据需要，随时向 CPU 发出中断申请，并使 CPU 为其工作，以满足实时处理和控制需要。

（2）分时操作。中断技术可以提高 CPU 的效率，只有当服务对象或功能部件向智能硬件发出中断请求时，智能硬件才会转去为它服务。这样，利用中断功能，多个服务对象和部件就可以同时工作，提高了 CPU 的效率。

(3) 故障处理。智能硬件系统在运行过程中突然发生硬件故障、运算错误及程序故障等情况时，可以通过中断系统及时向 CPU 发出请求中断，进而 CPU 转到响应的故障处理程序进行处理。

二、智能硬件中断控制

1. ESP32 的中断

(1) GPIO 中断语句如下：

```
Pin.irq(handler=None,trigger=(Pin.IRQ_FALLING | Pin.IRQ_RISING),\* ,priority=
1,wake=None,hard=False)
```

函数 Pin.irq ( ) 是引脚 Pin 配置中断处理程序，当引脚的触发器源处于激活状态时，调用该程序。若引脚模式为 Pin.IN，则触发器源为引脚上的外部值；若引脚模式为 Pin.OUT，则触发器源为引脚上的输出缓冲区。若引脚模式为 Pin.OPEN_ DRAIN，状态为“0”时，触发器源为输出缓冲区；状态为“1”时，触发器源为外部引脚值。

函数 Pin.irq ( ) 的参数说明如下：

1) handler 是中断触发时所调用的可选函数。

2) trigger 配置可产生中断的事件。可能值为：①Pin.IRQ_ FALLING，下降沿上的中断；②Pin.IRQ_ RISING，上升沿上的中断；③Pin.IRQ_ LOW_ LEVEL，低电平上的中断；④Pin.IRQ_ HIGH_ LEVEL，高电平上的中断。这些值可在多个事件中同是进行“或”运算。

3) priority 设置中断的优先级。可取的值是特定于端口的，但是高数值通常代表高优先级。

4) wake 选择电源模式，在该模式下中断可唤醒系统。可以是 machine.IDLE，machine.SLEEP 或 machine.DEEPSLEEP。这些值可同时进行“或”运算，以使引脚在多种电源模式下生成中断。

5) hard 如果为 True，则使用硬件中断。这减少了引脚更换和调用处理程序之间的延迟。硬中断处理程序可能不会分配内存。

在适当硬件上，MicroPython 提供了使用 Python 编写中断处理程序的功能。中断处理程序又称中断服务程序（ISR），定义为回调函数。

(2) 定时中断。由实时时钟触发的中断，称为实时时钟中断。创建实时时钟 RTC 中断对象的语句如下：

```
RTC.irq(\* ,trigger,handler=None,wake=machine.IDLE)
```

参数说明如下：

1) trigger 须为 RTC.ALARM0，中断 irq 的触发源常量。

2) handler 触发回调时调用的函数。

3) wake 指定睡眠模式，从该模式下中断可唤醒系统。

(3) 中断相关函数。

1) 禁用中断请求函数如下：

```
machine.disable_irq()
```

该函数禁用中断请求，返回先前的 IRQ 状态。False/True 分别对应禁用/启用 IRQ。这个返回值可被传递，以使 irq 将 IRQ 恢复到初始状态。

2) 启用中断请求函数如下：

```
machine.enable_irq(state)
```

该函数启用中断请求。若 state 为 True（默认值），则启用 IRQ；若 state 为 False，则禁用 IRQ。该函数最常见用途为使 disable_ irq 返回的值退出关闭状态。

2. ESP32 的中断控制

（1）外部输入中断控制程序如下：

```
from machine import Pin  #导入 Pin 处理函数
import time              #导入 time

led22 = Pin(22,Pin.OUT)   #构建 Led22 对象
key5 = Pin(5,Pin.IN,Pin.PULL_UP)  #设置 key5 为输入带上拉
state = 0  #引脚 key5 初始状态

# 设计中断回调函数
def func(key):
    global state
    if key5.value() == 0:
        time.sleep_ms(10) #防抖处理
        if key5.value() == 0:
            state = not state
            led22.value(state)
            while not key5.value():
                pass

key5.irq(func,Pin.IRQ_FALLING)  #定义外部中断,下降沿触发
```

外部中断程序，首先导入引脚 Pin 模块，创建 Led22 对象和 key5 对象，定义变量 state，然后设计中断回调函数，在其中完成 key5 下降沿检测，并修改 state 状态值，根据 state 确定输出 Led22 状态。最后，给出外部中断定义，定义外部中断为下降沿触发。

程序执行时会不断监控外部中断是否发生，一旦发生就调用中断回调函数，改变 state 状态值，并修改 Led22 输出状态。

（2）实时时钟中断控制程序如下：

```
from machine import Pin,Timer

led=Pin(22,Pin.OUT)
num = 0
state = 0

def fun(tim):
    global num
    global state
    if num < 10 :
        num = num + 1
        print(num)
        if num == 10:
            num = 0
            state = not state
```

```
        led.value(state)
        pass

tim = Timer(-1)#开启 RTOS 定时器,编号为-1
tim.init(period=100,mode=Timer.PERIODIC,callback=fun)#周期为 100ms
```

首先导入 Pin 和 Timer 模块，创建一个 Led22 对象，然后定义变量 num 和 state，定义实时中断回调函数，开启 RTC 实时定时器，调用实时中断初始化函数。

在实时中断函数中，定义全句变量 num 和 state，当 num 小于 10 时，每执行一次回调函数 func，num 加 1，当 num 加到 10 时，重新赋值 num 为 0，同时 state 取反一次，用 state 值输出驱动 Led22，使 Led22 交替闪烁。

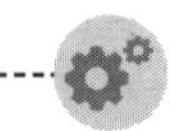

技能训练

一、训练目标

（1）了解中断控制原理。

（2）学会设计外部中断控制程序。

（3）学会设计实时时钟中断控制程序。

（4）调试学会调试中断程序。

二、训练内容及步骤

1. 新建文件夹

在 E32 文件内新建一个文件夹 Dkey1 和 Dt1。

2. 输入外部中断控制程序

（1）启动 Thonny 开发软件，进入 Thonny 开发界面。

（2）选择“文件”→“新文件”，新建一个文件“untitled”。

（3）选择“文件”→“另存为”，弹出另存为对话框，选择将文件保存在文件夹 Dkey1 内，将新文件另存为“main. py”。

（4）在程序编辑区输入外部中断控制程序。

3. 外部中断控制程序调试

（1）在优创 ESP32 开发板的 GPIO5 端连接一个按钮开关，上部连接一只电阻，并连接到电源 3. 3V 端。按钮开关的另一端接 GND 地端。

（2）选择“运行”→“运行当前脚本”，或者单击工具栏的运行按钮，文件夹 Dkey1 内“main. py”程序运行。

（3）观察优创 ESP32 开发板 GPIO22 端连接的 LED 指示灯的显示变化。

（4）单击工具栏的停止按钮，停止程序运行。

4. 输入实时时钟中断控制程序

（1）启动 Thonny 开发软件，进入 Thonny 开发界面。

（2）选择“文件”→“新文件”，新建一个文件“untitled”。

（3）选择“文件”→“另存为”，弹出另存为对话框，选择将文件保存在文件夹 DT1 内，将新文件另存为“main. py”。

（4）在程序编辑区输入实时时钟中断控制程序。

5. 实时时钟中断控制程序调试

（1）选择“运行”→“运行当前脚本”，或者单击工具栏的运行按钮，文件夹 DT1 内“main. py”程序运行。

（2）观察优创 ESP32 开发板 GPIO22 端连接的 LED 指示灯的显示变化。

（3）单击工具栏的停止按钮，停止程序运行。

（4）修改实时时钟中断初始化定义函数，设置周期为 1000ms，并修改实时时钟中断回调函数，使 GPIO22 端连接的 LED 指示灯的交替闪烁。

（5）调试程序，观察运行结果。

习题4

1. 比较 Timer 定时器模块与 utime 模块功能的差异？

2. 设计程序，使用 utime 获取当前日期、时间等，并打印输出到 Shell。

3. 设计外部中断控制程序，当 GPIO5 外部连接的按钮开关动作时，GPIO22 的 LED 点亮；当 GPIO4 外部连接的按钮开关动作时，GPIO22 的 LED 熄灭。

4. 设计程序，使用定时器 Timer，定时控制两只 LED 以不同的定时时间闪烁。

5. 设计实时时钟中断控制程序，通过它控制主程序的循环运行。

项目五 学用Arduino进行开发

学习目标

(1) 学会创建 Arduino 开发平台。

(2) 学用 Arduino 开发工具。

任务11 创建智能硬件 Arduino 开发环境

基础知识

一、创建智能硬件 Arduino 开发环境

1. 安装 Arduino IDE 开发环境

Arduino 开发软件可以从 Arduino 官网免费下载使用。

Arduino 开发软件可以直接安装，也可以下载安装用的压缩文件，经解压后安装。

Arduino 开发软件安装完毕，会在桌面产生一个快捷启动图标。

双击 Arduino 软件快捷启动图标，首先出现的是 Arduino 软件启动画面，如图 5-1 所示。

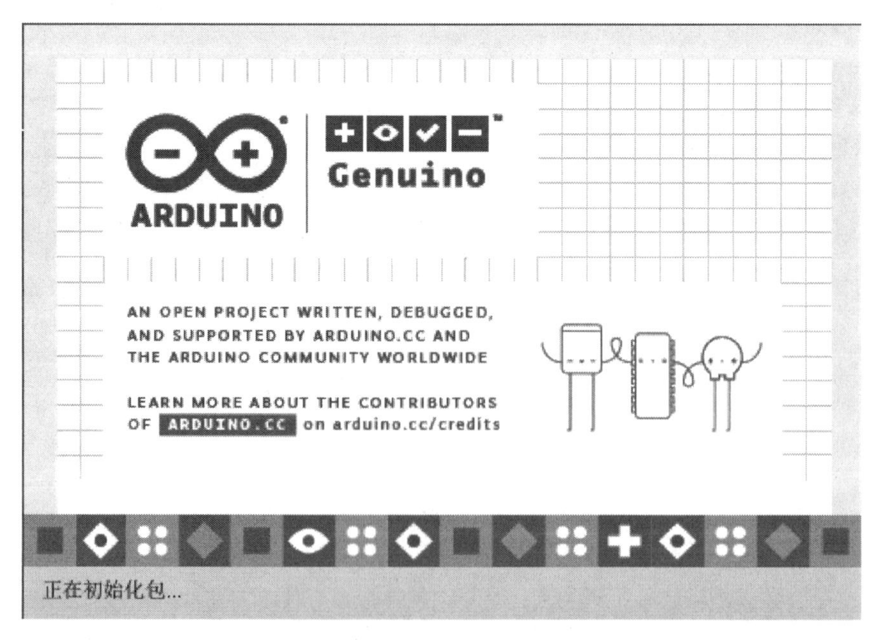

图 5-1 Arduino 软件启动画面

启动完毕，可以看到一个简洁的 Arduino 软件开发界面，如图 5-2 所示。

图 5-2　Arduino 软件开发界面

Arduino 软件开发界面包括菜单栏、工具栏、项目选项卡、程序代码编辑区和调试提示区。

菜单栏有“文件”“编辑”“程序”“工具”“帮助”5 个主菜单。

工具栏包括校验、下载、新建、打开、保存等快捷工具命令按钮。

相对于 ICC、Keil 等专业开发软件，Arduino 软件开发环境显得简单明了、便捷实用，编程技术基础知识不多的人也可快速学会使用。

2. 配置 ESP32 开发资源

（1）启动运行 Arduino IDE 软件。双击 Arduino 软件快捷启动图标，启动运行 Arduino IDE 软件。

（2）设置首选项。

1）选择“文件”→“首选项”如图 5-3 所示。

2）在弹出的“首选项”对话框中输入附件开发板管理资源网址“https：//dl. espressif. com/dl/package_ esp32_ index. json”，如图 5-4 所示。该网址中有专为配置 ESP32 的开发资源。

3）单击“好”按钮确认。

图 5-3 单击“文件”→“首选项”

4）选择“工具”→“开发板：Arduino UNO”→“开发板管理器”，如图 5-5 所示，打开开发板管理器。

5）在弹出的“开发板管理器”对话框的搜索栏中输入“esp32”，如图 5-6 所示，将自动进入 ESP32 开发包资源版本选择界面。

6）从下拉列表中，选择一个新版本，然后单击选择版本右边的“安装”按钮，即可完成 ESP32 开发包的安装。

二、添加智能硬件开发板

1. 添加 ESP32 开发板

选择“工具”→“开发板”，在右侧的开发板中选择“WeMos WiFi&Bluetooth Battery”添加 WeMos D1 R32 开发板，如图 5-7 所示。

选择完毕后可以在“工具”菜单中看到所选择的开发板，如图 5-8 所示。开发环境设置完毕。

2. 运行样例程序

(1) 选择“文件”→“示例”→“01. Basics”，选择“Blink”示例程序，如图 5-9 所示。

(2) 复制打开的示例程序“Blink”。

(3) 新建一个文件，将复制的 Blink 程序粘贴到新文件，在示例程序的上方添加宏定义语句#define LED_ BUILTIN 2，之后完善程序，如图 5-10 所示。

图 5-4　输入附件开发板管理资源网址

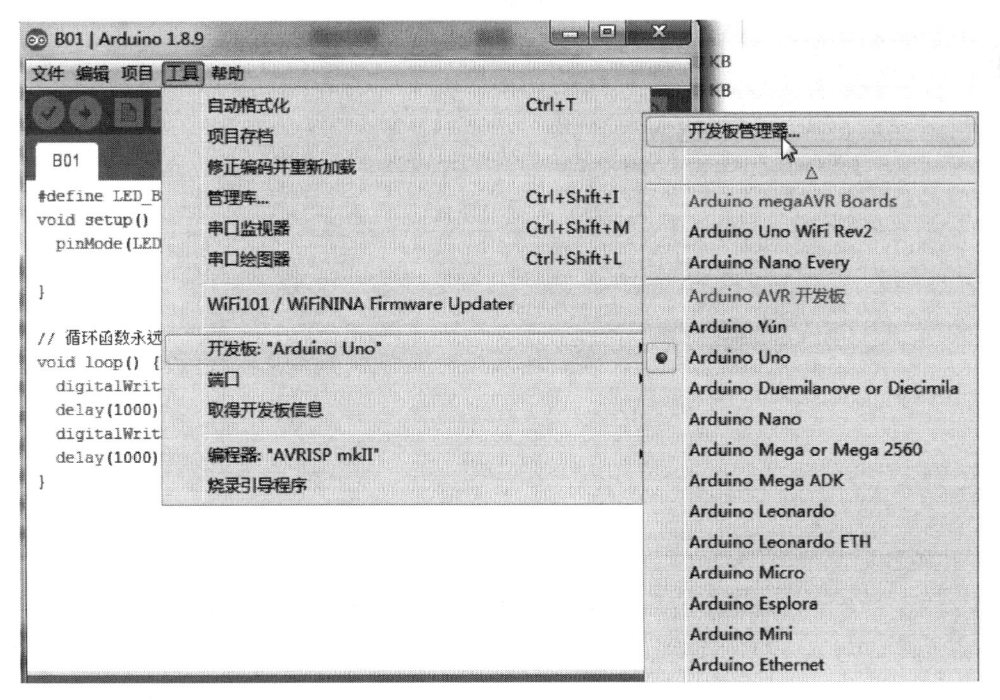

图 5-5　打开开发板管理器

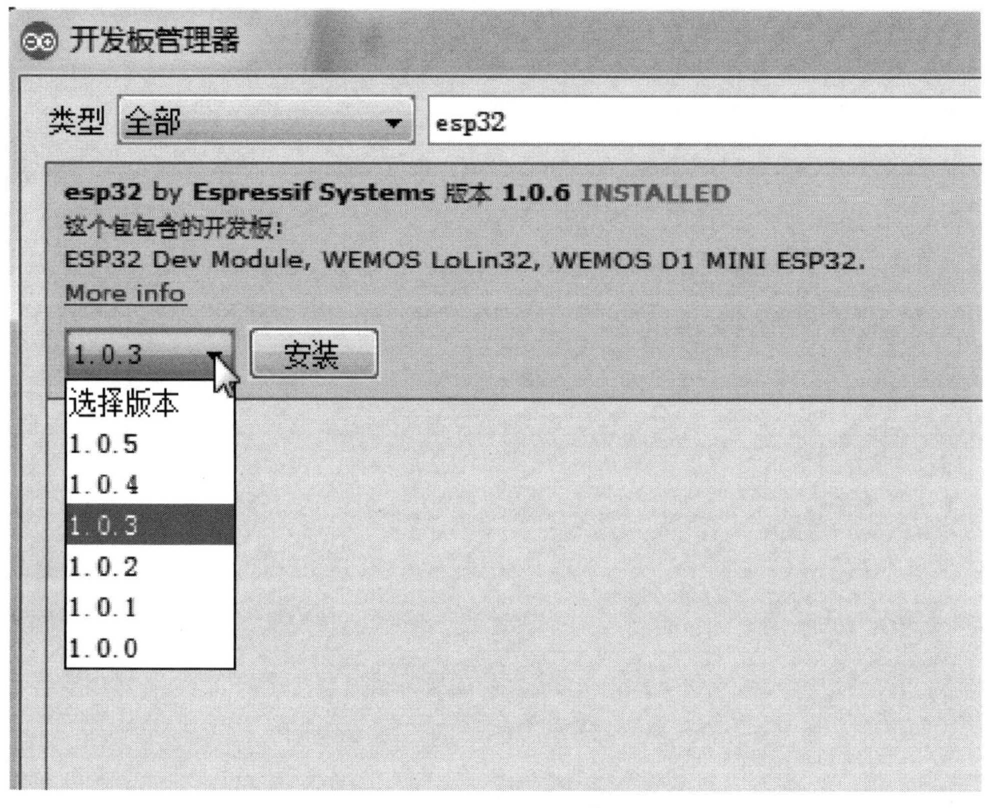

图 5-6 “开发板管理器”对话框

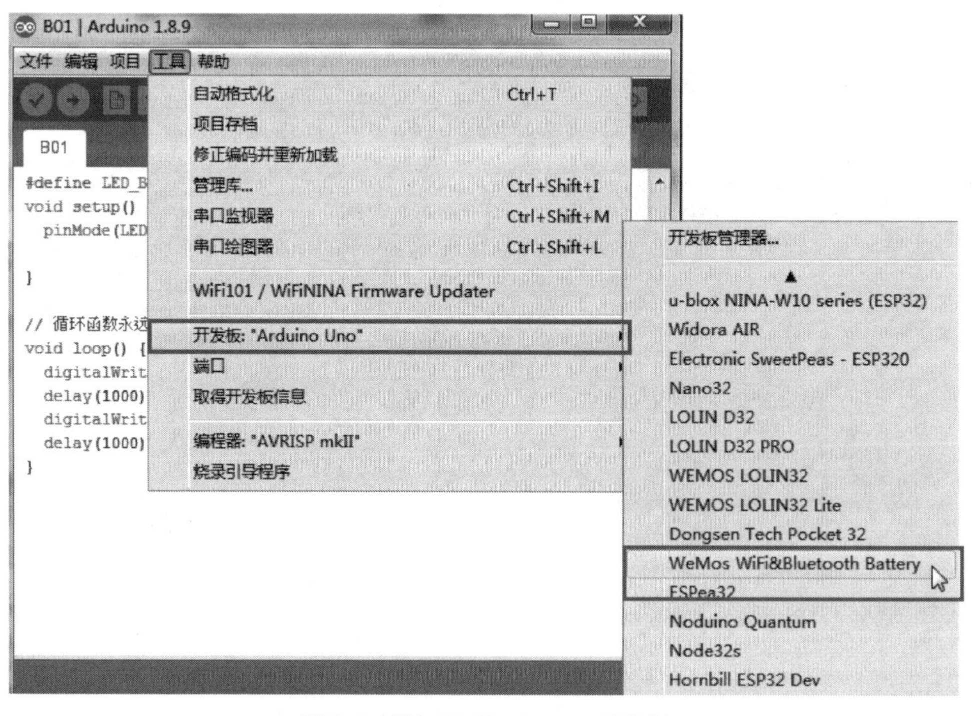

图 5-7 添加 WeMos D1 R32 开发板

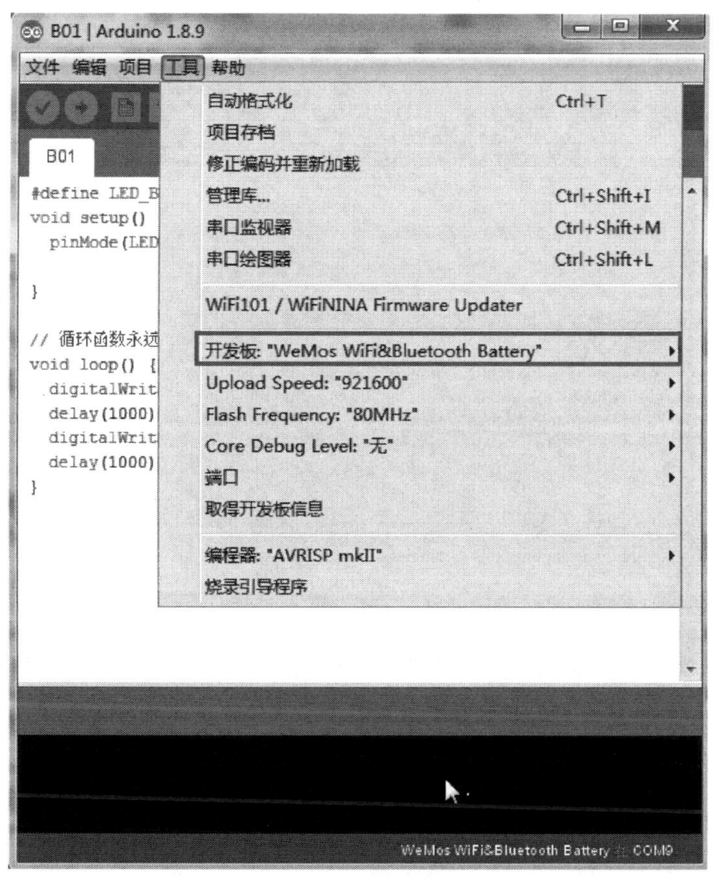

图 5-8　开发环境设置

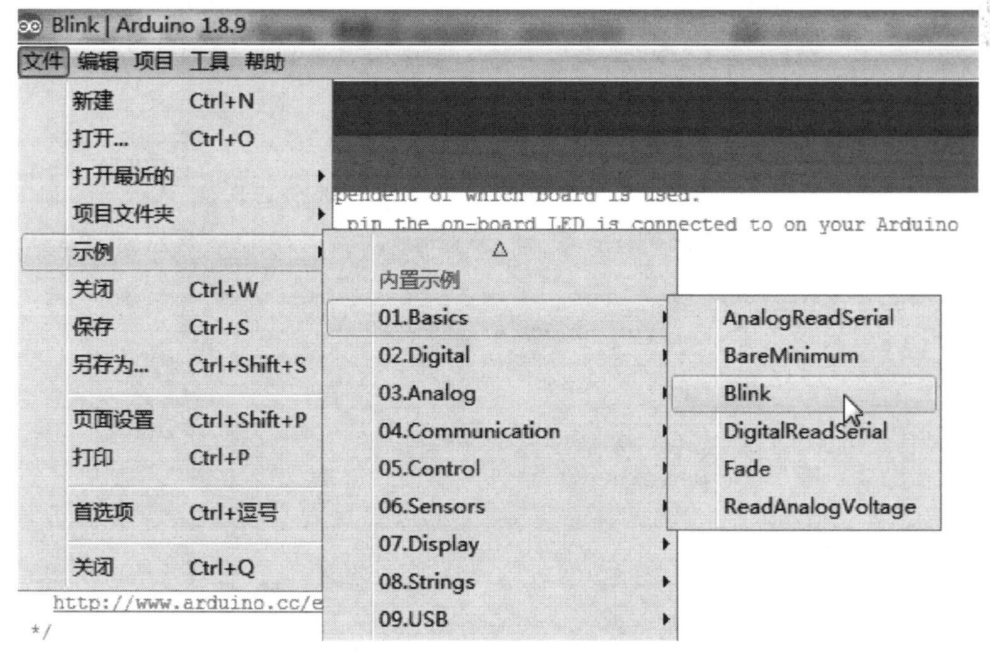

图 5-9　选择示例程序

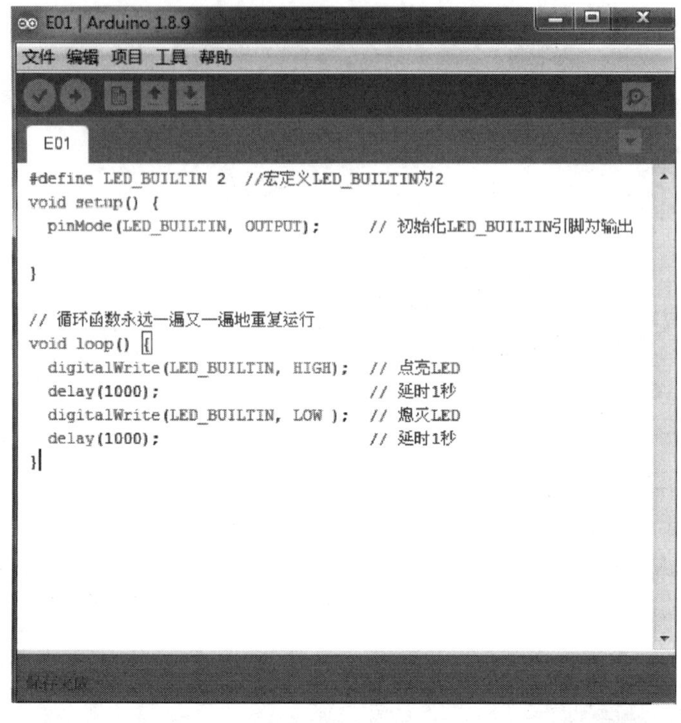

图 5-10　完善程序

（4）选择“工具”→“端口”，选择“COM3”，如图 5-11 所示。

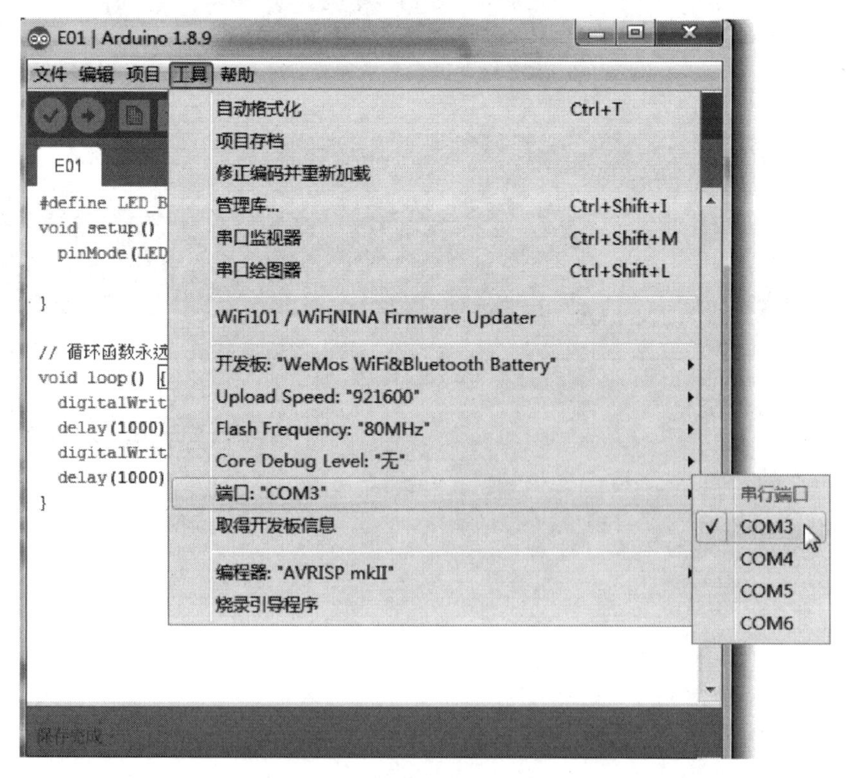

图 5-11　选择“COM3”

（5）选择“项目”→“上传”，将程序上传到开发板。

1）单击“上传”后，系统会自动编译，编译结果如图 5-12 所示。

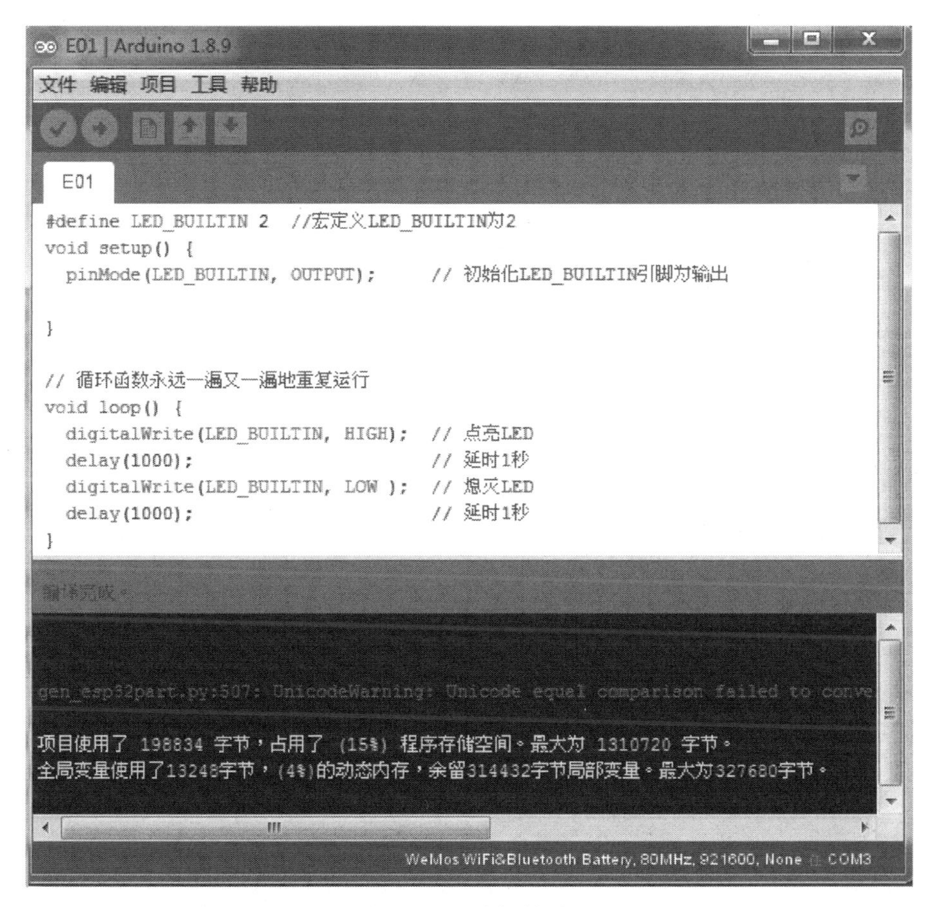

图 5-12　编译结果

2）编译完成，无错误，就继续上传到开发板，程序上传成功的界面如图 5-13 所示。

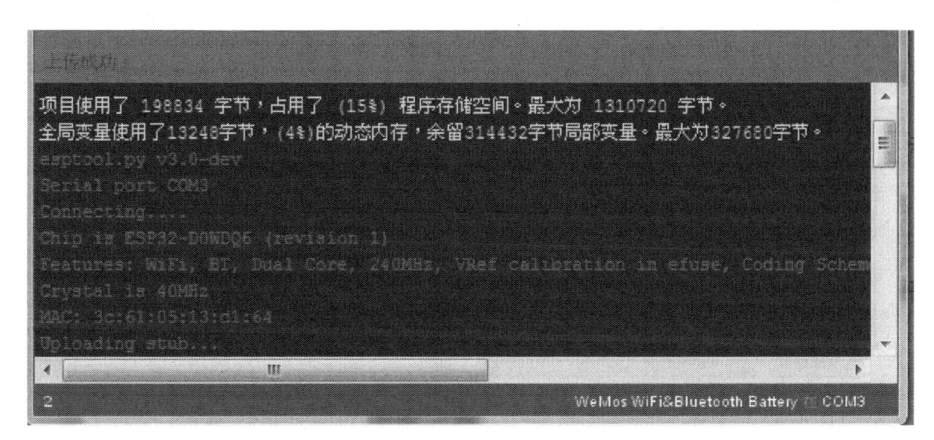

图 5-13　程序上传成功的界面

3）上传完成，连接在开发板 GPIO2 的 LED 指示灯即开始不断闪烁。

技能训练

一、训练目标

（1）了解 Arduino IDE。

（2）学会搭建智能硬件开发环境。

二、训练步骤与内容

1. 安装 Arduino IDE 开发环境

（1）进入 Arduino 官网，下载 Arduino 开发软件。

（2）安装 Arduino 开发软件。

2. 配置 ESP32 开发资源

（1）启动运行 Arduino IDE 软件。双击 Arduino 软件快捷启动图标，启动运行 Arduino IDE 软件。

（2）设置首选项。

1）选择“文件”→“首选项”，执行首选项命令。

2）在弹出的首选项界面中，输入附件开发板管理资源网址“https：//dl. espressif. com/dl/package_esp32_index. json”，单击“好”按钮确认。

3）选择“工具”→“开发板 Arduino UNO”→“开发板管理器”命令，打开开发板管理器。

4）在弹出的“开发板管理器”对话框的搜索栏中输入“esp32”，自动进入 ESP32 开发包资源版本选择界面。

5）从下拉列表中选择一个新版本，然后单击“安装”按钮，完成 ESP32 开发包的安装。

3. 添加智能硬件开发板

选择“工具”→“开发板”，在右侧选择“WeMos WiFi&Bluetooth Battery”，添加 WeMos D1 R32 开发板。

4. 运行样例程序

（1）选择“文件”→“示例”，选择“Blink”示例程序。

（2）在示例程序的上方，添加宏定义语句（#define LED_ BUILTIN 2），并完善程序。

（3）选择“文件”→“另存为”，弹出另存文件对话框，设定文件保存路径文件夹“E32A”，再设定项目文件名“Blink1”，单击“保存”命令按钮，将当前项目文件以新文件名另存。

（4）选择“工具”→“端口”，选择“COM3”。

（5）选择“项目”→“上传”，等待系统自动编译，编译完成后，程序即上传到 WeMos D1 R32 开发板。

（6）上传完成，观察连接在开发板 GPIO2 上的 LED 指示状态。

任务 12　学用 Arduino 开发工具

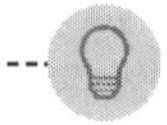

基础知识

一、Arduino IDE 开发环境

Arduino IDE 开发环境包括菜单栏、工具栏、项目选项卡、程序代码编辑区和调试提示区。

1. 菜单栏

菜单栏有“文件”“编辑”“项目”“工具”“帮助”5个主菜单。

（1）“文件”菜单。“文件”菜单如图5-14所示。

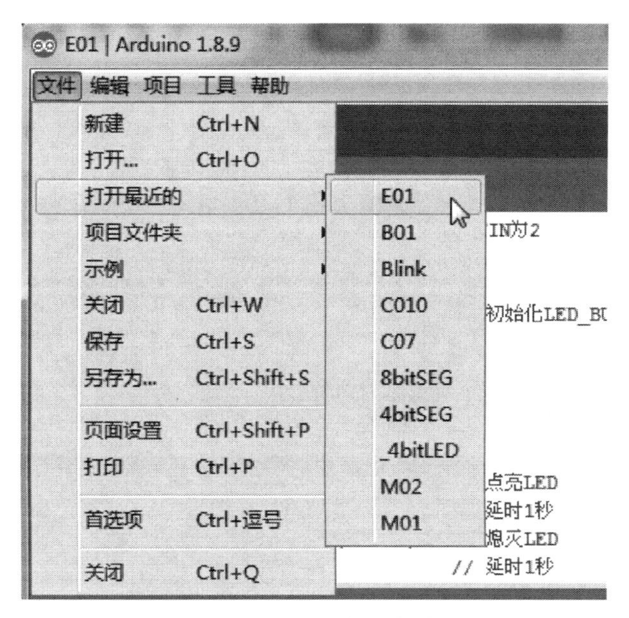

图5-14 “文件”菜单

1）新建。选择“文件”→“新建”，新建一个项目文件。

2）打开。选择“文件”→“打开”，弹出打开文件对话框，选择一个Arduino文件，单击“打开”按钮，打开一个Arduino项目文件。

3）打开最近的。选择“文件”→“打开最近的”，将显示最近编辑过的项目，选择其中一个，即可打开该项目文件。

4）项目文件夹。选择“文件”→“项目文件夹”，将显示当前项目的文件夹及文件存放的位置。

5）示例。选择“文件”→“示例”，将显示Arduino所有的案例类程序，在某类案例右侧中选择一个项目，即可打开一个实例项目。

6）关闭。选择“文件”→“关闭”，关闭当前项目文档。

7）保存。选择“文件”→“保存”，保存当前项目文档。

8）另存为。选择“文件”→“另存为”，弹出另存文件对话框，设定文件保存路径文件夹，再设定项目文件名，单击“保存”命令按钮，将当前项目文件以新文件名另存。

9）首选项。选择“文件”→“首选项”，弹出如图5-15所示的“首选项”对话框，可以设置项目文件夹的位置、附加开发板管理器网址等，设置完成，单击“好”按钮，可以保存首选项的设置。

（2）“编辑”菜单。“编辑”菜单如图5-16所示。

“编辑”菜单下有复制、剪切、粘贴、全选、注释、取消注释、增加缩进、减少缩进，查找、复原、重做等子菜单命令，与一般文档的编辑命令类似。

（3）“项目”菜单。“项目”菜单如图5-17所示。

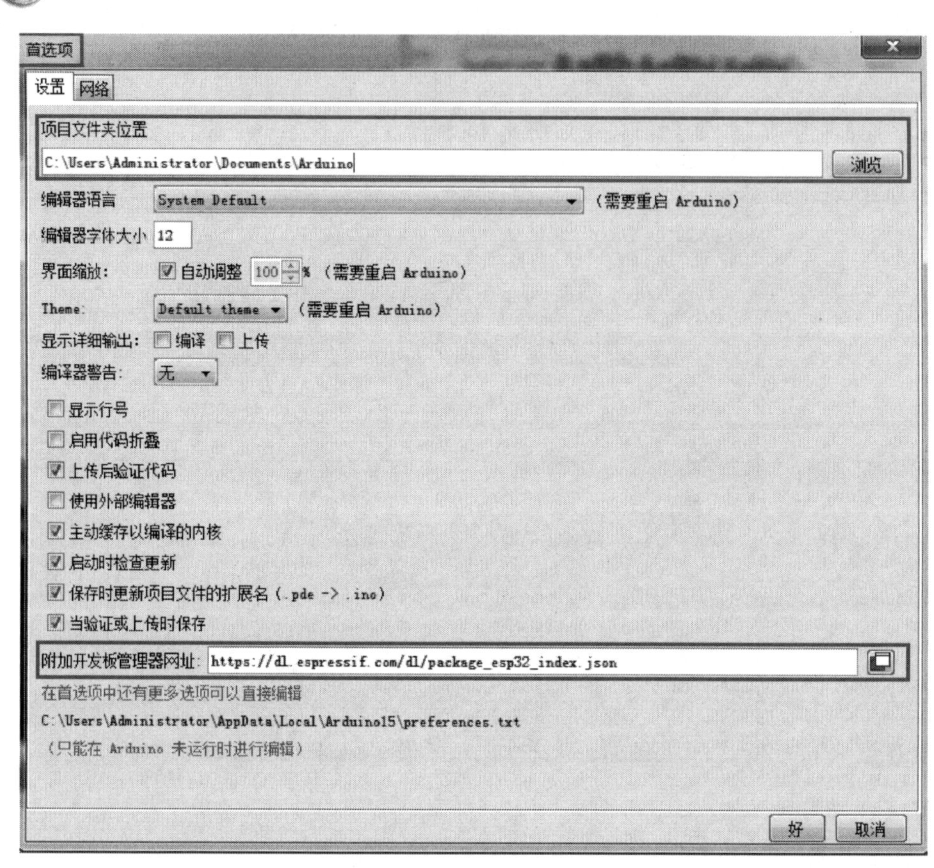

图 5-15 “首选项”对话框

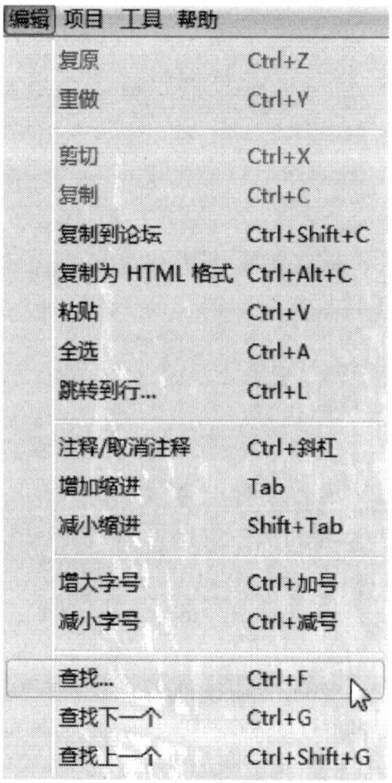

编辑 项目 工具 帮助
复原 Ctrl+Z
重做 Ctrl+Y
剪切 Ctrl+X
复制 Ctrl+C
复制到论坛 Ctrl+Shift+C
复制为 HTML 格式 Ctrl+Alt+C
粘贴 Ctrl+V
全选 Ctrl+A
跳转到行... Ctrl+L
注释/取消注释 Ctrl+斜杠
增加缩进 Tab
减小缩进 Shift+Tab
增大字号 Ctrl+加号
减小字号 Ctrl+减号
查找... Ctrl+F
查找下一个 Ctrl+G
查找上一个 Ctrl+Shift+G

图 5-16 “编辑”菜单

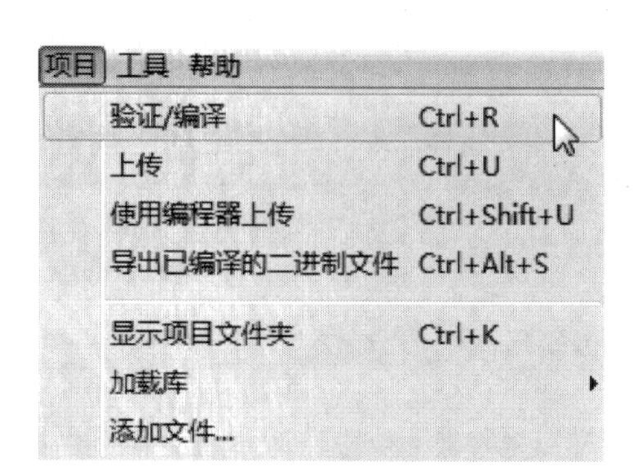

图 5-17 “项目”菜单

1）验证/编译。选择“项目”→“验证/编译”，验证或编译项目文件。编译完成后的界面如图 5-18 所示。

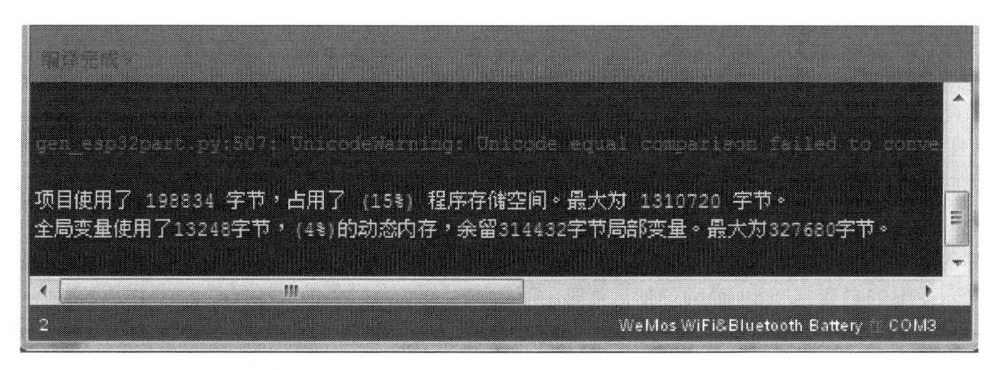

图 5-18　编译完成后的界面

2）上传。选择“项目”→“上传”子菜单命令，将项目文件上传到控制器。

3）使用编程器上传。选择“项目”→“使用编程器上传”，通过编程器上传项目文件。

4）导出已编译的二进制文件。单击“项目”→“导出已编译的二进制文件”，可以输出项目编译好的二进制文件。

5）显示项目文件夹。选择“项目”→“显示项目文件夹”，显示当前文件所在的文件夹。

6）加载库。选择“项目”→“加载库”，选择包含的库文件。

7）添加文件。选择“项目”→“添加文件”，可以添加图片或将其他文件复制到当前的项目文件夹。

（4）“工具”菜单。“工具”菜单如图 5-19 所示。

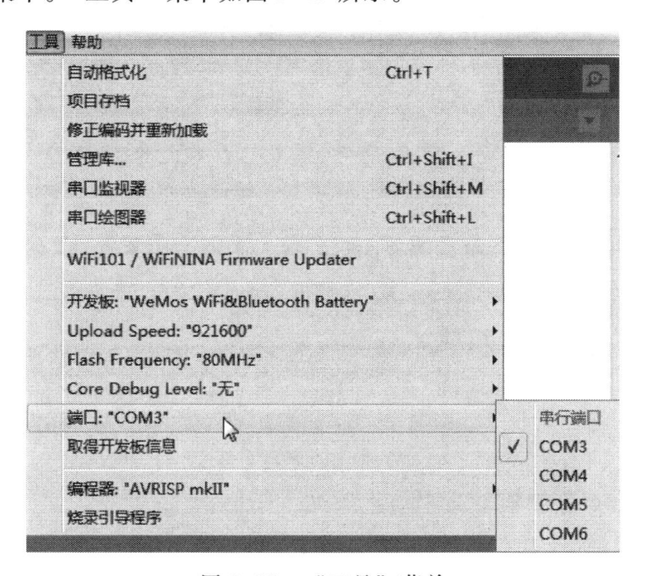

图 5-19　“工具”菜单

1）自动格式化。选择“工具”→“自动格式化”，可以自动格式化项目文件，按通常格式要求排齐文档文件。

2）项目存档。选择“工具”→“项目存档”，将弹出“项目另存为”对话框，可以将项目文件存档到指定文件夹。

3）编码修正与重载。选择“工具”→“编码修正与重载”，可以对编码文件进行修正，并重新下载到控制器。

4）串口监视器。选择“工具”→“串口监视器”，将打开串口调试器，可以查看串口发送或接收的数据，对控制器串口进出监视和调试。

5）开发板。选择“工具”→“开发板”，将弹出选择控制板的类型选项菜单，可以选择一种当前使用的开发板。

6）端口。选择“工具”→“端口”，可以选择当前开发板连接的串口。

（5）“帮助”菜单。执行“帮助”菜单下的相关子菜单命令，可以跳到指定帮助网络，提供 Arduino 编程过程的远程网络帮助。“帮助”菜单如图 5-20 所示。

2. 工具栏

工具栏包括校验、上传、新建、打开、保存等快捷工具命令按钮，如图 5-21 所示。

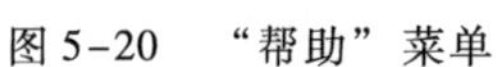
图 5-20 “帮助”菜单

图 5-21 工具栏

（1）校验按钮。验证程序是否编写无误，若无误则编译该项目。

（2）上传按钮。上传程序到 Arduino 控制板。

（3）新建按钮。新建一个项目。

（4）打开按钮。打开一个项目。

（5）保存按钮。保存当前项目。

二、安装 Arduino 控制板驱动软件

（1）将 USB 线的梯形口插入 WeMos D1 R32 控制板的 USB 接口。

（2）将 USB 线的另一端插入电脑的 USB 接口，插好后，WeMos D1 R32 控制板上的电源指示灯会被点亮，电脑上会出现一个发现新硬件的对话框。

（3）单击“下一步”按钮，串口驱动软件会自动安装。

（4）串口驱动软件安装完毕后将出现完成对话框。

（5）单击“完成”按钮，结束 WeMos D1 R32 控制板驱动软件的安装。

技能训练

一、训练目标

（1）学用 WeMos D1 R32 开发板。

（2）学会使用 Arduino 开发环境。

（3）学会调试 Arduino 语言程序。

二、训练步骤与内容

1. 安装开发环境

安装 Arduino 开发环境。

2. 安装开发板驱动程序

安装 WeMos D1 R32 开发板的驱动程序。

3. 建立一个项目

（1）启动 Arduino 软件。

（2）选择“文件”→“新建”，新建一个项目命令，自动创建一个新项目。

（3）选择“文件”→“另存为”，打开另存为对话框，选择另存的文件夹 E32A，在文件名栏输入“E01”，单击“保存”按钮，保存项目文件。

4. 编写程序文件

（1）在 E01 项目文件编辑区单击，选择“编辑”→“全选”，全选文件的内容。按计算机上的删除键，删除编辑区的全部内容。

（2）选择“文件”→“示例”→“01 Basic”→“Blink”，打开 Blink 项目文件。

（3）在 Blink 项目文件编辑区单击，选择“编辑”→“全选”，选中 Blink 项目文件的全部内容。

（4）选择“编辑”→“复制”，复制 Blink 项目文件示例程序的全部内容。

（5）选择“编辑”→“粘贴”，粘贴 Blink 项目文件的全部内容，并修改程序，在示例程序的上方，添加宏定义语句“#define LED_ BUILTIN 2”，完善程序。

（6）在编辑区，将程序代码中的英文注释修改为中文注释。

（7）选择“文件”→“保存”，保存文件。

5. 编译程序

（1）选择“工具”→“开发板”，在右侧出现的板选项菜单中选择“WeMos Wi-Fi&Bluetooth Battery”。

（2）选择“项目”→“验证/编译”，或单击工具栏的验证/编译按钮，Arduino 软件首先验证程序是否有误，若无误，程序自动开始编译程序。

（3）等待编译完成，在软件调试提示区，观看编译结果。

6. 下载调试程序

（1）单击执行“工具”菜单下的“端口”子菜单命令，选择当前控制板连接的串口。

（2）单击工具栏的下载工具按钮图标，将程序下载到 WeMos D1 R32 开发板。

（3）下载完成，在软件调试提示区，观看下载结果，观察 WeMos D1 R32 开发板上 LED 指示灯的状态变化。

习题5

1. 仔细查看 WeMos D1 R32 开发板，查看各个接线端分区和名称，查看各指示灯，查看集成电路芯片，查看各种 GPIO 接口。

2. 如何设定 Arduino 软件使用的开发板？

3. 如何设定开发板使用的通信端口？

4. 如何自动格式化当前编辑的程序？

5. 如何查询当前项目文件所在的文件夹？

项目六 学习Arduino编程技术

学习目标

（1）学用 Arduino 控制。

（2）学会定义和调用函数。

（3）学用数组控制 LED。

（4）学用 PWM 控制 LED。

（5）学用 SPI 控制。

任务 13 学用 Arduino 控制

基础知识

一、Arduino 语言及程序结构

1. Arduino 语言

Arduino 一般使用 C/C++语言编辑程序。C++是一种兼容 C 的编程语言，但与 C 又稍有差别。C++是一种面向对象的编程语言，而 C 是一种面向过程的编程语言。早期的 Arduino 核心库使用 C 语言编写，后来引进了面向对象的思维，目前最新的 Arduino 使用的是 C 和 C++混合编程模式。

Arduino 语言实质上是指 Arduino 的核心库提供的各种 API（应用程序接口）的集合。这些 API 是对底层的单片机支持库进行二次封装组成的。如 AVR 单片机的 Arduino 核心库是对 AVR-Libc（基于 GCC 的 AVR 单片机支持库）的二次封装。

在 AVR 单片机的开发中，需要了解 AVR 单片机各个寄存器的作用和设置方法，其中对 I/O 的设置通常包括对输出方向寄存器 DDR*i* 的设置和端口寄存器 PORT*i* 的设置。如对 I/O 端口 PA3 的设置如下：

```
DDRA |=(1<<PA3);     //设置 PA3 为输出
PORTA |=(1<<PA3);  //设置 PA3 输出高电平
```

而在 Arduino 中，直接对端口进行操作，操作程序如下：

```
pinMode(13,OUTPUT);      //设置引脚 13 为输出
digitalWrite(13,HIGH);  //设置引脚 13 输出高电平
```

程序中的 pinMode 设置引脚的模式，pinMode（13，OUTPUT）设置引脚 13 为输出。digitalWrite 用于设置引脚的输出状态，digitalWrite（13，HIGH）设置引脚 13 输出高电平。pinMode（）和 digitalWrite（）是封装好的 API 函数语句，这些语句更容易被理解，不必了解单片机的结构和复杂的端口寄存器的配置就能直接控制 Arduino 硬件装置。这样的编程语句可以增

加程序的可读性，也能提高编程效率。

2. Arduino 程序结构

Arduino 程序结构与传统的 C 语言程序结构不同，在 Arduino 没有主函数 main ( )。实质上 Arduino 程序并不是没有主函数 main ( )，而是将主函数 main ( ) 的定义隐含在核心库文件中。Arduino 的基本程序结构由 setup ( ) 和 loop ( ) 两个函数组成。故在 Arduino 开发中，不直接操作主函数 main ( )，只需对 setup ( ) 和 loop ( ) 两个函数进行操作即可。示例如下：

```
void setup(){
  // put your setup code here,to run once:(这里放置 setup()函数代码,它只运行一次)

}

void loop(){
  // put your main code here,to run repeatedly:(这里放置 main()函数代码,它重复循环运行)

}
```

setup ( ) 用于 Arduino 硬件的初始化设置，配置端口属性、设置端口电平等，Arduino 控制器复位后，即开始执行 setup ( ) 中的程序，且只会执行一次。

setup ( ) 执行完毕，开始执行 loop ( ) 中的程序。loop ( ) 是一个循环执行的程序，在 loop ( ) 完成程序的主要功能，采集数据、驱动模块、通信等。

3. LED 灯闪烁控制

LED 灯闪烁控制流程如图 6-1 所示。

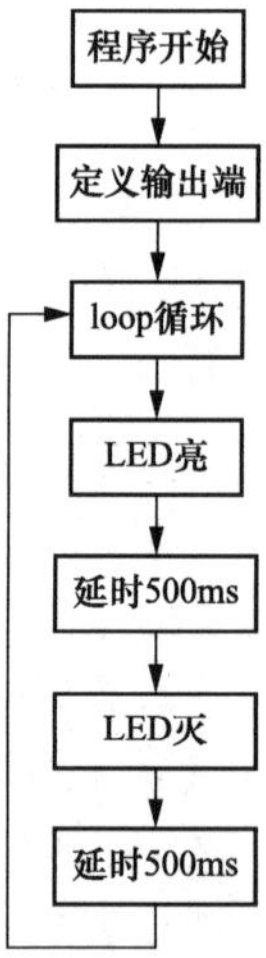

程序开始 → 定义输出端 → loop循环 → LED亮 → 延时500ms → LED灭 → 延时500ms → (返回 loop循环)

图 6-1 LED 灯闪烁控制流程

(1) LED 灯闪烁控制程序如下：

```
/* 让 WeMos WiFi&BluetoothR32 控制板上的 LED 灯亮 0.5s,灭 0.5s,并如此循环运行。 */
//WeMos WiFi&BluetoothR32 控制板连接在 GPIO2 引脚连接了 LED 指示灯
//给 2 号引脚设置一个别名"Led"
int Led=2;

// 在 WeMos WiFi&BluetoothR32 控制板启动或复位后,setup 部分程序运行一次
void setup(){
  // 将 GPIO2 引脚初始化设置为输出
  pinMode(Led,OUTPUT);
}

// setup 部分程序运行完毕,loop 部分的程序循环运行
void loop(){
  digitalWrite(Led,HIGH);   //点亮 LED
  delay(500);               // 等待 500ms
  digitalWrite(Led,LOW);    // 熄灭 LED
  delay(500);               //等待 500ms
}
```

（2）LED 灯闪烁控制程序分析。

1）LED 灯闪烁控制程序首先给 ESP32 控制板的 GPIO2 引脚起了个别名“Led”，便于人们识别。

2）LED 灯闪烁控制程序的 setup 部分初始化输出端 GPIO2 引脚为输出。

3）LED 灯闪烁控制程序的 loop 部分是循环执行程序，首先使别名“Led”的 GPIO2 引脚输出高电平，点亮 LED 灯，接着应用延时函数延时 500ms，然后使别名“Led”的 GPIO2 引脚输出低电平，熄灭 LED 灯，接着应用延时函数再延时 500ms，如此反复，使得 LED 灯不断闪烁。

二、Arduino 语法知识

1. Arduino 数据类型

（1）常量。常量（constants）是在 Arduino 语言里预定义的变量。它的值在程序运行中不能改变。常量可以是数字，也可以是字符。通常使用 define 语句定义：

```
#define 常量名 常量值
#define true 1
#define false 0
```

常量的应用使程序更易阅读。可以按组将常量分类。

1）逻辑常量。逻辑常量用于逻辑层定义，有 true 与 false 两个值，故也称布尔（Boolean）常量。逻辑常量用来表示真与假。其中，①false 更容易被定义。false 通常被定义为 0（零）。②true 通常被定义为 1，这是正确的，但 true 具有更广泛的定义。在布尔含义（Boolean sense）里，任何非零整数都为 true。所以在布尔含义内-1，2 和-200 都定义为 ture。需要注意的是 true 和 false 常量不同于 HIGH、LOW、INPUT 和 OUTPUT，需要全部小写。Arduino 是大小写敏感语言。

2）电平常量。电平常量用于引脚电压定义。当读取（read）或写入（write）数字引脚时只有两个可能的值：HIGH 和 LOW 。

a. HIGH（参考引脚）的含义取决于引脚（pin）的设置，引脚定义为 INPUT 或 OUTPUT 时含义有所不同。当一个引脚通过 pinMode 被设置为 INPUT，并通过 digitalRead（）读取时，如果当前引脚的电压大于等于 3V，微控制器将会返回为 HIGH。引脚也可以通过 pinMode（）被设置为 INPUT，并通过 digitalWrite（）设置为 HIGH。输入引脚的值将被一个内在的 20kΩ 上拉电阻控制在 HIGH 上，除非一个外部电路将其拉低到 LOW。当一个引脚通过pinMode（）被设置为 OUTPUT，并 digitalWrite（）设置为 HIGH 时，引脚的电压应在 5V。在这种状态下，它可以输出电流，如点亮一个通过一串电阻接地或设置为 LOW 的 OUTPUT 属性引脚的 LED。

b. LOW 的含义同样取决于引脚设置，引脚定义为 INPUT 或 OUTPUT 时含义有所不同。当一个引脚通过 pinMode（）配置为 INPUT，通过 digitalRead（）设置为读取时，如果当前引脚的电压小于等于 2V，微控制器将返回为 LOW。当一个引脚通过 pinMode（）配置为 OUTPUT，并通过 digitalWrite（）设置为 LOW 时，引脚为 0V。在这种状态下，它可以倒灌电流，如点亮一个通过串联电阻连接到+5V，或到另一个引脚配置为 OUTPUT、HIGH 的 LED。

3）输入输出常量。输入输出常量用于数字引脚（Digital pins）定义，有 INPUT 和 OUTPUT 两种。数字引脚当作 INPUT 或 OUTPUT 都可以 。用 pinMode（）方法使一个数字引脚从 INPUT 到 OUTPUT 变化。

a. 引脚（Pins）配置为输入（INPUT）。Arduino 引脚通过 pinMode（）配置为输入（INPUT）即是将其配置在一个高阻抗的状态。配置为 INPUT 的引脚可以理解为引脚取样时对电路有极小的需求，即等效于在引脚前串联一个 100MΩ 的电阻。这使得它们非常利于读取传感器，而不是为 LED 供电。

b. 引脚（Pins）配置为输出（Outputs）。引脚通过 pinMode（）配置为输出（OUTPUT）即是将其配置在一个低阻抗的状态。这意味着它们可以为电路提供充足的电流。ESP8266 控制板引脚可以向其他设备/电路提供（提供正电流，positive current）或倒灌（提供负电流，negative current）达 40mA 的电流。这使得它们利于给 LED 供电，而不是读取传感器。输出（OUTPUT）引脚被短路的接地或 5V 电路上会受到损坏甚至烧毁。ESP8266 控制板引脚在为继电器或电机供电时，由于电流不足，将需要一些外接电路来实现供电。

4）其他常量。其他常量包括数字常量和字符型常量等。如：

```
#define PI 3.14
#define String1 'abc'
```

（2）void。void 只用在函数声明中。它表示该函数将不会被返回任何数据到它被调用的函数中。

（3）变量。变量是在程序运行中其值可以变化的量。定义方法如下：

类型 变量名;

例如

```
int val;  //定义一个整型变量 val
```

Arduino 常用的变量类型包括 boolean、char、byte、word、int、long、float、string、array 等，各种变量类型详细说明如下。

1）布尔（boolean）。一个布尔变量拥有两个值，true 或 false（每个布尔变量占用一个字节的内存）。

2）字符（char）。char 类型占用 1 个字节的内存存储一个字符值。字符都写在单引号内，如‘A’，多个字符（字符串）使用双引号，如“ABC”。字符以编号的形式存储。可以在 ASCII 表中看到对应的编码。这意味着字符的 ASCII 值可以用来作数学计算。如‘A’+1，因为大写 A 的 ASCII 值是 65，所以结果为 66。char 数据类型是有符号的类型，这意味着它的编码为-128～127。对于一个无符号一个字节（8 位）的数据类型，使用 byte 数据类型。

3）无符号字符型（unsigned char）。一个无符号数据类型占用 1 个字节的内存。与 byte 的数据类型相同。无符号的 char 数据类型能编码 0～255 的数字。

注意：为了保持 Arduino 的编程风格的一致性，byte 数据类型是首选。

4）字节型（byte）。一个字节存储 8 位无符号数，从 0～255。

5）整型（int）。整数是基本数据类型，占用 2 字节。整数的范围为-32768～32767。整数类型使用 2 的补码方式存储负数。最高位通常为符号位，表示数的正负。其余位被“取反加 1”。

6）无符号整型（unsigned int）。unsigned int 数据与整型数据同样大小，占据 2 字节。它只能用于存储正数而不能存储负数，范围 0～65535。无符号整型和整型最重要的区别是它们的最高位不同，即符号位。在 Arduino 整型类型中，如果最高位是 1，则此数被认为是负数，剩下的 15 位为按 2 的补码计算所得的值。

7）字（word）。word 数据为一个存储 16 位无符号数的字符，取值范围为 0～65535，与 unsigned int 数据相同。

8）长整型（long）。长整型变量是扩展的数字存储变量，它可以存储32位（4字节）大小的变量，范围为-2147483，648～2147483647。

9）无符号长整型（unsigned long）。无符号长整型变量扩充了变量容量以存储更大的数据，它能存储32位（4字节）数据。与标准长整型不同，无符号长整型无法存储负数，其范围为0～4294967295。

10）单精度浮点型（float）。float浮点型数据，就是有一个小数点的数字。浮点数经常被用来近似地模拟连续值，因为它们比整数具有更大的精确度。浮点数的取值范围为3.4028235E+38～-3.4028235E+38，它被存储为32位（4字节）的信息。float数据只有6～7位有效数字。这指的是总位数，而不是小数点右边的数字。在Arduino上，double型与float型的大小相同。

11）双清度浮点型（double）。double双精度浮点数占用4个字节。目前Arduino上的double实现和float相同，精度并未提高。

12）字符串（string）。文本字符串可以有两种表现形式。可以使用字符串数据类型（这是0019版本的核心部分），也可以做一个字符串，由char类型的数组和空终止字符（'\0'）构成。而字符串对象可以具有更多的功能，同时也消耗更多的内存资源。

13）数组（array）。数组是一种可访问的变量的集合。Arduino的数组是基于C语言的，因此这会变得很复杂，但使用简单的数组是比较简单的。创建（声明）一个数组的格式为：

数据类型 数组名

如：

```
Char my[];
```

数组是从零开始索引的，也就是说，上面所提到的数组初始化，数组第一个元素为索引0。

2. 数据类型转换

数据类型转换见表6-1。

表6-1　数据类型转换

函数	作用	语法
char（）	将一个变量的类型变为char	char（x）
byte（）	将一个值转换为字节型数值	byte（x）
int（）	将一个值转换为int型（有符号整型）	int（x）
word（）	把一个值转换为word数据类型的值，或由两个字节创建一个字符	word（x） word（H，L）
long（）	将一个值转换为long型（长整型）数据类型	long（x）
float（）	将一个值转换为float型（浮点型）	float（x）

3. 变量

（1）变量的作用域。在Arduino使用的C编程语言的变量，有一个名为作用域（scope）的属性。在一个程序内的全局变量是可以被所有函数所调用的。局部变量只在声明它们的函数内可见。在Arduino的环境中，任何在函数（如setup（）、loop（）等）外声明的变量，都是全局变量。

（2）静态变量（static）。static关键字用于创建只对某一函数可见的变量。然而，和局部变量不同的是，局部变量在每次调用函数时都会被创建和销毁，静态变量在函数调用后仍然保持着原来的数据。静态变量只会在函数第一次调用的时候被创建和初始化。

（3）易变变量（volatile）。volatile这个关键字是变量修饰符，常用在变量类型的前面，以告诉编译器和接下来的程序怎么处理这个变量。声明一个 volatile 变量是编译器的一个指令。编译器是一个将 C/C++代码转换成机器码的软件，机器码是 Arduino 上的 ESP8266 控制板芯片能识别的真正指令。具体来说，它指示编译器从 RAM 而非存储寄存器中读取变量，存储寄存器是程序存储和操作变量的一个临时地方。在某些情况下，存储在寄存器中的变量值可能是不准确的。如果一个变量所在的代码段可能会意外地导致变量值改变，那些变量应声明为 volatile，比如并行多线程等。在 Arduino 中，唯一可能发生这种现象的地方就是和中断有关的代码段，称为中断服务程序。

（4）不可改变的变量（const）。const 关键字代表常量。它是一个变量限定符，用于修改变量的性质，使其变为只读状态。这意味着该变量就像任何相同类型的其他变量一样使用，但不能改变其值。如果尝试为一个 const 变量赋值，编译时将会报错。const 关键字定义的常量，遵守变量作用域（variable scoping）管辖的其他变量的规则。这一点加上使用#define 会有缺陷，使 const 关键字成为定义常量的一个首选方法。#define a b 定义的常量只是用后者 b 代替前者 a。

4. Arduino 运算符

算术运算符包括=（赋值）、+（加）、-（减）、*（乘）、/（除）、%（取模）等。

逻辑运算符包括 &&（逻辑与）、||（逻辑或）、!（逻辑非）。

位逻辑运算符包括 &（位与）、|（位或）、^（位异或）、~（位非）等。

逻辑比较运算符包括!=（不等于）、==（等于）、<（小于）、>（大于）、<=（小于等于）、>=（大于等于）等。

指针运算符 &（包括取地址）、*（取数据）等。

左移、右移运算符包括<<（左移运算）、>>（右移运算）。

由基本运算符与赋值运算符可以组合构成复合运算符，如 Y+=x 相当于 Y=Y+x 相类似的有-=、*=、/=、&=、|=、^=、<<=、>>=等。

5. Arduino 的基本函数

Arduino 的基本函数见表 6-2。

表 6-2　　Arduino 的基本函数

函数	描述
pinMode（）	设置引脚模式 void pinMode（uint8_ t pin，uint8_ t mode） 参数：pin 为引脚编号；mode 为 INPUT，OUTPUT，或 INPUT_ PULLUP
digitalWrite（）	写数字引脚 void digitalWrite（uint8_ t pin，uint8_ t value）写数字引脚，对应引脚的高低电平；在写引脚之前，需要将引脚设置为 OUTPUT 模式；参数：pin 为引脚编号 value 为 HIGH 或 LOW
digitalRead（）	读数字引脚 int digitalRead（uint8_ t pin） 读数字引脚，返回引脚的高低电平；在读引脚之前，需要将引脚设置为 INPUT 模式
analog Reference（）	配置参考电压 void analogReference（uint8_ t type） 配置模式引脚的参考电压；函数 analogRead 在读取模拟值之后，将根据参考电压将模拟值转换到［0，1023］区间；有以下类型：DEFAULT 为默认 5V，INTERNAL 为低功耗模式，ESP8266 控制板 168 和 ESP8266 控制板 8 对应 1.1～2.56V，EXTERNAL 为扩展模式，通过 AREF 引脚获取参考电压

续表

函数	描述
analogRead ()	读模拟引脚 int analogRead (uint8_ t pin) 读模拟引脚，返回［0-1023］之间的值；每读一次需要花 1μs 的时间
analogWrite ()	写模拟引脚 void analogWrite (uint8_ t pin, int value) value 为 0～255 之间的值，0 对应 off，255 对应 on；写一个模拟值（PWM）到引脚，可以用来控制 LED 的亮度，或者控制电机的转速，在执行该操作后，应该等待一定时间后才能对该引脚进行下一次的读或写操作；PWM 的频率大约为 490Hz
shiftOut ()	位移输出函数 void shiftOut (uint8_ t dataPin, uint8_ t clockPin, uint8_ t bitOrder, byte val) 输入 value 数据后 Arduino 会自动把数据移动分配到 8 个并行输出端，其中 dataPin 为连接 DS 的引脚号，clockPin 为连接 SH_ CP 的引脚号，bitOrder 为设置数据位移顺序，分别为高位先入 MSBFIRST 或者低位先入 LSBFIRST
pulseIn ()	读脉冲 unsigned long pulseIn (uint8_ t pin, uint8_ t state, unsigned long timeout) 读引脚的脉冲，脉冲可以是 HIGH 或 LOW，如果是 HIGH，函数将先等引脚变为高电平，然后开始计时，一直到变为低电平为止；返回脉冲持续的时间单位为 μs；如果超时还没有读到的话，将返回 0
millis ()	毫秒时间 unsigned long millis (void) 获取机器运行的时间长度，单位 ms，系统最长的记录时间接近 50 天，如果超出时间将从 0 开始
delay (ms)	延时（ms） void delay (unsigned long ms) 参数为 unsigned long，因此在延时参数超过 32767（int 型最大值）时，需要用“UL”后缀表示为 unsigned long 型（无符号　长整型），如：delay (60000UL)；同样在参数表达式，且表达式中有 int 型时，需要强制转换为 unsigned long 型，如：delay ((unsigned long) tdelay * 100UL)
delayMicro seconds (us)	延时（μs） void delay Microseconds (unsigned int us) 延时，单位为 μs（1ms=1000μs）。如果延时的时间是毫秒级，则建议使用 delay 函数，目前参数最大支持 16383μs
attach Interrupt ()	设置中断 void attachInterrupt (uint8_ t interruptNum, void (*) (void) userFunc, int mode) 指定中断函数。外部中断有 0 和 1 两种，一般对应 2 号和 3 号数字引脚； interrupt 中断类型有 0 或 1 两种；fun 对应函数 mode 触发方式，有以下几种：LOW 低电平触发中断，CHANGE 变化时触发中断，RISING 上升沿触发中断，FALLING 下降沿触发中断
detach Interrupt ()	取消中断 void detachInterrupt (uint8_ t interruptNum) 取消指定类型的中断
interrupts ()	开中断 #define interrupts () sei ()
noInterrupts ()	关中断 #define noInterrupts () cli ()
begin ()	打开串口 void HardwareSerial: begin (long speed) speed 为波特率
flush ()	刷新串口数据

续表

函数	描述
available ( )	有串口数据返回真 Serial. available ( ) 获取串口上可读取的数据的字节数，该数据是指已经到达并存储在接收缓存（共有 64 字节）中
read (void)	读串口 Serial. read ( )
write (uint8_ t)	写串口 单字节 Serial. write ( )，如： Serial. write (val) Serial. write (str) Serial. write (buf, len) val 指作为单个字节发送的数据，str 指由一系列字节组成的字符串，buf 指同一系列字节组成的数组，len 为要发送的数组的长度
print ( )	多字节写 Serial. print (val) Serial. print (val, format) 以人类可读的 ASCII 码形式向串口发送数据，无换行；该函数有多种格式。整数的每一数位将以 ASCII 码形式发送。浮点数同样以 ASCII 码形式发送，默认保留小数点后两位。字节型数据将以单个字符形式发送。字符和字符串会以其相应的形式发送。 可选的第二个参数用于指定数据的格式，允许的值为：BIN (Binary，二进制)，OCT (Octal，八进制)，DEC (Decimal，十进制)，HEX (Hexadecimal，十六进制)；对于浮点数，该参数指定小数点的位数
println ( )	往串口发数据，类似 Serial. print ( )，但有换行
peak ( )	返回收到的串口数据的下一个字节（字符），但是并不把该数据从串口数据缓存中清除。就是说，每次成功调用 peak ( ) 将返回相同的字符。与 read ( ) 一样，peak ( ) 继承自 Stream 实用类。语法可参照 Serail. read ( )
serialEvent ( )	当串口有数据到达时调用该函数（然后使用 Serial. read ( ) 捕获该数据）
bitRead ( )	读取一个数的位。 bitRead (x, n) x 为想要被读取的数 n 为被读取的位，0 是最低有效位（最右边）该位的返回值（0 或 1）
bitWrite ( )	在位上写入数字变量 bitWrite (x, n, b) x 为要写入的数值变量；n 为要写入的数值变量的位，从 0 开始是最低（最右边）的位；b 为写入位的数值（0 或 1）

三、Arduino 分支程序结构

1. 条件分支结构

条件分支结构见表 6-3。

表 6-3　　条件分支结构

条件分支	描述
if	用于与比较运算符结合使用，测试是否已达到某些条件，如果是，程序将执行特定的动作
if... else	条件满足，执行 if 条件后的语句；条件不满足，执行 else 后的语句，形成双分支结构

续表

条件分支	描述
if... else if.. else..	首先进行 if 判断，满足就执行其后语句；不满足，判断 else if 后的条件是否满足，满足就执行其后语句，所有条件不满足，执行 else 后的语句；else if 可以多次使用，由此形成多分支条件结构
switch case	switch... case 允许程序员根据不同的条件指定不同的应被执行的代码来控制程序分支，特别地，一个 switch 语句对一个变量的值与 case 语句中指定的值进行比较，当一个 case 语句被发现其值等于该变量的值，就会运行这个 case 语句下的代码； break 关键字将中止并跳出 switch 语句段，常常用于每个 case 语句的最后面。如果没有 break 语句，switch 语句将继续执行下面的表达式，直到遇到 break，或者是到达 switch 语句的末尾

2. 循环结构

循环结构见表 6-4。

表 6-4　循　环　结　构

循环结构	描述
for 循环	for（i=0；i<val；i++）{} 由变量控制循环
while 循环	While（a）{} while 循环是先判断、再执行的循环。表达式为真，执行其后的语句，直到圆括号（）中的表达式变为假时才终止执行
do... while 循环	do 循环与 while 循环使用相同方式工作，不同的是条件是在循环的末尾被测试的，所以 do 循环总是至少会运行一次
loop 循环	无条件循环结构

技能训练

一、训练目标

（1）学会书写 Arduino 基本语句。

（2）学会编写 Arduino 语言程序。

二、训练步骤与内容

1. 按照图 6-2 所示循环灯控制电路连接实验电路

2. 建立一个项目

（1）启动 Arduino 软件。

（2）选择“文件”→“新建”，自动创建一个新项目。

（3）选择“文件”→“另存为”，打开“另存为”对话框，选择另存的文件夹 E32A，在文件名栏输入“LED2”，单击“保存”按钮，保存 LED2 项目文件。

3. 编写程序文件

在 LED2 项目文件编辑区输入下面的 LED 循环灯控制程序，单击工具栏“”保存按钮，保存项目文件。

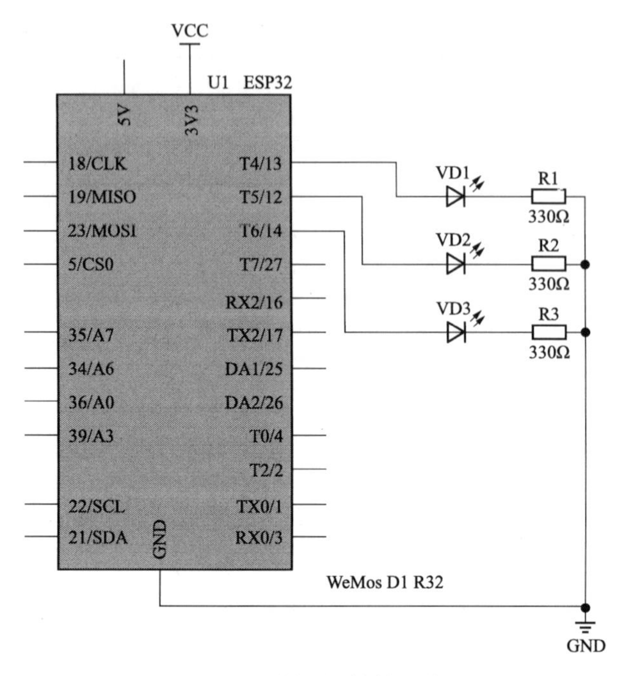

图 6-2 循环灯控制电路

```
int Led1 = 13 ;
int Led2 = 12;
int Led3 = 14 ;

void setup(){

    pinMode(Led1,OUTPUT);   //设置 Led1 为输出
    pinMode(Led2,OUTPUT);   //设置 Led2 为输出
    pinMode(Led3,OUTPUT);   //设置 Led3 为输出
    digitalWrite(Led1,LOW); //设置 Led1 为低电平,熄灭 Led1
    digitalWrite(Led2,LOW); //设置 Led2 为低电平,熄灭 Led2
    digitalWrite(Led3,LOW); //设置 Led3 为低电平,熄灭 Led3
}

void loop(){

digitalWrite(Led1,HIGH);   //点亮 Led1
delay(500);   // 等待 500ms
digitalWrite(Led2,HIGH);   //点亮 Led2
delay(500);   // 等待 500ms
digitalWrite(Led3,HIGH);   //点亮 Led3
delay(500);   // 等待 500ms
digitalWrite(Led1,LOW);    // 熄灭 Led1
delay(500);              //等待 500ms
digitalWrite(Led2,LOW);    // 熄灭 Led2
```

```
delay(500);             //等待 500ms
digitalWrite(Led3,LOW);     // 熄灭 Led3
delay(500);             //等待 500ms

}
```

4. 编译程序

(1) 选择“工具”→“板”子菜单命令，在右侧出现的板选项菜单中选择“WeMos Wi-Fi&Bluetooth Battery”，即选择 WeMos D1 R32 开发板。

(2) 选择“项目”→“验证/编译”，或单击工具栏的验证/编译按钮，Arduino 软件首先验证程序是否有误，若无误，程序自动开始编译程序。

(3) 等待编译完成，在软件调试提示区，观看编译结果。

5. 下载调试程序

(1) 单击工具栏的下载工具按钮图标，将程序下载到 WeMos D1 R32 开发板。

(2) 下载完成，在软件调试提示区，观看下载结果，观察 WeMos D1 R32 开发板连接指示灯的状态变化。

(3) 修改延时参数，重新编译下载程序，观察 WeMos D1 R32 开发板连接指示灯的状态变化。

任务 14 按键控制 LED

一、函数

1. 函数的定义

一个完整的 C 语言程序是由若干个模块构成的，每个模块完成一种特定的功能，而函数就是 C 语言的一个基本模块，用以实现一个子程序功能。C 语言总是从主函数开始，main () 函数是一个控制流程的特殊函数，它是程序的起始点。在程序设计时，程序如果较大，就可以将其分为若干个子程序模块，每个子程序模块完成一个特殊的功能，这些子程序通过函数实现。

C 语言函数可以分为标准库函数和用户自定义函数两大类。标准库函数是 ICCV7 提供的，用户可以直接使用。用户自定义函数是用户根据实际需要，自己定义和编写的能实现一种特定功能的函数。必须先定义后使用。函数定义的一般形式如下：

```
函数类型 函数名(形式参数表)
形式参数说明
{
局部变量定义
函数体语句
}
```

其中，“函数类型”定义函数返回值的类型。

(1) “函数名”。函数名是用标识符表示的函数名称。

(2) “形式参数表”。形式参数表中列出的是主调函数与被调函数之间传输数据的形式参数。形式参数的类型必须说明。ANSI C 标准允许在形式参数表中直接对形式参数类型进行说明。如果定义的是无参数函数，可以没有形式参数表，但圆括号“（）”不能省略。

（3）局部变量定义。局部变量定义是定义在函数内部使用的变量。

（4）函数体语句。函数体语句是为完成函数功能而组合各种C语言语句。

如果定义的函数内只有一对花括号且没有局部变量定义和函数体语句，该函数为空函数，空函数也是合法的。

［例1］定义一个无参数的函数，计算从1加到10的结果。

```
int sum(){
int i,sum=0;
for(i=1; i<=10; i++){
sum+=i;
}
return sum;
}}
```

［例2］定义一个带参数的函数，计算从m加到n的结果。

```
int sum(int m,int n){
int i,sum=0;
for(i=m; i<=n; i++){
sum+=i;
}
return sum;
}
```

2. 函数的调用与声明

通常C语言程序是由一个主函数main（）和若干个函数构成。主函数可以调用其他函数，其他函数可以彼此调用，同一个函数可以被多个函数调用任意多次。通常把调用其他函数的函数称为主调函数，其他函数称为被调函数。

函数调用的一般形式如下：

函数名(实际参数表)

其中“函数名”指出被调用函数的名称。

实际参数表中可以包括多个实际参数，各个参数之间用逗号分隔。实际参数的作用是将它的值传递给被调函数中的形式参数。要注意的是，函数调用中实际参数与函数定义的形式参数在个数、类型及顺序上必须严格保持一致，以便将实际参数的值分别正确地传递给形式参数。如果调用的函数无形式参数，可以没有实际参数表，但圆括号“（）”不能省略。

C语言函数调用有3种形式。

（1）函数语句。在主调函数中通过一条语句来表示，如：

```
Nop();
```

这是无参数调用，是一个空操作。

（2）函数表达式。在主调函数中将被调函数作为一个运算对象直接出现在表达式中，这种表达式称为函数表达式，如：

```
y=add(a,b)+sub(m,n);
```

这条赋值语句包括两个函数调用，每个函数调用都有一个返回值，将两个函数返回值相加赋值给变量y。

（3）函数参数。在主调函数中将被调函数作为另一个函数调用的实际参数，如下：

```
x=add(sub(m,n),c)
```

函数 sub（m，n）作为 add（sub（m，n），c）的里函数，即以它的返回值作为另一个被调函数的实际参数。这种在调用一个函数过程中有调用另一个函数的方式，称为函数的嵌套调用。

二、预处理

预处理是 C 语言在编译之前对源程序的编译。预处理包括宏定义、文件包括和条件编译。

1. 宏定义

宏定义的作用是用指定的标识符代替一个字符串。一般定义为：

```
#define 标识符　字符串

#define uChar8 unsigned char  //定义无符号字符型数据类型 uChar8
```

定义了宏之后，就可以在任何需要的地方使用宏，在 C 语言处理时，只是简单地将宏标识符用它的字符串代替。

定义无符号字符型数据类型 uChar8，可以在后续的变量定义中使用 uChar8，在 C 语言处理时，只是简单地将宏标识符 uChar8 用它的字符串 unsigned char 代替。

2. 文件包括

文件包括的作用是将一个文件内容完全包括在另一个文件之中。

文件包括的一般形式如下：

```
#include"文件名"　或　#include<文件名>
```

二者的区别在于用双引号的 include 指令首先在当前文件的所在目录中查找包含文件，如果没有则到系统指定的文件目录去寻找。

使用尖括号的 include 指令直接在系统指定的包含目录中寻找要包含的文件。

在程序设计中，文件包含可以节省用户的重复工作，或者可以先将一个大的程序分成多个源文件，由不同人员编写，然后再用文件包括指令把源文件包含到主文件中。

3. 条件编译

通常情况下，在编译器中进行文件编译时，将会对源程序中所有的行进行编译。如果用户想在源程序中的部分内容满足一定条件时才编译，则可以通过条件编译对相应内容制定编译的条件来实现相应的功能。条件编译有以下 3 种形式。

（1）`#ifdef 标识符 程序段 1;#else 程序段 2;#endif`

其作用是，当标识符已经被定义过（通常用#define 命令定义）时，只对程序段 l 进行编译，否则编译程序段 2。

（2）`#ifndef 标识符 程序段 1;#else 程序段 2;#endif`

其作用是，当标识符已经没有被定义过（通常用#define 命令定义）时，只对程序段 l 进行编译，否则编译程序段 2。

（3）`#if 表达式 程序段 1;#else 程序段 2;#endif`

当表达式为真，编译程序段 1，否则，编译程序段 2。

三、设计用户函数

1. 函数的作用

函数的作用就相当于一台机器，这种机器的作用各不相同。不同的函数能完成不同的特定的功能。就好比面粉加工机可以将用户放入的面粉加工成食品一样，面料加工机会对面粉进行处理。C 语言的函数就是对用户放入的数据进行处理。

2. 设计用户函数

通过设计用户函数，可以使程序结构清晰，提高编程质量和效率。

（1）设计 LED 控制函数，使程序一看就明白。

1）使输出为高电平的函数如下：

```
void ledon(){
  DigitalWrite(LED,HIGH);   //使 LED 输出高电平
}
```

2）使输出为低电平的函数如下：

```
void ledoff(){
  digitalWrite(LED,LOW);   //使 LED 输出低电平
}
```

3）使输出为电平交替变化的函数如下：

```
void ledToggle(){
digitalWrite(LED,! digitalRead(LED));  //改变 LED 输出
}
```

（2）函数调用。函数调用程序如下：

```
#define LED1  2  //宏定义 LED1 为 2
void setup(){
  PinMode(LED1,OUTPUT);  //设置 LED1 为输出
  digitalWrite(LED1,HIGH); //LED1 输出为高电平
}

void loop(){
  ledOn();
  delay(500);
  ledOff();
  delay(500);
}

void ledOn(){
  digitalWrite(LED1,HIGH);
}

void ledoff(){
  digitalWrite(LED1,LOW);
}
```

（3）按键检测控制 LED 程序。程序如下：

```
#define LED 2 //宏定义 LED 为 2
#define key1 5   //宏定义 key1 为 5
int keyState = 0;  //定义按键状态 keyState,初始化为 0

void setup(){
```

```
  PinMode(LED,OUTPUT);  //设置 LED 为输出
  PinMode(KEY1,INPUT);  //设置按键 KEY1 为输入
  digitalWrite(LED,HIGH); //LED 输出为高电平

}

void loop(){
  Keyscan();  //按键扫描
  digitalWrite(LED,keyState); //根据按键扫描,确定 LED 输出
}

void KeyScan()//按键扫描函数
{

  if(digitalRead(KEY1)==0)//按键 KEY1 是否被按下
  {
    delay(50); //延时防抖动
    if(digitalRead(KEY1)==0)//查看按键 KEY1 是否还处于被按下状态
    {
      keyState = ! keyState;  //切换按键状态
      while(! digitalRead(KEY1)); //等待 KEY1 放手
    }
  }
}
```

技能训练

一、训练目标

（1）学会编写用户函数。
（2）学会应用按键控制 LED。

二、训练步骤与内容

1. 按照图 6-3 所示按键控制 LED 电路连接实验电路

2. 建立一个项目

（1）启动 Arduino 软件。
（2）选择“文件”→“新建”，自动创建一个新项目。
（3）选择“文件”→“另存为”，打开“另存为”对话框，选择另存的文件夹 E32A，在文件名栏输入“KeyLed3”，单击“保存”按钮，保存项目文件。

3. 输入程序

在 KeyLed3 项目文件编辑区输入按键检测控制 LED 程序，单击工具栏的保存按钮，保存项目文件。

4. 下载调试程序

（1）按图 6-3 连接控制电路。

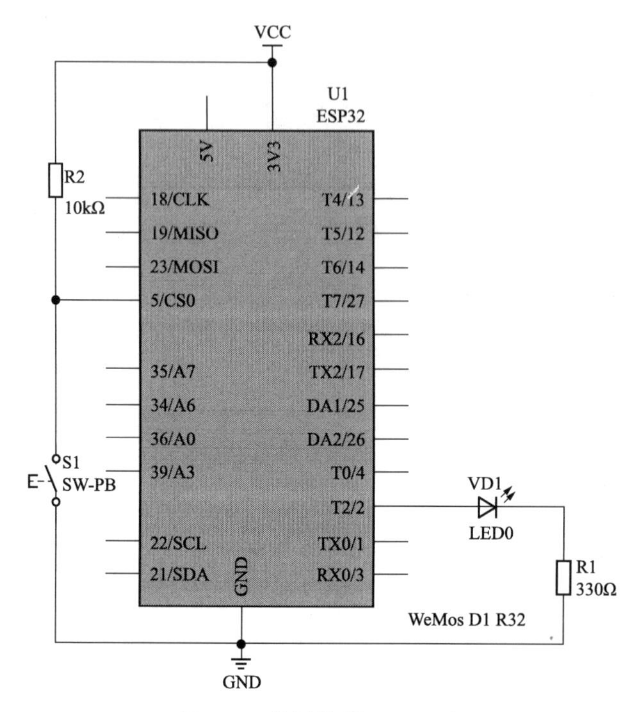

图 6-3 按键控制 LED 电路

（2）编译程序。

（3）单击工具栏的下载工具按钮图标，将程序下载到 WeMos D1 R32 开发板。

（4）下载完成，在软件调试提示区，观看下载结果。

（5）按下按键，观察 WeMos D1 R32 开发板连接指示灯的状态变化。

（6）再次按下按键，观察 WeMos D1 R32 开发板连接的指示灯的状态变化。

任务 15 使用数组控制 3 只 LED 流水灯

基础知识

一、数组与指针

1. 数组的定义

首先声明数组的类型，然后声明数组元素的个数（也就是需要多少存储空间）。格式如下：

元素类型 数组名[元素个数]；

比如：

```
A[3];
```

数组元素有顺序之分，每个元素都有一个唯一的下标（索引），而且都是从 0 开始。

2. 数组的使用

数组元素的访问：

```
A[i]
```

数组元素的初始化：

```
int a[3] = {10,9,6};
```

3. 指针变量的定义和使用

（1）定义指针。定义指针变量与定义普通变量非常类似，不过要在变量名前面加星号 *，格式如下：

```
int  * name;
```

其中，* 表示这是一个指针变量，int 表示该指针变量所指向的数据的类型 。name 是一个指向 int 类型数据的指针变量，至于 name 究竟指向哪一份数据，应该由赋予它的值决定。

（2）使用指针。

1）取地址。格式如下：

```
int a = 100;
int * p_a = &a;
```

在定义指针变量 p_ a 的同时对它进行初始化，并将变量 a 的地址赋予它，此时 p_ a 就指向了 a。值得注意的是，p_ a 需要是一个地址，故 a 前面必须要加取地址符 &，否则是不对的。

2）通过指针变量取得数据。指针变量存储了数据的地址，通过指针变量能够获得该地址上的数据，格式如下：

```
* point;
```

这里的 * 称为指针运算符，用来取得某个 point 地址上的数据。

3）程序中星号作用。星号（*）在不同的场景下有不同的作用：* 可以用在指针变量的定义中，表明这是一个指针变量，以和普通变量区分开；使用指针变量时在前面加 * 表示获取指针指向的数据，或者说表示的是指针指向的数据本身。定义指针变量时的 * 和使用指针变量时的 * 意义完全不同。以下面的语句为例：

```
int * p = &a;
 * p =6;
```

第 1 行代码中 * 用来指明 p 是一个指针变量，第 2 行代码中 * 用来获取指针指向的数据。由于给指针变量本身赋值时不能加 *，故应修改上面的语句为：

```
int * p ;
p= &a;
 * p =6;
```

即第 2 行代码中的 p 前面不能加 * 。

二、使用数组控制 3 只 LED 流水灯

使用数组控制红（R）、绿（G）、蓝（B）3 只 LED 流水灯，控制程序如下：

```
int LedPin[ ] = {13,12,14};

void setup(){
  unsigned char i;
  for(i =0; i <2; i++)
pinMode(LedPin[i],OUTPUT);   //循环设置 LedPin[i]为输出
digitalWrite(LedPin[i],LOW); //循环设置 LedPin[i]为低电平,熄灭 LED

}

void loop(){
```

```
  unsigned char i;
  for(i =0; i <3; i++){
    digitalWrite(LedPin[i],HIGH);   //点亮 LEDi
    delay(500);   // 等待 500 毫秒
  }
  for(i =0; i <3; i++){
    digitalWrite(LedPin[i],LOW);    // 熄灭 LEDi
    delay(500);               //等待 500 毫秒
  }
}
```

技能训练

一、训练目标

（1）学会使用数组。

（2）学会应用数组控制 3 只 LED 流水指示灯。

二、训练步骤与内容

1. 建立一个项目

（1）启动 Arduino 软件。

（2）选择“文件”→“新建”，自动创建一个新项目。

（3）选择“文件”→“另存为”，打开“另存为”对话框，选择另存的文件夹 E32A，在文件名栏输入“KeyRGB4”，单击“保存”按钮，保存项目文件。

2. 输入程序

在 KeyRGB4 项目文件编辑区输入使用数组控制 3 只 LED 流水灯程序，单击工具栏的保存按钮，保存项目文件。

3. 下载调试程序

（1）在 WeMos D1 R32 开发板的 GPIO13、GPIO12、GPIO14 引脚分别连接带限流电阻 RGB 三色 LED 指示灯阳极，共阴极端接地。

（2）编译程序。

（3）单击工具栏的下载工具按钮，将程序下载到 WeMos D1 R32 开发板。

（4）下载完成，在软件调试提示区，观看下载结果，观察 WeMos D1 R32 开发板连接的指示灯的状态变化。

任务 16　PWM 呼吸灯控制

基础知识

一、WeMos D1 R32 板的 PWM 控制

1. 数字输入输出接口

WeMos D1 R32 板有 23 个数字 I/O 输入输出接口，除了 GPIO34、GPIO35、GPIO36、GPIO39 外，均可作为数字输入/输出（I/O）使用。

2. PWM 输出

Arduino for ESP32 并没有一般 Arduino 中用来输出 PWM 的 analogWrite（pin，value）方法，取而代之的 ESP32 有一个 LEDC，设计是用来控制 LED，用于实现呼吸灯或是控制全彩 LED 类。

ESP32 的 LEDC 总共有 16 个路通道（0～15），分为高低速两组，高速通道（0～7）由 80MHz 时钟驱动，低速通道（8～15）由 1MHz 时钟驱动。

3. PWM 常用方法

（1）PWM 设置。设置 LEDC 通道对应的频率和计数位数（占空比分辨率）的语句如下：

```
double ledcSetup(uint8_t channel,double freq,uint8_t resolution_bits)
```

其中，channel 为通道号，取值 0～15；freq 为期望设置频率；resolution_ bits 为计数位数，取值 0～20（该值决定后面 ledcWrite 方法中占空比的可写值，比如该值为 10，则占空比最大可写 1023）；通道最终频率计算为

通道最终频率＝时钟／（分频系数 ＊（1 << 计数位数））；

其中，分频系数最大为 1024。

（2）设置通道占空比。指定通道输出一定占空比波形的语句如下：

```
void ledcWrite(uint8_t channel,uint32_t duty)
```

（3）设置输出音调。类似于 Arduino 的 tone，当外接无源蜂鸣器的时候可以发出某个声音（根据频率不同而不同），语句如下：

```
double ledcWriteTone(uint8_t channel,double freq)
```

若进一步封装，可以直接输出指定调式和音阶声音的信号，如下：

```
double ledcWriteNote(uint8_t channel,note_t note,uint8_t octave)
```

其中，note 为调式，相当于 do、re、mi、fa…这些，取值为 NOTE_ C，NOTE_ Cs，NOTE_ D，NOTE_ Eb，NOTE_ E，NOTE_ F，NOTE_ Fs，NOTE_ G，NOTE_ Gs，NOTE_ A，NOTE_ Bb，NOTE_ B；octave 为音阶，取值为 0～7。

（4）读取通道占空比。返回指定通道占空比的值的语句如下：

```
uint32_t ledcRead(uint8_t channel)
```

（5）读取通道频率。返回指定通道当前频率（如果当前占空比为 0 则该方法返回 0）的语句如下：

```
double ledcReadFreq(uint8_t channel)
```

（6）通道绑定。将 LEDC 通道绑定到指定 I/O 口上以实现输出的语句如下：

```
void ledcAttachPin(uint8_t pin,uint8_t channel)
```

（7）解除 PWM 功能。解除 I/O 口的 LEDC 功能的语句如下：

```
void ledcDetachPin(uint8_t pin)
```

二、PWM 输出控制

1. PWM 输出测试

在 GPIO16 输出 PWM，通过 GPIO12 读取 GPIO16 输出的信号，程序如下：

```
void setup()
{
  Serial.begin(115200);
  Serial.println();

  ledcSetup(9,2,8);  //设置 LEDC 通道 8 频率为 2,分辨率为 8 位,即占空比可选 0～255
```

```
  ledcAttachPin(16,9); //设置 LEDC 通道 9 在 IO16 上输出

  pinMode(12,INPUT_PULLDOWN);


    ledcWrite(9,100); //设置输出 PWM,占空比为 100
    for(int j = 0; j < 20; j++)
    {
      delay(50);
      Serial.println(digitalRead(12));
    }
}

void loop()
{
}
```

2. PWM 呼吸灯控制

PWM 呼吸灯控制程序如下:

```
int Led = 16;

void setup()
{
  ledcSetup(9,1000,8);  //设置 LEDC 通道 9,频率为 1000,分辨率为 8 位,即占空比可选 0 ~255
  ledcAttachPin(Led,9); //设置 LEDC 通道 9 在 IO16 上输出

}

void loop()
{
  for(int i=0;i<255;i+=5){
    ledcWrite(9,i); //设置输出 PWM,占空比增加,亮度增加
    delay(50);
    }
   for(int j=255;j>0;j-=5){
    ledcWrite(9,j); //设置输出 PWM,占空比减小,亮度降低
    delay(50);
    }
    delay(1000);
}
```

三、模拟输入控制

1. 模拟输入

模拟输入接口 Pin 共 15 个，分别为 A0、A3、A4、A5、A6、A7、A10、A12 ~ A19，分别对应 GPIO36、GPIO39、GPIO32、GPIO33、GPIO34、GPIO35、GPIO4、GPIO2、GPIO15、GPIO13、

GPIO12、GPIO14、GPIO27、GPIO25、GPIO26。

2. 模拟输入函数

（1）读取模拟输入函数为 analogRead（Pin），该函数从模拟输入指定引脚读取模拟信号，获取返回值。ESP32 的模拟输入分辨率是 12 位，输入函数的返回值是 0～4095，对应的输入电压是 0～3.3V。模拟输入接口 Pin 共 15 个，建议使用 A0、A3、A4、A5、A6、A7，即对应的 GPIO36、GPIO39、GPIO32、GPIO33、GPIO34、GPIO35、GPIO4 引脚。

（2）设定取样分辨率函数为 analogSetWidth（bits）。该函数设置函数 analogRead（Pin）的取样分辨率。取样分辨率设置 bits 取值范围是 9～12，当设置为 9 时，对应的函数 analogRead（Pin）返回值范围是 0～511。

（3）ACD 控制程序如下：

```
int acdPin = 36
void setup(){
  Serial.begin(115200);
  analogSetWidth(9);
}

void loop(){
  acdVol=analogRead(acdPin);
  Serial.println(acdVol);
  delay(1000);
}
```

调整连接在 GPIO36 引脚的电位器，可以改变模拟输入电压的大小，通过串口可以监视读取模拟输入电压值。

技能训练

一、训练目标

（1）了解 PWM 输出。

（2）学会应用 PWM 输出控制 LED 呼吸灯。

二、训练步骤与内容

1. 建立一个项目

（1）启动 Arduino 软件。

（2）选择“文件”→“新建”，自动创建一个新文件。

（3）选择“文件”→“另存为”，打开“另存为”对话框，选择另存的文件夹 E32，在文件名栏输入“EPWM2”，单击“保存”按钮，保存文件。

2. 输入程序

在文件编辑区输入 PWM 呼吸灯控制程序，单击工具栏的保存按钮，保存文件。

3. 下载调试程序

（1）在 WeMos D1 R32 开发板的 GPIO16 引脚连接带限流电阻 LED 指示灯阳极，阴极端接地。

（2）编译程序。

（3）单击工具栏的下载工具按钮，将程序下载到 WeMos D1 R32 开发板。

（4）下载完成，在软件调试提示区，观看下载结果，观察 WeMos D1 R32 开发板连接的指示灯的状态变化。

任务 17　外部中断输入控制

基础知识

一、中断控制

1. 采用中断的优点

（1）实时控制。利用中断技术，各服务对象和功能模块可以根据需要，随时向 CPU 发出中断申请，并使 CPU 为其工作，以满足实时处理和控制需要。

（2）分时操作。中断技术可以提高 CPU 的效率，只有当服务对象或功能部件向单片机发出中断请求时，单片机才会转去为它服务。这样，利用中断功能，多个服务对象和部件就可以同时工作，提高了 CPU 的效率。

（3）故障处理。单片机系统在运行过程中突然发生硬件故障、运算错误及程序故障等情况时，可以通过中断系统及时向 CPU 发出请求中断，进而 CPU 转到响应的故障处理程序进行处理。

2. 中断触发模式

（1）中断源。中断源是指能够向单片机发出中断请求信号的部件和设备。中断源又可以分为外部中断和内部中断。单片机内部的定时器、串行接口、TWI、ADC 等功能模块都可以工作在中断模式下，在特定的条件下产生中断请求，这些位于单片机内部的中断源称为内部中断。外部设备也可以通过外部中断入口，向 CPU 发出中断请求，这类中断称为外部中断。

（2）外部中断触发模式。外部中断可以定义为由中断引脚上的下降沿、上升沿、任意逻辑电平变化、低电平触发和高电平触发，外部设备触发外部中断的输入信号类型，通过设置中断模式，即设置中断触发方式。ESP32 控制器支持的 5 种中断触发方式见表 6-5。

表 6-5　中断触发方式

触发模式名称	触发方式
ONLOW（低电平）	低电平触发
CHANGE（电平变化）	电平变化触发，即低电平变高电平或高电平变低电平时触发
ONHIGH	高电平触发
RISING（上升沿）	上升沿触发，即低电平变高电平
FALLING（下降沿）	下降沿触发，即高电平变低电平

3. 中断函数

（1）指定中断引脚函数。该函数指定中断引脚，并对中断引脚进行初始化设置，以开启 ESP32 控制器的中断功能，如下：

```
attachInterrupt(pin,function,mode)
```

其中，引脚 pin 为中断触发引脚，ESP32 所有的 23 个引脚都可以作为中断引脚使用；中断响应函数 function 是响应中断后的处理函数，当中断被触发后，就让 Arduino 控制器执行该中断函数，中断函数不带任何参数，且返回类型为空；中断模式 mode 指定中断的触发方式。

（2）中断分离函数。不使用中断时，可以用中断分离函数 detachInterrupt（）关闭中断功能。如下：

```
detachInterrupt(pin)
```

当中断被触发后，Arduino 控制器执行该函数中的程序语句。在使用中断时，还需要在初始化 setup（）中使用 attachInterrupt（）对中断引脚进行初始化配置，以开启 Arduino 控制器的中断功能。

二、用中断控制 LED 灯

1. 控制要求

使用 GPIO16 中断下降沿控制 LED 灯。

2. 控制程序

用中断控制 LED 灯的程序如下：

```
#define LED_PIN2
int LED_state = LOW; //LED 初始状态为低电平 0
int key = 16
void setup(){
  pinMode(LED_PIN,OUTPUT); //定义 LED_PIN 为输出
  pinMode(key,INPUT); //定义 key 为输入
  attachInterrupt(key,InterruptFunc,FALLING);//设置中断号、响应函数、触发方式
}
//主循环函数
void loop(){
  digitalWrite(LED_PIN,LED_state); //将 LED_state 状态写入 LED_PIN
  delay(500);
}
//中断响应函数
void InterruptFunc(){
LED_state = ! LED_state;  //状态翻转
}
```

在初始化函数中，设定驱动 LED 灯的 GPIO2 引脚为输出，设置获取 GPIO16 对应的中断响应函数 InterruptFunc（）触发方式为下降沿触发。

中断发生时，LED_ state 状态翻转。

主循环函数，根据 LED 灯状态变量的值，确定 GPIO2 引脚输出的状态。LED_ state =1 时，通过 digitalWrite（）置位 LED_ PIN；LED_ state =0 时，通过 digitalWrite（）复位 LED_ PIN。

技能训练

一、训练目标

（1）了解中断概念。

（2）学会使用中断控制 LED。

二、训练步骤与内容

1. 建立一个项目

（1）启动 Arduino 软件。

（2）选择“文件”→“新建”，自动创建一个新项目。

（3）选择“文件”→“另存为”，打开“另存为”对话框，选择另存的文件夹 E32A，在文件名栏输入“E005”，单击“保存”按钮，保存 E005 项目文件。

2. 输入程序

在 E005 项目文件编辑区输入用中断控制 LED 灯程序，单击工具栏的保存按钮，保存项目文件。

3. 下载调试程序

（1）在 WeMos D1 R32 开发板的 GPIO16 引脚分别连接按钮开关，开关另一端接地，按钮开关上部连接 3.3kΩ 限流电阻。

（2）编译程序。

（3）单击工具栏的下载工具按钮，将程序上传到 WeMos D1 R32 开发板。

（4）上传完成，观察每一次按下按钮开关后 LED 指示灯亮度的变化。

任务 18　SPI 移位输出控制

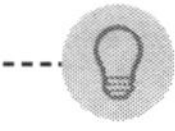

基础知识

一、数码管显示控制

1. 集成电路 74HC595

74HC595 是硅结构的 COMS 器件，兼容低电压 TTL 电路，遵守 JEDEC 标准。74HC595 有 8 位移位寄存器和 1 个存储器，具有三态输出功能。移位寄存器和存储寄存器的时钟是分开的。数据在 SHCP（移位寄存器时钟输入）的上升沿输入到移位寄存器中，在 STCP（存储器时钟输入）的上升沿输入到存储寄存器中。如果两个时钟连在一起，则移位寄存器总是比存储器早一个脉冲。移位寄存器有一个串行移位输入端（DS）和一个串行输出端（SQh），还有一个异步低电平复位，存储寄存器有一个并行 8 位且具备三态的总线输出，当使能 OE 时（为低电平），存储寄存器的数据输出到总线。

（1）74HC595 引脚说明见表 6-6。

表 6-6　74HC595 引脚说明

引脚号	符号（名称）	端口描述
15、1～7	Qa～Qh	8 位并行数据输出口
8	GND	电源地
16	VCC	电源正极
9	SQh	串行数据输出
10	MR	主复位（低电平有效）

续表

引脚号	符号（名称）	端口描述
11	SHCP	移位寄存器时钟输入
12	STCP	存储寄存器时钟输入
13	OE	输出使能端（低电平有效）
14	SER	串行数据输入

（2）74HC595 真值表见表 6-7。

表 6-7　　74HC595 真值表

STCP	SHCP	MR	OE	功能描述
*	*	*	H	Qa ~ Qh 输出为三态
*	*	L	L	清空移位寄存器
*	↑	H	L	移位寄存器锁定数据
↑	*	H	L	存储寄存器并行输出

（3）74HC595 内部结构如图 6-4 所示。

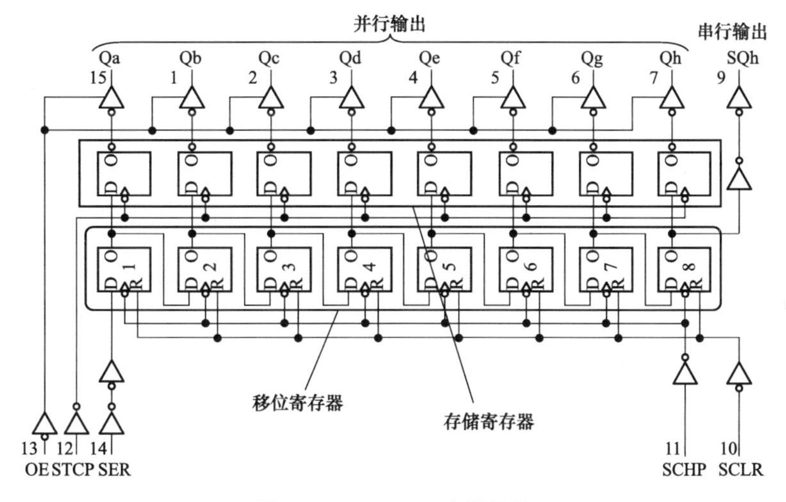

图 6-4　74HC595 内部结构

（4）74HC595 操作时序如图 6-5 所示。结合 74HC595 内部结构，首先数据的高位从 SER（14 脚）引脚进入，伴随的是 SHCP（11 脚）一个上升沿，这样数据就移入到了移位寄存器，接着送数据第 2 位，请注意，此时数据的高位也受到上升沿的冲击，从第 1 个移位寄存器的 Q 端到达了第 2 个移位寄存器的 D 端，而数据第 2 位就被锁存在了第一个移位寄存器中，依次类推，8 位数据就锁存在了 8 个移位寄存器中。由于 8 个移位寄存器的输出端分别和后面的 8 个存储寄存器相连，因此这时的 8 位数据也会在后面 8 个存储器上，接着在 STCP（12 脚）上出现一个上升沿，这样，存储寄存器的 8 位数据就一次性并行输出了。从而达到了串行输入，并行输出的效果。

先分析 SHCP，它的作用是产生时钟，在时钟的上升沿将数据一位一位地移进移位寄存器。可以设置 SHCP = 0；SHCP = 1。这样循环 8 次，就是 8 个上升沿和 8 个下降沿；接着看

SER，它是串行数据，由上可知，时钟的上升沿有效，那么就是 a ~ h 虚线所对应的 SER 处的值，串行数据为 0b01001011；之后就是 STCP 了，它是 8 位数据并行输出脉冲，也是上升沿有效，因此在它的上升沿之前，Qa ~ Qh 的值是多少并不清楚，所以就画成了一个高低不确定的值。

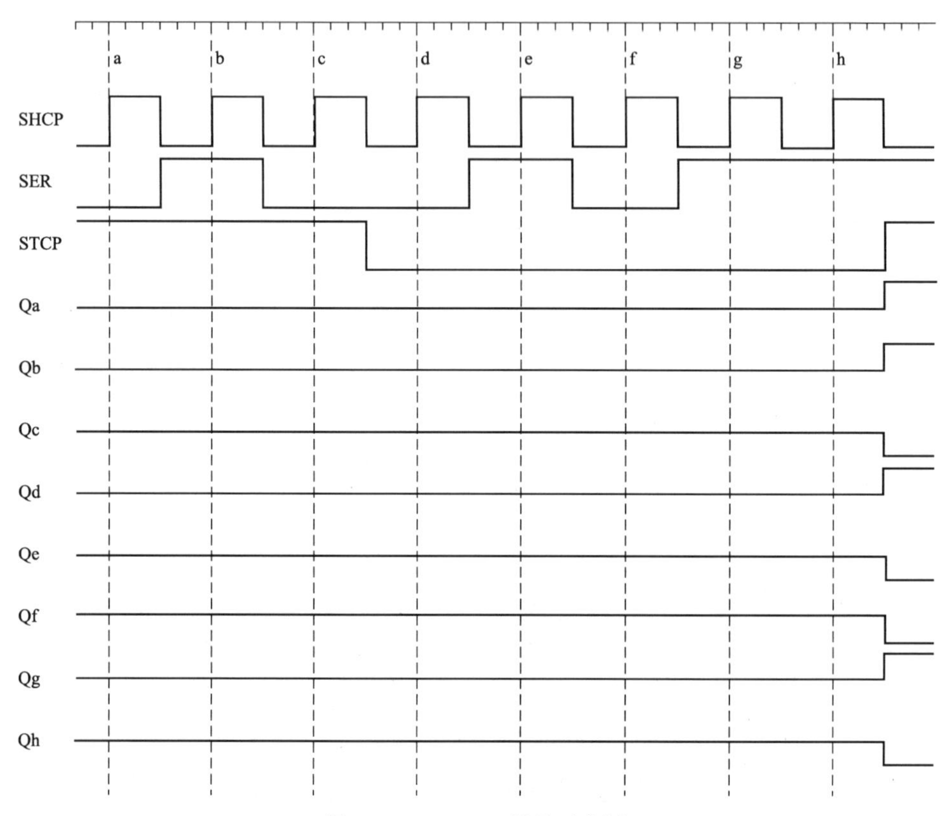

图 6-5　74HC595 操作时序图

STCP 的上升沿产生之后，从 SER 输入的 8 位数据会并行输出到 8 条总线上，但这里一定要注意对应关系，Qh 对应串行数据的最高位，依次数据为“0”，之后依次对应关系为 Qg（数值“1”）…Qa（数值“1”）。再来对比时序图中的 Qh…Qa，数值为 0b01001011，这个数值刚好是串行输入的数据。

当然还可以利用此芯片来级联，就是一片接一片，这样 3 个 I/O 口就可以扩展 24 个 I/O 口，此芯片的移位频率由数据手册可知是 30MHz，因而还是可以满足一般的设计需求。

2. 控制 LED 数码管电路

控制 LED 数码管电路如图 6-6 所示。

3. 控制程序

（1）位移输出函数 shiftOut（）。位移输出函数 shiftOut（）的功能是将一个数据的一个字节一位一位的移出，其语法如下：

```
shiftOut(dataPin,clockPin,bitOrder,value)
```

其中，dataPin 为输出每一位数据的引脚（int）；clockPin 为时钟脚，当 dataPin 有值时此引脚电平变化（int）；bitOrder 为输出位的顺序，MSBFISRT 最高位优先或 LSBFISRT 最低位优先；value 为要移位输出的数据（Byte）。返回值：无。

（2）74HC595 控制数码管程序如下：

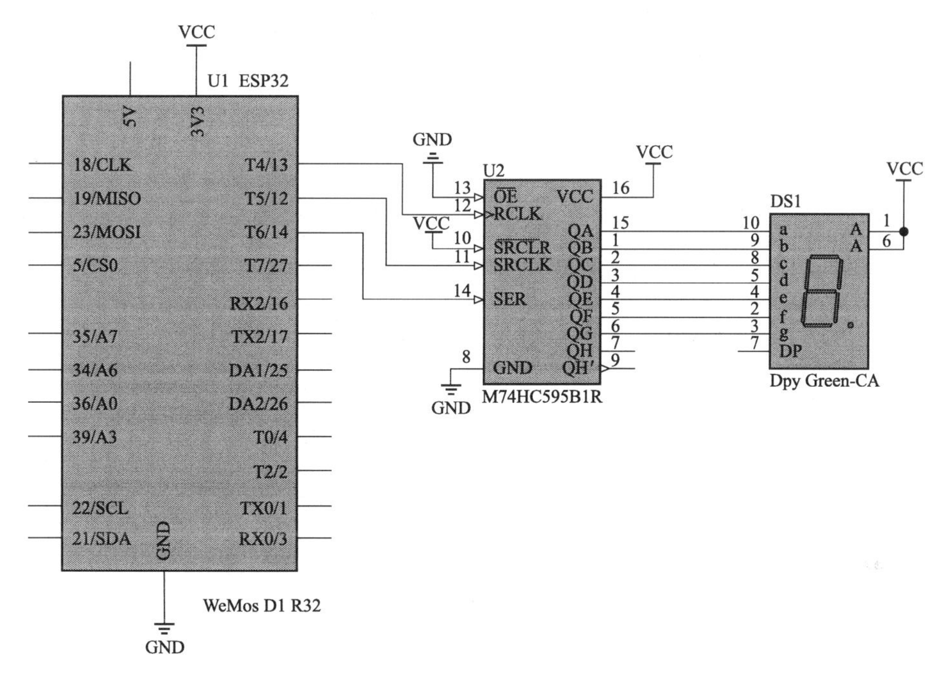

图 6-6　控制 LED 数码管电路

```
int latchPin =12;
int clockPin =13;
int dataPin =14;
//定义段码数组
const unsigned char DuanMa[10] = {
  0x3f,0x06,0x5b,0x4f,0x66,0x6d,0x7d,0x07,0x7f,0x6f};

//初始化程序
void setup(){
  pinMode(latch,OUTPUT);
  pinMode(dataPin,OUTPUT);
  pinMode(clockPin,OUTPUT);
}
//主循环程序
void loop(){
//循环显示 0 ~9 共 10 个数字
  for(int n = 0; n < 10; n++){
    digitalWrite(latch,HIGH);
    digitalWrite(latch,LOW);
    shiftOut(dataPin,clockPin,MSBFIRST, ~DuanMa[n]);
    digitalWrite(latch,HIGH);
    digitalWrite(latch,LOW);
    delay(500);
```

```
  }
}
```

（3）4 位数码管控制程序。通过两只移位寄存器 M74HC595 进行级联，一只 HC595 输出控制位选信号，另一只 HC595 控制数码管段码，实现对数码管的级联控制。HC595 级联电路如图 6-7 所示。

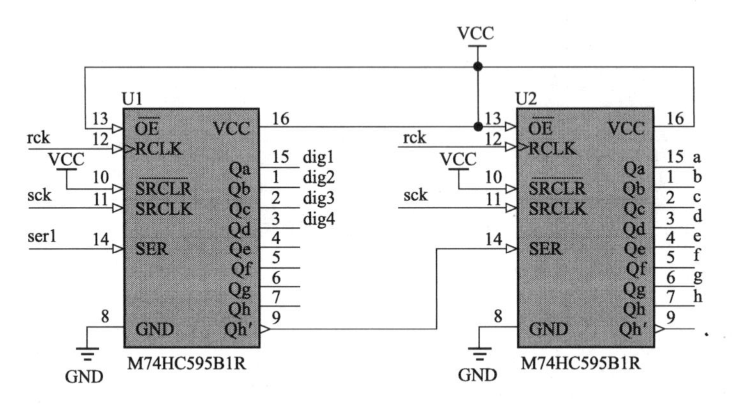

图 6-7　HC595 级联电路

4 位数码管控制程序如下：

```
unsigned char seg[] =
{ //0   1   2   3   4   5   6   7   8   9   A   b   C   d   E   F   -
  0xC0,0xF9,0xA4,0xB0,0x99,0x92,0x82,0xF8,0x80,0x90,0x8C,0xBF,0xC6,0xA1,
0x86,0xFF,0xbf
};
unsigned char wei[] = {0x01,0x02,0x04,0x08,0x10,0x20,0x40,0x80};
int clockPin = 12;  //移位脉冲
int latchPin = 13;  //锁存
int dataPin = 14;  //位数据

unsigned char num[4];
void setup()
{ //设置 3 个引脚为输出
  pinMode(clockPin,OUTPUT);
  pinMode(latchPin,OUTPUT);
  pinMode(dataPin,OUTPUT);
}

void loop()
{
  num[0] = 1;
  num[1] = 2;
  num[2] = 3;
  num[3] = 4;
  for(int i = 0; i < 4; i++){
```

```
      shiftOut(dataPin,clockPin,MSBFIRST,seg[num[i]]);
      shiftOut(dataPin,clockPin,MSBFIRST,wei[i]);
      digitalWrite(latchPin,HIGH);
      digitalWrite(latchPin,LOW);
      delay(5);
    }

}
```

（4）8 位数码管控制程序。在图 6-7 基础上，增加数码管的位输出数量到 8 个，就可以级联驱动 8 只数码管了。8 位数码管控制程序如下：

```
unsigned char seg[] =
{ //0   1   2   3   4   5   6   7   8   9   A   b   C   d   E   F   -
  0xC0,0xF9,0xA4,0xB0,0x99,0x92,0x82,0xF8,0x80,0x90,0x8C,0xBF,0xC6,0xA1,
0x86,0xFF,0xbf
};
unsigned char wei[] = {0x01,0x02,0x04,0x08,0x10,0x20,0x40,0x80};
int clockPin = 12;  //移位脉冲
int latchPin = 13;  //锁存
int dataPin = 14;   //位数据

unsigned char num[4];
void setup()
{ //设置 3 个引脚为输出
  pinMode(clockPin,OUTPUT);
  pinMode(latchPin,OUTPUT);
  pinMode(dataPin,OUTPUT);
}

void loop()
{
  num[0] = 1;
  num[1] = 2;
  num[2] = 3;
  num[3] = 4;
  num[4] = 5;
  num[5] = 6;
  num[6] = 7;
  num[7] = 8;

  for(int i = 0; i < 8; i++){
    shiftOut(dataPin,clockPin,MSBFIRST,seg[num[i]]);
    shiftOut(dataPin,clockPin,MSBFIRST,wei[i]);
    digitalWrite(latchPin,HIGH);
    digitalWrite(latchPin,LOW);
```

```
    delay(1);
  }
}
```

二、硬件 SPI

1. SPI 接口

SPI（Serial Perripheral Interface）是串行外围设备接口，是一种同步串行接口技术。SPI总线在物理上是通过接在外围设备微控制器上面的微处理控制单元上叫做同步串行端口的模块来实现的，它允许微处理器以全双工的同步串行方式，与各种外围设备进行高速数据通信。

SPI 采用主从工作模式。SPI 规定了两个 SPI 设备之间通信必须由主设备（Master）来控制次设备（Slave）。一个 Master 设备可以通过提供 Clock 以及对 Slave 设备进行片选（Slave Select）来控制多个 Slave 设备，SPI 协议还规定 Slave 设备的 Clock 由 Master 设备通过 SCK 管脚提供给 Slave 设备，Slave 设备本身不能产生或控制 Clock，没有 Clock 则 Slave 设备不能正常工作。

SPI 通信有一个主设备和一个或多个从设备。为了连接从设备，主设备通常有 4 条信号线。

（1）MOSI：主输出、从输入，用于主机向从设备发送数据。

（2）MISO：主输入、从输出，用于从机向主设备发送数据。

（3）SCLK：串行时钟线，确定主从之间的通信速率。

（4）SS：从机设备选择线，低电平时选择从设备。一个主设备可以有多个从设备选择线，每次只能与一个从设备进行通信。

SPI 采用全双工、同步通信模式。SPI 没有对最大通信速率、流控或通信应答做约束，因此主从间的通信自由、形式多样。用户在使用 SPI 时，需要认真研读 SPI 设备手册。

2. ESP32 的 SPI 接口

ESP32 的 SPI 接口有 4 个，分别是 SPI0、SPI1、HSPI 和 VSPI。SPI0、SPI1 用于 Flash 读写，仅有 HSPI 和 VSPI 可供用户使用。

ESP32 的 SPI 接口见表 6-8。

表 6-8　　ESP32 的 SPI 接口

SPI 类型	MOSI	MISO	SCLK	SS
HSPI	13	12	14	15
VSPI	23	19	18	5

3. SPI 通信流程

（1）SPI 主设备设定同步通信参数。

（2）SPI 主设备的 SS 输出低电平，激活从设备。

（3）短暂延时后，SPI 主设备发送时钟脉冲，同时在 MOSI 上发送数据，在 MISO 上接收数据。从设备在 MOSI 上接收数据，在 MISO 上发送数据。一个时钟周期发送接收一位数据。数据是按照字节（8 位）发送的。

（4）完成之后，主设备发送停止发送时钟信号，SS 端输出高电平，断开从设备。

4. SPI 类库和函数

SPI 类库用于控制 SPI 通信，主要有 begin（）、setBitOrder（）、setFrequence（）、setDataMode（）、beginTransaction（）、endTransaction（）、transfer（）、end（）等。

（1）初始化函数 SPI. begin（）。初始化 SPI 接口，默认为 VSPI 接口。接口通信参数：频率 1000000Hz，数据传输方式为 MSBFIRST，时钟模式为 SPI_ MODE0。

（2）设定数据在串行总线上的传输方式函数 SPI. setBitOrder（bitorder）。默认为 MSBFIRST，数据高位先传输。

（3）设定 SPI 时钟频率函数 SPI. Frequence（）。默认传输频率是 1000000Hz。

（4）设置 SPI 时钟模式函数 SPI. setDataMode（）。默认为 SPI_ MODE0。

（5）设定 SPI 参数并启动 SPI 通信函数 SPI. beginTransaction（）。采用该函数后，可以不使用其他的设定参数函数。

（6）结束 SPI 通信传输函数 SPI. endTransaction（）。结束 SPI 通信传输。

（7）传输 SPI 数据函数 SPI. transfer（value）。发送一个字节数据 value，函数返回值为接收到数据，每次调用这个函数，只发送一个字节数据或接收一个字节数据，发送多字节数据时，可以多次调用该函数。

（8）终止 SPI 通信函数 SPI. end（）。终止 SPI 操作，释放 SPI 通信的 GPIO 端口。

5. SPI 应用

双 74HC595 驱动 8 位数码管程序如下：

```
#include <SPI.h>
int RCLK = 16; //指定锁存引脚
unsigned char seg[] =
{ //0   1   2   3   4   5   6   7   8   9   A   b   C   d   E   F   -
  0xC0,0xF9,0xA4,0xB0,0x99,0x92,0x82,0xF8,0x80,0x90,0x8C,0xBF,0xC6,0xA1,
0x86,0xFF,0xbf
};
unsigned char wei[] = {0x01,0x02,0x04,0x08,0x10,0x20,0x40,0x80};
unsigned char num[8];

SPIClass vspi(VSPI); //设置 SPI 对象

void setup(){
  vspi.begin();
  pinMode(RCLK,OUTPUT);
  digitalWrite(RCLK,LOW);
}

void loop(){
  num[0] = 1;
  num[1] = 2;
  num[2] = 3;
  num[3] = 4;
  num[4] = 5;
  num[5] = 6;
  num[6] = 7;
  num[7] = 8;
```

```
for(int i = 0; i < 8; i++){
  vspi.transfer(seg[num[i]]); //传输数码管段码数据
  vspi.transfer(wei[i]);       //传输数码管驱动位码数据
  digitalWrite(RCLK,HIGH);   //输出锁存脉冲信号,更新输出驱动
  digitalWrite(RCLK,LOW);
  delay(1);
}

}
```

技能训练

一、训练目标

（1）了解数码管的结构。

（2）学会数码管控制。

二、训练步骤与内容

1. 建立一个工程

（1）启动 Arduino 软件。

（2）选择“文件”→“新建”，自动创建一个新项目。

（3）选择“文件”→“另存为”，打开“另存为”对话框，选择另存的文件夹 E32A，在文件名栏输入“SEG6”，单击“保存”按钮，保存项目文件。

2. 编写程序文件

在 SEG6 项目文件编辑区输入“74HC595 控制数码管”程序，单击工具栏的保存按钮，保存项目文件。

3. 编译程序

（1）选择“项目”→“验证/编译”，或单击工具栏的验证/编译按钮，Arduino 软件首先验证程序是否有误，若无误，程序自动开始编译程序。

（2）等待编译完成，可在软件调试提示区观看编译结果。

4. 调试

（1）按图 6-6 所示控制 LED 数码管电路连接实训电路。

（2）下载调试程序。

1）单击工具栏的下载按钮，将程序下载到 WeMos D1 R32 开发板。

2）下载完成，在软件调试提示区，观看下载结果，观察 WeMos D1 R32 开发板连接的数码管的状态变化。

3）修改数码管延时参数，重新编译下载程序，观察 WeMos D1 R32 开发板连接的数码管的状态变化。

习题6

1. 使用 for 循环控制 LED 灯闪烁 6 次，延时 3s 后，进入 loop 循环。将程序下载到 ESP32 控制板，观察实验效果。

2. 使用 GPIO5，修改按键中断控制 LED 程序，将程序下载到 WeMos D1 R32 开发板，观察

实验效果。

3. 将控制 3 只 LED 流水灯控制程序的端口改为 WeMos D1 R32 开发板的数字端口 GPIO15、GPIO16、GPIO17，重新修改程序，下载到 WeMos D1 R32 开发板，观察实验效果。

4. 设计使用数组和 74HC595 循环控制 8 只 LED 灯的程序。下载到 WeMos D1 R32 开发板，观察实验效果。

5. 使用 ESP32 的 SPI 类库函数，利用数组和 74HC595 循环控制 8 只 LED 灯。设计程序，并将其下载到 WeMos D1 R32 开发板，观察实验结果。

项目七 串口通信与控制

学习目标

（1）了解串口通信。

（2）学会用串口控制 LED 灯。

任务 19 串口通信与控制

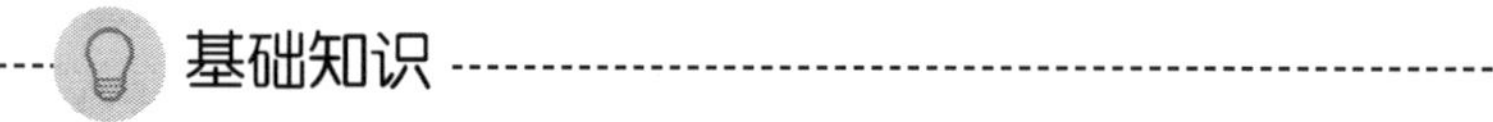

一、串口通信

串行接口（Serial Interface）简称串口，串口通信是指数据一位一位地按顺序传送，实现两个串口设备的通信。其特点是通信线路简单，只要一对传输线就可以实现双向通信，从而降级了成本，特别适用于远距离通信，但传送速度较慢。

1. 通信的基本方式

（1）并行通信。数据的每位同时在多根数据线上发送或者接收。并行通信方式如图 7-1 所示。

并行通信的特点：各数据位同时传送，传送速度快，效率高；但有多少数据位就需要多少根数据线，传送成本高。并行数据传送的距离通常小于 30m，在集成电路芯片的内部、同一插件板上各部件之间、同一机箱内部插件之间等的数据传送是并行的。

（2）串行通信。数据的每一位在同一根数据线上按顺序逐位发送或者接收。串行通信方式如图 7-2 所示。

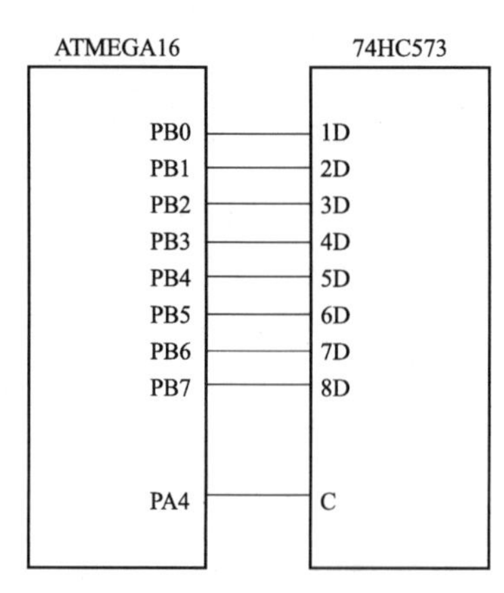

图 7-1　并行通信方式

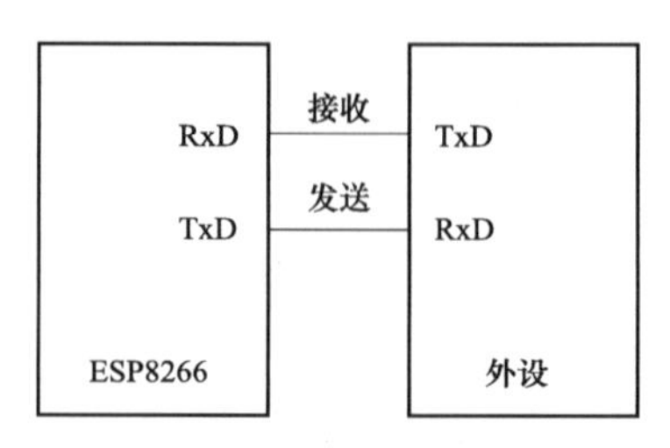

图 7-2 串行通信方式

串行通信的特点：数据传输按位顺序进行，只需两根传输线即可完成，成本低，但速度慢。计算机与远程终端、远程终端与远程终端之间的数据传输通常都是串行的。串行通信在数据采集和控制系统中得到了广泛的应用，产品种类也是多种多样的。与并行通信相比，串行通信还有下列较为显著的特点。

1）传输距离较长，可以从几米到几千米。

2）串行通信的通信时钟频率较易提高。

3）串行通信的抗干扰能力十分强，其信号间的互相干扰完全可以忽略。

2. 串行通信的工作模式

通过单线传输信息是串行数据通信的基础。数据通常是在两个站（点对点）之间进行传输，按照数据流的方向可分为 3 种传输模式（制式）。

（1）单工模式。单工模式的数据传输是单向的。通信双方中，一方为发送端，另一方则固定为接收端，信息只能沿一个方向传输，使用一根数据线。单工模式如图 7-3 所示。

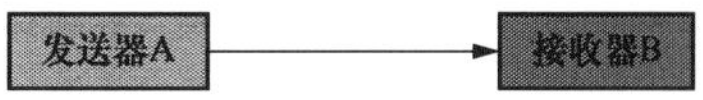

图 7-3　单工模式

单工模式一般用在只向一个方向传输数据的场合。如收音机，收音机只能接收发射塔给它的数据，它并不能给发射塔数据。

（2）半双工模式。半双工模式是指通信双方都具有发送器和接收器，双方即可发射也可接收，但接收和发射不能同时进行，即发射时就不能接收，接收时就不能发送。半双工模式如图 7-4 所示。

半双工模式一般用在数据能在两个方向传输的场合。如对讲机就是很典型的半双工通信实例，读者若有机会，可以自己购买套件，之后焊接、调试，亲自体验一下半双工的魅力。

（3）全双工模式。全双工数据通信分别由两根可以在两个不同的站点同时发送和接收的传输线进行传输，通信双方都能在同一时刻进行发送和接收操作。全双工模式如图 7-5 所示。

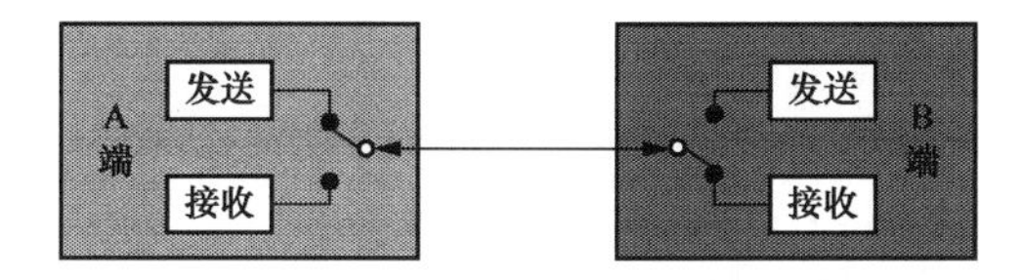

图 7-4　半双工模式

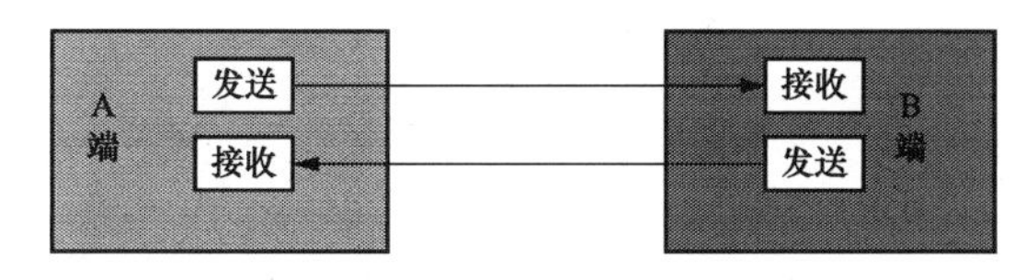

图 7-5　全双工模式

在全双工模式下，每一端都有发送器和接收器，有两条传输线，可在交互式应用和远程监控系统中使用，信息传输效率较高。如大家所熟悉的手机，就是全双工通信模式的。

3. 异步传输和同步传输

在串行传输中，数据是一位一位地按照到达的顺序依次进行传输的，每位数据的发送和接收都需要时钟来控制。发送端通过发送时钟确定数据位的开始和结束，接收端需在适当的时间间隔对数据流进行采样，以正确地识别数据。接收端和发送端必须保持步调一致，否则就会在数据传输中出现差错。为了解决以上问题，串行传输可采用异步传输和同步传输这两种方式。

（1）异步传输。在异步传输方式中，字符是数据传输单位。在通信的数据流中，字符之间异步，字符内部各位间同步。异步通信方式的“异步”主要体现在字符与字符之间的通信没有严格的定时要求。在异步传输中，字符可以是连续地、一个个地发送，也可以是不连续地、随机地单独发送。在一个字符格式的停止位之后，立即发送下一个字符的起始位，开始一个新的字符的传输，这叫作连续地串行数据发送，即帧与帧之间是连续的。断续的串行数据传输是指在一帧结束之后维持数据线的“空闲”状态，新的起始位可在任何时刻开始。一旦传输开始，组成这个字符的各个数据位将被连续发送，并且每个数据位持续时间是相等的。接收端根据这个特点与数据发送端保持同步，从而正确地恢复数据。收发双方则以预先约定的传输速度，在时钟的作用下，传输这个字符中的每一位。

（2）同步传输。同步通信是一种连续传送数据的通信方式，一次通信传送多个字符数据，称为一帧信息。数据传输速率较高，通常可达56000bit/s或更高。其缺点是要求发送时钟和接收时钟保持严格同步。比如，可以在发送器和接收器之间提供一条独立的时钟线路，由线路的一端（发送器或者接收器）定期在每个比特时间中向线路发送一个短脉冲信号，另一端则将这些有规律的脉冲作为时钟。这种方法在短距离传输时表现良好，但在长距离传输中，定时脉冲可能会和信息信号一样受到破坏，从而出现定时误差。另一种方法是通过采用嵌有时钟信息的数据编码位向接收端提供同步信息。同步通信数据格式帧如图7-6所示。

同步字符	数据字符1	数据字符2	…	数据字符n-1	数据字符n	校验字符	(校验字符)

图7-6 同步通信数据格式帧

4. 串口通信的格式

在异步通信中，数据通常是以字符（Char）或者字节（Byte）为单位组成字符帧传送的。既然要双方要以字符传输，一定要遵循一些规则，否则双方肯定不能正确传输数据。什么时候开始采样数据，什么时候结束数据采样，这些都必须事先预定好，即规定数据的通信协议。

（1）字符帧。由发送端一帧一帧的发送，通过传输线被接收设备一帧一帧的接收。发送端和接收端可以有各自的时钟来控制数据的发送和接收，这两个时钟源彼此独立。

（2）异步通信中，接收端靠字符帧格式判断发送端何时开始发送，何时结束发送。平时，发送先为逻辑“1”（高电平），每当接收端检测到传输线上发送过来的低电平逻辑“0”时，就知道发送端开始发送数据，每当接收端接收到字符帧中的停止位时，就知道一帧字符信息发送完毕。异步通信数据格式帧如图7-7所示。

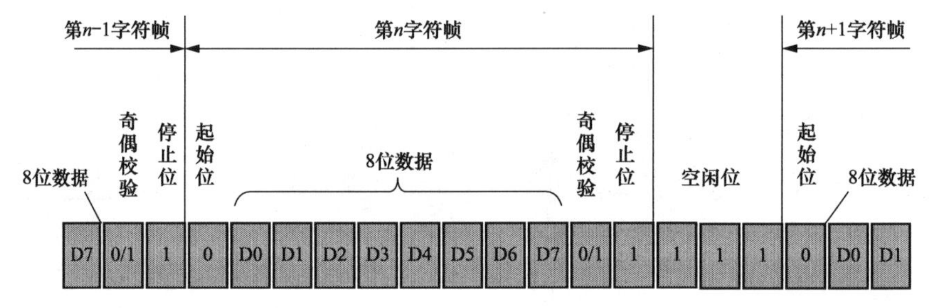

图7-7 异步通信数据格式帧

1）起始位。在没有数据传输时，通信线上处于逻辑“1”状态。当发送端要发送1个字符数据时，首先发送1个逻辑“0”信号，这个低电平便是帧格式的起始位。其作用是向接收端表达发送端开始发送一帧数据。接收端检测到这个低电平后，就准备接收数据。

2）数据位。在起始位之后，发送端发出（或接收端接收）的是数据位，数据的位数没有严格的限制，5~8位均可，由低位到高位逐位发送。

3）奇偶校验位。数据位发送完（接收完）之后，可发送一位用来验证数据在传送过程中是否出错的奇偶校验位。奇偶校验是收发双发预先约定的有限差错校验方法之一，有时也可不用奇偶校验。

4）停止位。字符帧格式的最后部分是停止位，逻辑“1”（高电平）有效，它可占1/2位、1位或2位。停止位表示传送一帧信息的结束，也为发送下一帧信息做好准备。

5. 串行通信的校验

串行通信的目的不只是传送数据信息，更重要的是应确保准确无误地传送。因此必须考虑在通信过程中对数据差错进行校验，差错校验是保证准确无误通信的关键。常用的差错校验方法有奇偶校验、累加和校验以及循环冗余码校验等。

(1) 奇偶校验。奇偶校验的特点是按字符校验，即在发送每个字符数据之后都附加一位奇偶校验位（1或0），当设置为奇校验时，数据中1的个数与校验位1的个数之和应为奇数；反之则为偶校验。收发双方应具有一致的差错校验设置，当接收1帧字符时，对1的个数进行校验，若奇偶性（收、发双方）一致则说明传输正确。奇偶校验只能检测到那种影响奇偶位数的错误，比低级且速度慢，一般只用在异步通信中。

(2) 累加和校验。累加和校验是指发送方将所发送的数据块求和，并将“校验和”附加到数据块末尾。接收方接收数据时也是先对数据块求和，将所得结果与发送方的“校验和”进行比较，若两者相同，表示传送正确，若不同则表示传送出了差错。“校验和”的加法运算可用逻辑加，也可用算术加。累加和校验的缺点是无法校验出字节或位序的错误。

(3) 循环冗余码校验（CRC）。循环冗余码校验的基本原理是将一个数据块看成一个位数很长的二进制数，然后用一个特定的数去除它，将余数作校验码附在数据块之后一起发送。接收端收到数据块和校验码后，进行同样的运算来校验传输是否出错。

6. 波特率

波特率是表示串行通信传输数据速率的物理参数，其定义为在单位时间内传输的二进制bit数，用位/秒（Bit per Second）表示，即单位为bit/s。比如，串行通信中的数据传输波特率为9600bit/s，意即每秒钟传输9600bit，合计1200Byte，则传输一个比特所需要的时间为

$$\frac{1}{9600}=0.000104\ (\text{s})=0.104\ (\text{ms})$$

传输一个字节的时间为

$$0.104\times8=0.832\ (\text{ms})$$

在异步通信中，常见的波特率通常有1200、2400、4800、9600等，其单位都是bit/s。高速的可以达到19200bit/s。异步通信中允许收发端的时钟（波特率）误差不超过5%。

7. 串行通信接口规范

由于串行通信方式能实现较远距离的数据传输，因此在远距离控制时或在工业控制现场通常使用串行通信方式来传输数据。由于在远距离数据传输时，普通的TTL或CMOS电平无法满足工业现场的抗干扰要求和各种电气性能要求，因此不能直接用于远距离的数据传输。国际电气工业协会EIA推进了RS-232、RS-485等接口标准。

(1) RS-232接口规范。RS-232C是1969年EIA制定的在数据终端设备的在数据终端设备（DTE）和数据通信设备（DCE）之间的二进制数据交换的串行接口，全称是EIA-RS-232C协议，实际中常称RS-232，也称EIA-232，最初采用DB-25作为连接器，包含双通道，但是现在也有采用DB-9的单通道接口连接，RS-232C串行端端口定义见表7-1。

表7-1　RS-232C串行端口定义

DB9	信号名称	数据方向	说明
2	RxD	输入	数据接收端
3	TxD	输出	数据发送端
5	GND	—	地
7	RTS	输出	请求发送
8	CTS	输入	清除发送
9	DSR	输入	数据设备就绪

在实际中，DB9由于结构简单，仅需要3根线就可以完成全双工通信，所以在实际中应用

广泛。表 7-1 中，RS-232C 串行端口定义 RS-232 采用负逻辑电平，用负电压表示数字信号逻辑“1”，用正电平表示数字信号的逻辑“0”。规定逻辑“1”的电压范围为-5～-15V，逻辑“0”的电压范围为+5～+15V。RS-232C 标准规定，驱动器允许有 2500pF 的电容负载，通信距离将受此电容限制，比如，采用 150pF/m 的通信电缆时，最大通信距离为 15m；若每米电缆的电容量减小，通信距离可以增加。传输距离短的另一原因是 RS-232 属单端信号传送，存在共地噪声和不能抑制共模干扰等问题，因此一般用于 20m 以内的通信。

（2）RS-485 接口规范。RS-485 标准最初由 EIA 于 1983 年制定并发布，后由通信工业协会修订后命名为 TIA/EIA-485-A，在实际中习惯上称之为 RS-485。RS-485 是为弥补 RS-232 的不足而提出的。为改进 RS-232 通信距离短、速率低的缺点，RS-485 定义了一种平衡通信接口，将传输速率提高到 10Mbit/s，传输距离延长到 1200m（速率低于 100kbit/s 时），并允许在一条平衡线上连接最多 10 个接收器。RS-485 是一种单机发送、多机接收的单向、平衡传输规范，为扩展应用范围，随后又增加了多点、双向通信能，即允许多个发送器连接到同一条总线上，同时增加了发送器的驱动能力和冲突保护特性，扩展了总线共模范围。RS-485 的特点有：①差分平衡传输；②多点通信；③驱动器输出电压（带载）≥|1.5V|；④接收器输入门限为±200mV；⑤总线共模范围为-7～+12V；⑥最大输入电流为 1.0mA/-0.8mA（12Vin/-7Vin）；⑦最大总线负载为 32 个单位负载（UL）；⑧最大传输速率为 10Mbit/s；⑨最大电缆长度为 1200m。

RS-485 接口是采用平衡驱动器和差分接收器的组合，抗共模干能力更强，即抗噪声干扰性好。RS-485 的电气特性用传输线之间的电压差表示逻辑信号，逻辑“1”以两线间的电压差为+2～+6V 表示；逻辑“0”以两线间的电压差为-2～-6V 表示。

RS-232C 接口在总线上只允许连接 1 个收发器，即一对一通信方式。而 RS-485 接口在总线上允许最多 128 个收发器存在，具备多站能力，基于 RS-485 接口，可以方便组建设备通信网络，实现组网传输和控制。

由于 RS-485 接口具有良好的抗噪声干扰性，使之成为远传输距离、多机通信的首选串行接口。RS-485 接口使用简单，可以用于半双工网络（只需 2 条线），也可以用于全双工通信（需 4 条线）。RS-485 总线对于特定的传输线径，从发送端到接收端数据信号传输所允许的最大电缆长度是数据信号速率的函数，这个长度数据主要受信号失真及噪声等影响所限制，所以实际中 RS-485 接口均采用屏蔽双绞线作为传输线。

RS-485 允许总线存在多主机负载，其仅仅是一个电气接口规范，只规定了平衡驱动器和接收器的物理层电特性，而对于保证数据可靠传输和通信的连接层、应用层等协议并没有定义，需要用户在实际使用中予以定义。Modbus、RTU 等是基于 RS-485 物理链路的常见的通信协议。

（3）串行通信接口电平转换。

1）TTL/CMOS 电平与 RS-232 电平转换。TTL/CMOS 电平采用的是 0～5V 的正逻辑，即 0V 表示逻辑“0”，5V 表示逻辑“1”，而 RS-232 采用的是负逻辑，逻辑“0”用+5～+15V 表示，逻辑“1”用-5～-15V 表示。在 TTL/CMOS 中如果使用 RS-232 串行口进行通信，必须进行电平转换。MAX232 是一种常见的 RS-232 电平转换芯片，单芯片解决全双工通信方案，单电源工作，外围仅需少数几个电容器即可。

2）TTL/CMOS 电平与 RS-485 电平转换。RS-485 电平是平衡差分传输的，而 TTL/CMOS 是单极性电平，需要经过电平转换才能进行信号传输。常见的 RS-485 电平转换芯片有 MAX485、MAX487 等。

二、开发板的串口

1. WeMos D1 R32 开发板的串口引脚

WeMos D1 R32 有 3 个串口，分别为 UART0、UART1、UART2，其中 UART1 用于 Flash 的读写。串口对应引脚见表 7-2。

表 7-2　　串口对应引脚

引脚	UART0	UART1	UART2
Rx	3	9	16
Tx	1	10	17

WeMos D1 R32 开发板通过一个 USB 转串口的接口芯片连接到 UART0，使用 UART0 上传程序或与计算机交互。

安装串口驱动程序后，当开发板连接计算机时，计算机会自动识别到这个串口。

2. 串口函数

（1）串口通信初始化函数 Serial. begin（）。要使用 WeMos D1 R32 开发板的串口，需要首先使用串口通信初始化函数 Serial. begin（speed），其中参数 speed 用于设定串口通信的波特率，使 WeMos D1 R32 开发板的串口通信速率与计算机相同。

波特率表示每秒传送数据的 bit 数，它是衡量通信速率的参数。一般设定串口通信的波特率为 115200bit/s。WeMos D1 R32 开发板的串口可以设置的波特率有 300、600、1200、2400、4800、9600、14400、19200、28800、38400、57600 和 115200，数值越大，串口通信速率越高。

（2）串口输出函数。

1）基本输出函数 Serial. print（）。基本输出函数 Serial. print（）用于 Arduino 向计算机发送信息，一般格式如下：

```
Serial.print(val)
Serial.print(val,format)
```

其中，参数 val 是输出的数据，各种数据类型均可以；format 表示输出的数据形式，包括 BIN（二进制）、DEC（十进制）、OCT（八进制）、HEX（十六进制），或指定输出的浮点型数带有小数点的位数（默认是 2 位），如 Serial. print（2. 1234，2），输出“2. 12”。

2）格式输出函数 Serial. printf（）。格式输出函数用于输出一个字符串，或者按指定格式和数据类型输出若干变量的值格式如下：

```
Serial.printf(char * format,......)
```

常用格式字符及转义字符见表 7-3。

表 7-3　　常用格式字符及转义字符

格式字符/转义字符	说明
%o	八进制输出
%d	十进制输出
%x	十六进制输出
%f	浮点数输出
%c	单个字符输出
%s	字符串输出
\n	换行

续表

格式字符/转义字符	说明
\r	回车
\t	Tab 符

3）带换行输出函数 Serial. println（）。带换行输出函数 Serial. println（）用于 Arduino 向计算机发送信息，与基本输出不同的是，Serial. println（）在输出数据完成后，再输出一组回车换行符。语法如下：

```
Serial.println(val)
Serial.println(val,format)
```

其中，参数 val 是输出的数据，各种数据类型均可以；format 表示输出的数据形式，包括 BIN（二进制）、DEC（十进制）、OCT（八进制）、HEX（十六进制），或指定输出的浮点型数带有小数点的位数（默认是 2 位）。

注意： Serial. println（）中 print 后的英文字符是 L 的小写，不是英文字符 I。写错了，Arduino IDE 软件会显示编译出错。

4）串口写函数。串口写函数包括串口写变量 Serial. write（val）、串口写字符串 Serial. write（str）、串口写缓冲器 Serial. write（buf，len）共 3 个。当 val 为字符或字符串时，函数功能与 Serial. print（）函数一样，当 val 为整数时，直接输出数据。参数 buf 为缓冲器，存储整数数组，len 表示缓冲区的长度。

（3）串口输入函数 Serial. read（）。串口输入函数 Serial. read（）用于接收来自计算机的数据，每次调用 Serial. read（）串口输入函数语句，从计算机接收 1 个字节的数据，同时从接收缓冲区移除 1 个字节的数据。格式如下：

```
Serial.read()
```

参数：无。

返回值：进入串口缓冲区的第 1 个字节；如果没有可读数据，则返回-1。

（4）接收字节数函数 Serial. available（）。通常在使用串口输入函数 Serial. read（）时，需要配合 Serial. available（）函数一起使用。Serial. available（）函数的返回值是当前缓冲区接收数据字节数。Serial. available（）函数配合 if 条件或 while 循环语句使用，先检测缓冲区是否有可读数据，如有数据，则读取，如果没数据，则跳过读取或等待读取。如：

```
if(Serial.available()>0)
```

或：

```
while(Serial.available()>0)
```

3. 串口输出应用程序

对于 WeMos D1 R32 开发板，由于具有 3 个串口，上述串口函数在使用时，串口 0 直接使用上述函数，其他串口在使用时，添加对应的串口号，如串口 1 使用时，对应的函数是 Serial1. begin（）、Serial1. read（）、Serial1. print（）、Serial1. available（）等，其余类推。

利用串口 0 输出的应用程序如下：

```
int count;
void setup(){
  // 初始化串口参数
    Serial.begin(9600);
}
```

```
void loop(){
     count=count+1;  //计数变量加1
     Serial.print(count); //打印计数变量值
     Serial.print(':');   //在计数值后,打印“:”号
     Serial.println("hellow"); //打印输出 hellow 后,换行
     delay(1000);//延时1s
}
```

4. 串口输入应用程序

串口输入应用程序如下：

```
// 初始化函数
void setup(){
  Serial.begin(115200); //设定串口通信比特率
}
//主循环函数
void loop(){
     if(Serial.available()>0){
     char val= Serial.read(); //读取输入信息
     Serial.print(val);      //输出信息
     }
}
```

程序下载后，打开串口调试器，在串口调试器的右下角有两个下拉菜单，一个设置结束符，另一个设置波特率。可以选择设置结束符为换行和回车，即选择“NL 和 CR”，如图7-8所示。

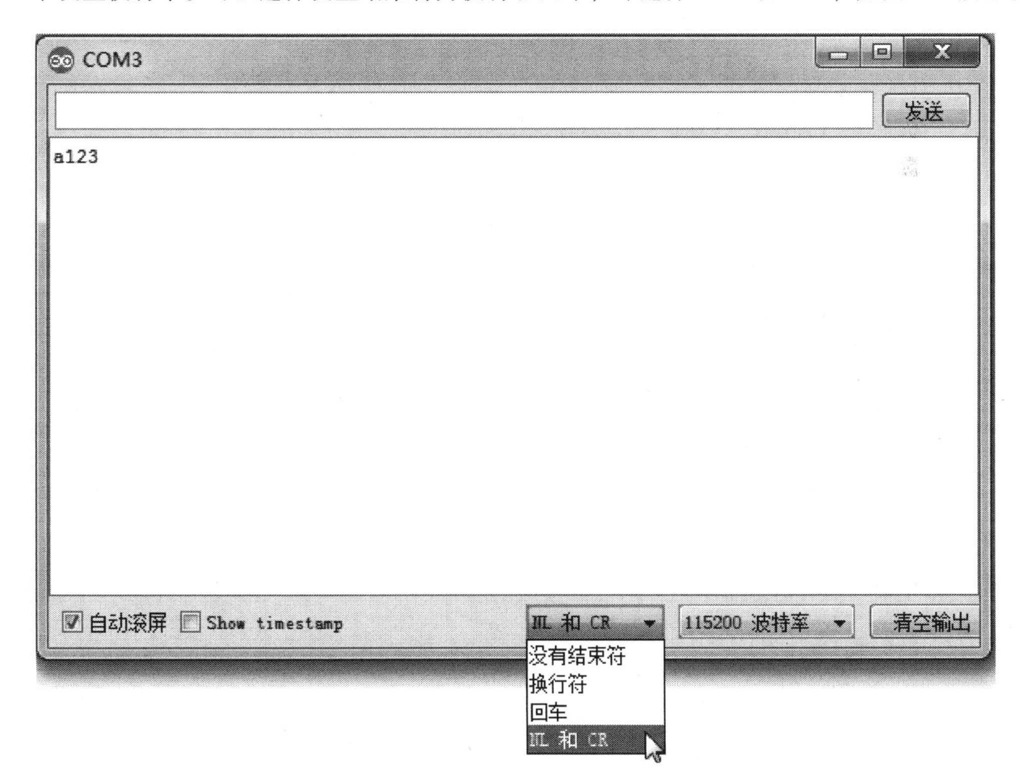

图7-8　选择“NL 和 CR”

三、串口通信控制 LED

1. 控制要求

通过串口发送数据，控制 LED，通过串口接收函数接收数据，当接收到数据为“a”时，点亮 LED，接收到数据“c”时，关闭 LED。

2. 串口通信控制 LED 程序

串口通信控制 LED 程序如下：

```
//初始化函数
void setup(){


  Serial.begin(9600); //设定串口通信波特率
  pinMode(2,OUTPUT); //设置 2 号引脚为输出
}
//主循环函数
void loop(){
  if(Serial.available()>0){//检测缓冲区是否有数据
    char val = Serial.read(); //读取输入信息
    Serial.print(val);          //发送数据
    Serial.print('');          //发送空格
    if(val == 'a'){            //如果数据是 a
      digitalWrite(14,HIGH);  //驱动 LED
      Serial.print("LED is ON"); //输出数据 LED is ON
    }
    else if(val == 'c'){      //如果数据是 c
      digitalWrite(14,LOW);    //关闭 LED
      Serial.print("LED is OFF"); //输出数据 LED is OFF
    }
  }
}
```

技能训练

一、训练目标

（1）学会使用智能硬件控制器的硬件串口。

（2）通过智能硬件控制器的串口控制 LED 灯显示。

二、训练步骤与内容

1. 建立一个工程

（1）启动 Arduino 软件。

（2）选择“文件”→“新建”，自动创建一个新项目。

（3）选择“文件”→“另存为”，打开“另存为”对话框，选择另存的文件夹 E32A，在文件名栏输入“G01”，单击“保存”按钮，保存 G01 项目文件。

2. 编写程序文件

在 G01 项目文件编辑区输入“串口输出应用”程序，单击工具栏的保存按钮，保存项目文件。

3. 编译程序

（1）选择“工具”→“板”，在右侧出现的板选项菜单中选择 WeMos D1 R32 开发板，即选择“WeMos WiFi &Bluetooth Battery”。

（2）选择“项目”→“验证/编译”，或单击工具栏的验证/编译按钮，Arduino 软件首先验证程序是否有误，若无误，程序自动开始编译程序。

（3）等待编译完成，在软件调试提示区，观看编译结果。

4. 调试

下载程序后，打开 Arduino 软件的串口监视器，观察串口监视器的数据变化。

5. 串口输入函数应用

（1）打开文件夹 E32A，新建一个项目文件，另存为 G02。

（2）在文件输入窗口，输入“串口输入应用”程序。

（3）编译下载程序。

（4）打开 Arduino 软件的串口监视器。

（5）在串口监视器的右下角，在结束符下拉列表中选择“NL 和 CR”。

（6）在数据发送区，输入字符“abcd”，单击“发送”按钮，观察串口监视器的数据变化。

6. 串口通信控制 LED

（1）打开文件夹 E32A，新建一个项目文件，另存为 G03。

（2）在文件输入窗口，输入“串口通信控制 LED”程序。

（3）编译下载程序。

（4）打开 Arduino 软件的串口监视器。

（5）在串口监视器的右下角，在结束符下拉列表中选择“NL 和 CR”。

（6）在数据发送区，输入字符“a”，单击“发送”按钮，观察串口监视器的数据变化，观察 Arduino 控制板上 LED 状态变化。

（7）在数据发送区，输入字符“c”，单击“发送”按钮，观察串口监视器的数据变化，观察 Arduino 控制板上 LED 状态变化。

任务 20　MicroPython 串口通信

基础知识

一、ESP32 串口通信

1. 串口通信硬件接线

一般的串口通信接线采用交叉连接方式，即串口通信设备 A 的 Rx 与串口通信设备 B 的 Tx 连接，串口通信设备 A 的 Tx 与串口通信设备 B 的 Rx 连接，两设备的 GND 连接在一起。

如果采用 USB 转 TTL 接口装置，要注意 VCC 的连接，要注意他们两个设备的工作电压是否匹配。对于 ESP32，工作电压是 3.3V，可以将 ESP32 开发板的 VCC 与 USB 转 TTL 的 3.3V 接口相连接，或者将 ESP32 的 Vin 接口与 USB 转 TTL 的 5V 接口相连接。

2. ESP32 串口

（1）ESP32 硬件串口。ESP32 具有 3 个硬件 UART，分别是 UART0、UART1、UART2，对应不同的 GPIO 端。通常 UART0 用于通过 USB 下载程序、通过 Shell 与计算机进行交互程序调试；通常 UART1 用于 Flash 的读写；可供外部使用的硬件串口是 UART2，对应的 Rx 是 GPIO16、Tx 是 GPIO17。

（2）UART 构造器。不同于其他 MicroPython 开发板，ESP32 的软件 UART，可以自定义引脚作为 UART，不过 ESP32 自身只有两个 UART 资源。导入 UART 模块语句如下：

```
from machine import UART
```

UART 对象构造器函数为：

```
UART(id,baudrate,bits,parity,rx,tx,stop,timeout)
```

其中，id 为串口编号，ESP32 的 UART 资源只有两个，id 有效取值范围为 1，2；bandrate 为波特率（时钟频率），常用波特率为 9600bit/s（默认）和 115200bit/s，信息接受双方的波特率必须一致；bits 为单个字节的位数（比特数），默认为 8，还可取 7 或 9；parity 为校验方式，None 表示不进行校验（默认），0 表示偶校验，1 表示奇校验；rx 和 tx 分别用于定义接收信号端引脚号和发送信号端引脚号，在 ESP32 上，可以自定义为 UART 管脚有效 GPIO 编号为（0，2，4，5，9，10，12～19，21～23，25，26，34～36，39）；stop 为停止位个数，1 为默认数，也可定为 2；timerout 为超时时间，取值范围为 0<timeout≤2147483647。

二、ESP32 串口通信测试

1. ESP32 串口通信函数

（1）字符串读写函数如下：

```
uart.read(n)         # 读入 n 个字符,并返回一个比特对象
uart.read()          # 读取所有的有效字符
uart.readline()      # 读入一行
uart.readinto(buf)   # 读入并且保存在缓存中
uart.write('abc')    # 向串口写入 3 个字符 abc
```

（2）字符读写函数如下：

```
uart.readchar()      # 读入一个字符
uart.writechar(42)   # 写入 ASCALL 码为 42 的字符
uart.writechar(ord('* '))# 等同于 uart.writechar(42)
```

（3）检测串口是否有数据的函数如下：

```
uart.any()  # 若有数据,返回等待接收的字符数
```

2. ESP32 串口通信测试程序

（1）使用默认的硬件串口 2，程序如下：

```
from machine import UART   #导入串口模块
uart=UART(2,9600)#设置串口号 2 和波特率,Tx 固定为 GPIO17,Rx 固定为 GPIO16


uart.write('Hello MicroPython! ')#发送一条数据


while True:
    #判断有无收到信息
    if uart.any():
        str=uart.read(32)#接收 32 个字符
```

```
    print(str)#通过 REPL 打印串口 2 接收的数据
```

（2）使用任意指定的 GPIO 引脚的串口，程序如下：

```
from machine import UART,Pin
import utime
uart = UART(2,baudrate=115200,rx=4,tx=5,timeout=10)# 初始化一个 UART 对象
num = 1
while True:
    print('\n\n========CNT {}========'.format(num))

    print('Send: {}'.format('Micropython {}\n'.format(num)))# 发送一条消息
    uart.write('Micropython {}'.format(num))
    utime.sleep_ms(1000)# 等待 1000ms
    if uart.any():
        # 如果有数据 读入一行数据返回数据为字节类型
        b_data = uart.readline()
        # 将收到的信息打印在终端
        print('Echo Byte: {}'.format(b_data))

        # 将字节数据转换为字符串 字节默认为 UTF-8 编码
        print('Echo String: {}'.format(b_data.decode()))

    num += 1    # 计数器+1
    print('-----------------------------')
```

3. 串口控制 LED

（1）控制要求。通过串口发送数据，控制 LED，通过串口接收函数接收数据，当接收到数据为“a”时，点亮 LED，接收到数据“c”时，关闭 LED。

（2）串口通信控制 LED 程序如下：

```
from machine import UART,Pin
import utime
led22 = Pin(22,Pin.OUT)  #构建 led22 对象
uart = UART(2,baudrate=115200,rx=2,tx=4,timeout=10)  # 初始化一个 UART 对象
#uart.write("a")
#uart.write("c")
while True:
    if uart.any():
            str = uart.read()
            print(str)
            if str.decode() == "a" :
            led22.value(0)   #led22 低电平,点亮 LED
            print(str.decode())
            print("led is on")
            elif str.decode() == "c" :
            led22.value(1)   #led22 高电平,熄灭 LED
            print(str.decode())
```

```
        print("led is off")
        Pass
```

测试时，可以先连接智能硬件 ESP32 开发板的 GPIO4 和 GPIO5。首先去掉语句 uart. write ("a") 前的“#”，使发送字符“a”语句有效，运行程序，观察 LED 的状态；然后加上语句 uart. write ("a") 前的“#”，去掉语句 uart. write ("c") 前的“#”，使发送字符“c”语句有效，运行程序，观察 LED 的状态。

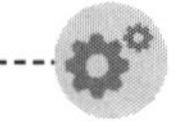

技能训练

一、训练目标

(1) 学会设计串行通信程序。

(2) 学会设计串行通信控制 LED 程序。

(3) 学会调试串行通信程序。

二、训练内容及步骤

1. 新建文件夹

在 E32 文件夹内新建一个文件夹 GUARTled1。

2. 输入串行通信 LED 控制程序。

(1) 启动 Thonny 开发软件，Thonny 开发界面。

(2) 选择“文件”→“新文件”，新建一个文件“untitled”。

(3) 选择“文件”→“另存为”，弹出“另存为”对话框，选择文件保存在文件夹 GUARTled1 内，将新文件另存为“main. py”文件。

(4) 在程序编辑区输入串行通信 LED 控制程序。

3. 程序调试

(1) USB 转 TTL 串口转接器 RxD、TxD 分别连接 ESP32 开发板 GPIO4 引脚、GPIO2 引脚。

(2) USB 转 TTL 串口转接器插入电脑 COM8，启动串口调试助手 UartAssist，设置串口号为 COM8，然后单击打开按钮。“串口调试助手”对话框如图 7-9 所示。

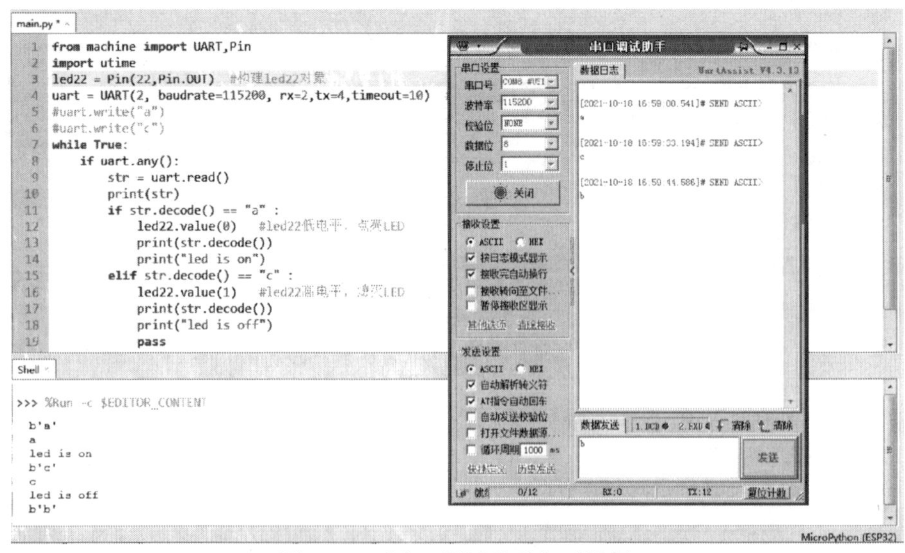

图 7-9 “串口调试助手”对话框

（3）选择“运行”→“运行当前脚本”，或者单击工具栏的运行按钮，main. py 程序运行。

（4）在串口调试助手的发送区输入字符“a”，单击发送按钮，观察 ESP32 开发板 GPIO22 引脚连接的 LED 指示灯的状态。

（5）在串口调试助手的发送区输入字符“c”，单击发送按钮，观察 ESP32 开发板 GPIO22 引脚连接的 LED 指示灯的状态。

（6）在串口调试助手的发送区输入字符“b”，单击发送按钮，观察 ESP32 开发板 GPIO22 引脚连接的 LED 指示灯的状态。

（7）单击工具栏的停止按钮，停止程序运行。

习题7

1. 如何使用串口读取字符串？

2. 使用 WeMos D1 R32 开发板的 A 串口与另一块 WeMos D1 R32 开发板的 B 串口进行串口通信实验。按下与 WeMos D1 R32 开发板 A 连接的按钮 S1，串口发送字符“a”，点亮 WeMos D1 R32 开发板 B 的引脚 2 连接的 LED。按下与 WeMos D1 R32 开发板 A 连接的按钮 S2，串口发送字符“c”，熄灭 WeMos D1 R32 开发板 B 的引脚 2 连接的 LED。

3. 设计在 Thonny 开发环境下，使用串口 2 的控制程序，并调试运行。

4. 设计在 Thonny 开发环境下，使用任意 GPIO 端口的串口通信的控制程序，并调试运行。

项目八 物联网开发基础

(1) 了解物联网。
(2) 了解物联网 Wi-Fi 接入点。
(3) 学会使用 ESP32 开发板建立 AP。
(4) 学会使用 ESP32 开发板建立 STA。

任务 21 物联网 Wi-Fi 接入点 AP

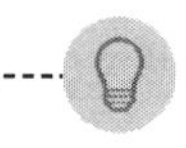

基础知识

一、物联网基础知识

1. 物联网

物联网(Internet of Things, IoT)是指通过传感器、射频识别技术、全球定位系统、红外感应器、激光扫描器等各种装置与技术,实时采集任何需要监控、连接、互动的物体或过程,采集其声、光、热、电、力学、化学、生物、位置等各种需要的信息,通过各类可能的网络接入,实现物与物、物与人的泛在连接,实现对物品和过程的智能化感知、识别和管理。物联网是一个基于互联网、传统电信网等的信息载体,它让所有能够被独立寻址的普通物理对象形成互联互通的网络。

物联网是互联网基础上的延伸和扩展的网络,是将各种信息传感设备与互联网结合起来而形成的一个大网络,可以实现在任何时间、地点,人、机器、物的互联互通。物联网就是万物互联的网络。

物联网的作用在于当设备接入互联网后,可以将数据上报到物联网平台,也可以接收物联网平台的指令。

共享单车就是一个物联网应用的实例。其实质是一个典型的"物联网+互联网"应用。应用的一边是实物单车、另一边是用户,通过云端的控制,来向用户提供单车租赁服务。

2. 物联网特征

从物联网的基本特征程以通信对象和过程来看,物与物、人与物之间的信息交互是物联网的核心。物联网的基本特征可概括为整体感知、可靠传输和智能处理。整体感知即物联网可以利用射频识别、二维码、智能传感器等感知设备感知获取物体的各类信息;可靠传输即物联网通过对互联网、无线网络的融合,将物体的信息实时、准确地传送,以便信息交流、分享;智能处理是指物联网使用各种智能技术,对感知和传送到的数据、信息进行分析处理,实现监测与控制的智能化。根据物联网的以上特征,结合信息科学的观点,围绕信息的流动过程,可以归纳出物联网处理信息的功能如下。

（1）获取信息的功能。主要是信息的感知、识别，信息的感知是指对事物属性状态及其变化方式的知觉和敏感；信息的识别指能把所感受到的事物状态用一定方式表示出来。

（2）传送信息的功能。主要是信息发送、传输、接收等环节，最后把获取的事物状态信息及其变化的方式从时间（或空间）上的一点传送到另一点的任务，这就是常说的通信过程。

（3）处理信息的功能。是指信息的加工过程，利用已有的信息或感知的信息产生新的信息，实际是制定决策的过程。

（4）应用信息的功能。指信息最终应用的过程，有很多的表现形式，比较重要的是通过调节对象事物的状态及其变换方式，始终使对象处于被应用的状态。

3. Wi-Fi 简介

Wi-Fi（Wireless Fidelity）是指无线保真，是一种无线联网技术。以前通过网线连接电脑，而 Wi-Fi 则是通过无线电波来连网；常见的就是一个无线路由器，那么在这个无线路由器的电波覆盖的有效范围都可以采用 Wi-Fi 连接方式进行联网，如果无线路由器连接了一条有线网络或者别的上网线路，则又被称为热点。

无线网络上网可以简单的理解为无线 Wi-Fi 上网，几乎所有智能手机、平板电脑和笔记本电脑都支持 Wi-Fi 上网，是当今使用最广的一种无线网络传输技术。实际上就是把有线网络信号转换成无线信号，使用无线路由器供支持其技术的相关电脑，手机，平板等接收。手机如果有 Wi-Fi 功能的话，在有 Wi-Fi 无线信号的时候就可以不通过移动联通的网络上网，省掉了流量费。

虽然由 Wi-Fi 技术传输的无线通信质量不是很好，数据安全性能比蓝牙差一些，传输质量也有待改进，但传输速度非常快，符合个人和社会信息化的需求。Wi-Fi 最主要的优势在于不需要布线，可以不受布线条件的限制，因此非常适合移动办公用户的需要，并且由于发射信号功率低于 100mW，低于手机发射功率，所以 Wi-Fi 上网相对也是最安全健康的。

Wi-Fi 信号可以由有线网提供，比如家里的有线网络、小区宽带等，只要接一个无线路由器，就可以把有线信号转换成 Wi-Fi 信号。无线访问接入点（Access Point，AP）是网络的中心节点，也是无线网络的创建者，无线 AP 网络如图 8-1 所示。一般家庭或办公室使用的无线路由器就是一个 AP。

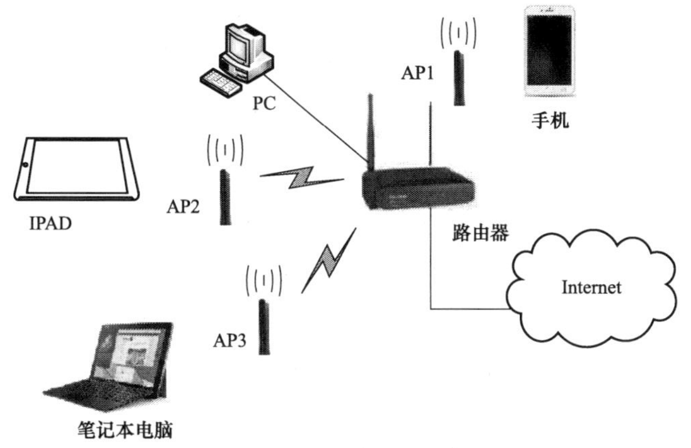

图 8-1　无线 AP 网络

AP 主要在媒体存取控制层 MAC 中扮演无线工作站及有线局域网络的桥梁。AP，就好像有线网络的 Hub，它使得无线工作站可以快速且轻易地与网络相连。基于 AP 组建的无线网络称为基础网，是由 AP 创建及众多站点 STA 加入所组成的无线网络。网络中的通信通过 AP 转发信息。

在实际应用环境中，通过 Wi-Fi 模块提供无线接入服务，主动向外界发送网络收发信号，以便使外部终端可以搜索到外设 AP 并请求连接，此时的 AP 充当一个路由器的功能。还可以通过将 Wi-Fi 模块嵌入到一些硬件设备上，使设备充当服务器，响应客户终端发送的指令，接收客户传输的数据。

二、软 AP

1. Wi-Fi 功能模块

ESP32 芯片是一款串口转无线模块芯片，内部自带固件，用户操作简单，无需编写时序信号等。

ESP32 具有 Wi-Fi 功能模块，可以通过它的驱动程序提供与 AP 一样的信号转接、路由功能，我们称它为软 AP（Soft-AP），软 AP 在基本功能上，与传统 AP 相似，但其成本低相对较低。

当 ESP32 的 Wi-Fi 功能模块工作于 AP 模式时，它就成为网络的一个接入点，手机或其他的智能设备就可以连接到该 AP，它就充当一个路由器的功能，使手机或其他智能设备具有网络操作功能。

2. ESP32 的 Wi-Fi 类库及成员函数

ESP32 的 Wi-Fi 类库及成员函数见表 8-1。

表 8-1　　ESP32 的 Wi-Fi 类库及成员函数

Wi-Fi 连接	Web 服务器	客户端 Client
Wi-FiClass 对象	Wi-FiServer 对象	Wi-FiClient
Wi-FiClass. begin（）	Wi-FiServer. begin（）	Wi-FiClient. connect（）
Wi-FiClass. config（）	Wi-FiServer. available（）	Wi-FiClient. available（）
Wi-FiClass. setDNS（）	Wi-FiServer. stop（）	Wi-FiClient. read（）
Wi-FiClass. disconnect（）		Wi-FiClient. print（）
Wi-FiClass. localIP（）		Wi-FiClient. println（）
Wi-FiClass. status（）		Wi-FiClient. localIP（）
Wi-FiClass. SSID（）		Wi-FiClient. remoteIP（）
		Wi-FiClient. stop（）

（1）Wi-FiClass 对象。在程序设计中，Wi-FiClass 常用于定义 Wi-FiClass 对象实例，通常定义为 Wi-Fi。Wi-FiClass 对象继承了 Wi-FiSTAClass、Wi-FiAPClass、Wi-FiScanClass 等对象。

（2）Wi-Fi 函数说明。

1）Wi-Fi. begin（ssid，passWord）函数，通常以 STA 模式连接到 Wi-Fi 路由器。

2）Wi-Fi. localIP（）函数，返回连接 Wi-Fi 的 IP 地址。

3）Wi-Fi. status（）函数，返回 Wi-Fi 连接的状态。

4）Wi-Fi. softAP（ssid，passWord）函数，创建一个 softAP，并设定 ssid 和密码。

5）Wi-Fi. disconnect（）函数，关闭 Wi-Fi 连接。

6）Wi-Fi. softAPgetStationNum（）函数，获取连接 softAP 的数量。

3. ESP32Wi-Fi 模块的 AP 程序

ESP32Wi-Fi 模块的 AP 程序如下：

```
/* 创建一个 Wi-Fi 接入点并在其上提供 Web 服务 . */
#include <Wi-Fi.h>  //包含头文件 Wi-Fi.h
#include <Wi-FiClient.h>      //包含头文件 Wi-FiClient.h
#include <WebServer.h>  //包含头文件 WebServer.h

/* 设置 AP 的名称和密码 */
```

```
const char * ssid = "ESP32AP";
const char * password = "thereisap";
int  staNum=0; //保存 AP 连接的数量
ESP32WebServer AP1(80);

/ * 在网络浏览器中输入 HTTP://192.168.4.1,连接到此 AP 访问点,即可查看的网页测试信息 * /
void Message1(){
  AP1.send(200,"text/html","<h1>You are connected to Wi-Fi</h1>");
}

void setup(){
  Serial.begin(115200);//设置串口波特率
  delay(1000); //延时 100ms
  Serial.println();//打印一空行
  Serial.print("Configuring access point...");//打印 Configuring access point...
  Serial.println();//打印一空行
  Wi-Fi.softAP(ssid,password);//如果要开放 AP,就不必设置密码,将 password 设置为空。
  IPAddress myIP = Wi-Fi.softAPIP();//读取 softAP 的 IP 地址
  Serial.print("AP IP address: "); //打印字符串“AP IP address:”
  Serial.println(myIP);              //换行打印 softAP 的 IP
  AP1.on("/",Message1 );  //调用 ON 方法,显示 AP1 网页的信息
  AP1.begin();              //启动 web 服务
  Serial.println("AP1 server started");  //串口回显  AP1 server started
}

void loop(){
  int currentN = Wi-Fi.softAPgetStationNum(); //连接 softAP 的数量
if(currentN! =staNum){
staNum=currentN;
Serial.printf("Number connect to softAP :% d\n",staNum ); //格式打印输出
}
AP1.handleClient();  //循环等待处理客户的连接
}
```

技能训练

一、训练目标

(1) 了解物联网基础知识。
(2) 了解无线访问接入点 AP。
(3) 学会用 WeMos D1 R32 开发板创建 Soft-AP。

二、训练步骤与内容

1. 建立一个工程
(1) 启动 Arduino 软件。

（2）选择“文件”→“新建”，自动创建一个新项目。

（3）选择“文件”→“另存为”，打开“另存为”对话框，选择另存的文件夹 E32A，在文件名栏输入“HAP”，单击“保存”按钮，保存 HAP 项目文件。

2. 编写程序文件

在 HAP 项目文件编辑区输入“创建 AP1”程序，选择“文件”→“保存”，保存项目文件。

3. 编译、下载、调试程序

（1）使用 USB 连接电缆，连接开发板与电脑。

（2）在 Arduino IDE 开发环境选择“项目”→“验证/编译”，或单击工具栏的验证/编译按钮，Arduino 软件首先验证程序是否有误，若无误，程序自动开始编译程序。

（3）等待编译完成，在软件调试提示区，观看编译结果。

（4）选择“工具”→“开发板”，将开发板设置为 WeMos D1 R32 开发板，即选择“WeMons WiFi&Bluetooth Battery”。

（5）选择“工具”→“端口”，选择开发板连接的串口“COM3”。

（6）单击工具栏的下载按钮，将程序下载到 WeMos D1 R32 开发板。

（7）下载完成，单击 Arduino IDE 开发环境右上角的串口监视器按钮，可以看到 WeMos D1 R32 开发板上的 Wi-Fi 功能模块的工作模式设置为 AP 模式。AP1 项目串口显示信息如图 8-2 所示，AP1 的 IP 地址是 192.168.4.1，并提供了一个简单的 Http 网页服务。

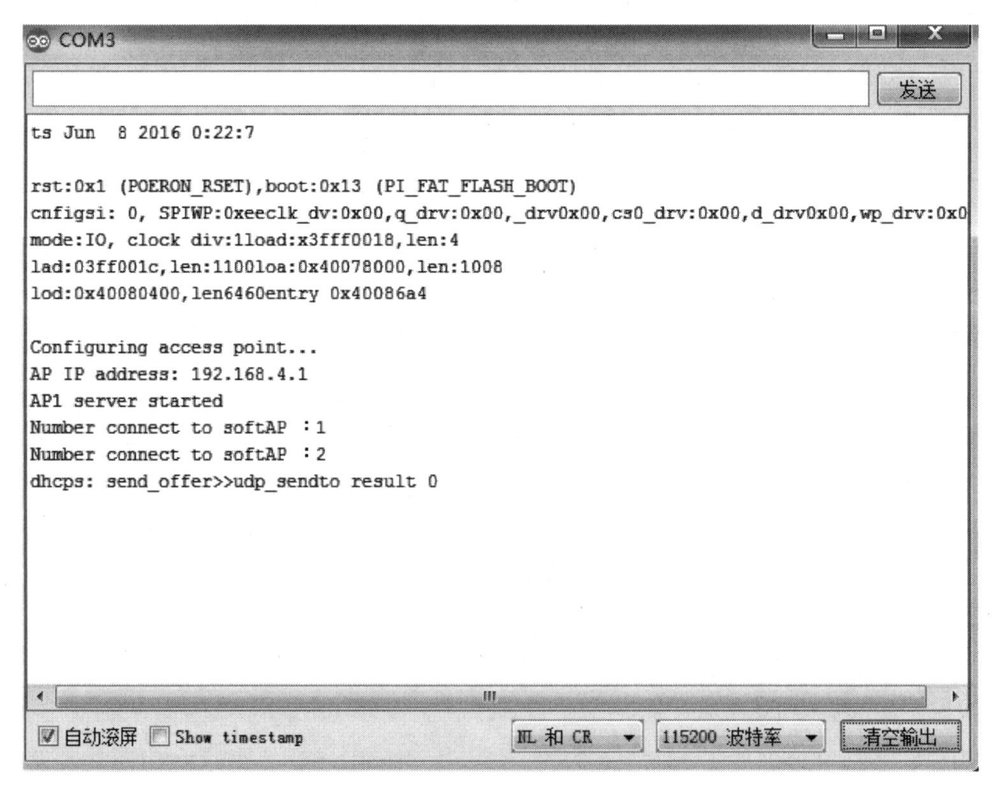

图 8-2 AP1 项目串口显示信息

（8）利用手机寻找 AP 热点 ESPAP，输入密码，连接 ESPAP，串口监视器显示“Number

connect to softAP：1”。

（9）利用另一个手机寻找 AP 热点 ESPAP，输入密码，连接 ESPAP，串口监视器显示“Number connect to softAP：2”。

（10）单击测试笔记本电脑状态栏的网络连接，发现新热点“ESPAP”，如图 8-3 所示。

图 8-3　发现新热点“ESPAP”

（11）单击该 ESPAP，输入程序设置的密码“thereisap”，单击确定按钮，连接热点 AP1，与这个 AP1 建立通信链路。

（12）在浏览器地址栏输入 AP 的 IP 地址“192.168.4.1”，AP1 返回信息如图 8-4 所示，说明 AP1 工作正常。

图 8-4　AP1 返回信息

任务 22 物联网站点 STA

基础知识

1. STA 站点

站点（STA，Station）在无线局域网（WLAN，Wireless Local Area Networks）中一般为客户端，可以是装有无线网卡的计算机，也可以是有 Wi-Fi 模块的智能手机，可以是移动的，也可以是固定的。

每一个连接到无线网络中的终端（如笔记本电脑、iPad 等可以联网的用户设备）都可称为一个站点，STA 站点网络如图 8-5 所示。

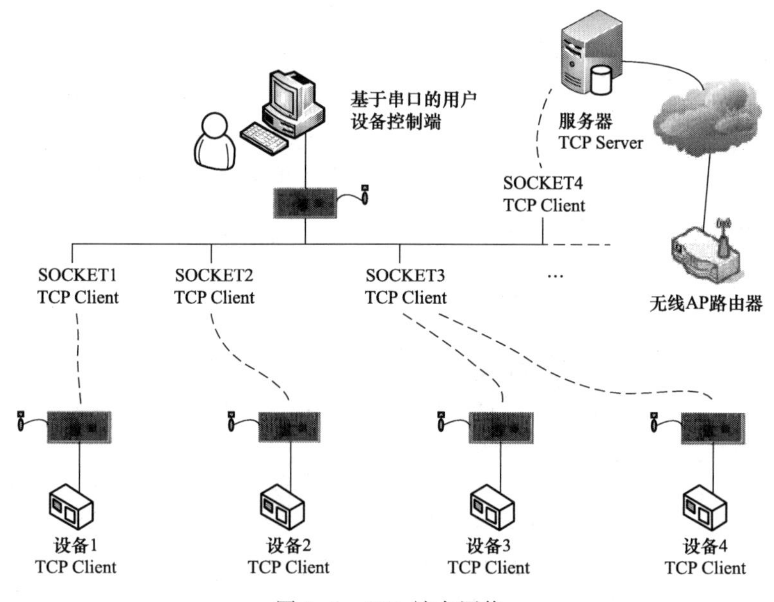

图 8-5 STA 站点网络

与 AP 工作模式对应的是 STA 站点工作模式，类似于无线终端，STA 不接受无线的接入，但可以连接到 AP。

在无线环境中，STA 接入的过程包括：①认证 STA 有没有权限和接入点 AP；②建立链路；③认证 STA 能不能接入 WLAN；④STA 接入 WLAN 网络之后，认证 STA 是否具有访问网络的权限。

在 STA 和 AP 建立链路的过程中，当 STA 通过信标（Beacon）帧或探测响应（Probe Response）帧扫描到可接入的服务器标识符（SSID，Service Set Identifier）后，会根据已接收到的 Beacon 帧或 Probe Response 帧的信号强度指示（RSSI，Received Signal Strength Indication）来选择合适的 SSID 进行接入。

2. 与 STA 相关的几个术语

（1）AP（Access Point）。无线访问接入点，可以把 AP 看作一个无线路由器，这个路由器的特点是不能插入网线，没有接入 Internet，只能等待其他设备的连接，并且只能接入一个设备。

（2）STA（Station）。任何一个接入无线 AP 的设备都可以称为一个站点 STA，也就是平时接入路由器的设备。

（3）SSID（Service Set Identifier）。SSID，每个无线 AP 都应该有一个标示用于用户识别，SSID 就是这个用于用户识别的名字，也就是我们经常说到的 Wi-Fi 的名字。

（4）BSSID。每一个网络设备都有其用于识别的物理地址，即 MAC 地址，一般情况下这个 MAC 地址有一个出厂默认值，是设备识别的标识符，可更改，也有其固定的命名格式。这个 BSSID 是针对设备说的，对于 STA 的设备来说，拿到 AP 接入点的 MAC 地址就是这个 BSSID。

（5）ESSID。ESSID 是一个比较抽象的概念，它实际上就和 SSID 相同（本质也是一串字符），如果有好几个无线路由器都叫这个名字，那么就相当于把这个 SSID 扩大了，所以这几个无线路由器共同的这个名字就叫 ESSID。如果在一台路由器上释放的 Wi-Fi 信号叫某个名字如“China_ CMN”，这个“China_ CMN”就称为 SSID；如果在好几个路由器上都释放了这个 Wi-Fi 信号，那么大家都称为“China_ CMN”，这个时候大家都称呼的这个名字就是 ESSID。

比如，一家公司的办公面积比较大，安装了若干台无线接入点 AP 或者无线路由器，公司员工只需要知道一个 SSID 就可以在公司范围内任意地方接入无线网络。BSSID 其实就是每个无线接入点的 MAC 地址。当员工在公司内部移动的时候，SSID 是不变的。但 BSSID 随着切换到不同的无线接入点，是在不停变化的。

使用连锁店概念来理解，BSSID 就是具体的某个连锁店编号（001）或地址，SSID 就是连锁店的名字或者照片，ESSID 就是连锁店的总公司或者招牌 or 品牌。一般 SSID 和 ESSID 都是相同的。

（6）RSSI。RSSI 是通过 STA 扫描到 AP 站点的信号强度。

3. Wi-Fi 模块的工作模式

Wi-Fi 模块内置无线网络协议 IEEE802.11 协议栈以及 TCP/IP 协议栈，实现用户串口或 TTL 电平信息与无线网络之间的转换。

（1）AP 模式。提供无线接入服务，是无线网络的创建者，允许其他无线设备接入，是网络的中心节点，如无线路由器是一个 AP，AP 与 AP 之间可以互连。AP 模式下，手机，电脑等设备直接连上模块，方便对用户设备进行控制。ESP32 模块在 AP 模式下，实现手机或电脑直接与模块通信，实现局域网无线控制。

（2）STA 模式。每一个连接到无线网络中的终端都是一个站点，如手机，电脑，联网的设备都是一个 STA。无线网卡处于该模式。ESP32 模块通过路由器连接互联网，手机或电脑通过互联网实现对设备的远程控制。

（3）Wi-Fi 共存模式。Wi-Fi 模块通常支持几种工作模式，也可以支持两种模式并存，如 AP 模式和 STA 模式共存。对于这两个网络接口，都是在驱动中虚拟出来的，共享同一个物理硬件。Wi-Fi 共存模式有：①STA+STA；②STA+AP；③STA+P2P（Point to Point 点对点）；④AP+P2P。

1）AP 模式。AP 模式常应用于无线局域网成员设备（即客户端）的加入，即网络下行。它提供以无线方式组建无线局域网 WLAN，相当际 WLAN 的中心设备。

2）STA 模式。即工作站模式，也可以理解为某个网格中的一个工作站即客户端。当一个 Wi-Fi 芯片提供这个功能时，它就可以连到另外的一个网络当中，如家用路由器就是这种，AP 模式提供给手机设备等连接，提供上网功能。实际能提供上网功能的则是 STA 模式，作为 Internet 的一个工作站。所以 STA 模式通常用于提供网络的数据上行服务。

3）STA+AP 模式。两种模式的共存模式，STA 模式可以通过路由器连接到互联网，并通过互联网控制设备；AP 模式可作为 Wi-Fi 热点，其他 Wi-Fi 设备连接到模块。这样实现局域网和广域网的无缝切换，方便操作。

（4）Wi-Fi 模块拓扑类型。

1）基础网（Infra）。基础网由 AP 创建，多个 STA 加入而组成的无线网络。AP 是网络的中心，所有通信由 AP 转发。

2）自组网（Adhoc）。自组网由 2 个及以上的 STA 组成，网络中所有 STA 可通信。

二、STA 控制

1. ESP32 的工作模式

ESP32 有 AP、STA、AP+STA 共 3 种工作模式可以选择。

（1）AP 模式。ESP32Wi-Fi 模块就是一个接入点，类似于路由器，手机或其他智能设备可以连接到它，访问它。

（2）STA 模式。ESP32Wi-Fi 模块作为一个站点接入到路由器，与网络连接。

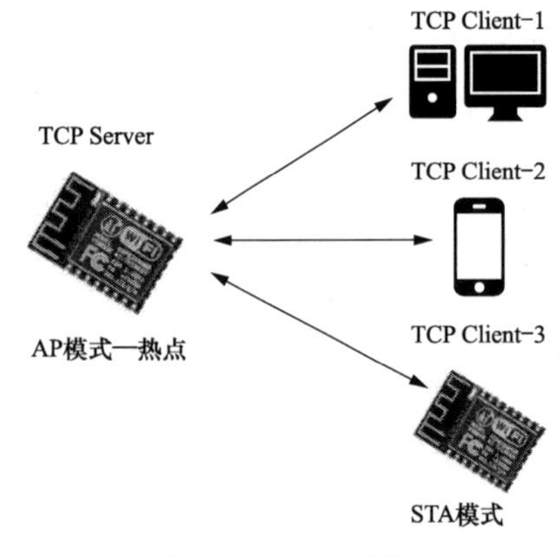

图 8-6　P2P 通信

（3）AP+STA 模式。ESP32Wi-Fi 模块作为接入点，可被其他智能设备访问，同时作为站点，接入 Wi-Fi 路由器。

ESP32 的模块与模块之间可进行 P2P 点对点的通信，P2P 通信如图 8-6 所示。

2. Wi-Fi 通信的过程

（1）建立 Wi-Fi 连接。

1）首先将一个模块配置为 AP 模式，开启 Wi-Fi 热点，（可以设置 Wi-Fi 名称、密码和加密方式）。

2）然后将另一个模块配置为 STA 模式，连接到上面的热点（要是手机、带有无线网卡的电脑直接连接到上面的热点）。

（2）建立 TCP Server 与 TCP Client 的连接。

1）首先将 AP 模式的那个模块配置为 TCP Server（可以设置 IP 和端口，默认 IP 是 192.168.4.1）。

2）然后将 STA 模块配置为 TCP Client（建立 Wi-Fi 连接之后会被自动分配一个 IP 和端口默认 IP 是 192.168.4.2）。

要是手机或者 PC 端，使用网络调试助手，选择 TCP Client。

3）建立连接，TCP Client 连接到 TCP Server，（TCP Client 连接到服务器的 IP）。

（3）进行数据传输。数据传输有透传模式和非透传模式两种。

1）建立透传模式。TCP Client 发什么，TCP Server 就收到什么，而且不退出透传这种连接就不会中断。

2）建立非透传模式。首先 TCP Client 约定好发送的字节，再发送出去，而且隔一段时间不发送，第（2）步中建立的连接就中断了，要再次传输数据就要重新进行建立连接，进行数据传输。

3. STA 工作模式程序

STA 工作模式程序如下：

```
#include <Wi-Fi.h>
#include <WebServer.h>

const char * ssid = "601";          //连接 AP 的 SSID
const char * password = "abc12345";     //连接 AP 使用的密码
void setup(){
  Serial.begin(115200);
  delay(10);
  Serial.println();
  Wi-Fi.disconnect();
  Wi-Fi.mode(Wi-Fi_STA);      //设置为 STA 工作模式
  Serial.println();
  Serial.println("Starting Wi-Fi...");
  Serial.println(ssid);
  Wi-Fi.begin(ssid,password );    //连接指定的 Wi-Fi 路由器

  if(Wi-Fi.waitForConnectResult() == WL_CONNECTED){    //如果连接成功
    Serial.println("Wi-Fi connected");  //换行打印 Wi-Fi Connected
    Serial.println("IP address:");    //换行打印 IP address:
    Serial.println(Wi-Fi.localIP());  //换行打印连接的 Wi-Fi 的 IP
  }
}

void loop(){
  delay(100);
}
```

技能训练

一、训练目标

(1) 了解 Wi-Fi 模块的工作模式。

(2) 学会用 WeMos WiFi&Bluetooth R32 开发板作 STA 站点，并使 ESP32 工作于 STA 模式。

二、训练步骤与内容

1. 建立一个工程

(1) 启动 Arduino 软件。

(2) 选择“文件”→“新建”，自动创建一个新项目。

(3) 选择“文件”→“另存为”，打开“另存为”对话框，选择另存的文件夹 E32A，在文件名栏输入“HSTA”，单击“保存”按钮，保存 HSTA 项目文件。

2. 编写程序文件

在 HSTA 项目文件编辑区输入 STA 工作模式程序，选择“文件”→“保存”，保存项目文件。

3. 编译、下载、调试程序

(1) 使用 USB 连接电缆，连接开发板与电脑。

(2) 在 Arduino IDE 开发环境中选择“项目”→“验证/编译”，或单击工具栏的验证/编译按钮，Arduino 软件首先验证程序是否有误，若无误，程序自动开始编译程序。

(3) 等待编译完成，在软件调试提示区，观看编译结果。

(4) 单击工具栏的下载按钮，将程序下载到 WeMos D1 R32 开发板。

(5) 下载完成，单击 Arduino IDE 开发环境右上角的串口监视器按钮，可以看到 WeMos D1 R32 开发板上 Wi-Fi 芯片模块的工作模式被设置为 STA 模式。HSTA 项目串口显示信息如图 8-7 所示，STA 的 IP 地址是 192.168.3.77，IP 地址是连接的 Wi-Fi 路由器动态提供的。

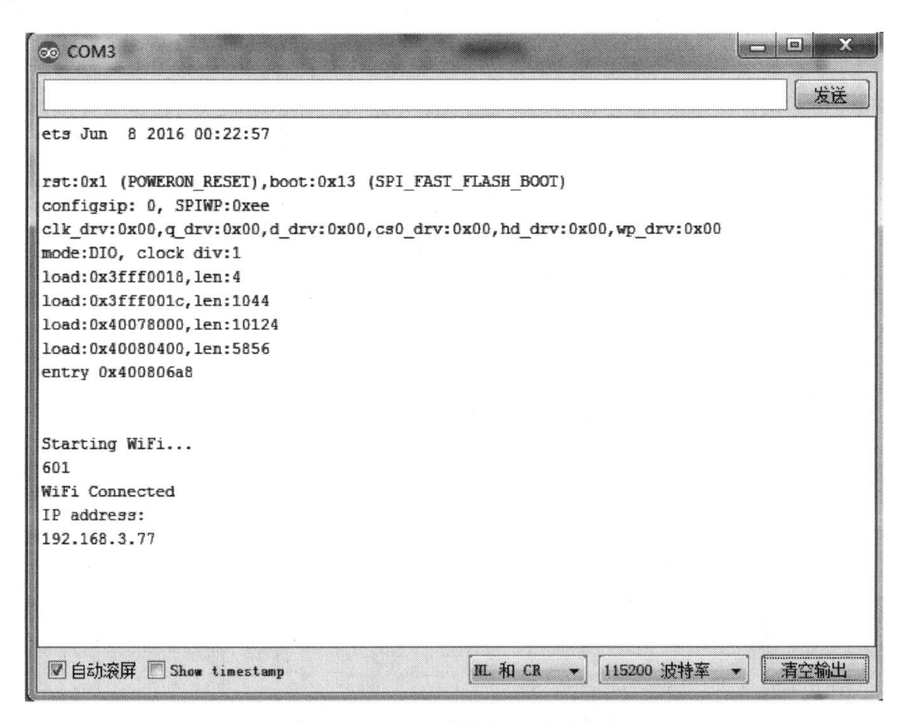

图 8-7　HSTA 项目串口显示信息

任务 23　扫描 Wi-Fi

基础知识

一、寻找 Wi-Fi 热点

一般来说，在使用 Wi-Fi 时，会发现有很多的热点，这是因为无线网络中给我们提供了非常多的 Wi-Fi 热点，他们的大部分开放了 SSID 广播，通过无线网络扫描软件（Scan Wi-Fi），可以快速扫描所在区域的所有能搜索到的无线网络并显示相关的无线网络信息，信息内容包括SSID、MAC 地址、PHY 类型、RSSI、信号质量、频率、最大速率、路由器型号等，这样，Wi-Fi 用户就可以根据需要选择不同的 SSID 连接对应的无线网络。

ESP32Wi-Fi 模块扫描 Wi-Fi 的方法包括被动扫描（Passive Scan）和主动扫描（Active Scan）两种。

（1）被动扫描。将 ESP32 设置为被动扫描，ESP32 将处于被动扫描状态，通过监听每个信道上，AP 定时发出的 Beacon 帧，从而扫描到 AP 的详细信息。

（2）主动扫描。将 ESP32 设置为主动扫描，ESP32 将处于主动扫描状态，在每个信道发送 Probe Request 帧来发送请求发现 AP，如果 AP 同意其发现自己，发送 Probe Respond 帧来回复 ESP32。

二、SCAN Wi-Fi 程序

SCAN Wi-Fi 程序如下：

```
/* 本程序演示如何扫描 Wi-Fi 网络。 */
#include "Wi-Fi.h"

void setup(){
  Serial.begin(115200);  //初始化串口波特率
  Wi-Fi.mode(Wi-Fi_STA);  // 将 Wi-Fi 设置为站点模式
  Wi-Fi.disconnect(); //断开 AP 连接
  delay(100);   //延时 100ms
  Serial.println("Setup done");  //换行打印 Setup done
}

void loop(){
  Serial.println("scan start");  //换行打印 scan start
  int n = Wi-Fi.scanNetworks();   //Wi-Fi.scanNetworks 将返回发现与 AP 断开连接的网
络的数量
  Serial.println("scan done");  //换行打印 scan done
  if(n == 0)                                  //如果 n=0
    Serial.println("no networks found");  //换行打印 no networks found
  else                                        //否则
  {
    Serial.print(n);                          //串口打印 n
    Serial.println(" networks found");  //换行打印 networks found
    for(int i = 0; i < n; ++i)
    {
      // 为找到的每个网络打印 SSID 和 RSSI
      Serial.print(i + 1);
      Serial.print(": ");
      Serial.print(Wi-Fi.SSID(i));
      Serial.print("(");
      Serial.print(Wi-Fi.RSSI(i));
```

```
      Serial.print(")");
      Serial.println((Wi-Fi.encryptionType(i)== Wi-Fi_AUTH_OPEN)?" ":"*");
      delay(10);
    }
  }
  Serial.println("");  //换行打印一空行
  delay(5000);  // 延时 5000ms,再重新扫描
}
```

首先在初始化程序中，进行串口波特率的设置，将 Wi-Fi 模块工作模式设置为站点模式，然后断开网络连接，再延时 100ms，完成程序的初始化。

在循环程序中，首先换行打印 scan start，开始扫描，调用 Wi-Fi. scanNetworks 方法进行网络扫描，将返回发现与 AP 断开连接的网络的数量。扫描结束，换行打印 scan done。如果没有扫描到 Wi-Fi 热点，换行打印 no networks found。如果扫描到多个 Wi-Fi 热点，就为找到的每个网络打印 SSID 和 RSSI（Received Signal Strength Indicator 接收信号的强度指示）。打印完成，换行打印一空行，延时 5000ms，再重新扫描。

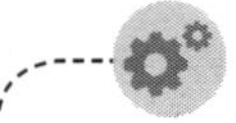

技能训练

一、训练目标

（1）了解 Scan Wi-Fi 扫描 Wi-Fi 的概念及方法。

（2）学会使用开发板进行 Scan Wi-Fi。

二、训练步骤与内容

1. 建立一个工程

（1）启动 Arduino 软件。

（2）选择“文件”→“新建”，自动创建一个新项目。

（3）选择“文件”→“另存为”，打开“另存为”对话框，选择另存的文件夹 E32A，在文件名栏输入“HWi-FiSCAN”，单击“保存”按钮，保存项目文件。

2. 编写程序文件

在 HWi-FiSCAN 项目文件编辑区输入 SCAN Wi-Fi 程序，选择“文件”→“保存”，保存项目文件。

3. 编译、下载、调试程序

（1）使用 USB 连接电缆，连接开发板与电脑。

（2）在 Arduino IDE 开发环境中选择“项目”→“验证/编译”，或单击工具栏的验证/编译按钮，Arduino 软件首先验证程序是否有误，若无误，程序自动开始编译程序。

（3）等待编译完成，在软件调试提示区，观看编译结果。如果发现错误，根据提示修改程序错误，再重新编译。

（4）单击工具栏的下载按钮，将程序下载到 WeMos D1 R32 开发板。

（5）下载完成，单击 Arduino IDE 开发环境右上角的串口监视器按钮，可以看到扫描 Wi-Fi 热点的结果，循环扫描 Wi-Fi 热点结果如图 8-8 所示。

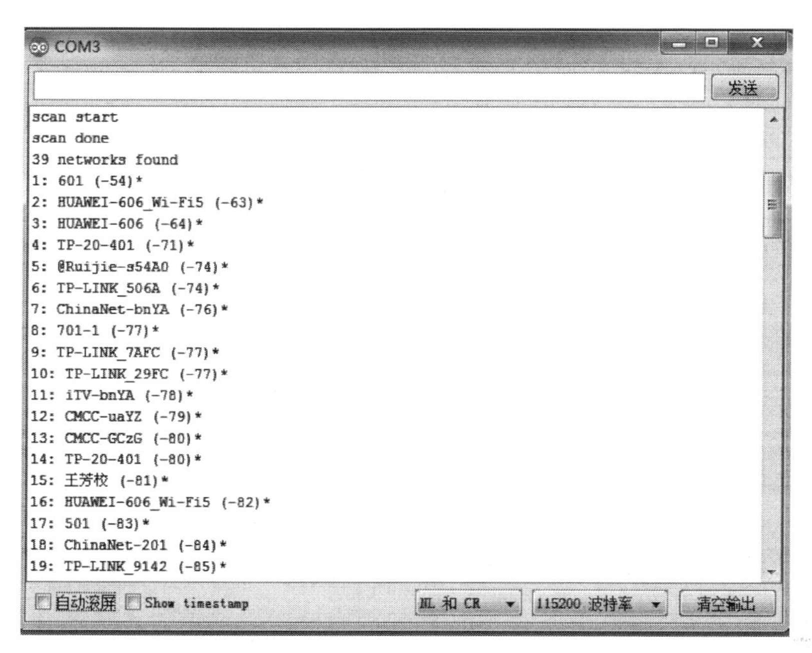

图 8-8　循环扫描 Wi-Fi 热点结果

任务24　智能连接技术

基础知识

一、SmartConfig 智能配置

SmartConfig 直译过来就是智能配置，也可理解为智能组态连接，它是一种 Wi-Fi 快速连接到网络的技术。SmartConfig 使 Wi-Fi 模块本身不具备可视输入的状况下实现访问特定 SSID 以及通过安全密码校验的过程，它通过第三方设备来配置 Wi-Fi 模块的连接信息，达到加入 Wi-Fi 网络的目的。它可以省去直接将 Wi-Fi 账号和密码写入到无线设备中的过程，通过手机将无线设备连接到网络中去。SmartConfig 是智能配置无线连接的统称，ESP32 还支持 Airkiss 方式将设备连接到网络。Airkiss 是微信支持 SmartConfig 的具体实现的一种技术。

举个实例，我们买了一个电子密码锁 A，想让电子密码锁 A 连接到我们自己的 Wi-Fi 上。首先需要从官网上下载相应的 App 到手机，启动电子密码锁 A 的手机 App 连接我们自家的网络。电子密码锁 A 等待手机 App 发送网络名称和密码，而这些信息就是通过广播的形式发送在无线网中，然后电子密码锁 A 就可以启动配置了。

1. SmartConfig 的工作流程

以上述电子密码锁 A 为例，工作流程如下。

（1）电子密码锁 A 接通电源。

（2）电子密码锁 A 厂商提供的手机 App 启动。

（3）在电子密码锁 A 附近打开 App，选择用户家的 Wi-Fi，输入其密码，点击确认，稍等一下，电子密码锁 A 自动接入用户家的 Wi-Fi。

（4）启动电子密码锁 A 的开门密码设置等配置。

2. SmartConfig 智能配置原理

智能设备进入初始化状态，处于混杂模式下，监听网络中的所有报文，手机端 App 将 Wi-Fi 名和密码编码到 UDP 报文中，通过广播包或者组播包发送，智能设备接收到 UDP 报文后解码，得到 Wi-Fi 名称和密码，然后主动连接到指定的 Wi-Fi AP 路由器上。

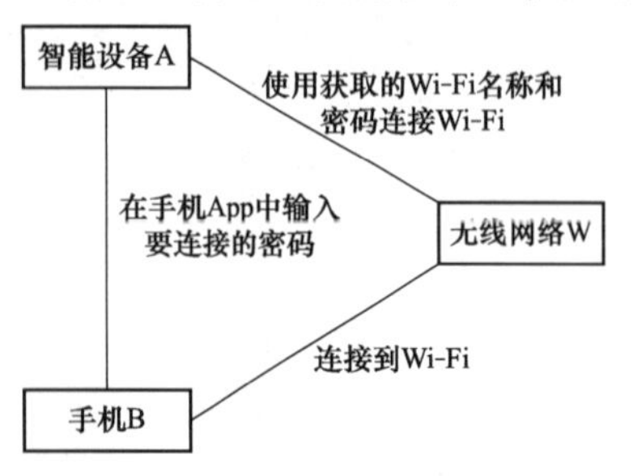

图 8-9 SmartConfig 智能配置原理

SmartConfig 智能配置原理如图 8-9 所示。

二、ESP32 的智能配置

1. ESP32 的 SmartConfig

ESP32 的 Wi-Fi 模块在实现 SmartConfig 的过程中，先将 ESP32Wi-Fi 模块处于站点 STA 模式或 AP+STA 模式，然后手机 App 将 SSID 与密码编码发送到 UDP 的报文中，通过广播包或者组播包进行发送。ESP32Wi-Fi 模块接收到 UDP 的报文后进行解码，得到正确的 SSID 与密码，然后进行设备联网，从而使 ESP32Wi-Fi 实现联网的目的。

2. ESP32 智能配置程序

智能配置程序如下：

```
#include <Wi-Fi.h>
void setup(){
Serial.begin(115200);
delay(10);
// 采用 Station 模式
Wi-Fi.mode(Wi-Fi_STA);
delay(500);
// 等待配网
Wi-Fi.beginSmartConfig();
// 收到配网信息后 ESP32 将自动连接,Wi-Fi.status 状态就会返回:已连接
while(Wi-Fi.status()! = WL_CONNECTED){
delay(500);
Serial.print(".");
// 完成连接,退出配网等待。
Serial.println(Wi-Fi.smartConfigDone());
}
Serial.println("");
Serial.println("Wi-Fi connected");
Serial.println("IP address: ");
Serial.println(Wi-Fi.localIP());
}
void loop(){
delay(1000);
}
```

初始化程序，首先初始化串口波特率，稍微延时，设置 ESP32 的 Wi-Fi 模块工作模式为站点 STA 模式，延时 500ms，调用 Wi-Fi. beginSmartConfig（），开始智能配置操作，等待手机端发出的用户名与密码。

手机端填写当前网络的密码，单击连接，Wi-Fi 热点的 SSID 和密码自动发送，ESP32Wi-Fi 模块自动接收并收存。

若没有收到配网信息，串口将不断打印。

收到配网信息后，ESP32 将自动连接，退出配网等待，Wi-Fi. status 状态就会返回：已连接。

完成连接，串口打印 Wi-Fi connected，Wi-Fi 已经连接。打印 Wi-Fi 热点的 IP 地址。

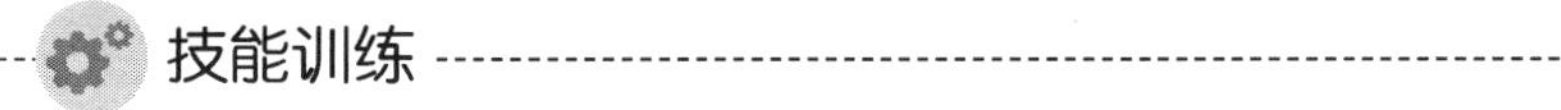

技能训练

一、训练目标

（1）了解 SmartConfig 智能配置工作原理。

（2）学会 ESP32 的 Wi-Fi 模块的 SmartConfig 智能配置。

二、训练步骤与内容

1. 建立一个工程

（1）启动 Arduino 软件。

（2）选择“文件”→“新建”，自动创建一个新项目。

（3）选择“文件”→“另存为”，打开“另存为”对话框，选择另存的文件夹 E32A，在文件名栏输入“HSmartConfig1”，单击“保存”按钮，保存项目文件。

2. 编写程序文件

在 HSmartConfig1 项目文件编辑区输入智能配置程序，选择“文件”→“保存”，保存项目文件。

3. 下载调试程序

（1）使用 USB 连接电缆，连接开发板与电脑。

（2）在 Arduino IDE 开发环境中选择“项目”→“验证/编译”，或单击工具栏的验证/编译按钮，Arduino 软件首先验证程序是否有误，若无误，程序自动开始编译程序。

（3）等待编译完成，在软件调试提示区，观看编译结果。如果发现错误，根据提示修改程序错误，再重新编译。

（4）单击工具栏的下载按钮，将程序下载到 WeMos D1 R32 开发板。

（5）下载完成，单击 Arduino IDE 开发环境右上角的串口监视器按钮，就可以监视 ESP32 的 Wi-Fi 模块智能配置过程。

4. 手机设置

在把 ESP32 的 Wi-Fi 模块设置为 SmartConfig 之后，需要第三方配置工具进行实际地配置 SSID 和密码信息，以便 ESP32Wi-Fi 模块可以正确连入所需的无线 Wi-Fi 网络，可以使用手机输入网络联网的 SSID 和密码信息，解决一般 Wi-Fi 智能模块没有直接输入界面的问题。具体操作步骤如下。

（1）手机连接 Wi-Fi 热点。

（2）扫描安信可科技微信公众号，关注安信可科技。安信可科技微信公众号二维码如图 8-10 所示。

图 8-10　安信可科技微信公众号二维码

（3）选择安信可微信公众号菜单的“应用开发”→“微信配网”，弹出“Wi-Fi 配置”界面，如图 8-11 所示。

（4）单击“开始配置”，显示“配置设备上网”界面，如图 8-12 所示，Wi-Fi 热点的 SSID 自动显示。

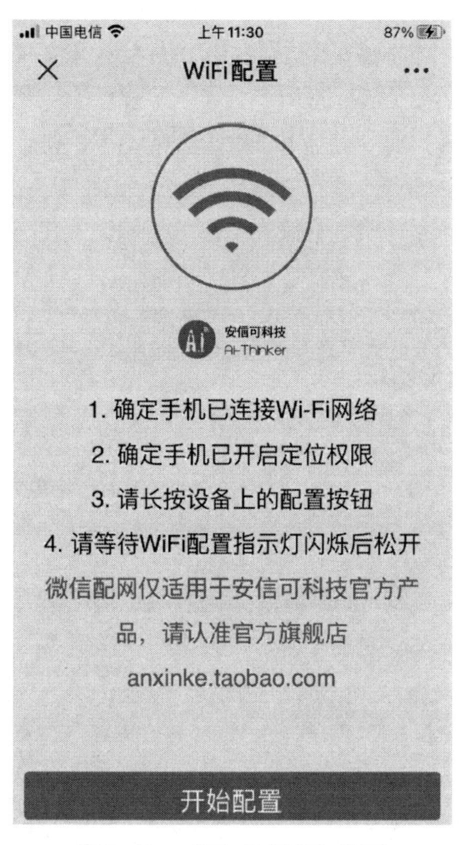

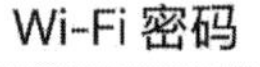
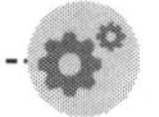

图 8-11 “Wi-Fi 配置”界面

图 8-12 配置设备上网

（5）输入 Wi-Fi 热点的密码，单击“连接”，手机会自动将 SSID 和密码传递给 ESP32Wi-Fi 模块，稍等一下，ESP32Wi-Fi 模块将自动完成联网配置。

（6）手机端显示“配置成功”后，单击“确定”，退出微信配置。

习题 8

1. AP 是什么？如何使用物联网开发板创建一个 AP？
2. STA 站点工作模式的特点是什么？如何使用物联网开发板创建一个 STA？
3. 如何扫描 Wi-Fi 热点？

项目九 EEPROM读写

学习目标

（1）了解 ESP32 的 EEPROM。

（2）学会读写 EEPROM。

任务 25 读写 EEPROM

基础知识

一、EEPROM

EEPROM（Electrically Erasable Programmable read only memory）是指带电可擦可编程只读存储器。是一种掉电后数据不丢失的存储芯片。若想断电后，仍记住数据，就得使用 EEPROM。

Arduino 提供了完善的 EEPROM 库，用户要使用得先调用 EEPROM. h，然后使用 write 和 read 方法，即可操作 EEPROM。

由于 ESP32 没有硬件 EEPROM，它使用的是闪存（Flash）模拟的 EEPROM，默认的空间是 4096Byte。

ESP32 的 EEPROM 库与 Arduino 的 EEPROM 库有些差别，开始读写之前要申明 EEPROM. begin（size），size 是需要使用的字节数，大小为 4～4096。在执行完 EEPROM. write（）后，不会立即保存数据到 Flash，写完之后，还需执行 EEPROM. commit（）或 EEPROM. end（）。这是因为它的 EEPROM 是虚拟出来的，Flash 是按扇区操作的，而 EEPROM 是按字节操作的，所以要先把数据存入缓存区，执行 EEPROM. commit（）再去把数据写入 Flash。EEPROM. end（）可以保存数据到 Flash 并清除缓存区的内容。

二、操作 EEPROM

1. EEPROM 操作函数

（1）申请 EEPROM 大小函数如下：

```
EEPROM.begin(size);
```

其中，申请 EEPROM 的大小由 size 确定。

（2）读取 EEPROM。读取 EEPROM 指定地址数据的函数如下：

```
EEPROM.read(address)
```

其中，address 表示是要读取数据的地址。

（3）写入 EEPROM。写入 EEPROM 指定地址、数据的函数如下：

```
EEPROM.write(addr,val)
```

其中，addr 表示要写入数据的地址；val 表示要写入的数据变量。

(4) 保存 EEPROM 数据。

1) EEPROM. commit () 是保存 EEPROM 数据函数。此语句一般放在写入数据程序的结尾。

2) EEPROM. end () 可以保存数据到 FLASH 并清除缓存区的内容。

2. 擦除 EEPROM

擦除 EEPROM 的程序如下：

```
#include <EEPROM.h>

void setup()
{
  EEPROM.begin(512);
  //写 0 到 EEPROM 所有 512 Bytes 存储器
  for(int i = 0; i < 512; i++)
    EEPROM.write(i,0);   //每个地址,写数据 0

  // 写完,点亮 LED
  pinMode(14,OUTPUT);
  digitalWrite(14,HIGH);
  EEPROM.end();  //擦除结束,清除缓存区
}

void loop()
{
}
```

3. 读取 EEPROM

读取 EEPROM 的程序如下：

```
#include <EEPROM.h>

// 从 EEPROM 地址 0 开始读数据
int address = 0;
byte value;

void setup()
{
  // initialize serial and wait for port to open:
  Serial.begin(9600);  //初始化串口
  EEPROM.begin(512); //申请 EEPROM 大小为 512Byte
}

void loop()
{
  value = EEPROM.read(address); //读取 EEPROM 当前地址的数据
  Serial.print(address);  //打印地址
  Serial.print("\t");      //打印水平制表符
```

```
  Serial.print(value,DEC);   //打印十进制数值
  Serial.println();          //打印一空行
  address = address + 1;  //EEPROM 地址加 1
  if(address == 512)   //如果地址到达 512
    address = 0;     //地址值复位为 0
  delay(500);  //延迟 500ms
}
```

4. 写入 EEPROM

写入 EEPROM 的程序如下：

```
/* 存储从 A0 读取模拟量数值到 EEPROM */

#include <EEPROM.h>
int addr = 0;   //定义地址变量 addr,并初始化为 0

void setup()
{
  EEPROM.begin(512);   //申请 EEPROM 大小为 512 字节
}

void loop()
{
  int val = analogRead(A0)/ 4;  //读取的模拟量数值除以 4
  EEPROM.write(addr,val);  //将数据写入指定地址
  addr = addr + 1;      //地址加 1

  if(addr == 512)
  {
    addr = 0;
    EEPROM.commit();  //数据写入 EEPROM
  }

  delay(100);  //延时 100ms
}
```

技能实训

一、训练目标

（1）了解 EEPROM。

（2）学会读写 EEPROM。

二、训练步骤与内容

1. 建立一个工程

（1）启动 Arduino 软件。

（2）选择“文件”→“新建”，自动创建一个新项目，并保存项目文件。

（3）选择“文件”→“另存为”，打开“另存为”对话框，选择另存的文件夹E32A，在文件名栏输入“IEPR01”，单击“保存”按钮，保存项目文件。

2. 编写程序文件

将EEPROM的地址数据值写入相应地址的程序如下：

```
#include <EEPROM.h>

int addr = 0; //EEPROM 数据地址

void setup()
{
  Serial.begin(9600);  //初始化串口
  Serial.println("");
  Serial.println("Start write"); //换行打印 Start write

  EEPROM.begin(256); //申请操作地址大小为 256
  for(addr = 0; addr < 256; addr++)
  {
    int data = addr; //将地址值付给变量 data
    EEPROM.write(addr,data); //EEPROM 指定地址写数据
    if(addr >= 254)
    {
      Serial.println("addr : ");
      Serial.print(addr);
      Serial.println( );
      Serial.println("data : ");
      Serial.print(data);
    }
  }
  EEPROM.commit(); //保存更改的数据
  Serial.println( );
  Serial.println("End write");  //换行打印 End write
}

void loop()
{
}
```

3. 编译程序

（1）选择“项目”→“验证/编译”子菜单命令，或单击工具栏的验证/编译按钮，Arduino软件首先验证程序是否有误，若无误，程序自动开始编译程序。

（2）等待编译完成，在软件调试提示区，观看编译结果。

4. 调试程序

（1）单击工具栏的下载按钮图标，将程序下载到WeMos D1 R32控制板。

（2）下载完成，在软件调试提示区，观看下载结果。

（3）打开串口调试器，按下开发板的 RST 按键，观察运行结果，如图 9-1 所示。

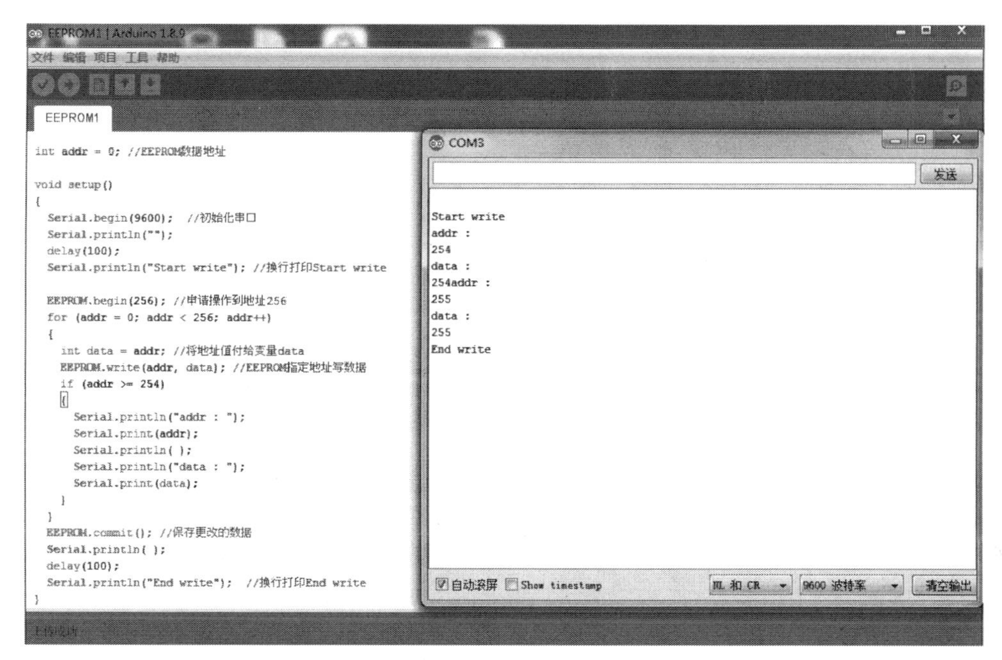

图 9-1 运行结果

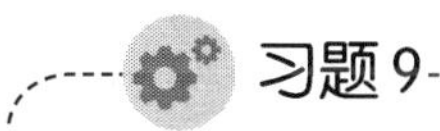

习题 9

1. 如何清除 EEPROM 指定区域的数据？
2. 如何读取 EEPROM 指定区域的数据？
3. 如何在 EEPROM 指定地址的写入数据？

项目十 I2C通信

学习目标

（1）了解 I2C 通信。

（2）学会应用 I2C 类库。

（3）学会使用 OLED 显示屏。

任务 26 应用 OLED 显示屏

基础知识

一、I2C 总线

1. I2C 总线简介

I2C 总线只有两根双向信号线。一根是数据线 SDA，另一根是时钟线 SCL。

SCL：上升沿将数据输入到每个 EEPROM 器件中；下降沿驱动 EEPROM 器件输出数据。

SDA：双向数据线，为 OD 门，与其他任意数量的 OD 与 OC 门成线“与”关系。

I2C 总线通过上拉电阻接正电源。当总线空闲时，两根线均为高电平（SDA＝1；SCL＝1）。连到总线上的任一器件输出的低电平，都将使总线的信号变低，即各器件的 SDA 及 SCL 都是线“与”关系。

每个接到 I2C 总线上的器件都有唯一的地址。主机与其他器件间的数据传送可以是由主机发送数据到其他器件，这时主机即为发送器。由总线上接收数据的器件则为接收器。I2C 总线标准的寻址字节为 7 位，可寻址 127 个单元。

在多主机系统中，可能同时有几个主机企图启动总线传送数据。为了避免混乱，I2C 总线要通过总线仲裁，以决定由哪一台主机控制总线。

2. 数据传送

I2C 总线进行数据传送时，时钟信号为高电平期间，数据线上的数据必须保持稳定，只有在时钟线上的信号为低电平期间，数据线上的高电平或低电平状态才允许变化。

SCL 线为高电平期间，SDA 线由高电平向低电平的变化表示起始信号；SCL 线为高电平期间，SDA 线由低电平向高电平的变化表示终止信号。

起始和终止信号都是由主机发出的，在起始信号产生后，总线就处于被占用的状态；在终止信号产生后，总线就处于空闲状态。连接到 I2C 总线上的器件，若具有 I2C 总线的硬件接口，则很容易检测到起始和终止信号。

接收器件收到一个完整的数据字节后，有可能需要完成一些其他工作，如处理内部中断服务等，可能无法立刻接收下一个字节，这时接收器件可以将 SCL 线拉成低电平，从而使主机处于等待状态。直到接收器件准备好接收下一个字节时，再释放 SCL 线使之为高电平，从而使数据传送可以继续进行。

3. ESP32 的 I2C

ESP32 的 I2C 总线频率是 450kHz，在使用 I2C 前，需要调用 wire. beging（int sda，int scl）函数申明 SDA 和 SCL 引脚，默认的是 GPIO4（SDA）和 GPIO5（SCL）。

二、OLED 显示器

1. OLED

OLED（Organic Light-Emitting Diode），又称为有机电激光显示、有机发光半导体（Organic Electro Luminesence Display）。OLED 属于一种电流型的有机发光器件，是通过载流子的注入和复合而致发光的现象，发光强度与注入的电流成正比。OLED 在电场的作用下，阳极产生的空穴和阴极产生的电子就会发生移动，分别向空穴传输层和电子传输层注入，迁移到发光层。当二者在发光层相遇时，产生能量激子，从而激发发光分子最终产生可见光。

2. 显示屏

OLED 显示屏是利用有机电自发光二极管制成的显示屏。由于同时具备自发光有机电激发光二极管，不需背光源、对比度高、厚度薄、视角广、反应速度快、可用于挠曲性面板、使用温度范围广、构造及制程较简单等优异之特性，被认为是下一代的平面显示器新兴应用技术。

（1）OLED 显示屏 SSD1306。OLED 显示屏 SSD1306 是一款小巧的显示屏，整体大小为宽度 26mm，高度为 25.2mm。4 只引脚排列分别为 GND、VCC、SCL、SDA，屏幕尺寸为 0.96 英寸。

（2）基本特性。

1）尺寸：0.96 英寸。

2）分辨率：128×64pixel。

3）颜色：白色。

4）可视角度：>160°。

5）支持平台：Arduino 51 系列、MSP430 系列、STM32、CSR 芯片等。

6）功耗：正常工作时 0.04W。

7）电压支持：3.3～5V 直流。

8）工作温度：30～80℃。

9）驱动芯片：SSD1306。

10）通信方式：IIC，只需 2 个 I/O 接口。

11）字库：无。

12）背光：OLED 自发光，无需背光。

（3）OLED 显示屏的点阵像素。OLED 是一个 $m \times n$ 的像素点阵，想显示什么就得把具体位置的像素点亮起来。对于每一个像素点，有可能是 1 点亮，也有可能是 0 点亮；对于 128×64 的 OLED，像素地址排列从左到右是 0～127，从上到下是 0～63。在坐标系中，左上角是原点（0，0），向右是 x 轴，向下是 y 轴。

3. U8G2 库

U8G2 库是嵌入式设备的单色图形库，主要应用于嵌入式设备，包括常见的 Arduino、ESP32、各种单片机等。

U8G2 基本上支持所有 ARDUINO API 的主板。包括：①Aruino Zero、Uno、Mega、Due、101、Zero 以及所有其他 Arduino 官方主板；②基于 Arduino 平台的 STM32；③基于 Arduino 平台

的 ESP8266 和 ESP32；④其他不知名的基于 Arduino 平台的开发板。

U8G2 支持单色 OLED 和 LCD，包括以下显示控制器：SSD1305、SSD1306、SSD1309、SSD1322、SSD1325、SSD1327、SSD1329、SSD1606、SSD1607、SH1106、SH1107、SH1108、SH1122、T6963、RA8835、LC7981、PCD8544、PCF8812、HX1230、UC1601、UC1604、UC1608、UC1610、UC1611、UC1701、ST7565、ST7567、ST7588、ST75256、NT7534、IST3020、ST7920、LD7032、KS0108、SED1520、SBN1661、IL3820、MAX7219 等。可以说，基本上主流的显示控制器都支持，比如常见的 SSD1306 12864，用户在使用该库之前可查阅自己的 OLED 显示控制器是否处于支持列表中。

U8G2 库的函数如下。

（1）基本函数。

1）u8g2. begin（）：构造 U8G2。

2）u8g2. beginSimple（）：构造 U8G2。

3）u8g2. initDisplay（）：初始化显示控制器。

4）u8g2. clearDisplay（）：清除屏幕内容。

5）u8g2. setPowerSave（）：是否开启省电模式。

6）u8g2. clear（）：清除操作。

7）u8g2. clearBuffer（）：清除缓冲区。

8）u8g2. disableUTF8print（）：禁用 UTF8 打印。

9）u8g2. enableUTF8print（）：启用 UTF8 打印。

10）u8g2. home（）：重置显示光标的位置。

（2）绘制相关函数。

1）u8g2. drawBox（）：画实心方形。

2）u8g2. drawCircle（）：画空心圆。

3）u8g2. drawDisc（）：画实心圆。

4）u8g2. drawEllipse（）：画空心椭圆。

5）u8g2. drawFilledEllipse（）：画实心椭圆。

6）u8g2. drawFrame（）：画空心方形。

7）u8g2. drawGlyph（）：绘制字体字集的符号。

8）u8g2. drawHLine（）：绘制水平线。

9）u8g2. drawLine（）：两点之间绘制线。

10）u8g2. drawPixel（）：绘制像素点。

11）u8g2. drawRBox（）：绘制圆角实心方形。

12）u8g2. drowRFrame（）：绘制圆角空心方形。

13）u8g2. drawStr（）：绘制字符串。

14）u8g2. drawTriangle（）：绘制实心三角形。

15）u8g2. drawUTF8（）：绘制 UTF8 编码的字符。

16）u8g2. drawVLine（）：绘制竖直线。

17）u8g2. drawXBM（）/drawXBMP（）：绘制图像。

18）u8g2. firstPage（）nextPage（）：绘制命令。

19）u8g2. print（）：绘制内容。

20）u8g2. sendBuffer（）：绘制缓冲区的内容。

（3）显示配置用的相关函数。

1）u8g2. getAscent（）：获取基准线以上的高度。

2）u8g2. getDescent（）：获取基准线以下的高度。

3）u8g2. getDisplayHeight（）：获取显示器的高度。

4）u8g2. getDisplayWidth（）：获取显示器的宽度。

5）u8g2. getMaxCharHeight（）：获取当前字体里的最大字符的高度。

6）u8g2. getMaxCharWidth（）：获取当前字体里的最大字符的宽度。

7）u8g2. getSerWidth（）：获取字符串的像素宽度。

8）u8g2. getETF8Width（）：获取 UTF8 字符串的像素宽度。

9）u8g2. setAutoPageClear（）：设置自动清除缓冲区。

10）u8g2. setBitmapMode（）：设置位图模式。

11）u8g2. setBusClock（）：设置总线时钟。

12）u8g2. setClipWindow（）：设置采集窗口大小。

13）u8g2. setCursor（）：设置绘制光标位置。

14）u8g2. setDisplayRotalion（）：设置显示器的旋转角度。

15）u8g2. setDrawColor（）：设置绘制颜色。

16）u8g2. setFont（）：设置字体集。

17）u8g2. setFontDirection（）：设置字体方向。

（4）与缓存相关的函数。

1）u8g2. getBufferPtr（）：获取缓存空间的地址。

2）u8g2. getBufferTileHeight（）：获取缓冲区的 Tile 高度。

3）u8g2. getBufferTileWidth（）：获取缓冲区的 Tile 宽度。

4）u8g2. getBufferCurrTileRow（）：获取缓冲区的当前 Tile row。

5）u8g2. setBufferCurrTileRow（）：设置缓冲区的当前 Tile row。

4. U8G2 库应用

（1）区分显示器类别：①类别，如 LED 点阵、LCD 还是 OLED 等；②大小，如 128×64 等。

（2）选择物理总线方式：支持 SPI、I2C、one-wire 等。

1）3SPI，3-Wire SPI：串行外围接口，依靠 Clock、Data、CS 这 3 个控制信号。

2）4SPI，4-Wire SPI：跟 3SPI 一样，只是额外多了一条数据命令线，经常叫作 D/C。

3）I2C，IIC 或 TWI：SCL SDA。

（3）区分数字连线。知道了物理连线模式之后，一般都是把 OLED 连接到 Arduino 板的输出引脚，也就是通过软件，模拟具体总线协议。当然，如果有现成的物理总线端口那就更好了。

（4）U8G2 初始化。

1）构造器基本语句。通过构造器基本语句确定控制器使用的类别、显示器使用的类别、缓冲区大小、总线类别和通信引脚号等，如：

```
:U8G2_SSD1306_128X64_NONAME_1_SW_I2C U8G2(U8G2_R0,/* Clock=*/SCL,/* data=*/SDA,/* reset=*/U8X8_PIN_NONE);
```

2）其他的构造器语句见表 10-1。

表 10-1 其他的构造器语句

其他构造器语句	描述
U8G2_ SSD1306_ 128×64_ NONAME_ 1_ 4W_ SW_ SPI (rotation, clock, data, cs, dc [, reset])	page buffer, size = 128 bytes
U8G2_ SSD1306_ 128×64_ NONAME_ 2_ 4W_ SW_ SPI (rotation, clock, data, cs, dc [, reset])	page buffer, size = 256 bytes
U8G2_ SSD1306_ 128×64_ NONAME_ F_ 4W_ SW_ SPI (rotation, clock, data, cs, dc [, reset])	full framebuffer, size = 1024 bytes
U8G2_ SSD1306_ 128×64_ NONAME_ 1_ 4W_ HW_ SPI (rotation, cs, dc [, reset])	page buffer, size = 128 bytes

3）构造器的名字包括以下几方面，见表 10-2。

表 10-2 构造器的名字

序号	描述	示例
1	Prefix	U8G2
2	Display Controller	SSD1306
3	Display Name	128×64_ NONAME
4	Buffer Size	1, 2 OR F (full frame buffer)
5	Communication	4W_ SW_ SPI

4）缓冲区大小描述（BufferSize Description）。1 为保持一页的缓冲区，用于 firstPage/nextPage 的 PageMode；2 为保持两页的缓冲区，用于 firstPage/nextPage 的 PageMode；F 为获取整个屏幕的缓冲区，ram 消耗大，一般用在 ram 空间比较大的 Arduino 板。

5）倾斜、镜像描述。

U8G2_ R0 No rotation, landscape

U8G2_ R1 90 degree clockwise rotation

U8G2_ R2 180 degree clockwise rotation

U8G2_ R3 270 degree clockwise rotation

U8G2_ MIRROR No rotation, landscape, display content is mirrored (v2.6.x)

(5) U8G2 绘制模式。

1）全屏缓存模式（Full Screen Buffer Mode）。全屏缓存模式的特点为绘制速度快，所有的绘制方法都可以使用，需要大量的 RAM 空间。全屏缓存模式的初始化，从这里选择一个 U8G2 的构造器，全屏缓存模式的构造器包含了“F”，如：

```
U8G2_SSD1306_128X64_ F _SW_SPI(rotation,clock,data,cs [,reset])
```

2）分页模式（Page Mode）。分页模式的特点是绘制速度慢，但所有的绘制方法都可以使用，仅需要少量的 RAM 空间。分页模式初始化，从这里选择一个 U8G2 的构造器，分页模式的构造器包含了“1”或“2”，如：

```
U8G2_ST7920_128X64_1_SW_SPI(rotation,clock,data,cs [,reset])
```

3）U8X8 字符模式（Character Only Mode）。字符模式的绘制速度快，但并不是对所有的显示器都有效，U8X8 图形绘制不可用，不需要 RAM 空间，只输出文本（字符），只支持 8×8 像素字体快速。U8X8 字符模式应用示例如下：

```
void setup(void){
  u8x8.begin();
```

```
}
void loop(void){
  u8x8.setFont(u8x8_font_chroma48medium8_r);
  u8x8.drawString(0,1,"Hello World!");
}
```

5. OLED 实验程序

OLED 实验程序如下：

```
#include <Arduino.h>
#include <u8g2lib.h>

#ifdef  U8X8_HAVE_HW_I2C
#include <Wire.h>
#endif

U8G2_SSD1306_128X64_NONAME_F_SW_I2C u8g2(U8G2_R0,/* clock=*/ SCL,/* data=
*/ SDA,/* reset=*/ U8X8_PIN_NONE);

void setup(void){
  u8g2.begin();
}

void loop(void){
  u8g2.clearBuffer(); // 清除内部存储器
  u8g2.setFont(u8g2_font_ncenB08_tr);  // 选择合适的字体
  u8g2.drawStr(0,10,"Hello World!"); // 写 Hello World! 到内部存储器
  u8g2.sendBuffer(); // 将内部存储器数据传输到显示器
  delay(1000);
}
```

关于 u8g2 的初始化函数的操作如下：

```
bool begin(void){
   initDisplay(); //初始化显示器
   clearDisplay();  // 重置清屏
   setPowerSave(0); //唤醒屏幕
   return 1;
}
```

该语句说明初始化过程包括初始化显示器、重置清屏、唤醒屏幕等。

u8g2. drawStr（0，10，" Hello World!"）语句前部的（0，10）分别表示字符串开始的位置坐标（x，y），后部表示要现实的字符串（Hello World!）。

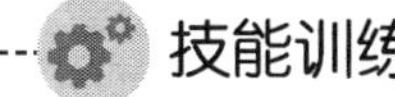

技能训练

一、训练目标

（1）了解 U8G2 显示器类库。

（2）学会使用 U8G2 类库控制 OLED 显示屏。

二、训练步骤与内容

1. 建立一个工程

（1）启动 Arduino 软件。

（2）选择“文件”→“新建”，自动创建一个新项目。

（3）选择“文件”→“另存为”，打开“另存为”对话框，选择另存的文件夹 E32A，在文件名栏输入“K01”，单击“保存”按钮，保存项目文件。

2. 编写程序文件

在 K01 项目文件编辑区输入“OLED 实验”程序，单击工具栏的保存按钮，保存项目文件。

3. 编译程序

（1）选择“工具”→“板”，在右侧出现的板选项菜单中选择 WeMos D1 R32 开发板，即选择“WeMos WiFi&Bluetooth Battery”。

（2）单击“项目”菜单下的“验证/编译”子菜单命令，等待编译完成，在软件调试提示区，观看编译结果。

（3）编译错误处理。若发生编译错误，可尝试修改对应项目文件的头文件，如下：

```
//U8G2_SSD1306_128X64_NONAME_F_SW_I2C u8g2(U8G2_R0,/* clock=*/ SCL,/* data=*/ SDA,/* reset=*/ U8X8_Pin_NONE);
```

删除对应选择的构造器设置前的双斜线，取消该注释行的双斜线注释，如下：

```
U8G2_SSD1306_128X64_NONAME_F_SW_I2C u8g2(U8G2_R0,/* clock=*/ SCL,/* data=*/ SDA,/* reset=*/ U8X8_PIN_NONE);
```

4. 调试程序

（1）将 OLED 显示屏与 WeMos D1 R32 开发板连接，OLED 显示屏接线如图 10-1 所示。

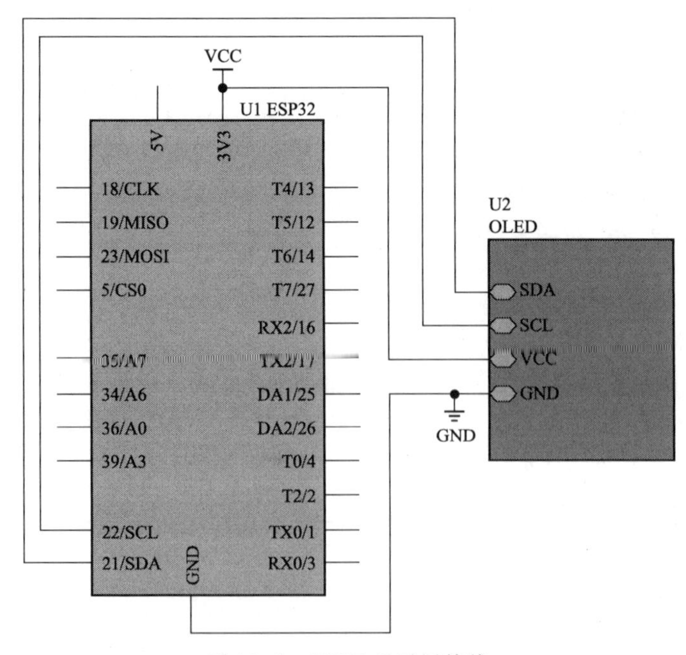

图 10-1　OLED 显示屏接线

（2）下载程序到 WeMos D1 R32 开发板。

（3）观察 OLED 显示屏的显示内容。

（4）更改 u8g2. drawStr（0，10，" Hello World!"）语句坐标值和显示内容，或者替换输入下列语句：

```
u8g2.setFont(u8g2_font_ncenB14_tr);
u8g2.setCursor(0,15);
u8g2.print("Hello World!");
```

（5）重新编译、下载程序，观察 OLED 显示屏的显示内容的变化。

任务27 实时时钟显示

一、MicroPython 的 OLED 控制

1. I2C 通信

通用的 UART 串口通信主要用于两个设备之间的通信。对于硬件芯片与芯片间，通常使用 I2C 通信。I2C 是一种双线串行通信协议，是 Inter-Integrated Circuit 的简称，它是嵌入式系统最常用的接口之一。I2C 只需要使用 SDA 和 SCL 两条信号线，就可以和多个其他带有 I2C 接口的芯片连接，通过 I2C 总线可以挂接多个芯片，减少硬件连线的数量。I2C 接口的主要特点是信号线采用开漏连接以及支持总线连接，并且支持多个主机以及冲突管理机制。I2C 有独立的时钟信号，也可称之为串行同步总线，数据传输比 UART 串口通信快。

I2C 通信的时序较复杂，在 I2C 控制中，通常首先导入 I2C 模块，然后定义使用的 I2C 接口，再设置参数，接下来进行数据的发送和接收处理。在 MicroPython 中，I2C 模块将初始化、接收、发送等功能进行了封装，用户直接使用就可以实现 I2C 通信。

2. I2C 模块控制使用的函数

（1）定义使用的序号为 bus 的 I2C 总线，函数如下：

```
Class pyb.I2C(bus)
```

其中，参数 bus 表示 I2C 总线的序号。

（2）初始化函数如下：

```
init(mode,addr,baudrate=400000,gencall=False)
```

其中，参数 mode 只能是 I2C. MASTER 主站或 I2C. SLAVE 从站；参数 addr 通常为 7 为 I2C 地址；参数 baudrate 为 SCL 时钟频率；参数 gencall 为通用调用模式。

（3）关闭 I2C，释放 I2C 引脚为通用 GPIO 的函数如下：

```
deinit()
```

（4）检测指定地址的 I2C 设备是否响应的函数如下：

```
is_read(addr)
```

该函数只对主模式有效

（5）读数据函数如下：

```
mem_read(data,addr,memaddr,timeout=5000,addr_size=8)
```

其中，参数 data 为整数或缓存；参数 addr 为设备地址；参数 memaddr 为内存地址；参数 timeout 为读取等待超时时间；参数 addr_ size 为内存地址的大小，只能是 8 位或 16 位。

（6）写数据函数如下：

```
mem_write(data,addr,memaddr,timeout=5000,addr_size=8)
```

参数意义同读数据函数。

（7）从总线上指定地址的设备接收数据的函数如下：

```
recv(recv,addr=0x00,timeout=5000)
```

其中，参数 recv 为接收的数据的数量；参数 addr 为指定地址的设备的地址；参数 timeout 为超时时间。

（8）向总线上指定地址的设备发送数据的函数如下：

```
i2c.send(send,addr=0x00,timeout=5000)
```

其中，参数 send 为发送数据的数量；参数 addr 为指定地址的设备的地址；参数 timeout 为超时时间。

（9）扫描 I2C 总线上的设备，地址为 0x00 ~ 0x7F，结果返回到列表中，函数如下：

```
i2c.scan()
```

3. 应用程序

应用程序如下：

```
from pyb import I2C  #导入 I2C 模块
i2c = I2C(1,I2C.MASTER)#使用 1 号总线,并设置为主模式
i2c.init(I2C.MASTER,baudrate=10000)#初始化为主模式,baudrate 为 10000
i2c.scan()  #I2C 总线扫描
i2c.deinit()  #关闭 I2C 总线

i2c.send("ab1")#发送字符数据
data = bytearray(3)#创建缓冲区
i2c.recv(data)  #接收 3 个字节数据,并写入缓冲区
```

4. OLED 的 I2C 控制

（1）OLED 构造函数。一般构造函数为 michine. I2C（scl，sda），构建 I2C 对象，scl 为时钟信号，sda 为数据信号。OLED 的构造函数如下：

```
SSD1306_I2C.OLED(width,height,i2c,addr,external_vcc=False)
```

其中，参数 width 为宽度；参数 height 为高度；参数 i2c 定义使用 I2C 总线的设备，如果定义使用 SPI 设备，参数修改为 spi，同时增加 dc、res、cs 参数；参数 addr 为设备地址；参数 external_ vcc 为电压选择。

（2）OLED 的功能函数。

1）OLED. poweron（），打开 OLED 模块。

2）OLED. poweroff（），关闭 OLED 模块。

3）OLED. contrast（），设置对比度。

4）OLED. invert（invert），设置反显或正常显示。参数 invert 为奇数时是反显，为偶数时正常显示。

5）OLED. pixel（x，y，c），画点，（x，y）为点阵坐标，c 表示颜色。对于单色屏，0 表示不显示，大于 0 表示显示。

6）OLED. fill（c），用颜色 c 填充整个屏幕（清屏）。

7）OLED. scroll（dx，dy），移动显示区域，dx、dy 表示水平、垂直方向移动的距离，可以是负数。

8）OLED. text（string，x，y，c=1），在（x，y）开始的位置，显示字符串。字符串的字体是8×8 点阵的。暂时不支持其他字符，也不支持中文。若要显示中文，可以使用函数 pixel（）和小字模实现。

9）OLED. show（），更新 OLED 显示内容。调用 show（）之外的函数，数据实际是写入缓冲区，调用 show（）之后，才会将缓冲区的内容更新到屏幕上。

10）OLED. frambuf. line（x1，y1，x2，y2，c），画直线。

11）OLED. frambuf. hline（x，y，w，c），画水平直线。

12）OLED. frambuf. vline（x，y，w，c），画垂直直线。

13）OLED. frambuf. fill_ rect（x，y，w，h，c），画填充矩形。

14）OLED. frambuf. rect（x，y，w，h，c），画空心矩形。

提示：其他的组合图形，可以通过多个基本函数的组合实现。

5. OLED 测试程序

OLED 测试程序如下：

```
# 导入相关模块
from machine import Pin,I2C,RTC,Timer
from ssd1306 import SSD1306_I2C

# 初始化所有相关对象
i2c = I2C(sda=Pin(21),scl=Pin(22))#I2C 初始化:sda--> 21,scl --> 22
oled = SSD1306_I2C(128,64,i2c)

def OLED_TEST():
    oled.fill(0)  # 清屏显示黑色背景
    oled.rect(0,0,127,63,1)
    oled.text('Hello World',10,10) #第 1 行显示,Hello World
    oled.text('ESP32 TEST',10,30)  #第 2 行显示,ESP32 TEST
oled.show()

OLED_TEST()
```

二、实时时钟显示

1. 实时时钟控制程序

实时时钟控制程序如下：

```
# 导入相关模块
from machine import Pin,I2C,RTC,Timer
from ssd1306 import SSD1306_I2C

# 定义星期和时间显示字符列表
week = 'Mon','Tues','Wed,'Thur','Fri','Sat','Sun']
time_list = ['','','']

# 初始化所有相关对象
i2c = I2C(sda=Pin(21),scl=Pin(22))#I2C 初始化:sda--> 21,scl --> 22
```

```
oled = SSD1306_I2C(128,64,i2c)
rtc = RTC()

#首次上电配置时间,按顺序分别是:年,月,日,星期,时,分,秒,次秒级;这里做了一个简单的判断,检查到当前年份不对就修改当前时间,开发者可以根据自己实际情况来修改
if rtc.datetime()[0] != 2021:
    rtc.datetime((2021,9,9,0,0,0,0,0))

def RTC_Run(tim):

    datetime = rtc.datetime()  #获取当前时间

    oled.fill(0)  #清屏显示黑色背景
    oled.rect(0,0,127,63,1)
    oled.text('ESP32 TEST',10,5)  #第1行显示 ESP32 TEST
    oled.text('RTC Clock',10,20)  #第2行显示 RTC Clock

    #显示日期,字符串可以直接用"+"来连接
    oled.text(str(datetime[0])+'-'+str(datetime[1])+'-'+str(datetime[2])+' '+week[datetime[3]],10,35)

    #显示时间
    oled.text( str(datetime[4])+':'+  str(datetime[5])+':'+  str(datetime[6]),10,50)
    oled.show()

#开启 RTOS 定时器
tim = Timer(-1)
tim.init(period=320,mode=Timer.PERIODIC,callback=RTC_Run)#周期 320ms
```

2. 实时时钟控制程序解析

（1）导入模块部分。在导入模块部分，从 machine 中导入了 Pin、I2C、RTC、Timer 4 个模块。从 ssd1306 库中导入了 SSD1306_ I2C 模块。

（2）定义星期和时间显示列表。通过定义星期和时间显示列表，使实时时钟直观显示星期数据，而不是用数字代表。

（3）初始化所有相关对象。在程序初始化部分，初始化了 I2C 对象、OLED 对象和实时时钟对象 RTC。

（4）定义实时时钟运行函数。定义的实时时钟运行函数，是定时中断的回调函数。在周期性回调函数中，首先获得实时时钟数据，然后将其转换为年、月、日、星期、时、分、秒的字符串连接数据，通过 OLED 进行实时显示。

（5）开启 RTOS 定时器。在开启 RTOS 定时器部分，设定了定时周期、定时模式和定时中断回调对象。每秒回调 3 次，以便实时时钟运行回调函数实时处理数据。在获取当前时间函数里，实际上还有微秒数据，此程序将这部分数据丢弃了，使得实时时钟显示，符合人们查看习惯。

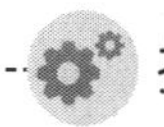

技能训练

一、训练目标

（1）了解 MicroPython 的 OLED 显示器类库。

（2）学会使用 MicroPython 的类库、模块设计实时时钟显示程序。

（3）学会调试实时时钟显示程序。

二、训练步骤与内容

1. 建立一个项目

（1）在 E32 文件夹内新建 HOLEDTEST 和 HRTS 两个文件夹。

（2）启动 Thonny 软件。

（3）选择“文件”→“新建”，自动创建一个新文件。

（4）选择“文件”→“另存为”，打开“另存为”对话框，选择另存的文件夹 HOLEDTEST，在文件名栏输入“main. py”，单击“保存”按钮，保存新文件。

2. 编写程序文件

在 Thonny 开发环境的新文件编辑区输入“OLED 测试实验”程序，单击工具栏的保存按钮，保存文件。

3. 调试程序

（1）将 OLED 显示屏的 GND、VCC、SCL、SDA 4 条线，分别与优创 ESP32 开发板的 GND、3. 3V、GPIO22、GPIO21 连接。

（2）将“ssd1306. py”库文件复制到 HOLEDTEST 文件夹内，使“main. py”文件与“ssd1306. py”库文件同在一个文件夹内，库文件与主程序文件如图 10-2 所示。

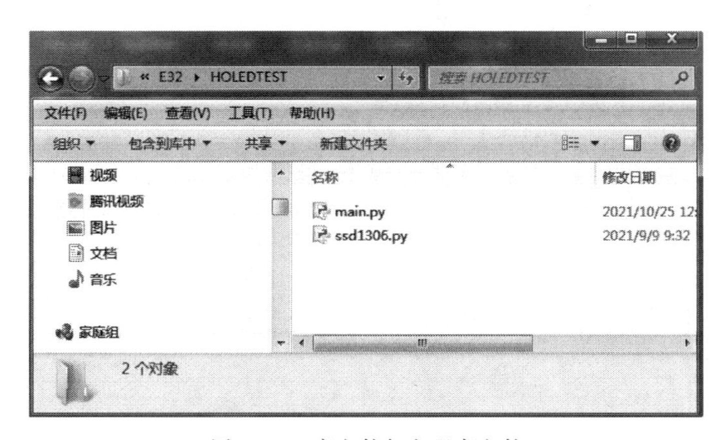

图 10-2 库文件与主程序文件

（3）将“ssd1306. py”库文件上载到 MicroPython 设备，如图 10-3 所示。

（4）将“main. py”主程序文件上载到 MicroPython 设备。

（5）选择“运行”→“运行当前脚本”，或者单击工具栏的运行按钮，“main. py”程序运行，观察 OLED 显示屏的变化。

（6）单击工具栏的停止按钮，停止程序运行。

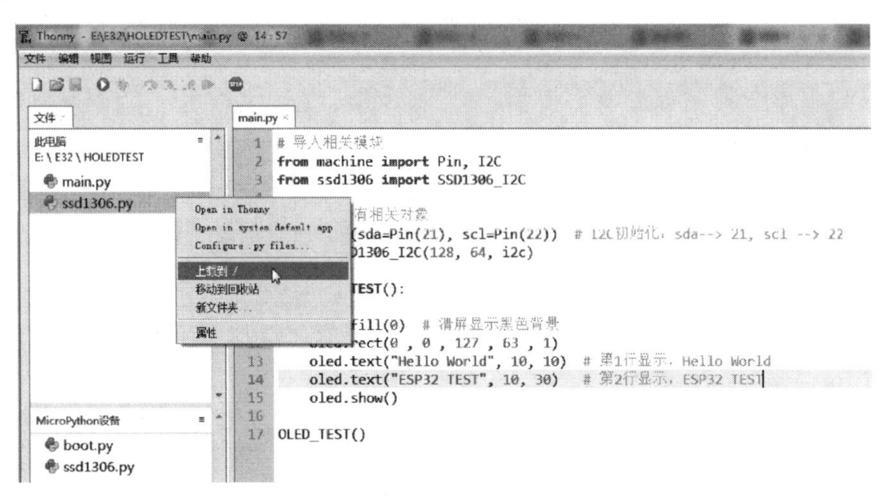

图 10-3　上载库文件

4. 实时时钟控制程序测试

（1）选择“文件”→“新建”，自动创建一个新文件。

（2）选择“文件”→“另存为”，打开“另存为”对话框，选择另存的文件夹 HRTS，在文件名栏输入“main. py”，单击“保存”按钮，保存新文件。

5. 编写实时时钟控制程序文件

在 Thonny 开发环境的新文件编辑区输入“实时时钟控制”程序，单击工具栏的保存按钮，保存文件。

6. 调试实时时钟控制程序

（1）将 OLED 显示屏的 GND、VCC、SCL、SDA 4 条线，分别与优创 ESP32 开发板的 GND、3.3V、GPIO22、GPIO21 连接。

（2）将“ssd1306. py”库文件复制到 HRTS 文件夹内，使“main. py”文件与“ssd1306. py”库文件同在一个文件夹内。

（3）将“ssd1306. py”库文件上载到 MicroPython 设备。

（4）将“main. py”主程序文件上载到 MicroPython 设备。

（5）选择“运行”→“运行当前脚本”，或者单击工具栏的运行按钮，“main. py”程序运行，观察 OLED 显示屏上实时时钟数据的变化。

（6）单击工具栏的停止按钮，停止程序运行。

习题 10

1. 简述 I2C 总线的技术特点。
2. 简述 I2C 总线产品的接线方法。
3. 如何让 OLED 显示字符“Welcome myOLED”？
4. 如何让 OLED 显示直线、三角、四边形等线条图形？
5. 修改实时时钟程序，使得实时时钟数据为 2021-mm-dd-zzz-hh-ff-ss 形式，并调试运行。

项目十一 物联网网络通信

学习目标

（1）了解 TCP Server 通信。
（2）了解 TCP Client 通信。
（3）了解 UDP 服务。
（4）学会远程串口控制硬件。
（5）了解 Socket 通信。
（6）了解 MQTT 通信。

任务 28 TCP Server 通信

基础知识

一、网络通信基础

1. 因特网

因特网（Internet）是一组全球信息资源的总汇。因特网是由于许多小的网络（子网）互联而成的一个逻辑网，每个子网中连接着若干台计算机主机或其他网络设备。因特网以相互交流信息资源为目的，基于一些共同的协议，并通过许多路由器和公共互联网而成，它是一个信息资源和资源共享的集合。

2. TCP/IP 协议

为了便于用户间进行信息交流，因特网制定了一些共同的规则与标准，即 TCP/IP 协议。TCP/IP 包括 IP 协议、TCP 协议、HTTP 协议、FTP 协议、POP3 协议等。TCP/IP 协议是分层次的，我们称之为 TCP/IP 模型，有网络接口层、网络层、传输层和应用层共 4 个层次。

3. IP 地址

IP（Internet Protocol）协议即互联网协议，它将多个网络连成一个互联网，可以把高层的数据以多个数据包的形式通过互联网分发出去。IP 协议的基本任务是通过互联网传送数据包，各个 IP 数据包之间是相互独立的。

IP 地址指互联网协议地址（Internet Protocol Address），是 IP 协议提供的统一地址格式，它为互联网上每一个网络或每一台主机分配一个逻辑地址，以此来区分不同类型计算机物理地址的差异。

IP 地址现在为两个版本，分别是 IPv4 和 IPv6。IPv4 版本的地址长度是 32 位，分为 4 段，每段 8 位，用十进制数表示，数字范围是 0～255，段与段之间使用句点隔开，如 192.168.2.3。IP 地址最多为 2^{32} 个，小于 43 亿个。随着互联网用户数据的激增，越来越多的服务器和终端连入互联网，尤其物联网的发展，各种传感器和设备都会联网，IPv4 的地址就不够用了。为了适应物联网的发展需求，国际标准组织提出了 IPv6 标准，地址长度扩展到128 位，可以让有联网需求的设备均可连入互联网。

4. 端口

一台拥有 IP 地址的服务器主机可以有许多服务，如网页浏览服务、文件传送服务、邮件服务等。主机通过端口来区分不同的网络服务，常用端口号与对应服务的关系，见表 11-1。

表 11-1　　常用端口号与对应服务

端口	协议	作用
20	TCP	FTP 文件传送协议，数据端口
21	TCP	FTP 文件传送协议，控制端口
22	TCP	SSH 远程登录协议，登录和文件传送
23	TCP	Telnet 终端仿真协议，用于未加密文本通信
25	TCP	SMTP 简单邮件传输协议，电子邮件传输
53	TCP	DNS 域名解析协议，用于域名解析
80	TCP	HTTP 超文本传输协议，传输网页，Web 服务
110	TCP	POP3 邮局协议第 3 版，接收邮件
443	TCP	HTTPS 安全超文本传输协议，用于加密 HTTP 传输网页 Web 服务

5. TCP 通信

TCP 协议即传输控制协议（Transmission Control Protocol）是一种面向连接的、可靠的、基于字节流的传输层通信协议。

TCP 旨在适应支持多网络应用的分层协议层次结构。连接到不同但互连的计算机通信网络的主计算机中的成对进程之间依靠 TCP 提供可靠的通信服务。TCP 假设它可以从较低级别的协议获得简单的，可能不可靠的数据报服务。原则上，TCP 应该能够在从硬线连接到分组交换或电路交换网络的各种通信系统之上操作。

传输控制协议是为了在不可靠的互联网络上提供可靠的端到端字节流而专门设计的一个传输协议。

互联网络与单个网络有很大的不同，因为互联网络的不同部分可能有截然不同的拓扑结构、带宽、延迟、数据包大小和其他参数。TCP 的设计目标是能够动态地适应互联网络的这些特性，而且具备面对各种故障时的健壮性。

不同主机的应用层之间经常需要可靠的、像管道一样的连接，但是 IP 层不提供这样的流机制，而是提供不可靠的包交换。

应用层向 TCP 层发送用于网间传输的、用 8 位字节表示的数据流，然后 TCP 把数据流分区成适当长度的报文段，报文段的大小通常受该计算机连接的网络的数据链路层的最大传输单元（MTU）的限制。之后 TCP 把结果包传给 IP 层，由它来通过网络将包传送给接收端实体的 TCP 层。TCP 为了保证不发生丢包，就给每个包一个序号，同时序号也保证了传送到接收端实体的包的按序接收，然后接收端实体对已成功收到的包发回一个相应的确认（ACK）。如果发送端实体在合理的往返时延（RTT）内未收到确认，那么对应的数据包就被假设为已丢失，会被进行重传。TCP 用一个校验和函数来检验数据是否有错误，在发送和接收时都要计算校验和。

6. TCP 通信特点

TCP 是一种向广域网的通信协议，目的是在跨越多个网络通信时，为两个通信端点之间提供一条具有下列特点的通信方式：①基于流的方式；②面向连接；③可靠通信方式；④在网络状况不佳的时候尽量降低系统由于重传带来的带宽开销；⑤通信连接维护是面向通信的两个端点的，而不考虑中间网段和节点。为满足 TCP 协议的这些特点，TCP 协议做了如下的规定。

（1）数据分片。在发送端对用户数据进行分片，在接收端进行重组，由 TCP 确定分片的大小并控制分片和重组。

（2）到达确认。接收端接收到分片数据时，根据分片数据序号向发送端发送一个确认。

（3）超时重发。发送方在发送分片时启动超时定时器，如果在定时器超时之后没有收到相应的确认，重发分片。

（4）滑动窗口。TCP 连接每一方的接收缓冲空间大小都固定，接收端只允许另一端发送接收端缓冲区所能接纳的数据，TCP 在滑动窗口的基础上提供流量控制，防止较快主机致使较慢主机的缓冲区溢出。

（5）失序处理。作为 IP 数据报来传输的 TCP 分片到达时可能会失序，TCP 将对收到的数据进行重新排序，将收到的数据以正确的顺序交给应用层。

（6）重复处理。作为 IP 数据报来传输的 TCP 分片会发生重复，TCP 的接收端必须丢弃重复的数据。

（7）数据校验。TCP 将保持它首部和数据的检验和，这是一个端到端的检验和，目的是检测数据在传输过程中的任何变化。如果收到分片的检验和有差错，TCP 将丢弃这个分片，并不确认收到此报文段导致对端超时并重发。

二、TCP 服务器通信

1. 服务器—客户端服务模式

互联网将计算机联网，主要目的是提供信息服务。互联网的计算机通常分两类：①信息服务的响应者，称为服务器（Server）；②信息服务的请求者，称为客户端（Client）。由服务器和客户端组成的网络架构，称为客户端—服务器模式。

用户上网浏览信息时，用户使用的手机或计算机就是客户端，网站的计算机就是服务器。当网页客户端向浏览器网站发送一个查询请求时，网站服务器就从其数据服务器查找该请求所对应数据信息，组成新网页发送给客户浏览器，提供信息服务。

2. HTTP 协议通信

HTTP 超文本传输协议是指用超链接的方法将各种不同空间的文字信息组织到一起而形成的网状文本，这里的文本信息包括文字、图片、音频、视频、文件等数据信息。

HTTP 的客户端一般是一个应用程序，通过连接服务器达到向服务器发送一个或多个 HTTP 请求的目的。

HTTP 的服务器同样是一个应用程序，通常是 Web 服务器程序，服务器通过接收客户端请求并向客户端发送 HTTP 响应数据信息。

HTTP 的访问由客户端发起，通过一种统一资源定位符（URL：Uniform Resource Locator，如 www. sina. com. cn/）的标识来找到服务器，建立连接并传输数据。

3. ESP32 的 TCP 通信

（1）ESP32 的 TCP 通信功能。在 ESP32 的应用中，通信都是通过 TCP 协议进行的。通过编写和上传相应的程序，ESP32 可以分别实现 TCP Server 和 TCP Client 的功能。

（2）ESP32 的 TCP 服务器通信程序如下：

```
#include <Wi-Fi.h> //包含 Wi-Fi 头文件

#define MAX_SRV_CLIENTS 1   //定义可连接的客户端数目最大值

const char * ssid = "601"; //输入用户连接的路由器 Wi-Fi 的 ssid
const char * password = "a5671234"; //输入路由器 Wi-Fi 密码

Wi-FiServer server(23); //服务器端口设置为 23
Wi-FiClient serverClients[MAX_SRV_CLIENTS];//设定服务器客户端最大值

void setup(){
  Serial.begin(115200);//初始化串口波特率
  Wi-Fi.begin(ssid,password); //连接 Wi-Fi
  Serial.print("\nConnecting to ");
Serial.println(ssid);
  uint8_t i = 0; //定义局部变量 i
  while(Wi-Fi.status()! = WL_CONNECTED && i++ < 16)delay(500);

  if(i == 16){  //超时(16×500=10000,8s),提示连接失败
    Serial.print("Could not connect to"); //打印字符串
    Serial.println(ssid);//换行打印网络名
    while(1)delay(500); //延时等待
  }

  Server.begin();  //启动传输和服务器
  Server.setNoDelay(true);//true 表示禁用 Nagle 算法,合并一些小的消息

  Serial.print("Ready! Use telnet ");  //打印字符串 Ready! Use telnet
  Serial.print(Wi-Fi.localIP());//获得服务器本地 IP 地址
  Serial.println("23 TO connect"); 换行打印字符串 23 to connect
}

  void loop(){
  uint8_t i;
  //检测服务器端是否有活动的客户端连接
  if(Server.hasClient()){
  for(i = 0; i < MAX_SRV_CLIENTS; i++){
  //查找空闲或者断开连接的客户端,并置为可用
  if(! serverClients[i] || ! serverClients[i].connected()){
  if(serverClients[i])serverClients[i].stop();
  serverClients[i] = server.available();
  Serial.print("New client: "); Serial.println(i);
  continue;
}
```

```
}
  //若没有可用客户端,则停止连接
  Wi-FiClient serverClient = server.available();
  serverClient.stop();
}
  //检查客户端的数据
  for(i = 0; i < MAX_SRV_CLIENTS; i++){
  if(serverClients[i] && serverClients[I].connected()){
  if(serverClients[i].available()){
  while(serverClients[i].available())//当 Telnet 客户端有数据
  Serial.write(serverClients[i].read());//推送到 URAT 端口
}
}
}
  //检查 UART 端口数据
  if(Serial.available()){
  size_t len = Serial.available(); //获取数据长度
  uint8_T sbuf[len];  //设置数据数组
  Serial.readBytes(sbuf,len);  //读取数据
  //将 UART 端口数据推送到所有已连接的 telnet 客户端,实现双向通信
  for(i = 0; i < MAX_SRV_CLIENTS; i++){
  if(serverClients[i] && serverClients[i].connected()){
  serverClients[i].write(sbuf,len); //数据推送到 telnet 客户端
  delay(1);
}
}
}
}
```

4. Telnet

(1) Telnet 服务。Telnet 协议是 TCP/IP 协议族中的一员，是 Internet 远程登录服务的标准协议和主要方式，它为用户提供了在本地计算机上完成远程主机工作的能力。在终端使用者的电脑上使用 Telnet 程序可以连接到服务器。终端使用者在 Telnet 程序中输入命令，就可以实现在本地控制服务器。终端使用者输入的命令会在服务器上运行，就像直接在服务器的控制台上输入一样。要开始一个 Telnet 会话，必须输入用户名和密码来登录服务器。Telnet 是常用的远程控制 Web 服务器的方法。

(2) 开启 Telnet 服务操作。在电脑上开启 Telnet 的操作步骤如下。

1) 选择“开始”→“控制面板”→“程序”，打开程序设置对话框，如图 11-1 所示。

2) 在程序设置对话框，找到并点击“打开或关闭 Windows 功能”进入“Windows 功能”对话框。

3) 找到并勾选“Telnet 客户端”和“Telnet 服务器”，如图 11-2 所示。

4) 最后“确定”按钮，稍等片刻即可完成安装。

5) Windows 7 系统下载的 Telnet 服务安装完成后，默认情况下是禁用的，还需要启动服务。单击 Win7 桌面左下角的圆形开始按钮，在 Win7 的搜索框中输入“服务”，从搜索结果中

单击“服务”，进入 Win7 的服务设置，如图 11-3 所示。

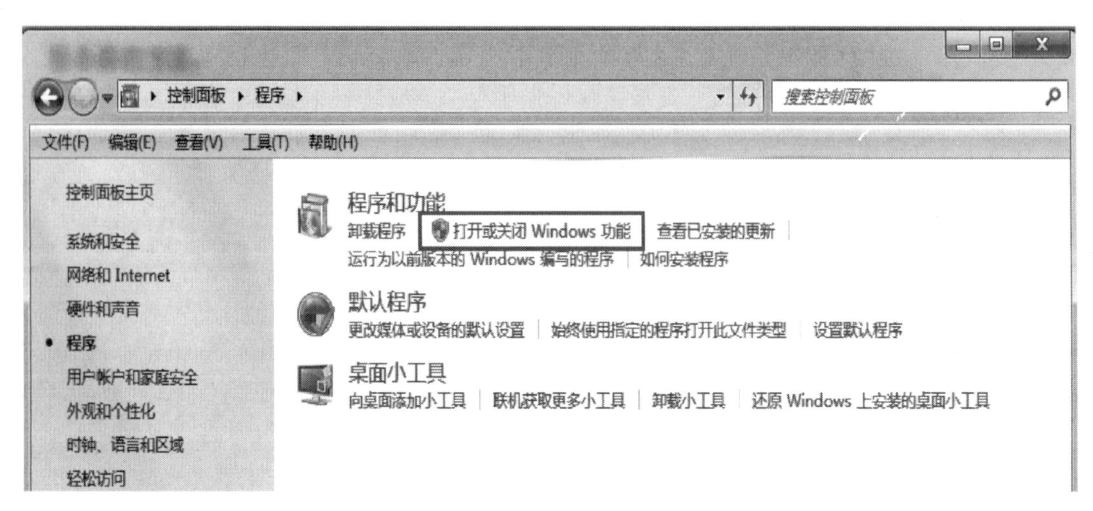

图 11-1 程序设置对话框

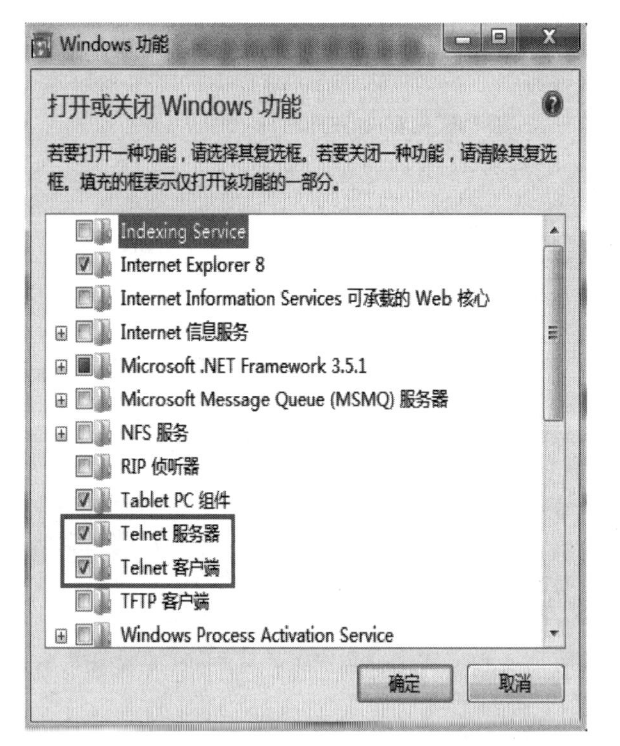

图 11-2 勾选“Telnet 客户端”和“Telnet 服务器”

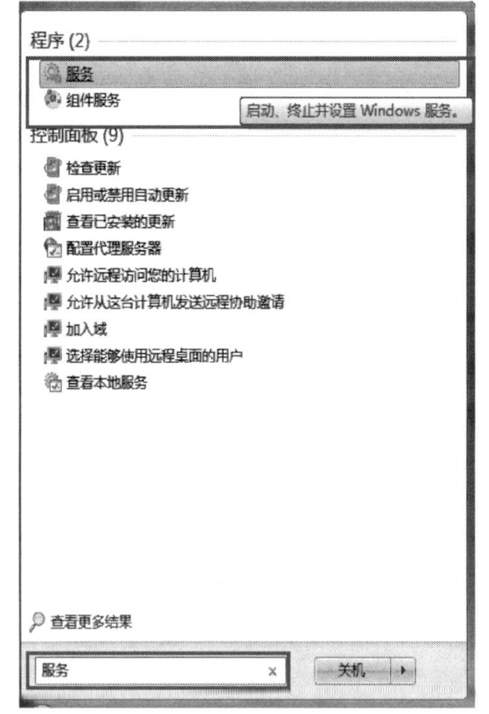

图 11-3 单击“服务”

6）在 Windows 7 旗舰版的服务项列表中找到 Telnet，可以看到它的状态是被禁用的。

7）双击 Telnet 项或者从右键菜单选择“属性”，将“禁用”改为“手动”。

8）回到服务项列表，从 Telnet 的右键菜单中选择“启动”，启动 Telnet，如图 11-4 所示。

9）这样 WIN7 系统下载的 Telnet 服务就启动了，Telnet 服务属性如图 11-5 所示。

服务(本地)

Telnet

启动此服务

描述:
允许远程用户登录到此计算机并运行程序，并支持多种 TCP/IP Telnet 客户端，包括基于 UNIX 和 Windows 的计算机。如果此服务停止，远程用户就不能访问程序，任何直接依赖于它的服务将会启动失败。

名称	描述	状态	启动类型	登录为
SSDP Discovery	当发...		禁用	本地服务
Still Image Acqui...	启动...		手动	本地系统
Superfetch	维护...		禁用	本地系统
System Event N...	监视...	已启动	自动	本地系统
Tablet PC Input ...	启用 ...		手动	本地系统
Task Scheduler	使用...	已启动	自动	本地系统
TCP/IP NetBIOS ...	提供 ...	已启动	自动	本地服务
Telephony	提供...		手动	网络服务
Telnet	允许		手动	本地服务
Temperature M...				本地系统
Themes				本地系统
Thread Orderin...				本地服务
TraceConceptX				本地系统
UPnP Device Host				本地服务
User Profile Serv...				本地系统
Virtual Disk				本地系统
Volume Shadow...				本地系统
WallPaper Prote...				本地系统
Watchdata ccb ...				本地系统

启动(S)
停止(O)
暂停(U)
恢复(M)
重新启动(E)
所有任务(K)
刷新(F)
属性(R)
帮助(H)

图 11-4　启动 Telnet

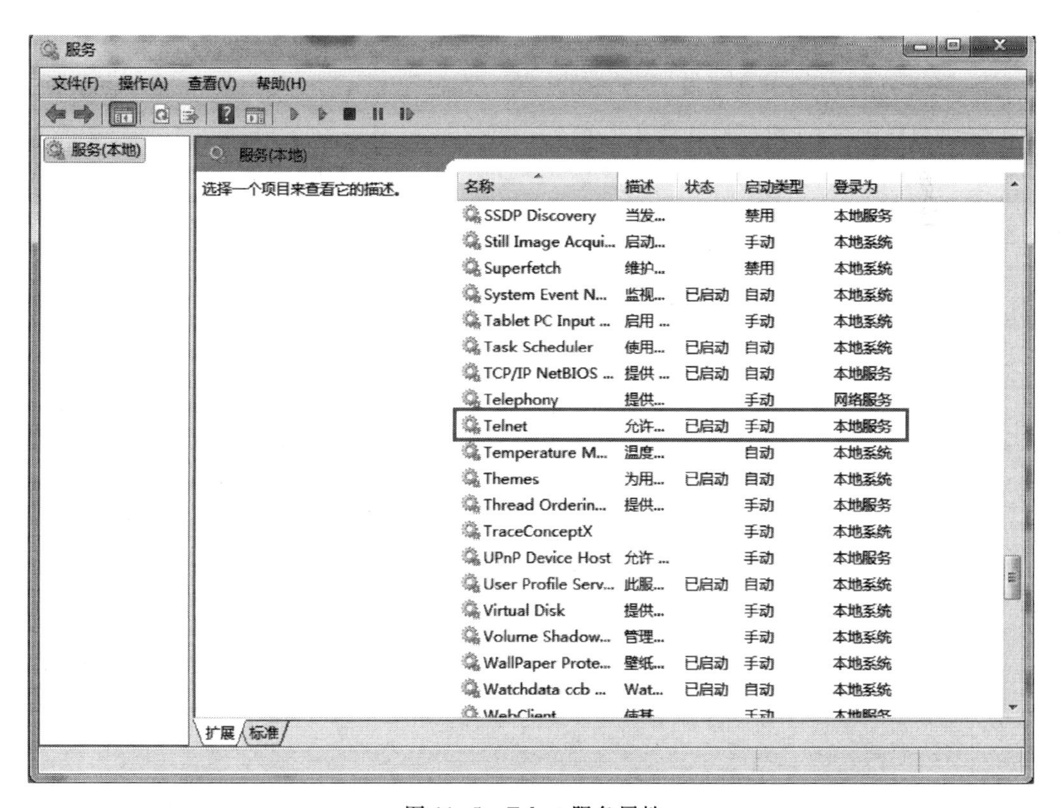

图 11-5　Telnet 服务属性

技能训练

一、训练目标

（1）了解 TCP server。

（2）学会使用 Wi-Fi 的 TCP server 服务器。

（3）学会调试 TCP 服务器程序。

二、训练步骤与内容

1. 建立一个工程

（1）启动 Arduino 软件。

（2）选择“文件”→“新建”，自动创建一个新项目。

（3）选择“文件”→“另存为”，打开“另存为”对话框，选择另存的文件夹 E32A，在文件名栏输入“ITCPSEVER”，单击“保存”按钮，保存项目文件。

2. 编写程序文件

在 ITCPSEVER 项目文件编辑区输入“ESP32 的 TCP 服务器通信”程序，单击工具栏的保存按钮，保存项目文件。

3. 编译程序

（1）选择“工具”→“板”，在右侧出现的板选项菜单中选择 WeMos D1 R32 开发板，即选择“WeMos WiBFi&Bluetooth Battery”。

（2）选择“项目”→“验证/编译”，等待编译完成，在软件调试提示区，观看编译结果。

4. 调试程序

（1）下载程序到 WeMos D1 R32 开发板。

（2）下载完成，打开串口调试器，查看 Wi-Fi 的 IP 地址，如图 11-6 所示。

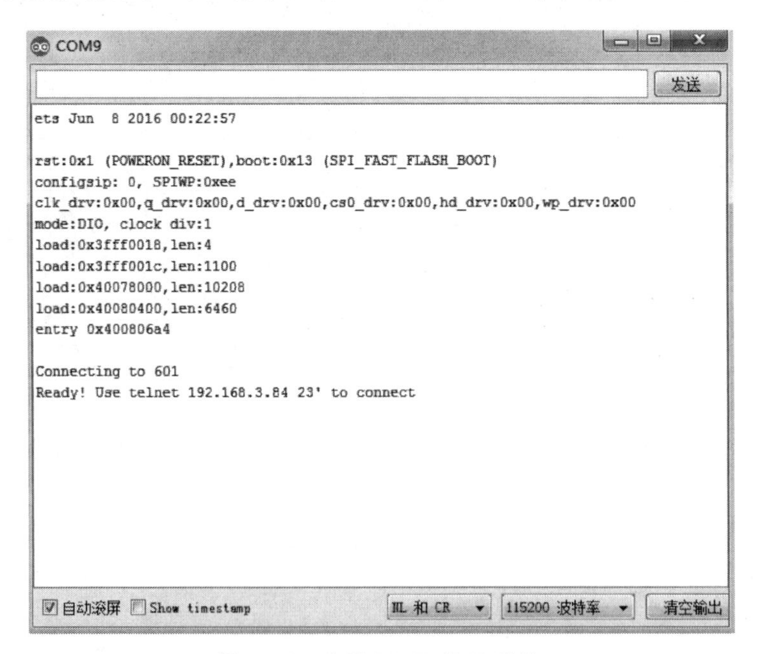

图 11-6　查看 Wi-Fi 的 IP 地址

（3）在 Windows 7 的命令窗口输入“telnet”，打开 Telnet 调试器，如图 11-7 所示。

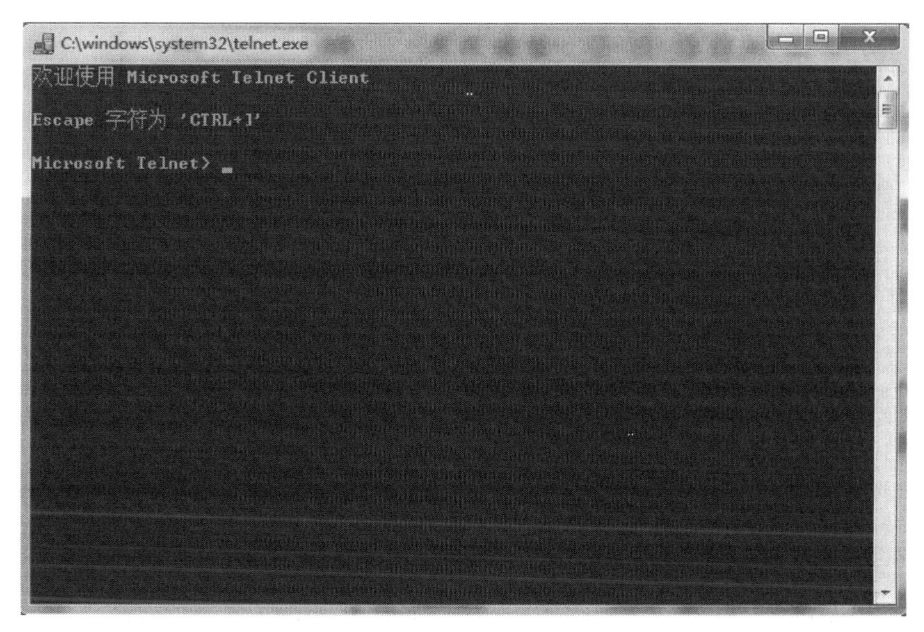

图 11-7　Telnet 调试器

（4）在 telnet 调试器命令行输入指令，打开 Wi-Fi 的 IP 地址的端口，即“open 192.168.3.84 23”，打开连接，如图 11-8 所示。

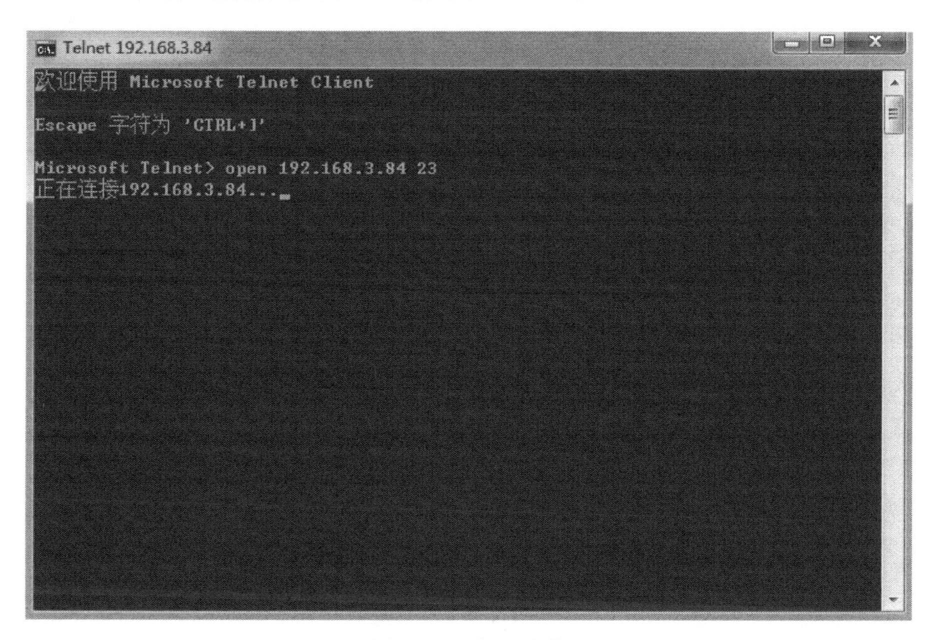

图 11-8　打开连接

（5）在客户端输入“HELLOW，I CAME HERE TO Telnet YOU!”。

（6）观察串口调试器监视窗口。

（7）在串口窗口输入栏，输入“HOW ARE YOU ?”，观察 telnet 调试器显示的内容。

任务 29 TCP Client 通信

基础知识

一、TCP Client

1. TCP Client 的作用

TCP Client 为 TCP 网络服务提供客户端连接。

TCP Client 类提供了一些简单的方法，用于在同步阻塞模式下通过网络来连接、发送和接收流数据。

为使 TCP Client 连接并交换数据，使用 TCP ProtocolType 创建的 TCP Listener 或 Socket 必须侦听是否有传入的连接请求。可以使用下面两种方法之一连接到该侦听器。

（1）创建一个 TCP Client，并调用 3 个可用的 Connect 方法之一。

（2）使用远程主机的主机名和端口号创建 TCP Client。将通过构造函数自动尝试一个连接。

2. TCP Client 与 TCP Server 的区别

TCP Client 与 TCP Server 都属于 Socket 通信协议，TCP Client 与 TCP Server 通信如图 11-9 所示，是兼容的消息通知的非阻塞异步模式。

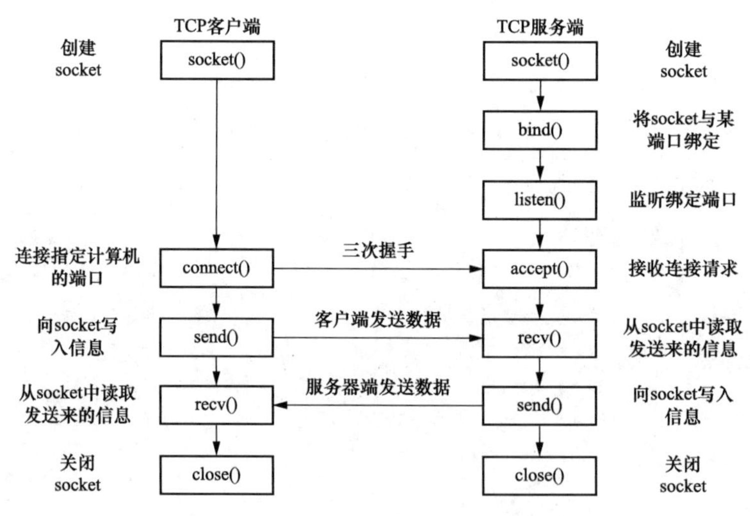

图 11-9 TCP Client 与 TCP Server 通信

（1）TCP Server 是被动角色，等待来自客户端的连接请求，处理请求并回传结果。其通信流程为：①创建 Socket（socket）；②绑定端口（bind）；③监听端口（listen）；④等待客户端请求（客户端没有请求时阻塞）（accept）；⑤接受客户端请求（receive）；⑥向客户端发送数据（send）；⑦关闭 socket（close）。

（2）TCP Client 是主动角色，发送连接请求，等待服务器的响应。其通信流程为：①创建 Socket（socket）；②和服务器建立连接（connect）；③向服务器发送请求（send）；④接受服务器端的数据（receive）；⑤关闭连接（close）。

二、TCP Client 通信

1. HTML 基础

（1）HTML。

1）HTML（Hyper Text Mark-up Language）为超文本标记语言，是一种创建网页的主要的标记语言。HTML 包括一系列标签，通过这些标签可以将网络上的文档格式统一，使分散的 Internet 资源连接为一个逻辑整体。HTML 文本是由 HTML 命令组成的描述性文本，HTML 命令可以说明文字、图形、动画、声音、表格、链接等。通常每一个网页对应一个 HTML 文档，HTML 文件中的标签告诉 Web 浏览器如何在页面上显示内容。

2）超文本是一种组织信息的方式，它通过超级链接方法将文本中的文字、图表与其他信息媒体相关联。这些相互关联的信息媒体可能在同一文本中，也可能是其他文件，或是地理位置相距遥远的某台计算机上的文件。这种组织信息方式将分布在不同位置的信息资源用随机方式进行连接，为人们查找，检索信息提供方便。

编辑 HTML 的软件有很多，如 VSCode、notepad++、frontPage、Dreamweaver、Sublime Text 等。推荐使用 Sublime Text 软件。

（2）HTML 文档的基本结构。HTML 的结构包括头部（Head）和主体（Body）两大部分，其中头部描述浏览器所需的信息，而主体则包含所要说明的具体内容。HTML 文档基本结构如图 11-10 所示。

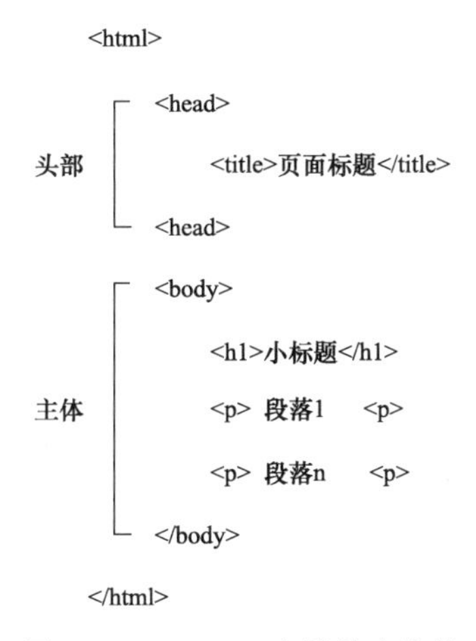

图 11-10　HTML 文档基本结构

HTML 文档是由 HTML 标签及其文本内容组成。HTML 标签是由尖括号<>和其包围的关键字组成，如<head>、<body>等，通常成对出现，如<body>和</body>。标签对中第一个 TML 标签是开始标签，末尾的结束标签。结束标签比开始标签多一条斜杠。

位于 HTML 文档第一行的是文档声明，向浏览器说明此文档是 HTML 文档。HTML 文档有多个版本，目前使用较多的是 HTML5 版本，声明格式为<！DOCTYPE html>。

<！--…-->为注释标签，其中内容对 HTML 作注释说明，在浏览器中不显示，如<！--这是注释-->。

<html>…</html>分别表示 HTML 网页的开始和结束。

<head>…</head>标记头部，头部包括 HTML 文档属性数据，向网页添加 HTML 标题、脚本、样式等。

<body>…</body>标记主体，主体包括文本、按钮、表格等页面内容。

(3) 常用的 HTML 标签见表 11-2。

表 11-2　　常用的 HTML 标签

标记	作用	示例	位置
<title>	页面标题	<title>页面标题</title>	头部
<h1> ~ <h6>	文本标题，后面跟着显示标题等级数据，数字越大，字体越小	<h1>ESP32 Web Server</h1>	主体
<p>	段落，放置文本信息	<p>段落信息</p>	主体
<button>	按钮	<button>按钮文本</button>	主体
<a>	超链接，添加超链接	<a href=" URL" >链接文本</a>	主体
<meta>	元数据，向浏览器提供如何显示内容的信息，让页面适用不同的 Web 浏览器	<meta charset=" UTF-8" >	头部
 	插入一个简单的换行符	 	主体

(4) 层叠样式表 CSS。层叠样式表 CSS (Cascading Style Sheets) 是一种用来表现 HTML 或 XML (标准通用标记语言的一个子集) 等文件样式的计算机语言。

1) CSS 不仅可以静态地修饰网页，还可以配合各种脚本语言动态地对网页各元素进行格式化。

2) CSS 能够对网页中元素位置的排版进行像素级精确控制，支持几乎所有的字体字号样式，拥有对网页对象和模型样式编辑的能力。

3) CSS 描述网页的某个部分，如特定标签或一组特定的标签。可以放在 HTML 文档内，也可放在 HTML 引用的单独文件中。

(5) HTML 样例。

1) 文档样例。将 "LED1. html" 文档样例保存为 "ESP32. html"。文档内容如下：

```
<! DOCTYPEhtml>
<html><! --HTML 文档开始-->
<html><! --头部开始-->
<title>ESP32 Web Server</title>
<meta charSET="UTF-8">
<style>
html{
text-align:center;
}
</style>
</head><! --头部结束-->
<body><! --主体开始-->
<h2> MyESP32 Web Server</h2>
<p> GPIO2-State  </p>
<p> <a href="LED1_ON"><button>ON </button></a> </p>
<p> <a href="LED1_OFF"><button>OFF </button></a> </p>
</body><! --主体结束-->
</html><! --HTML 文档结束-->
```

2) 查看 "ESP32. html"。右击 "ESP32. html"，在弹出的菜单中选择 "打开方式" → "In-

ternet Explorer”，打开 Html 文件，如图 11-11 所示。

图 11-11　打开 Html 文件

ESP32. html 在浏览器中的显示如图 11-12 所示。

图 11-12　ESP32. html 在浏览器中的显示

2. ESP32 的 TCP Client 控制

TCP Client 主要是用来访问服务器（Server）的，很多可以通过外网访问的物联网设备主要就是工作在 TCP Client。设备主动去访问外部的服务器，与服务器建立连接，用户的 App 也是去访问这个服务器，这样就变相实现了用户对设备的访问。

（1）TCP Client 的使用。

1）引用相关库，语句如下：

```
#include <Wi-Fi.h>
```

2）连接上网。

3）声明 Wi-Fi Client 对象，用于连接服务器。

4）使用 Connect 方法连接服务器。

5）进行数据读写通信。

（2）连接服务器函数。

1）连接服务器。函数 connect 用于设置连接服务器，语句如下：

```
client.connect(ip,port)
```

其中，ip 为所要连接的服务器地址；port 为所要连接的服务器端口号，允许使用 int 类型。

在定义参数 ip 的时候可使用 String、const char，如：

```
const char * ip = "192.168.4.1";
String ip = "www.examples.com";
```

连接失败返回 0，连接成功返回 1。返回值数据类型是 bool 型。

2）停止客户端。函数 stop（）用于停止 ESP32 连接 TCP 服务器，语句如下：

```
client.stop()
```

3）停止小包合并发送。函数 setNoDelay（）用于设置与 TCP Server 通信时是否禁用 Nagle 算法。Nagle 算法的目的是通过合并一些小的发送消息，然后一次性发送所有的消息来减少通过网络发送的小数据包的 TCP/IP 流量。语句如下：

```
client.setNoDelay(true);//true 表示禁用 Nagle 算法,合并一些小的消息
Client.setNoDelay(false);//false 表示启用 Nagle 算法,消息直接发送
```

4）检查是否成功连接服务器。

函数 connected 用于检查设备是否成功连接服务器，语句如下：

```
Client.connected();
```

连接成功，返回值 1，连接失败，返回值 0。

5）获取客户端运行状态。函数 status 用于获取设备与服务器的连接状态，语句如下：

```
client.status();
```

返回值有：CLOSED = 0；LISTEN = 1；SYN_ SENT = 2；SYN_ RCVD = 3；ESTABLISHED = 4；FIN_ WAIT_ 1 = 5；FIN_ WAIT_ 2 = 6；CLOSE_ WAIT = 7；CLOSING = 8；LAST_ ACK = 9；TIME_ WAIT = 10。

（3）发送数据。

1）print。函数 print 用于发送数据到已连接的服务器。函数 print 与 println 功能十分相似，二者的区别是，println 函数会在发送的数据结尾增加一个换行符（’ \ n’），而 print 函数则不会。语句如下：

```
client.print(val);
client.println(val);
```

其中，val 为所要发送的数据，可以是字符串、字符或者数值。返回值无。

2）write。函数 write 可用于发送数据到已连接的服务器。用户可以发送单个字节的信息，也可以发送多字节的信息，语句如下：

```
Wi-FiClient.write(val);
Wi-FiClient.write(str)
Wi-FiClient.write(buf,len)
```

其中，val 为要发送的单字符数据；srt 为要发送的多字符数据；buf 为要发送的多字符数组；len 为 buf 的字节长度。返回值是写入发送缓存的字节数。

（4）stream 类。

1）available。函数 available（）可用于检查设备是否接收到数据。该函数将会返回等待读取的数据字节数。函数 available（）属于 Stream 类。该函数可被 Stream 类的子类所使用，如（Serial，Wi-FiClient，File 等）。语句如下：

```
stream.available()
```

注：此处 stream 为概念对象名称。在实际使用过程中，需要根据实际使用的 stream 子类对

象名称进行替换，如：

```
Serial.available()
Wi-FiClient.available()
```

返回值为等待读取的数据字节数。返回值数据类型为 int。

2）read。函数 read 可用于从设备接收到数据中读取一个字节的数据。函数 read 属于 Stream 类。该函数可被 Stream 类的子类所使用，如（Serial、Wi-FiClient、File 等）。语句如下：

```
stream.read()
```

注：此处 stream 为概念对象名称。在实际使用过程中，需要根据实际使用的 stream 子类对象名称进行替换，如：

```
Serial.read()
Wi-FiClient.read()
```

3）readBytes。函数 readBytes 可用于从设备接收的数据中读取信息。读取到的数据信息将存放在缓存变量中。该函数在读取到指定字节数的信息或者达到设定时间后都会停止函数执行并返回。该设定时间可使用 setTimeout 来设置。语句如下：

```
stream.readBytes(buffer,length)
```

其中，buffer 为缓存变量/数组，用于存储读取到的信息，允许使用 char 或者 byte 类型的变量或数组；length 为读取字节数量，函数 readBytes 在读取到 length 所指定的字节数量后就会停止运行，允许使用 int 型（有符号整型）。返回值是 buffer（缓存变量）中存储的字节数。数据类型为 size_ t。

4）readBytesUntil。函数 readBytesUntil（）可用于从设备接收到数据中读取信息。读取到的数据信息将存放在缓存变量中。该函数在满足以下任一条件后都会停止函数执行并且返回：①读取到指定终止字符；②读取到指定字节数的信息；③达到设定时间（可使用 settimeout 来设置）。当函数读取到终止字符后，会立即停止函数执行。此时 buffer（缓存变量/数组）中所存储的信息为设备读取到终止字符前的字符内容。语句如下：

```
stream.readBytesUntil(character,buffer,length)
```

其中，character 为终止字符，用于设置终止函数执行的字符信息，设备在读取数据时一旦读取到此终止字符，将会结束函数执行，允许使用 char 类型；buffer 为缓存变量/数组，用于存储读取到的信息，允许使用 char 或者 byte 类型的变量或数组；length 为读取字节数量，readBytes 函数在读取到 length 所指定的字节数量后就会停止运行，允许使用 int 型。返回值是 buffer（缓存变量）中存储的字节数。数据类型为 size_ t。

5）readString。函数 readString（）可用于从设备接收到数据中读取数据信息。读取到的信息将以字符串格式返回。语句如下：

```
stream.readString()
```

6）readStringUntil（）。函数 readStringUntil（）可用于从设备接收到的数据中读取信息。读取到的数据信息将以字符串形式返回。该函数在满足以下任一条件后都会停止函数执行并返回：①读取到指定终止字符；②达到设定时间（可使用 set Timeout 来设置）。当函数读取到终止字符后，会立即停止函数执行。此时函数所返回的字符串为“终止字符”前的所有字符信息。语句如下：

```
Stream.readStringUntil(terminator)
```

其中，terminator 为终止字符，用于设置终止函数执行的字符信息，设备在读取数据时一旦读取到此终止字符，将会结束函数执行，允许使用 char 型。

7）find。函数 find 可用于从设备接收到的数据中寻找指定字符串信息。当函数找到了指定字符串信息后将会立即结束函数执行并且返回“真”。否则将会返回“假”。语句如下：

```
Stream.find(target)
```

其中，target 为被查找字符串，允许使用 string 或 char 类型。返回值类型为 bool。当函数找到了指定字符串信息后将会立即结束函数执行并且返回“真”。否则将会返回“假”。

8）findUntil。函数 findUntil 可用于从设备接收到的数据中寻找指定字符串信息。当函数找到了指定字符串信息后将会立即结束函数执行并且返回“真”。否则将会返回“假”。该函数在满足以下任一条件后都会停止函数执行：①读取到指定终止字符串；② 找到了指定字符串信息；③达到设定时间（可使用 setTimeout 来设置）。语句如下：

```
Stream.findUntil(target,terminator)
```

其中，target 为被查找字符串，允许使用 string 或 char 类型；terminator 为终止字符串，用于设置终止函数执行的字符串信息，设备在读取数据时一旦读取到此终止字符串，将会结束函数执行并返回。返回值类型为 bool 型（布尔型）。当函数找到了指定字符串信息后将会立即结束函数执行并且返回“真”。否则将会返回“假”。

9）peek。函数 peek 可用于从设备接收到的数据中读取一个字节的数据。但是与函数 read 不同的是，使用 peek（）读取数据后，被读取的数据不会从数据流中消除；然而每一次调用 read（）读取数据时，被读取的数据都会从数据流中删除。这会导致每一次调用 peek，只能读取数据流中的第一个字符，程序示例如下：

```
stream.peek()
void loop(){

  while(Serial.available()){        // 当串口接收到信息后

    char serialData = Serial.peek();  // 将接收到的信息使用 peek 读取
    Serial.println((char)serialData);  // 然后通过串口监视器输出 peek 函数所读取的
信息
  }
}
```

10）flush。函数 flush 可让开发板在所有待发数据发送完毕前，保持等待状态。语句如下：

```
stream.flush()
```

为了更好的理解函数 flush 的作用，这里用 Serial. flush（）作为示例讲解。当我们通过 Serial. print 或 Serial. println 来发送数据时，被发送的字符数据将会存储于开发板的“发送缓存”中。这么做的原因是开发板串行通信速率不是很高，如果发送数据较多，发送时间会比较长。在没有使用 flush 的情况下，开发板不会等待所有“发送缓存”中数据都发送完毕再执行后续的程序内容。也就是说，开发板是在后台发送缓存中的数据。程序运行不受影响。相反的，在使用了 flush 的情况下，开发板是会等待所有“发送缓存”中数据都发送完毕以后，再执行后续的程序内容。

11）parseInt。函数 parseInt 可用于从设备接收到的数据中寻找整数数值。程序示例如下：

```
stream.parseInt()
if(Serial.available()){                  // 当串口接收到信息后
    int serialData = Serial.parseInt(); // 使用 parseInt 查找接收到的信息中的整数
    Serial.print("SerialData = ");       // 然后通过串口监视器输出找到的数值
```

```
Serial.println(serialData);
```

12）parseFloat。函数 parseFloat 可用于从设备接收到的数据中寻找浮点数值，语句如下：

```
stream.parseFloat()
```

返回值是在输入信息中找到浮点数值。类型为 float 型（浮点型）。

13）setTimeout。函数 setTimeout 用于设置设备等待数据流的最大时间间隔。当设备在接收数据时，是以字符作为单位来逐个字符执行接收任务。由于设备无法预判即将接收到的信息包含有多少字符，因此设备会设置一个等待时间。默认情况下，该等待时间是 1000ms。比如，假设我们要向设备发送一个字符串“ok”。那么设备在接收到第一个字符“o”以后，它会等待第二个字符的到达。假如在 5000ms 内，设备接收到第二个字符“k”，那么设备会重置等待时间，也就是再等待 5000ms，看一看字符“k”后面还有没有字符到达。虽然我们知道发给设备的字符串只有两个字符，后面没有更多字符了。但是设备并不知道这一情况。因此设备在接收到“k”以后，会等待 5000ms。直到 5000ms 等待时间结束都没有再次接到字符时，设备才会很肯定地结束这一次接收工作。在这过程中，这个等待的 5000ms 时间就是通过 setTimeout 函数来设置的。语句如下：

```
stream.setTimeout(time)
```

其中，time 为设置最大等待时间，单位 ms，允许类型为 long。程序示例如下：

```
void setup(){
  Serial.begin(9600);
  Serial.setTimeout(5000);
}
```

14）清除缓存区。while 循环语句可以用于清除接收缓存内容。具体工作原理是这样的。每当有数据输入接收缓存后，可以使用 Serial.read（）来读取接收缓存中的内容。这时如果对 Serial.read（）的返回值不加以任何利用，那么读取到的数据，也就是 Serial.read（）的返回值将会在下一次执行 Serial.read（）时被抛弃。利用 while 循环语句，可以保证在接收缓存中有数据的时候，反复读取串口接收缓存中的信息并抛弃。从而达到清除接收缓存的目的。程序示例如下：

```
void loop(){
  while(Serial.available()){
    Serial.println("Clearing Serial Incoming Buffer.");
    Serial.read();
  }

  // 当接收缓存为空时,Serial.read 返回值为“-1”
  // 通过以下语句我们将看到无论我们是否通过串口监视器
  // 输入信息,开发板的串口监视器会一直输出:
  // "Incoming Buffer is Clear."
  // 这是因为接收缓存中的信息被以上 while 语句中的内容给清除掉了。
  if(Serial.read() == -1){
    Serial.println("Incoming Buffer is Clear.");
  }
}
```

（5）服务器检测客户端访问。函数 server.hasClient（）用于检查是否有客户端（Client）访问 ESP32 开发板所建立的网络服务器（server）。

3. ESP32 的 TCP Client 通信程序

首先连接 Wi-Fi 热点，然后与服务器建立连接，连接成功，向服务器发送请求、接收服务器端的数据。通信程序如下：

```
#include <Wi-Fi.h>

const char * ssid   = "601";     //改成你自己的 own SSID
const char * password  = "a1234567";//改成你自己的 Wi-Fi 密码
const char * ServerIP  = "115.29.109.104";
int ServerPort = 6535;
Wi-FiClient myclient; //实例化一个客户端

String ReceLine = "";
void setup(){
  Serial.begin(115200);
  delay(10);
  Serial.println();
  Serial.println();
  Serial.print("Connecting to ");
  Serial.println(ssid);
  Wi-Fi.begin(ssid,password);

  while(Wi-Fi.status()! = WL_CONNECTED){
    delay(500);
    Serial.print(".");
  }
  Serial.println("");
  Serial.println("Wi-Fi connected");
  Serial.println("IP Address: ");
  Serial.println(Wi-Fi.localIP());
}


void loop(){
   if(myClient.connect(ServerIP,ServerPort))//尝试访问目标地址
    {
        Serial.println("Connection ok ");
        while(myClient.connected() || myClient.available())//如果已连接或有收到的
未读取的数据
        {
            if(myClient.available())//如果有数据可读取
            {
                String line = myClient.readStringUntil('\n'); //读取数据到换行符
                Serial.print("read data:");//打印 read data:
                Serial.println(line);
```

```
                myClient.write(line.c_str()); //将收到的数据回传
            }
        }
        Serial.println("Close current connection");//换行打印 Close current con-
nection
        myClient.stop(); //关闭客户端
    }
    else
    {
        Serial.println("Connection failed");//换行打印 Connection failed
        myclient.stop(); //关闭客户端
    }
    delay(3000);
}
```

技能训练

一、训练目标

(1) 了解 TCP Client 通信原理。

(2) 学会使用 Wi-Fi 的 TCP Client 通信。

(3) 学会调试 TCP Client 程序。

二、训练步骤与内容

1. 建立一个工程

(1) 启动 Arduino 软件。

(2) 选择“文件”→“新建”，自动创建一个新项目。

(3) 选择“文件”→“另存为”，打开“另存为”对话框，选择另存的文件夹 E32A，在文件名栏输入“ITCPCLIENT”，单击“保存”按钮，保存项目文件。

2. 编写程序文件

在 ITCPCLIENT 项目文件编辑区输入“ESP32 的 TCP Client 通信”程序，单击工具栏的保存按钮，保存项目文件。

3. 编译程序

(1) 选择“工具”→“开发板”，在右侧出现的板选项菜单中选择 WeMos D1 R32 开发板，即选择“WeMos WiFi&Bluetooth Battery”。

(2) 选择“项目”→“验证/编译”，等待编译完成，在软件调试提示区观看编译结果。

4. 下载调试程序

(1) 下载程序到 WeMos D1 R32 开发板。

(2) 下载完成，打开串口调试器，查看连接的 Wi-Fi 的 IP 地址与状态。

(3) 安装 TCP 测试工具软件 NetDebugTool。

(4) 打开 TCP 测试工具软件 NetDebugTool，测试 TCP Client 客服端通信。

1) 启动 NetDebugTool。

2) 新建一个 TCP Server，端口设置为 80，单击启动，启动 TCP Sevver。

3）新建一个 TCP Client，输入远程 IP 地址 115.29.109.104，输入端口号 6535，单击连接，连接网络。

4）连接成功，在数据发送区输入“I love myTCP!”。

5）单击发送按钮，观察 Tcp Client 数据发送，如图 11-13 所示。

图 11-13 观察 Tcp Client 数据发送

6）查看串口监视区的显示内容，如图 11-14 所示。

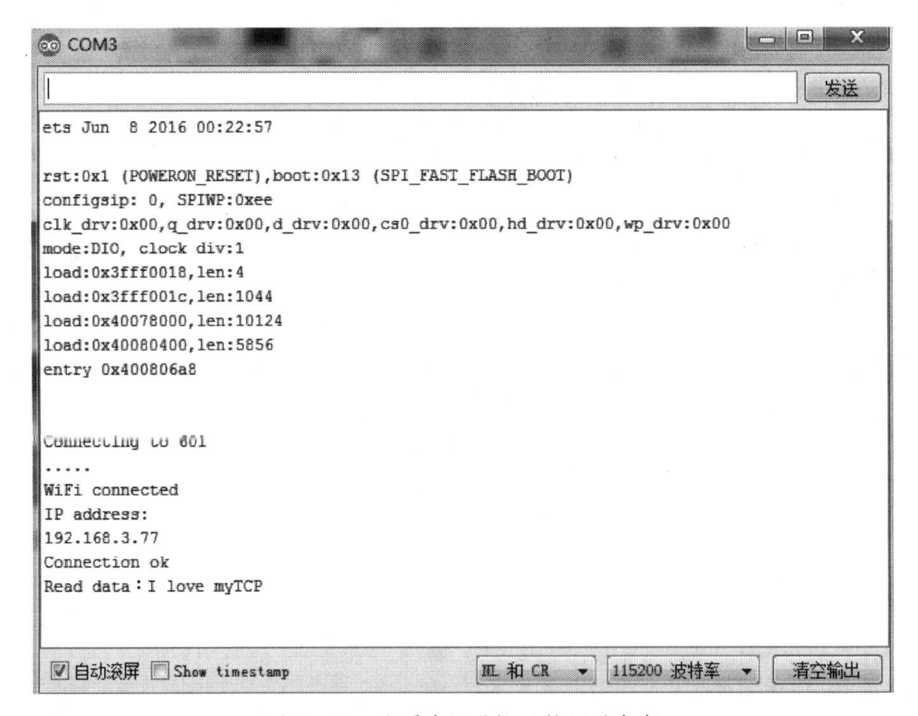

图 11-14 查看串口监视区的显示内容

任务 30　UDP 服务

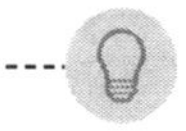

基础知识

一、UDP 通信

1. UDP

UDP（User Datagram Protocol）即用户数据报协议，是 OSI 参考模型中一种无连接的传输层协议，提供面向事务的简单不可靠信息传送服务。

UDP 协议基本上是 IP 协议与上层协议的接口。UDP 协议适用端口分辨运行在同一台设备上的多个应用程序。

由于大多数网络应用程序都在同一台机器上运行，计算机上必须能够确保目的地机器上的软件程序能从源地址机器处获得数据包，以及源计算机能收到正确的回复。这是通过使用 UDP 的“端口号”完成的。

比如，如果一个工作站希望在 STA 工作站 128. 1. 123. 1 上使用域名服务系统，它就会给数据包一个目的地址 128. 1. 123. 1，并在 UDP 头插入目标端口号 53 。源端口号标识了请求域名服务的本地机的应用程序，同时需要将所有由目的站生成的响应包都指定到源主机的这个端口上。

与 TCP 不同，UDP 并不提供对 IP 协议的可靠机制、流控制以及错误恢复功能等。由于 UDP 比较简单，UDP 头包含很少的字节，比 TCP 负载消耗少。

UDP 适用于不需要 TCP 可靠机制的情形，比如，当高层协议或应用程序提供错误和流控制功能的时候。

UDP 是传输层协议，服务于很多知名应用层协议，包括网络文件系统（NFS）、简单网络管理协议（SNMP）、域名系统（DNS）以及简单文件传输系统（TFTP）。

2. UDP 协议的特点

UDP 协议使用 IP 层提供服务，它把从应用层得到的数据从一台主机的某个应用程序传给网络上另一台主机上的某一个应用程序。UDP 协议的特点如下。

（1）UDP 传送数据前并不与对方建立连接，即 UDP 是无连接的，在传输数据前，发送方和接收方相互交换信息使双方同步。

（2）UDP 不对收到的数据进行排序，在 UDP 报文的首部中并没有关于数据顺序的信息（如 TCP 所采用的序号），而且报文不一定是按顺序到达的，所以接收端无从排起。

（3）UDP 对接收到的数据报不发送确认信号，发送端不知道数据是否被正确接收，也不会重发数据。

（4）UDP 提供的是无连接的、不可靠的数据传送方式，是一种尽力而为的数据交付服务。UDP 传送数据较 TCP 快速，系统开销也少。

3. UDP 与 TCP 的比较

（1）TCP 提供面向连接的传输，通信前要先建立连接；UDP 提供无连接的传输，通信前不需要建立连接。

（2）TCP 提供可靠的传输（有序、无差错、不丢失、不重复）；UDP 提供不可靠的传输。

（3）TCP 面向字节流的传输，因此它能将信息分割成组，并在接收端将其重组；UDP 是面向数据报的传输，没有分组开销。

（4）TCP提供拥塞控制和流量控制机制；UDP不提供拥塞控制和流量控制机制。

4. UDP服务分类

使用UDP协议进行信息的传输之前不需要建议连接。换句话说就是客户端向服务器发送信息，客户端只需要给出服务器的IP地址和端口号，然后将信息封装到一个待发送的报文中并且发送出去。至于服务器端是否存在，或者能否收到该报文，客户端根本不用管。

单播用于两个主机之间的端对端通信，广播用于一个主机对整个局域网上所有主机上的数据通信。广播UDP与单播UDP的区别就是IP地址不同。

广播使用广播地址255.255.255.255，将消息发送到在同一广播网络上的每个主机。值得强调的是：本地广播信息是不会被路由器转发。当然这是十分容易理解的，因为如果路由器转发了广播信息，那么势必会引起网络瘫痪。

广播地址通常用于在网络游戏中处于同一本地网络的玩家之间交流状态信息等。

广播是要指明接收者的端口号的，因为不可能接受者的所有端口都来收听广播。

单播和广播是两个极端，要么对一个主机进行通信，要么对整个局域网上的主机进行通信。实际情况下，经常需要对一组特定的主机进行通信，而不是整个局域网上的所有主机，这就是多播的用途。

多播，也称为“组播”，将网络中同一业务类型主机进行了逻辑上的分组，进行数据收发的时候其数据仅仅在同一分组中进行，其他没有加入此分组的主机不能收发对应的数据。

多播的应用主要有网上视频、网上会议等。主机可以向路由器请求加入或退出某个组，网络中的路由器和交换机有选择地复制并传输数据，将数据仅仅传输给组内的主机。多播的这种功能，可以一次将数据发送到多个主机，又能保证不影响其他不需要（未加入组）的主机的其他通信。

（1）多播的优点。相对于传统的一对一的单播，多播具有如下优点。

1）具有同种业务的主机加入同一数据流，共享同一通道，节省了带宽和服务器的优点，具有广播的优点而又不用广播所需要的带宽。

2）服务器的总带宽不受客户端带宽的限制。由于多播协议由接收者的需求来确定是否进行数据流的转发，所以服务器端的带宽是常量，与客户端的数量无关。

3）与单播一样，多播是允许在广域网即Internet上进行传输的，而广播仅仅在同一局域网上才能进行。

（2）多播的缺点。

1）多播与单播相比没有纠错机制，当发生错误的时候难以弥补，但是可以在应用层来实现此种功能。

2）多播的网络支持存在缺陷，需要路由器及网络协议栈的支持。

二、ESP32的UDP通信服务

1. ESP32的UDP通信实验

（1）连接Wi-Fi。

（2）开通UDP通信端口。

（3）接收UDP客户端数据。

（4）查看串口窗口显示。

2. ESP32的UDP通信程序

ESP32的UDP通信程序如下：

```
#include <Wi-Fi.h>   //包含 Wi-Fi 头文件
#include <Wi-FiUdp.h>   //包含 Wi-FiUdp 头文件

#define MAX_PACKETSIZE 512   //定义 udp 包最大字节数

Wi-FiUDP udp;         //实例化一个 UDP
const char * ssid = "601";     //改成你自己 Wi-Fi 的 ssid
const char * password = "a1231224"; //改成你自己的 Wi-Fi 密码

char buffUDP[MAX_PACKETSIZE];  //声明 udp 包缓冲区

void startUDPSer(int port)  //开启 UDP 服务函数
{
  Serial.print("\r\nstartUDPServer at port:");
  Serial.println(port);
  udp.begin(port);
}

void sendUDP(char *p)   //发送 UDP 数据
{
  udp.beginPacket(udp.remoteIP(),udp.remotePort());
  udp.print(p);
udp.endPacket();
}

void UdpSerTick()
{
  int packetSize = udp.parsePacket();  //获取数据包大小
  if(packetSize)
  {
    Serial.print("Received packet of size ");  //打印字符串 Received packet of
size
    Serial.println(packetSize);        //换行打印数据大小
    Serial.print("From ");
    IPAddress remoteIP = udp.remoteIP();  //获取远程 IP 地址
    for(int i = 0; i < 4; i++){     //允许做多 4 个 UDP 客户端连接
      Serial.print(remoteIP[i],DEC);  //串口打印十进制数远程 IP
      if(i < 3)Serial.print(".");
    }
    Serial.print(",port ");              //打印字符串 port
    Serial.println(udp.remotePort());  //打印远程 IP 对应 UDP 的端口
    memset(buffUDP,0x00,sizeof(buffUDP));  //初始化 UDP 缓冲区
    udp.read(buffUDP,MAX_PACKETSIZE - 1);  //读取 UDP 缓冲区数据
    udp.flush();        //丢弃已写入客户端但尚未读取的所有字节,防数据堆叠
```

```
      Serial.println("Recieve:");  //换行打印 Recieve:
      Serial.println(buffUDP);  //换行打印缓冲区数据
      sendUDP(buffUDP);     //客户端回显
    }
  }

  void setup(){
    Serial.begin(115200);     //设置串口波特率
    Serial.println("Started ");  //换行打印 Started
    Wi-Fi.disconnect();        //断开 Wi-Fi 连接
    Wi-Fi.begin(ssid,password);    //连接 Wi-Fi
    Serial.print("\nConnecting to ");  //打印 Connecting to
    Serial.println(ssid);        //打印 Wi-Fi 的识别名
    uint8_t i = 0;
    while(Wi-Fi.status()! = WL_CONNECTED && i++ < 20)  //判断连接不成功的状态时间
      delay(500);
    if(i == 21){  //10 秒没连上,就打印 Could not connect to Wi-Fi
       Serial.print("Could not connect to"); Serial.println(ssid);
       while(1)delay(500);
    }
    Serial.println(Wi-Fi.localIP());  //连接成功,打印 Wi-Fi 的 IP
    startUDPSer(6060);       //开启 UDP 通信端口
  }

  void loop(){
    UdpSerTick();  //接收 UDP 数据,并打印输出
    delay(1);
  }
```

技能训练

一、训练目标

（1）了解 UDP 通信原理。

（2）学会使用 UDP 客服端通信。

（3）学会调试 UDP 通信程序。

二、训练步骤与内容

1. 建立一个工程

（1）启动 Arduino 软件。

（2）选择“文件”→“新建”，自动创建一个新项目。

（3）选择“文件”→“另存为”，打开“另存为”对话框，选择另存的文件夹 E32A，在文件名栏输入“Iudp”，单击“保存”按钮，保存项目文件。

2. 编写程序文件

在 Iudp 项目文件编辑区输入“ESP32 的 UDP 通信”程序，单击工具栏的保存按钮，保

存项目文件。

3. 编译程序

（1）选择“工具”→“板”，在右侧出现的板选项菜单中选择 WeMos D1 R32 开发板，即选择“WeMos WiFi&Bluetooth Battery”。

（2）单击“项目”菜单下的“验证/编译”子菜单命令，等待编译完成，在软件调试提示区，观看编译结果。

4. 调试

（1）下载程序到 WeMos D1 R32 开发板。

（2）下载完成，打开串口调试器，查看所连接 Wi-Fi 的 IP 地址与状态，如图 11-15 所示。

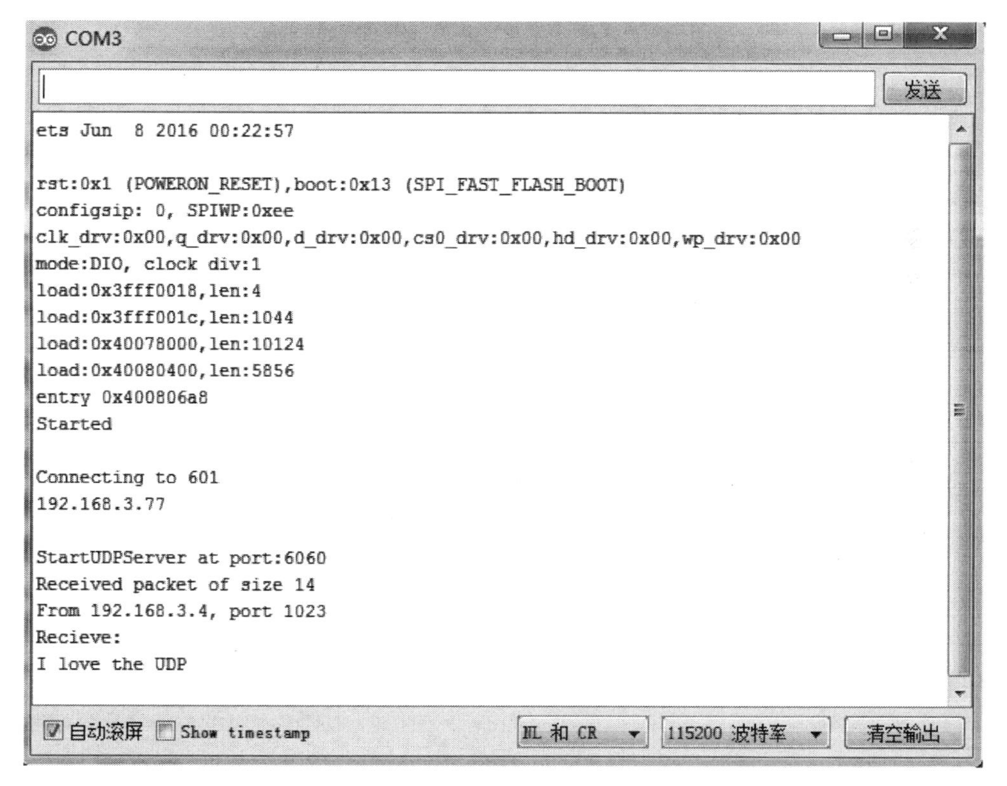

图 11-15　查看所连接 Wi-Fi 的 IP 地址与状态

（3）打开网络调试工具软件，测试 UDP 客服端通信。

1）在 UDP 客服端模式下，输入服务器地址、端口号和本地 UDP 端口号（1023）。

2）单击“打开”，连接指定的 UDP 服务器。

3）连接成功，在数据发送区输入“I like the UDP”。

4）单击发送按钮，观察 UDP 客户端数据发送，如图 11-16 所示。

5）新建一个客户端，本地端口设置为 1024。

6）单击“打开”，连接指定的 UDP 服务器。

7）连接成功，在数据发送区输入“I like the UDP too!”。

8）单击发送按钮，观察 UDP 客户端数据发送。

9）查看串口监视区的显示内容，如图 11-17 所示。两个 UDP 客户发送的信息，均应显示在串口监视区。

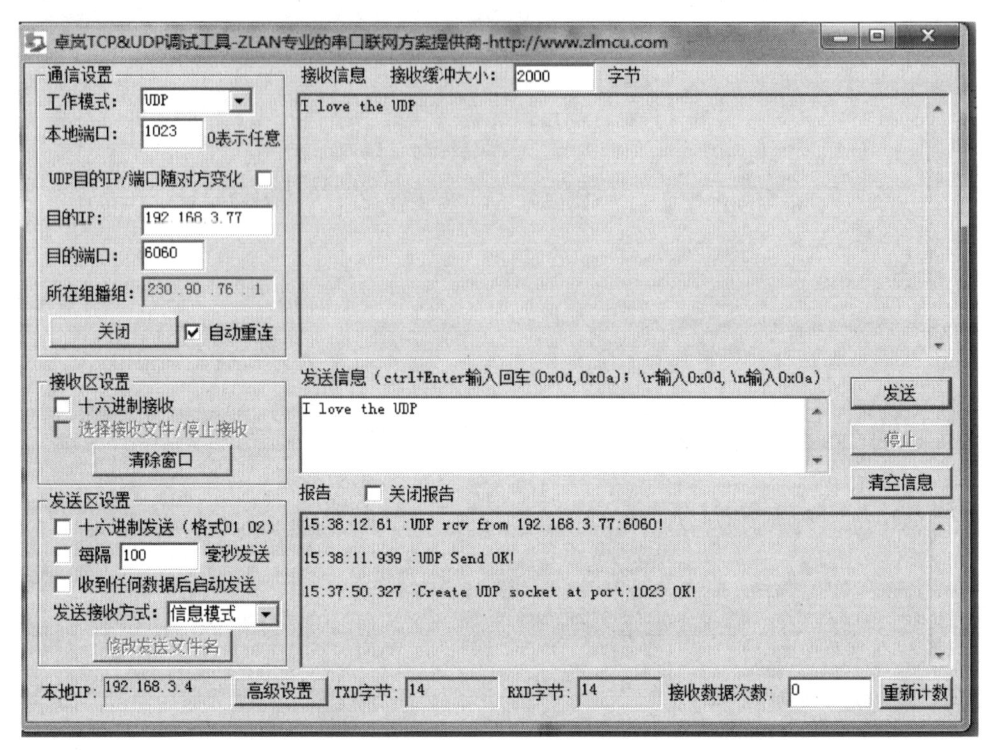

图 11-16 观察 UDP 客户端数据发送

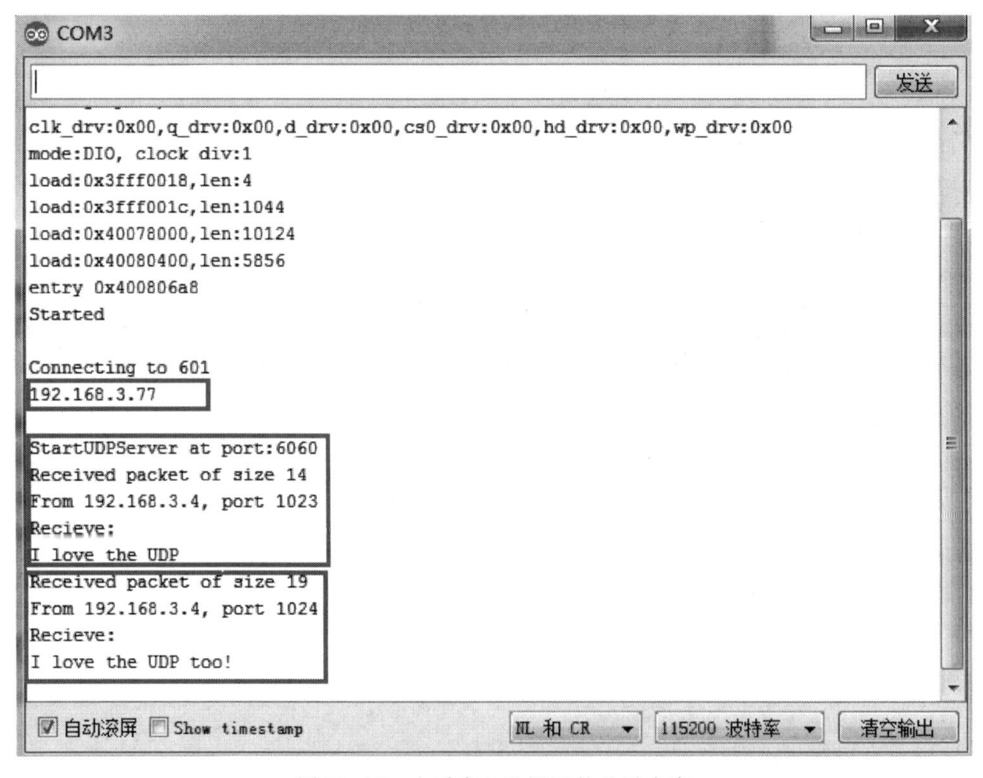

图 11-17 查看串口监视区的显示内容

任务 31　客户端远程控制硬件

基础知识

一、物联网远程控制

建立在无线通信技术基础上的物联网真正实现了万物互联，并凭借智能控制、远程控制的工作方式为用户智能化提供了技术服务。

远程控制是建立在 Wi-Fi 技术、蓝牙技术等无线通信技术的基础上，将智能系统、控制系统进行连接，最终实现数据的远程传输与设备的无线控制。即使在异地也可以轻松管理设备，实现全自动化，让用户的生活智能化。

远程控制的工作原理：从远程控制的定义中，就能够看得出来，远程控制实际上是建立在网络和数据的基础上，用户通过手机或网络以无线形式读取设备的状态数据，并结合自己的实际需求，借助无线网络来给内置设备中的无线模块（Wi-Fi 模块/蓝牙模块）发送指令，完成动作，如远程温度调整，远程智能门锁的开关等。

二、ESP32 Wi-Fi 的远程控制

1. ESP32 Wi-Fi 远程控制的优点

基于 ESP32 Wi-Fi 模块的远程控制优点有：①安装接线简单；②控制灵活，突破时间，空间的限制，可以进行远程控制，使用方便；③功耗小，成本可控。

2. 客户端远程控制程序

客户端远程控制程序如下：

```
#include <Wi-Fi.h>
#define LED 2
const char * ssid = "601";  //用户连接 Wi-Fi 的 ssid
const char * password = "a1221234";  //用户连接 Wi-Fi 密码
const char * ServerIP = "115.29.109.104";   //服务器的 IP
int ServerPort = 6598;  //服务器的端口号
Wi-FiClient client;  //创建一个客户端
bool bConnected = false;  //连接标志
char buff[512];  //数据缓冲区
int nm = 0;  //整数变量 nm

void setup(){
delay(100);
Serial.begin(115200);
Serial.println("Startup");
PinMode(LED,OUTPUT);  //设置 LED 端为输出
Wi-Fi.mode(Wi-Fi_STA);   //设置 Wi-Fi 模式为 STA
Wi-Fi.begin(ssid,password);  //连接 Wi-Fi

while(Wi-Fi.status()! = WL_CONNECTED){  //等待 Wi-Fi 连接成功
```

```
    delay(500);
    Serial.print(".");
}
Serial.println("");
Serial.println("Wi-Fi connected");  //换行打印 Wi-Fi connected
Serial.println("IP address: ");  //换行打印 IP address:
Serial.println(Wi-Fi.localIP());  //换行打印 IP 地址
}

void loop(){
ClientToServer();  //客户端服务
}
void ClientToServer(){
if(bConnected == false)  //如果从服务器断开或者连接失败,则重新连接
{
if(! client.connect(serverIP,serverPort))  //如果连接失败
{
Serial.println("connection failed");  //换行打印 connection failed
delay(5000);    //延时 5 秒,返回
return;
}
bConnected = true;  //连接成功,标志位置位为 true
Serial.println("connection ok");  //换行打印 connection ok
}
else if(client.available())    //如果有数据到达
{
while(client.available())  //接收数据
{
buff[nm++] = client.read();  //读取数据到缓冲区
if(nm >= 511)break; }
buff[nm] = 0x00;
nm=0;
Serial.println(buff);    //打印数据到串口
if( buff[0]=='A'){       //如果缓冲区第一个数据是 A
digitalWrite(LED,HIGH);  //收到数据'A'打开 LED
Serial.println("LED is ON");    //输出数据 LED is ON
}
else if( buff[0]=='C')     //接着判断,如果缓冲区第一个数据是 C
{
digitalwrite(LED,LOW);    //收到数据'C'关闭 LED
Serial.println("LED is OFF");  //输出数据 LED is OFF
}
client.flush();  //丢弃已写入客户端但尚未读取的字节
}
```

```
if(client.connected()==false){   //如果连接不成功
Serial.println();
Serial.println("disConnecting.");   //换行打印 disconnecting
bConnected = false;        //标志位复位为 false
}
if(Serial.available()&&bConnected){   //检查 UART 端口数据
size_t  len = Serial.available();   //读取数据长度
uint8_t  sbuf[len];   //定义一个数组变量
Serial.readBytes(sbuf,len);   //读取数据
client.write(sbuf,len);     //将 UART 端口数据推送到服务器,实现双向通信
}
}
```

技能训练

一、训练目标

（1）了解远程控制原理。

（2）学会使用客户端远程控制。

（3）学会调试客户端远程控制程序。

二、训练步骤与内容

1. 建立一个工程

（1）启动 Arduino 软件。

（2）选择“文件”→“新建”，自动创建一个新项目。

（3）选择“文件”→“另存为”，打开“另存为”对话框，选择另存的文件夹 E32A，在文件名栏输入“I04”，单击“保存”按钮，保存项目文件。

2. 编写程序文件

在 I04 项目文件编辑区输入“客户端远程控制”程序，单击工具栏的保存按钮，保存项目文件。

3. 编译程序

（1）选择“工具”→“板”子菜单命令，在右侧出现的板选项菜单中选择 WeMos D1 R32 开发板，即选择“WeMos WiFi&Bluetooth Battery”。

（2）选择“项目”→“验证/编译”，等待编译完成，在软件调试提示区，观看编译结果。

4. 下载调试程序

（1）下载程序到 WeMos D1 R32 开发板。

（2）下载完成，打开串口调试器，查看连接的 Wi-Fi 的 IP 地址与状态。

（3）打开 TCP 测试工具软件，测试客户端控制。

1）在 TCP 客户端（TCP Client）模式下，输入服务器地址、端口号。

2）单击“打开”，连接指定的客户端服务器。

3）连接成功，在数据发送区输入“A”；单击发送按钮，观察客户端数据发送和 WeMos D1 R32 开发板 LED 指示灯状态。

4）在数据发送区输入“C”；单击发送按钮，观察客户端数据发送和 WeMos D1 R32 开发板 LED 指示灯状态。

5）在数据发送区输入“B”，数据区输入如图 11-18 所示，单击发送按钮，观察客户端数据发送和 WeMos D1 R32 开发板 LED 指示灯状态。

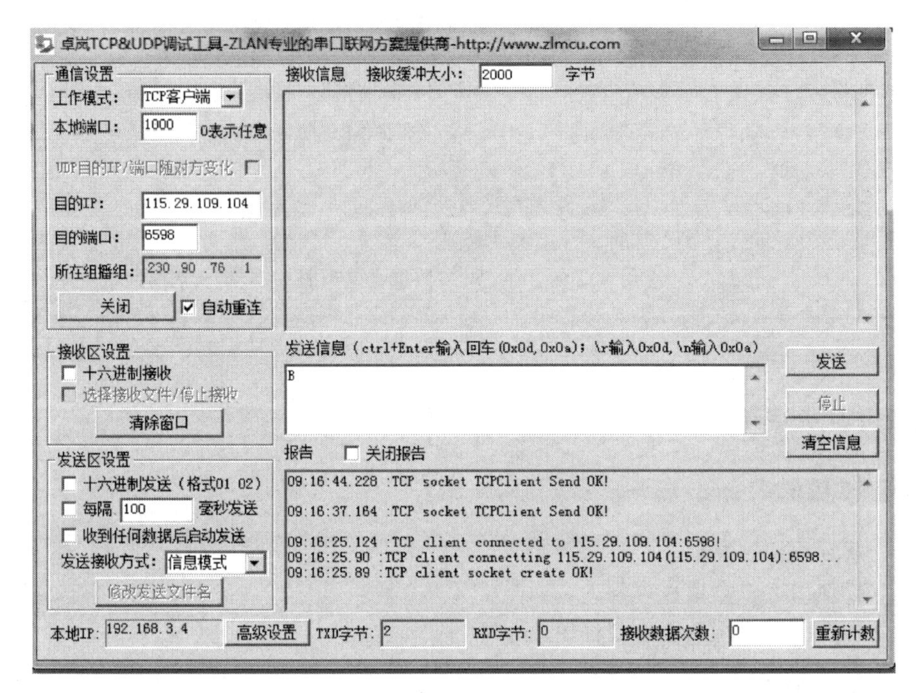

图 11-18 数据区输入

6）查看串口监视区的显示内容，如图 11-19 所示。

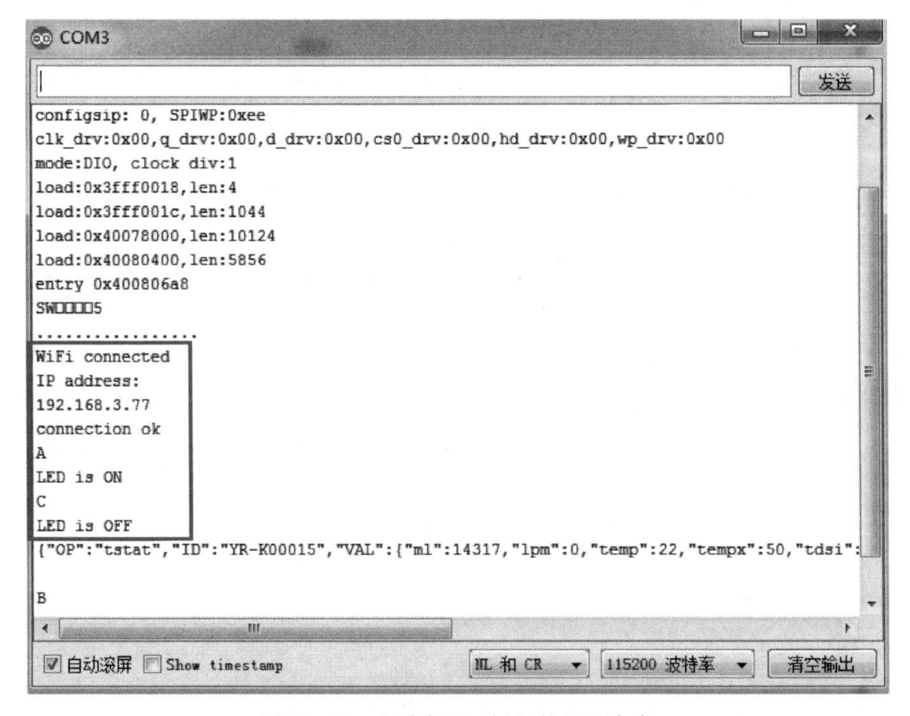

图 11-19 查看串口监视区的显示内容

任务 32　mDNS 服务

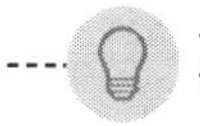
基础知识

一、多播 DNS（mDNS）

1. mDNS

在计算机网络中，mDNS，即多播 DNS（Multicast DNS），mDNS 协议将主机名解析为不包含本地名称服务器的小型网络中的 IP 地址，它是一种零配置服务，使用与单播域名系统（DNS）基本相同的编程接口，数据包格式和操作语义。

mDNS 主要实现了在没有传统 DNS 服务器的情况下使局域网内的主机实现相互发现和通信，使用的端口为 5353，遵从 DNS 协议，使用现有的 DNS 信息结构、语法和资源记录类型。并且没有指定新的操作代码或响应代码。在局域网中，设备和设备相互通信之前是需要知道对方的 IP 地址的，大多数情况，设备的 IP 不是静态 IP 地址，而是通过 DHCP 协议动态分配的 IP 地址，那么如何发现设备呢？这就需要 mDNS 大显身手。

比如，现在物联网设备和 App 之间的通信，要么 App 通过广播，要么通过多播，发一些特定信息，感兴趣设备应答，实现局域网设备的发现，当然 MDNS 比这强大。

2. mDNS 工作原理

mDNS 在 IP 协议里规定了一些保留地址，其中有一个是 224.0.0.251，对应的 IPv6 地址是［FF02::FB］。MDNS 协议规定了端口为 5353，而 DNS 的端口是 53。

mDNS 基于 UDP 协议。DNS 一般也是基于 UDP 协议的，但是也可以使用 TCP 协议。

如果理解了 DNS 协议，再去理解 mDNS 协议就很简单了，区别只是 mDNS 一般作用在一个局域网内的，有特定的 IP 地址，也就是 224.0.0.251，有特定的端口 5353，mDNS 的作用是实现局域网内的服务发现、查询、注册，DNS 作用是实现域名的解析，作用大概是一样的。

每个进入局域网的主机，如果开启了 mDNS 服务的话，都会向局域网内的所有主机组播消息，“我是谁”和“我的 IP 地址是多少”。然后其他也有该服务的主机就会响应，也会告诉你，“它是谁”和“它的 IP 地址是多少”。当然，具体实现要比这个复杂点。

比如，A 主机进入局域网，开启了 mDNS 服务，并向 mDNS 服务注册以下信息：“我提供 FTP 服务，我的 IP 是 192.168.1.101，端口是 21”。当 B 主机进入局域网，并向 B 主机的 mDNS 服务请求，我要找局域网内 FTP 服务器，B 主机的 mDNS 就会去局域网内向其他的 mDNS 询问，并且最终告诉 B 主机：“有一个 IP 地址为 192.168.1.101，端口号是 21 的主机，也就是 A 主机提供 FTP 服务”，所以 B 主机就知道了 A 主机的 IP 地址和端口号了。

随着联网设备变得更小，更便携和更普遍，使用配置较少的基础设施进行操作的能力变得越来越重要。特别是，在没有传统的托管 DNS 服务器的情况下查找 DNS 资源记录数据类型（包括但不限于主机名）的能力是有用的。

mDNS 提供在没有任何传统单播 DNS 服务器的情况下在本地链路上执行类似 DNS 的操作的能力。此外，mDNS 指定 DNS 名称空间的一部分可供本地使用，无需支付任何年费，也无需设置授权或以其他方式配置传统 DNS 服务器来回答这些名称。

多播 DNS 名称的主要优点是：①它几乎不需要管理或配置来设置；②它在没有基础设施时工作；③它在基础设施故障期间工作。

二、ESP32 的多播服务

1. 在 ESP32 上使用本地网络中的 mDNS

在 ESP32 中使用 ESP 作为 Web 服务器时，很难记住 ESP32 的 IP 地址，并且在 DHCP 模式下很难识别 ESP 的 IP 地址。即 Wi-Fi 路由器为 ESP32 分配 IP 地址。大多数 ESP32 应用程序没有显示界面，并且不容易访问以了解其 IP 地址。为了克服这个问题，使用 mDNS。

2. 使用 ESP32 的 mDNS 控制程序

使用 ESP32 的 mDNS 控制程序如下：

```
#include <Wi-Fi.h>
#include <ESPmDNS.h>
#include <Wi-FiClient.h>
#define LED 22   //宏定义 LED


const char * ssid = "601";  //输入连接的 Wi-Fi 名
const char * password = "a1234567";  //输入 Wi-Fi 密码


// 定义响应 HTTP 请求的服务器端口为 80
Wi-FiServer Server(80);


void setup(void)
{
  Serial.begin(115200);
  delay(100);
  PinMode(LED,OUTPUT);
  // 连接 Wi-Fi 网络
  Wi-Fi.begin(ssid,password);
  Serial.println("");

  // 等待连接
  while(Wi-Fi.status()! = WL_CONNECTED){
    delay(500);
    Serial.print(".");
  }
  Serial.println("");
  Serial.print("Connected to ");
  Serial.println(ssid);
  Serial.print("IP address: ");
  Serial.println(Wi-Fi.localIP());

  // 创建 mDNS 响应,在 Wi-Fi 网络上设置我们的 IP 地址
  if(! MDNS.begin("esp32")){
    Serial.println("Error setting up MDNS responder!");
```

```
    while(1){
      delay(1000);
    }
  }
  Serial.println("mDNS responder started");

  //  启动 TCP 服务器
  Server.begin();
  Serial.println("TCP server started");

  // 将服务添加到 MDNS
  MDNS.addService("http","tcp",80);
}

void loop(void)
{
  // 检查客户端是否已连接
  Wi-FiClient client = server.available();
  if(! client){
    return;
  }
  Serial.println("");
  Serial.println("New client");

  // 等待来自客户端的可用数据
  while(client.connected()&& ! client.available()){
    delay(1);
  }

  // 读取 HTTP 请求的第一行
  String req = client.readStringUntil('\r');

  // 通过查找空格检索"/path"部分
  int addr_start = req.indexOf('');
  int addr_end = req.indexOf('',addr_start + 1);
  if(addr_start == -1 ||addr_end == -1){
    Serial.print("Invalid request: ");
    Serial.println(req);
    return;
  }
  req = req.substring(addr_start + 1,addr_end);
  Serial.print("Request: ");
  Serial.println(req);
```

```
String s;
if(req == "/")
{
  IPAddress ip = Wi-Fi.localIP();
  String ipStr = String(ip[0])+'.'+String(ip[1])+'.'+String(ip[2])+'.'+
String(ip[3]);
  s = "HTTP/1.1 200 OK\r\nContent-Type: text/html\r\n\r\n<! DOCTYPE HTML>\r\n<
html>Hello World,It from ESP32 ";
  s += ipStr;
  s += "</html>\r\n\r\n";
  Serial.println("Sending 200");
  digitalwrite(LED,0);  //点亮 LED
}
else if(req == "/inline")
{
  IPAddress ip = Wi-Fi.localIP();
  String ipStr = String(ip[0])+'.'+String(ip[1])+'.'+String(ip[2])+'.'+
String(ip[3]);
  s = "HTTP/1.1 200 OK\r\nContent-Type: text/html\r\n\r\n<! DOCTYPE HTML>\r\n<
html>Hello from ESP32 ";
  s += ipStr;
  s += "</html>\r\n\r\n";
  Serial.println("Sending 200");
  digitalwrite(LED,1);  //熄灭 LED
}
else
{
  s = "HTTP/1.1 404 Not Found\r\n\r\n";
  Serial.println("Sending 404");
}
client.print(s);

client.stop();
Serial.println("Done with client");
}
```

上述程序中包含了 3 个头文件，分别处理 Wi-Fi、Wi-FiClient、mDNS 服务。

Web 服务设定了两个服务内容，在网页输入 IP 地址+“/”，按回车键，点亮 LED 同时显示“Hello World，It from ESP32!”；在网页输入 IP 地址+“/inline”，按回车键，熄灭 LED 同时显示“Hello from ESP32 !”。

使用 ESP32mDNS 类库创建 mdns 实例对象后，可以使用 begin 方法创建用户将使用的 Web 地址，并将其命名为“ESP32”。这个方法需要的第二个参数可以使用 Wi-Fi 对象的本地 IP 方法使用的 ESP32 的 IP 地址。语句如下：

```
MDNS.begin("ESP32",Wi-Fi.localIP());
```

技能训练

一、训练目标

（1）了解 mDNS。

（2）学会使用 mDNS。

（3）学会调试 mDNS 服务程序。

二、训练步骤与内容

1. 建立一个工程

（1）启动 Arduino 软件。

（2）选择“文件”→“新建”，自动创建一个新项目。

（3）选择“文件”→“另存为”，打开“另存为”对话框，选择另存的文件夹 E32A，在文件名栏输入“mDNSServer1”，单击“保存”按钮，保存项目文件。

2. 编写程序文件

在 mDNSServer1 项目文件编辑区输入“mDNS 控制”程序，单击工具栏的保存按钮，保存项目文件。

3. 编译、下载、调试程序

（1）选择“项目”→“验证/编译”，等待编译完成，在软件调试提示区，观看编译结果。

（2）下载程序到优创 ESP32 开发板。

（3）下载完成，打开串口调试器，按下 RST 复位按钮，查看串口监视器串口内容。

（4）等待 Wi-Fi 连接成功，mDNS 响应开始，Wi-Fi 连接的 IP 地址与状态如图 11-20 所示。

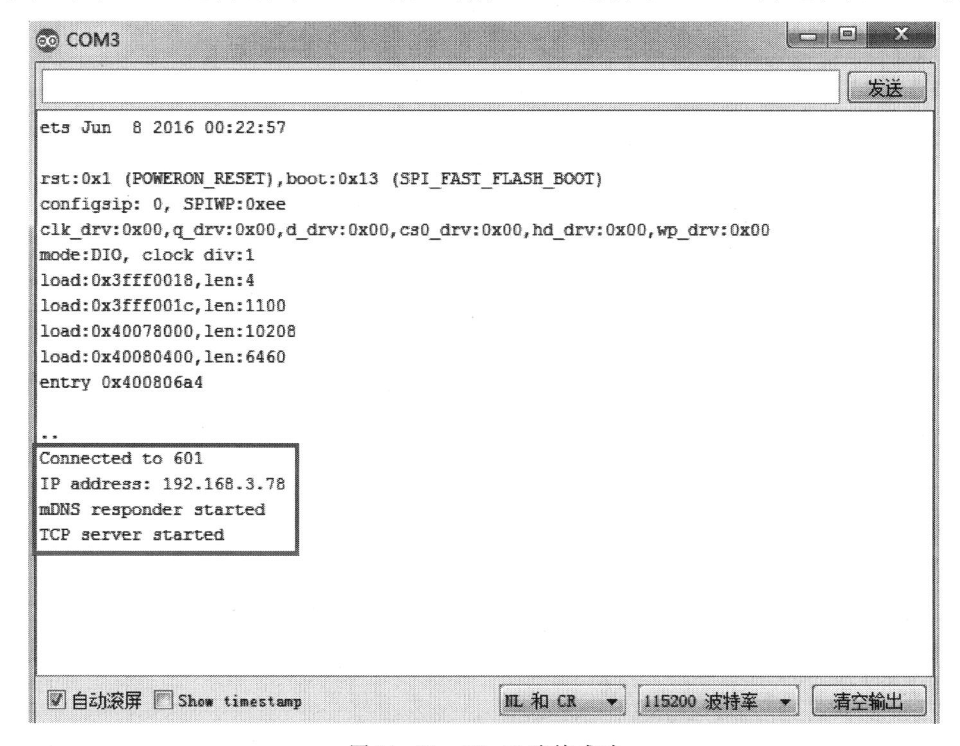

图 11-20　Wi-Fi 连接成功

（5）在浏览器地址栏输入 IP 地址+“/”，按回车键，观察网页显示内容，观察 LED 显示。

（6）在浏览器地址栏输入 IP 地址+“/inline”，按回车键，观察 LED 显示，观察网页显示内容，网页显示内容如图 11-21 所示。

图 11-21 网页显示内容

任务 33 Socket 通信

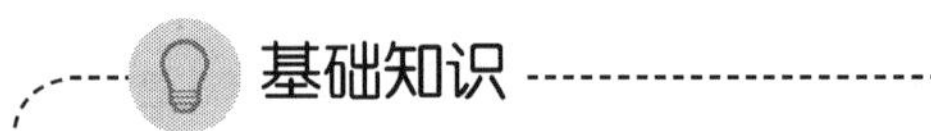

一、MicroPython Wi-Fi 连接

通过 Wi-Fi 接入互联网，是智能网络产品的通用选择。通过 ESP32 和 MicroPython 编程，很容易实现 Wi-Fi 连接。

1. MicroPython Wi-Fi 控制

MicroPython 通过 WLAN 模块实现对 ESP32 的网络连接（network）的控制。通过构造函数创建网络连接对象，通过对网络连接对象的使用方法，控制网络连接对象的使用。

（1）构建 Wi-Fi 连接对象，函数如下：

```
w = network.WLAN(Internet_id),
```

其中，internet_id 可以是 AP 热点 network.AP_IF 模式或客户端站点 network.STA_IF 模式。

（2）激活网络连接接口，函数如下：

```
w.active(is_active)
```

其中，True 表示激活；False 表示关闭。

（3）扫描允许访问的 Wi-Fi 热点，函数如下：

```
Wi-Fi:w.scan()
```

（4）检测设备是否已经联网，检测 Wi-Fi 连接函数如下：

```
w.isconnected()
```

返回 True 表示已经联网；False 表示未连接。

（5）连接 Wi-Fi，函数如下：

```
w.connected(ssid,password)
```

其中，ssid 为网络账号；password 为网络密码。

（6）Wi-Fi 通信配置如下：

```
w.ifconfig([ip,subnet,,gateway,dns])
```

其中，ip 为 IP 地址；subnet 为子网掩码；gateway 为网关地址；dns 为服务器 DNS 信息。

（7）断开网络连接，断开 Wi-Fi 连接函数如下：

```
w.disconnect()
```

2. MicroPython Wi-Fi 连接程序

MicroPython Wi-Fi 连接程序如下：

```
#导入 network,time 模块
import network,time
#Wi-Fi 连接函数
def Wi-Fi_connect():
    wlan = network.WLAN(network.STA_IF)#STA 模式
    wlan.active(True)                    #激活网络接口
    start_time=time.time()                #记录时间做超时判断

    if not wlan.isconnected():
        print('Connecting to Network...')
        wlan.connect('601','a1234567')#输入 Wi-Fi 账、密码

        while not wlan.isconnected():
            #超时判断,15 秒没连接成功判定为超时
            if time.time()-start_time > 15 :
                print('Wi-Fi Connected Timeout! ')
                break

    if wlan.isconnected():
        #串口打印信息
        print('Network information:',wlan.ifconfig())

#执行 Wi-Fi 连接函数
Wi-Fi_Connect()
```

在 Wi-Fi 连接程序中，首先导入网络连接相关模块 network 和定时模块 time，然后定义网络连接函数。通过调用网络连接函数，实现 Wi-Fi 网络的连接。

在网络连接函数中，首先创建网络连接对象 wlan，然后激活网络接口，判断网络连接状态，连接成功，打印网络连接的 IP 地址等信息，超时 15s，打印网络连接未成功信息。

将网络连接设计为一个函数，便于被其他网络项目的应用。

二、Socket

1. Socket 通信

TCP/IP（Transmission Control Protocol/Internet Protocol）即传输控制协议/网间协议，是一个工业标准的协议集，它是为广域网设计的。

UDP（User Data Protocol，用户数据报协议）是与 TCP 相对应的协议。它是属于 TCP/IP 协

议族中的一种。

Socket 在网络层级模型中，是一个抽象层，它介于传输层和应用层之间，它是 TCP/IP 和 UDP 与网络层交互通信的桥接者，它是一组接口。在设计模式中，Socket 其实就是一个门面模式，它把复杂的 TCP/IP 协议族隐藏在 Socket 接口后面，对用户来说，一组简单的接口就可以进行通信，让 Socket 去组织数据，以符合指定的 TCP/IP 和 UDP 协议，协助它们完成客户端、服务器间的通信。

Socket 还可以认为是一种网络间不同计算机上的进程通信的一种方法，利用三元组（IP 地址，协议，端口）就可以唯一标识网络中的进程，网络中的进程通信可以利用这个标志与其他进程进行交互。

Socket 通信原理如图 11-22 所示。

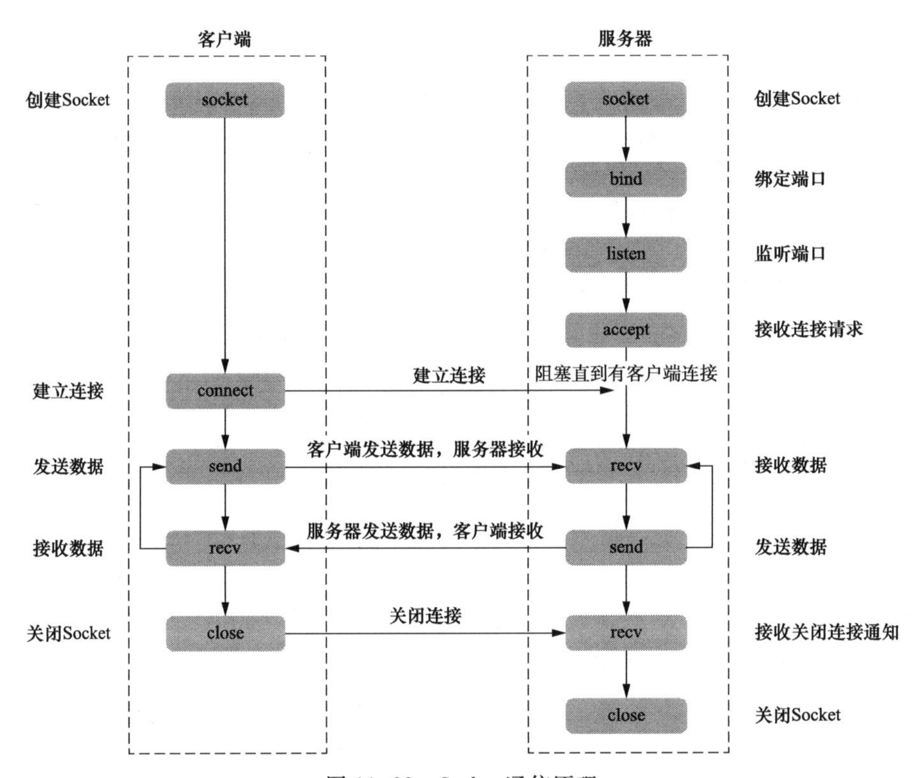

图 11-22 Socket 通信原理

2. 客户端基本的流程

（1）创建 Socket（socket）。

（2）和服务器建立连接（connect）。

（3）向服务器发送请求（write）。

（4）接受服务器端的数据（read）。

（5）关闭连接（close）。

3. 服务器端基本的流程

（1）创建 Socket（socket）。

（2）绑定端口（bind）。

（3）监听端口（listen）。

（4）等待客户端请求（客户端没有请求时阻塞）（accept）。
（5）接受客户端请求（read）。
（6）向客户端发送数据（write）。
（7）关闭 socket（close）。

三、Socket 应用

1. Socket 应用程序

Socket 应用程序如下：

```
# 导入相关模块
import network
import usocket
import time
from machine import Timer
# Wi-Fi 连接函数
def Wi-Fi_Connect():
    wlan = network.WLAN(network.STA_IF)  # Wi-Fi 连接使用 STA 模式
    wlan.active(True)                    # 激活网络接口
    start_time = time.time()              # 记录时间做超时判断

    if not wlan.isconnected():
        print('Connecting to network...')
        wlan.connect('601','a1234567')  # 输入 Wi-Fi 账号密码

        while not wlan.isconnected():
            # 超时判断,16s 没连接成功判定为超时
            if time.time()-start_time > 16 :
                print('Wi-Fi Connected Timeout! ')
                break
    if wlan.isconnected():
    # Wi-Fi 连接成功后,返回 True,并打印信息
    print('network information:',wlan.ifconfig())
        return True
# Wi-Fi 连接不成功,返回 False
    else:
        return False

# 定时中断回调函数
def Socket_fun(tim):
    Statement = s.recv(128)    # 单次最多接收 128Byte
    if Statement == '':
        pass

    else:  # 打印接收到的信息为字节,可以通过 decode()转成字符串
        print(Statement)
```

```
        s.send('I receive:'+Statement.decode())

# 判断 Wi-Fi 是否连接成功
if Wi-Fi_Connect():

    # 创建 socket 连接 TCP 类似,连接成功后发送"Hello Thonny!"给服务器。
    s = usocket.socket()
    addr =('192.168.3.4',12036)
    s.connect(addr)
    s.send('Hello Thonny! ')

    # 开启 RTOS 定时器,编号为-1,周期 300ms,执行 socket 通信接收任务
    tim = Timer(-1)
    tim.init(period=300,mode=Timer.PERIODIC,callback=Socket_fun)
```

在 socket 应用程序中，首先导入网络应用模块 network、通信模块 socket 和定时模块 time。设置 Wi-Fi 网络连接账号、密码和端口号。

定义 Wi-Fi 网络连接函数，设定网络连接使用 STA 模式，激活网络连接，检测网络连接状态，如果网络没连上，尝试连接指定 Wi-Fi 网络，并记录网络连接时间，判断是否超时。如果连接成功，返回 True，同时打印网络连接信息；连接不成功就返回 False。

网络连接成功后，创建 socket 连接 TCP 类，并发送"Hello Thonny!"给服务器。

最后设置开启 RTOS 定时器，编号为-1，周期 300ms，执行 socket 通信接收任务。

2. UDP 服务程序

Socket 不仅可以应用于 TCP，也可应用于 UDP 服务。

UDP 服务程序如下。

```
import network
import socket
import time

SSID = "601"  #修改为你的 Wi-Fi 名称
PASSWORD = "a1234567"  #修改为你 Wi-Fi 密码
port = 10000  #端口号
wlan = None  #wlan
listensocket = None  #套接字

#连接 Wi-Fi
def connectWi-Fi(ssid,passwd):
  global wlan
  wlan = network.WLAN(network.STA_IF)
  wlan.active(True)  #激活连接网络
  wlan.disconnect()  #断开 Wi-Fi 连接
  wlan.connect(ssid,passwd)  #连接 Wi-Fi
  while(wlan.ifconfig()[0] == '0.0.0.0'):  #等待连接
    time.sleep(1)
```

```
    return True
  #Catch exceptions,stop program if interrupted accidentally in the 'try'
  #捕获异常,如果在“尝试”中意外中断,则停止程序
  try:
    connectWi-Fi(SSID,PASSWORD)
    ip = wlan.ifconfig()[0]    #获取 IP 地址
    print(ip)
    listenSocket = socket.socket()   #创建套接字
    listenSocket.bind((ip,port))   #绑定地址和端口号
    listenSocket.listen(1)   #监听套接字
    listenSocket.setsockopt(socket.SOL_SOCKET,socket.SO_REUSEADDR,1)    #设置套接字
    print('tcp waiting...')

    while True:
      print("accepting.....")
      conn,addr = listensocket.accept()   #接收连接请求,返回收发数据的套接字对象和客户端地址
      print(addr,"connected")

      while true:
        data = conn.recv(1024)   #接收数据(1024 字节大小)
        if(len(data) == 0):   #判断客户端是否断开连接
          print("close socket")
          conn.close()   #关闭套接字
          break
        print(data)
        ret =conn.send(data)   #发送数据
  except:
    if(listenSocket):   #判断套接字是否为空
      listenSocket.close()   #关闭套接字
    wlan.disconnect()   #断开 Wi-Fi
    wlan.active(False)   #冻结网络
```

技能训练

一、训练目标

(1) 了解 socket 通信。

(2) 学会设计和调试 socket 通信程序。

二、训练步骤与内容

1. 建立一个项目

(1) 在 E32 文件夹内新建 Socket1 文件夹。

（2）启动 Thonny 软件。

（3）选择“文件”→“新建”，自动创建一个新文件。

（4）选择“文件”→“另存为”，打开“另存为”对话框，选择另存的文件夹 DHT11，在文件名栏输入“main. py”，单击“保存”按钮，保存新文件。

2. 编写程序文件

在 Thonny 开发环境的新文件编辑区输入“Socket 应用”程序，单击工具栏的保存按钮，保存文件。

3. 调试程序

（1）将“main. py”主程序文件上载到 MicroPython 设备。

（2）选择“运行”→“运行当前脚本”，或者单击工具栏的运行按钮，“main. py”程序运行，观察 shell 调试窗口输出信息的变化。

（3）打开网络调试器，选择 TCP Server 服务器模式，设置本地端口为 12036，单击“Open”按钮，打开查看数据日志窗口，如图 11-23 所示。

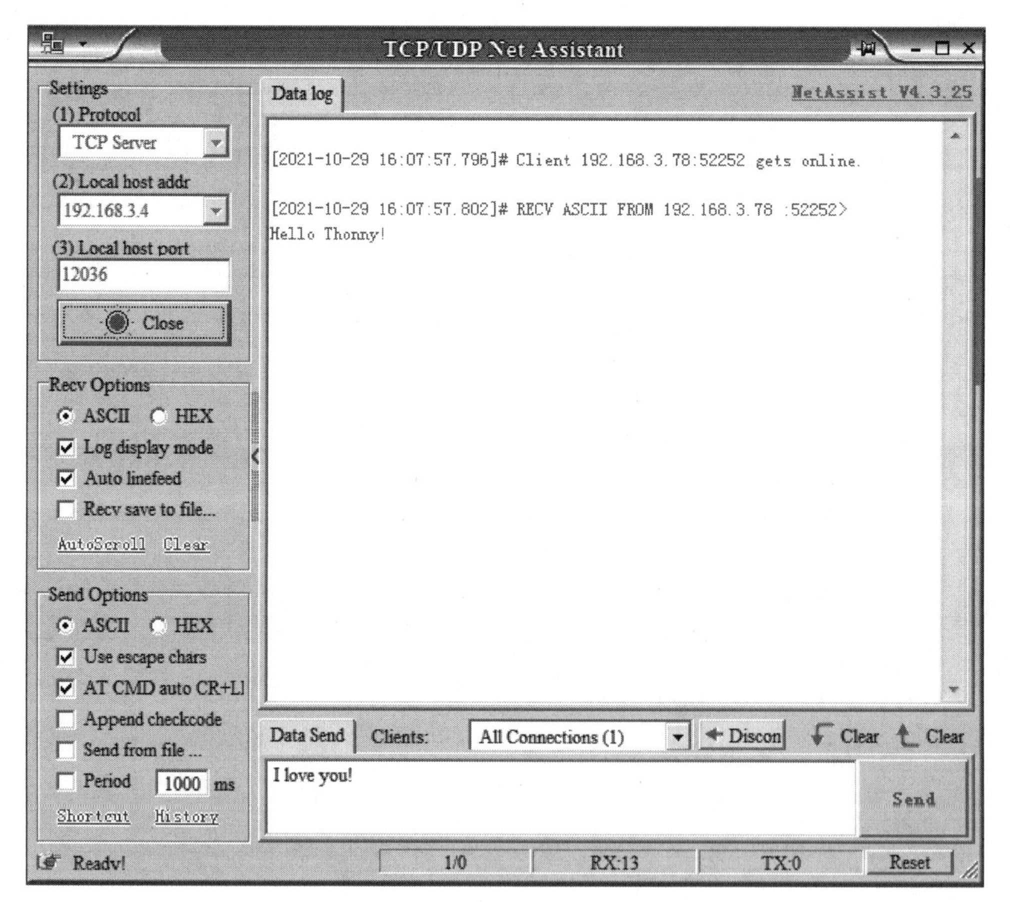

图 11-23 查看数据日志窗口

（4）选择连接服务器的客户端，并在客户端发送窗口内输入“I love you!”，单击“Send”按钮，观察数据发送，如图 11-24 所示。

（5）单击工具栏的停止按钮，停止程序运行。

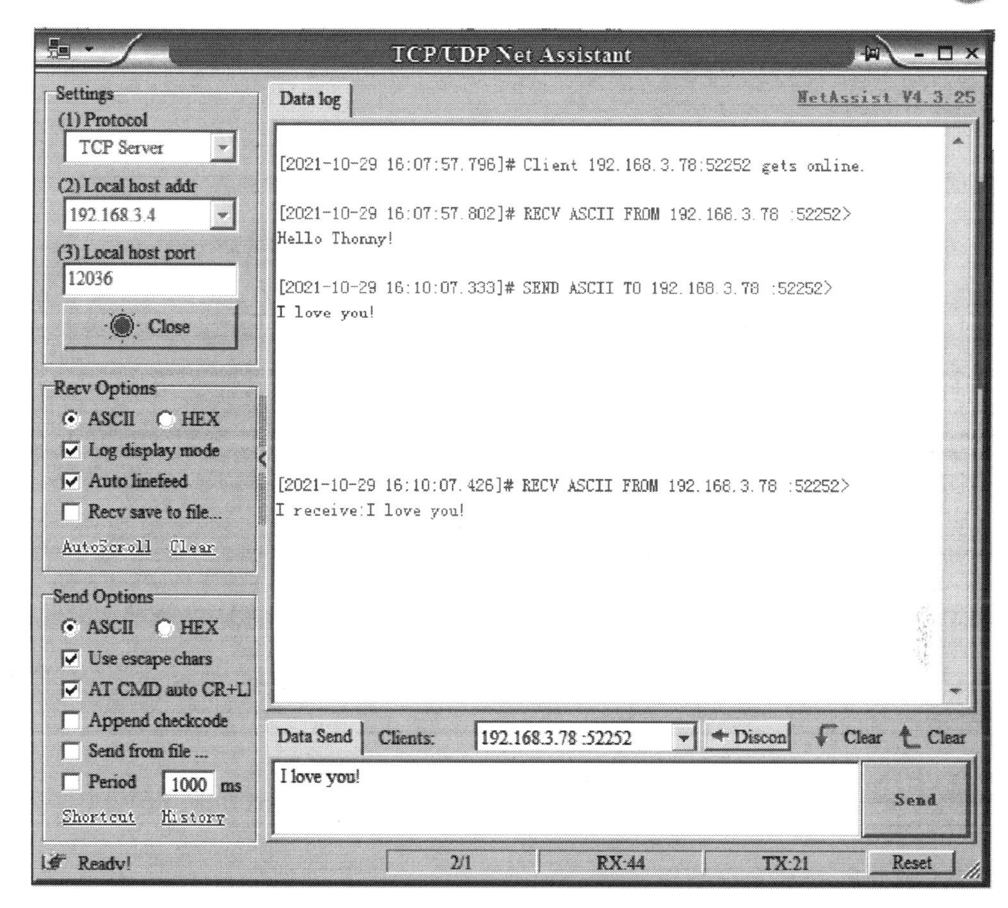

图 11-24　观察数据发送

任务 34　MQTT 通信

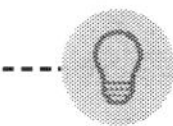

基础知识

一、MQTT 通信

1. MQTT

MQTT（Message Queuing Telemetry Transport，消息队列遥测传输协议）是一种基于发布/订阅（Publish/Cubscribe）模式的轻量级通信协议，该协议构建于 TCP/IP 协议上，由 IBM 在 1999 年发布。MQTT 最大的优点在于可以以极少的代码和有限的带宽，为远程设备提供实时可靠的消息服务。作为一种低开销、低带宽占用的即时通信协议，MQTT 在物联网、小型设备、移动应用等方面有广泛的应用。

MQTT 协议运行于 TCP 之上，通常还会调用 SOCKET 接口，是基于服务器—客户端的消息发布/订阅的传输协议。MQTT 协议属于应用层协议，只要是支持 TCP/IP 协议栈的地方，都可以使用 MQTT。

MQTT 协议特点是简单、开放、轻小和易于实现，使它适用范围广。

MQTT 通信流程如图 11-25 所示。

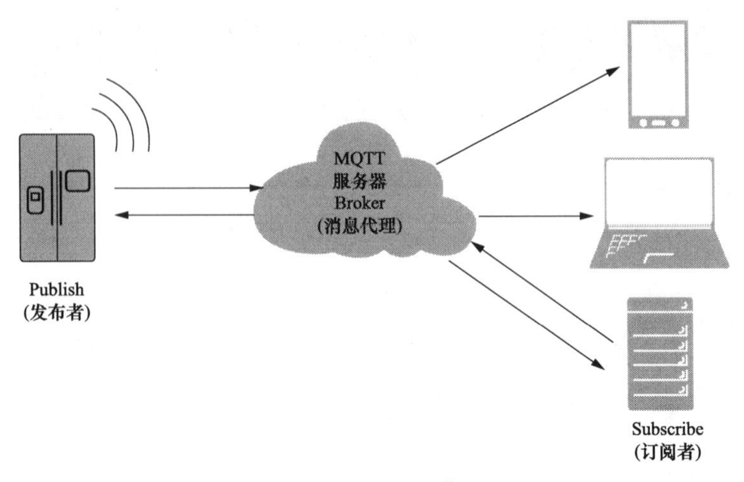

图 11-25 MQTT 通信流程

MQTT 通信包括服务器和客户端，服务器负责数据中转，不存储数据；客户端可以是信息发布者，或是信息订阅者，也可同时做消息订阅者和发布者。

2. MQTT 客户端

一个使用 MQTT 协议的应用程序或者设备，它总是建立到服务器的网络连接。客户端工作内容如下。

（1）发布其他客户端可能会订阅的信息。

（2）订阅其他客户端发布的消息。

（3）退订或删除应用程序的消息。

（4）断开与服务器连接。

3. MQTT 服务器

MQTT 服务器称为“消息代理”（Broker），可以是一个应用程序或一台设备。它是位于消息发布者和订阅者之间，MQTT 服务器工作内容如下。

（1）接受来自客户的网络连接。

（2）接受客户发布的应用信息。

（3）处理来自客户端的订阅和退订请求。

（4）向订阅的客户转发应用程序消息。

4. MQTT 数据包结构

在 MQTT 协议中，一个 MQTT 数据包由：固定头（Fixed header）、可变头（Variable header）和消息体（Payload）3 部分构成。MQTT 数据包结构如下。

（1）固定头（Fixed header）。固定头存在于所有 MQTT 数据包中，表示数据包类型及数据包的分组类标识。

（2）可变头（Variable Header）。可变头存在于部分 MQTT 数据包中，数据包类型决定了可变头是否存在及其具体内容。

（3）消息体（Payload）。消息体存在于部分 MQTT 数据包中，表示客户端收到的具体内容。

二、MQTT 通信控制

1. MicroPython 的 MQTT 通信控制

MicroPython 已经封装好了 MQTT 通信控制的库文件，用户直接应用即可。

（1）构建 MQTT 对象。语句如下：

```
mqtt= MQTTClient(cliend_ID,server,port,USER,PWD)
```

其中，Cliend_ ID、Server、port 为构建对象参数，cliend_ ID 作为你的客户端标识，具有唯一性；Server 为服务器地址，可以为 IP 地址或者网址；port 为端口号，默认是 1883，这是服务器通常采用的端口，也可用户定义。USER 与 PWD 为可选参数，USER 为用户名，默认 admin；PWD 为密码，默认 password。

（2）使用方法。

1）连接服务器。连接指定服务器的函数如下：

```
client.connect()
```

2）发布信息。发布信息的函数如下：

```
client.publish(topic,Message)
```

其中，topic 为主题编号；Message 为信息内容。

3）订阅信息。订阅主题编号为 topic 的信息的函数如下：

```
client.cubscribe(topic)
```

4）设置回调函数。订阅后如果收到信息，就执行名为 callback 的回调函数，如下：

```
client.set_callback(callback)
```

5）检测订阅信息。检查订阅信息，如果收到信息，就执行设置过的回调函数 callback，如下：

```
client.check_msg()
```

2. MQTT 通信控制程序

使用 umqtt/simple 模块中的 MQTT 客户端、machine 模块中的 Pin、network 模块、time 模块，实现 MQTT 通信控制。

（1）MQTT 信息发布。程序如下：

```
from simple import MQTTClient #导入 MQTT 模块
from machine import Pin,Timer  #导入 Pin,Timer 模块
import network,time      #导入 network,time 模块
#定义 Wi-Fi 连接函数
DEF Wi-Fi_Connect():
    LED=Pin(22,Pin.OUT)#初始化 LED 指示灯
    wlan = network.WLAN(network.STA_IF)#网络连接采用 STA 模式
    wlan.active(True)                     #激活网络接口
    start_time=time.time()                 #记录时间做超时判断

    IF not wlan.iSconnected():
        print('connecting to network...')
        wlan.connect('601','a1234567')#输入需要连接的 Wi-Fi 账号和密码

        while not wlan.isconnected():
            #超时判断,16s 没连接成功判定为超时
            if time.time()-start_time > 16 :
                print('Wi-Fi Connected Timeout! ')
                break
```

```
    if wlan.isconnected():
        # 网络连接成功,点亮 LED
        LED.value(0)
        #串口打印信息
        print('network information:',wlan.ifconfig())
        #打印网络配置数据显示
        print('IP/Subnet/GW:')
        print(wlan.ifconfig()[0])
        print(wlan.ifconfig()[1])
        print(wlan.ifconfig()[2])
        return True

    else:
        return False

#定义发布数据函数
def MQTT_Send(tim):
    client.publish(TOPIC,'Hello Thonny!')

#Wi-Fi 连接成功,进行信息发布
if Wi-Fi_Connect():
    SERVER ='mq.tongxinmao.com'
    PORT = 18830
    CLIENT_ID ='ESP32Pub'# 客户端 ID
    TOPIC ='/public/thonny/1'# TOPIC 名称
    client = MQTTClient(CLIENT_ID,SERVER,PORT)
    client.connect()

    #开启 RTOS 定时器,编号为-1,周期 1000ms,执行 MQTT 信息发布
    tim = timer(-1)
    tim.init(period=1000,mode=Timer.PERIODIC,callback=MQTT_Sdnd)
```

（2）MQTT 信息订阅。程序如下：

```
from simple import MQTTClient  # 导入 MQTT 板块
from machine import Pin,Timer
import network,time

#定义 Wi-Fi 连接函数
def Wi-Fi_Connect():
    LED = Pin(22,Pin.OUT)  # 初始化 Wi-Fi 指示灯
    wlan = network.WLAN(network.STA_IF)  # 网络连接采用 STA 模式
    wlan.active(True)                   # 激活网络接口
    start_time = time.time()              # 记录时间做超时判断

    if not wlan.isconnected():
```

```
        print('Connecting to network...')
        wlan.connect('601','a1234567')  # 输入你自己连接 Wi-Fi 的账号和密码

        while not wlan.isconnected():
            print(".")
            # 超时判断,16s 没连接成功判定为超时
            IF time.time()-start_time > 16 :
                print('Wi-Fi connected Timeout!')
                break

    if wlan.isconnected():
        # 连接成功,LED 点亮
        LED.value(0)
        # 串口打印信息
        print('network information:',wlan.ifconfig())

        #打印连接网络数据
        print('IP/Subnet/GW:')
        print(wlan.ifconfig()[0])
        print(wlan.ifconfig()[1])
        print(wlan.ifconfig()[2])
        return true

    else:
        return False


# 设置 MQTT 回调函数,有信息时候执行
def MQTT_callback(topic,msg):
    print('topic: {}'.format(topic))
    print('msg: {}'.format(msg))

#定义接收数据函数
def MQTT_Rev(tim):
    client.check_msg()

# Wi-Fi 连接成功,订阅信息
if Wi-Fi_Connect():

    SWRVER = 'mq.tongxinmao.com'
    PORT = 18830
    CLIENT_ID = 'ESP32Sub'  # 客户端 ID
    TOPIC = '/public/Thonny/1'  # TOPIC 名称
```

```
    client = MQTTClient(CLIENT_ID,SERVER,PORT)  # 建立客户端对象
    client.set_callback(MQTT_callback)   # 配置回调函数
    client.connect()
    client.cubscribe(TOPIC)  # 订阅主题

    # 开启 RTOS 定时器,编号为-1,周期 300ms,执行 MQTT 接收信息任务
    tim = timer(-1)
    tim.init(period=300,mode=Timer.PERIODIC,callback=MQTT_Rev)
```

（3）通过 MQTT 进行远程控制。程序如下：

```
from simple import MQTTClient
from machine import Pin
import network
import time

ssid ='601'
passwd ='a1234567'
client_id = "slim_id"
mserver ='192.168.3.36'  # 服务器 IP
port = 1883

topic_ctl = b'led_ctl'    # 设备订阅的主题,客户端推送消息的主题
topic_sta = b'led_sta '  # 客户端订阅的主题,设备推送消息的主题
client = None
wlan = None

led1 = Pin(22,Pin.OUT,value=0)
# 定义订阅回调函数
def sub_callback(topic,msg):
    global client
    print((topic_ctl,msg))
    if msg == b'led1 ON'or msg == b'led1 on':
        pub_msg = 'LED1:ON-state'
        led1.value(0)
    elif ,msg == b'led1 OFF'or msg == b'led1 off':
        pub_msg = 'LED1:OFF-state'
        led1 value(1)

    else:
        pub_msg = 'other msg'
    client.publish(topic_sta,pub_msg,retaom=True)

def Connect_Wi-Fi():
    global wlan
    wlan = network.WLAN(network.STA_IF)
```

```
    wlan.active(True)
    wlan.disconnect()
    wlan.connect(ssid,passwd)
    while(wlan.ifconfig()[0] == '0.0.0.0'):
        time.sleep(1)

try:
    Connect_Wi-Fi()
    client = MQTTClient(client_id,mserver,0)
    client.set_caalback(sub_callback)
    client.connect()
    client.cubscribe(topic_ctl)
    client.publish(topic_sta,'ESP32 Devlce online',retain=True)
    print("Connected to % s,subscribed to % s topic" % (mserver,topic_ctl))
    while True:
        client.wait_msg()
finally:
    if client is not None:
        print('off line')
        client.disconnect()
    wlan.disconnect()
    wlan.active(False)
```

技能训练

一、训练目标

（1）了解 MQTT 通信。
（2）学会设计和调试 MQTT 通信程序。

二、训练步骤与内容

1. 建立一个项目

（1）在 E32 文件夹内新建 MQTT3 文件夹，在 MQTT3 文件夹内，新建文件夹“发布”和“订阅”。

（2）启动 Thonny 软件。

（3）选择“文件”→“新建”，自动创建一个新文件。

（4）选择“文件”→“另存为”，打开“另存为”对话框，选择“发布”文件夹，在文件名栏输入“main. py”，单击“保存”按钮，保存新文件。

2. 编写程序文件

在 Thonny 开发环境的新文件编辑区输入“MQTT 信息发布”程序，单击工具栏的保存按钮，保存文件。

3. 调试

（1）将“simple. py”模块程序复制到“发布”文件夹内。

（2）将发布信息的“main. py”主程序文件上载到 MicroPython 设备。

(3) 将“simple. py”主程序文件上载到 MicroPython 设备。

(4) 选择“运行”→“运行当前脚本”，或者单击工具栏的运行按钮，“main. py”程序运行，观察 shell 调试窗口输出信息的变化；shell 窗口信息如图 11-26 所示。

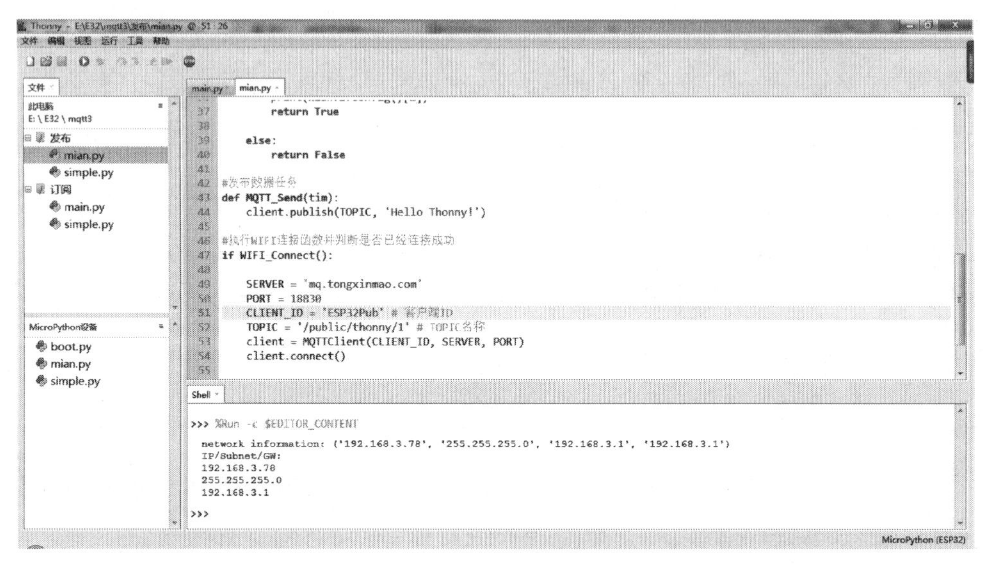

图 11-26 shell 窗口信息

(5) 打开 MQTT 网络调试器，连接 MQTT 网络服务器。

(6) 在信息发送栏，输入需发送的信息，单击“发布”按钮，观察 MQTT 网络调试器接收信息窗口信息的变化。

(7) 单击工具栏的停止按钮，停止程序运行。

4. 新建信息订阅文件

(1) 新建一个文件。

(2) 将文件另存到“订阅”文件夹，文件名设置为“main. py”。

5. 编写信息订阅程序文件

在 Thonny 开发环境的新文件编辑区输入“MQTT 信息订阅”程序，单击工具栏的保存按钮，保存文件。

6. 调试

(1) 将“simple. py”模块程序复制到“订阅”文件夹内。

(2) 将信息订阅“main. py”主程序文件上载到 MicroPython 设备。

(3) 将“simple. py”主程序文件上载到 MicroPython 设备。

(4) 选择“运行”→“运行当前脚本”，或者单击工具栏的运行按钮，“main. py”程序运行，观察 shell 调试窗口输出信息的变化。

(5) 打开 MQTT 网络调试器，连接通信猫 MQTT 网络服务器，如图 11-27 所示。

(6) 在信息发送栏，输入需发送的信息，单击“Subscribe 订阅”按钮，观察 MQTT 网络调试器接收信息窗口信息的变化。

(7) 单击工具栏的停止按钮，停止程序运行。

习题11

1. 如何使用 TCP Server?
2. 如何使用 TCP Client?
3. 如何使用 UDP?
4. 如何使用 mDNS 服务?
5. 如何使用 Socket 通信服务?
6. 如何在 Arduino IDE 开发环境下，使用 Socket 通信服务?
7. 如何使用 MQTT 短信息发布、订阅服务?
8. 如何在 Arduino IDE 开发环境下，使用 MQTT，进行 DHT11 的数据传输服务?

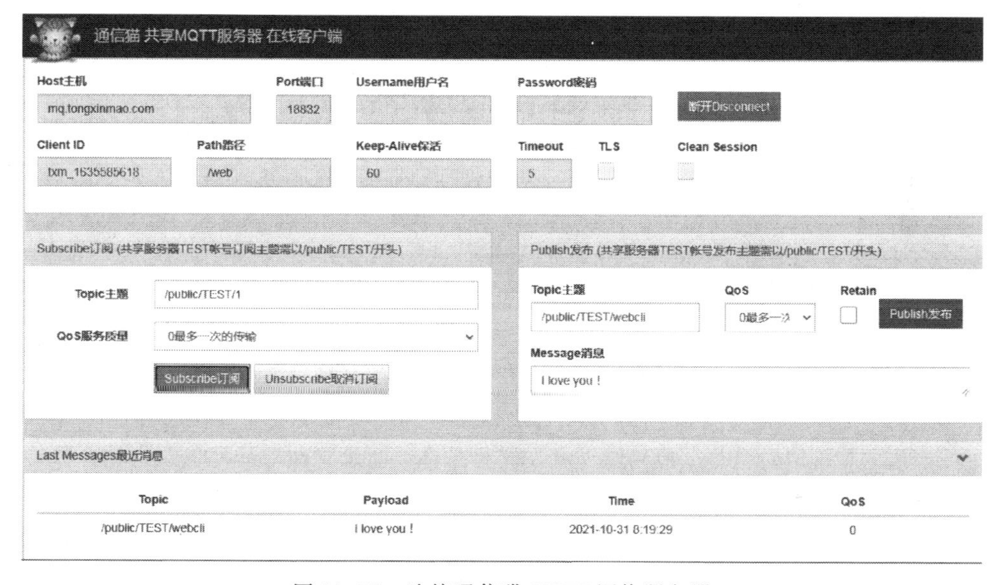

图 11-27　连接通信猫 MQTT 网络服务器

项目十二 传感器应用

学习目标

（1）学会使用超声传感器。
（2）学会使用温湿度传感器。

任务35 超声传感器应用

基础知识

一、脉冲宽度测量

1. 脉冲宽度测量

我们经常需要对脉冲宽度进行测量，测量方法一般使用电子示波器，观察脉冲波形、测量脉冲持续的时间（脉冲宽度）。利用单片机也可以进行脉冲宽度测量，方法是使用单片机内部的定时器产生的精准时钟信号，应用脉冲触发测量条件，测量脉冲持续时间内的时钟脉冲的数量，从而确定脉冲的宽度。

2. 脉冲宽度测量函数 pulseIn（）

在 Arduino 控制中，应用脉冲宽度测量函数 pulseIn（）检测指定引脚上的脉冲信号，从而测量其脉冲宽度。

当要检测高电平脉冲时，函数 pulseIn（）会等待指定引脚输入的电平在变高后开始计时，直到输入电平变低时，计时停止。pulseIn（）会返回此信号持续的时间，即该脉冲的宽度。

pulseIn（）还可以设定超时时间。如果超过设定时间仍未检测到脉冲，便退出 pulseIn（），并返回 0。当没有设定超时时间时，pulseIn（）会默认 1s 的时间。

pulseIn（）的语法如下：

```
pulseIn(pin,value)
pulseIn(pin,value,timeout)
```

其中，pin 为需要读取脉冲的引脚；value 为需要读取的脉冲类型，为 HIGH 或 LOW；timeout 为超时时间，单位为 μs，数据类型为无符号长整型（unsigned long int）。返回值为返回脉冲宽度，单位为 μs，数据类型为无符号长整型（unsigned long int）。如果在定时间内没有检测到脉冲，则返回 0。

二、超声波测距

超声波是频率高于 20000 Hz 的声波，它的指向性强，能量消耗缓慢，在介质中传播的距离较远，因而经常用于测量距离。

1. 超声波传感器

超声波传感器的型号众多，HC-SR04 是一款常见的超声波传感器。

HC-SR04 超声波传感器是利用超声波特性检测距离的传感器。其带有两个超声波探头，分别用作发射和接收超声波。其测量范围是 3～450cm。超声波测距原理如图 12-1 所示，超声波发射器向某一方向发射超声波，在发射的同时开始计时，超声波在空气中传播，途中碰到障碍物则立即返回，超声波接收器收到反射波则立即停止计时。声波在空气中的传播速度为340m/s，根据计时器记录的时间 t，即可计算出发射点距障碍物的距离。即 $s=\frac{340t}{2}$。这就是所谓的时间差测距法。

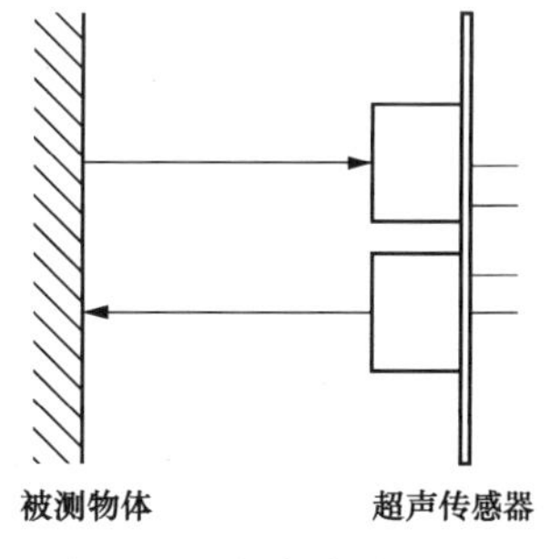

图 12-1　超声波测距原理

HC-SR04 超声波传感器模块性能稳定，测量距离精确，是目前市面上性价比最高的超声波模块，具有非接触测距功能，拥有 2.4～5.5V 的宽电压输入范围，静态功耗低于 2mA，自带温度传感器对测距结果进行校正，工作稳定可靠。

2. 超声波模块引脚

HC-SR04 超声波模块引脚功能见表 12-1。

表 12-1　　超声波模块引脚功能

引脚名称	功能
VCC	电源端
Trig	触发信号引脚
Echo	回馈信号引脚
GND	接地端

3. 主要技术参数

（1）使用电压：DC5V。

（2）静态电流：小于 2mA。

（3）电平输出：高 5V 低 0V。

（4）串口输出：波特率 9600。起始位 1 位，停止位 1 位，数据位 8 位。无奇偶校验，无流控制。

（5）感应角度：不大于 15°。

（6）探测距离：3～450 cm。

（7）探测精度：0.3cm+1%。

4. 使用方法

使用 Arduino 控制板的数字引脚给超声波模块的 Trig 引脚输入一个宽度 10μs 以上的高电平脉冲，触发超声波模块的测距功能。

触发超声波模块的测距功能后，系统发出 8 个 40kHz 的超声波脉冲，然后自动检测回波信号。

当检测到回波信号后，模块还要进行温度值的测量，然后根据当前温度对测距结果进行校正，将校正后的结果通过 Echo 引脚输出。在此模式下，模块将距离位转化为 340m/s 时的时间值的 2 倍，通过 Echo 端输出一高电平，根据此高电平的持续时间来计算距离值，即距离值为：（高电平时间×340）/2。

Arduino 可以使用函数 pulseIn（）获取测距结果，并计算出被测物体的距离。超声波模块测距时序如图 12-2 所示。

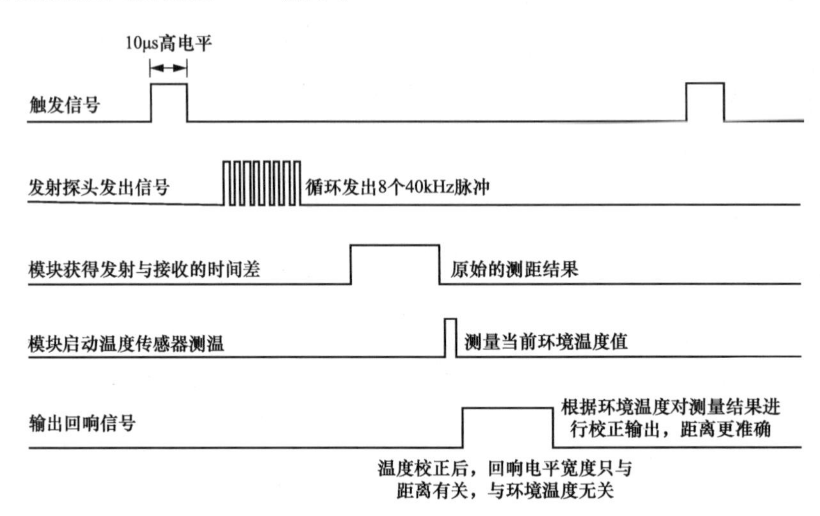

图 12-2 超声波模块测距时序

5. 超声波测距电路

超声波测距电路如图 12-3 所示。

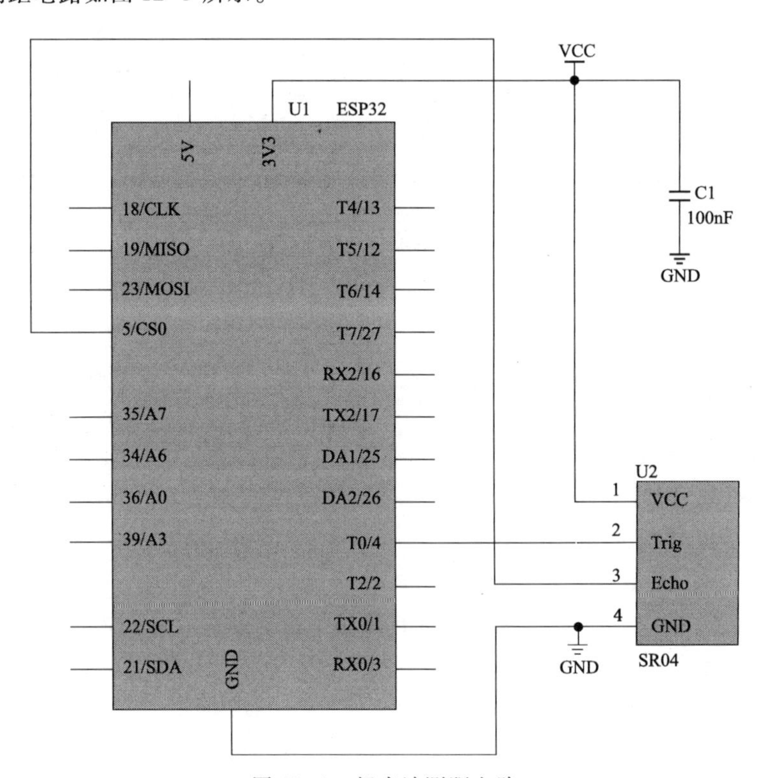

图 12-3 超声波测距电路

6. 超声波测距程序

超声波测距程序如下：

```
//定义引脚功能
  const int trig =4;
  const int echo =5;
  long interValtime=0;//定义时间间隔变量
  float S; //定义浮点数距离变量
//初始化
void setup(){
  PinMode(trig,OUTPUT); //设置 trig 为输出
  PinMode(echo,INPUT); //设置 echo 为输入
Serial.begin(9600);  //设置串口波特率
}
//主循环程序
void loop(){
  while(1){
   digitalwrite(trig,LOW);
   delayMicroseconds(2);  //延时 2μs
   digitalWrite(trig,HIGH); //trig 高电平
   delayMicroseconds(10);  //延时 10μs
   digitalWrite(trig,LOW); //trig 低电平
   interValtime = pulseIn(echo,HIGH); //读取高电平脉冲宽度
   S = interValtime/58.00 ; //计算距离,单位 cm
   Serial.print("distance");
   Serial.print("  ");
   Serial.print(S);
   Serial.print("cm");
   Serial.println();
   S=0;    //复位距离变量
   interValTime=0;//复位时间间隔变量
   delay(1000); //延时 1000ms
    }
}
```

技能训练

一、训练目标

(1) 学会使用超声波传感器。
(2) 学会用超声波传感器测距。

二、训练步骤与内容

1. 建立一个工程

(1) 启动 Arduino 软件。
(2) 选择“文件”→“新建”，自动创建一个新项目。
(3) 选择“文件”→“另存为”，打开“另存为”对话框，选择另存的文件夹 E32A，在

文件名栏输入“L01”，单击“保存”按钮，保存项目文件。

2. 编写程序文件

在L01项目文件编辑区输入“超声波测距”程序，选择“文件”→“保存”，保存项目文件。

3. 编译、下载、调试程序

(1) 按图12-3连接超声波测距控制电路。

(2) 选择“项目”→“验证/编译”，或单击工具栏的验证/编译按钮，Arduino软件首先验证程序是否有误，若无误，程序自动开始编译程序。

(3) 等待编译完成，在软件调试提示区，观看编译结果。

(4) 单击工具栏的下载按钮，将程序下载到WeMos D1 R32开发板。

(5) 打开串口观察窗口，调整超声波探头与测试物的距离，观察测试结果。

(6) 更换超声波模块的引脚与WeMos D1 R32开发板的连接端，调整触发脉冲参数，重新编译下载程序，进行超声波测距，观察测试结果。

任务36 常用模块和传感器应用

基础知识

一、激光传感器应用

1. 激光传感器

激光传感器是利用激光技术进行测量的传感器。它由激光器、激光检测器和测量电路组成。激光传感器是新型测量仪表，能实现无接触远距离测量，具有速度快、精度高、量程大、抗光电干扰能力强等优点。

激光具有高方向性、高单色性和高亮度这3个重要特性。

(1) 高方向性。即高定向性，光速发散角小，激光束在几千米外的扩展范围不过几厘米。

(2) 高单色性。激光的频率宽度比普通光小10倍以上。

(3) 高亮度。利用激光束会聚最高可产生达几百万度的温度。

2. 激光传感器应用

激光传感器应用程序如下：

```
void setup(){
  PinMode(4,OUTPUT);  //初始化引脚12为激光传感器输出
}
void loop(){
  digitalWrite(4,HIGH);   // 开启激光传感器
  delay(1000);             // 延时1000ms
  digitalWrite(4,LOW);    // 关闭激光传感器
  delay(1000);             //延时1000ms
}
```

二、光敏传感器应用

1. 光敏传感器

光敏传感器是利用光敏元件将光信号转换为电信号的传感器，它的敏感波长在可见光波长

附近，包括红外线波长和紫外线波长。光传感器不只局限于对光的探测，它还可以作为探测元件组成其他传感器，对许多非电量进行检测，只要将这些非电量转换为光信号的变化即可。

光敏传感器的种类较多，主要有光电管、光电倍增管、光敏电阻、光敏三极管、太阳能电池、红外线传感器、紫外线传感器、光纤式光电传感器、色彩传感器、CCD 和 CMOS 图像传感器等。光敏传感器是目前产量最多、应用最广的传感器之一，它在自动控制和非电量电测技术中占有非常重要的地位。

最简单的光敏传感器是光敏电阻，实质上是一种受到光照射其电阻值发生变化的传感器。最简单的光敏传感器的外观如图 12-4 所示，采用一个光敏元件与 10kΩ 电阻串联的结构，有 3 个引脚，GND 端是光敏元件的 1 个引脚，中间是 10kΩ 电阻的 1 个引脚 VCC，第 3 个是光敏元件与 10kΩ 电阻串联的引脚端 Vout。

图 12-4　最简单的光敏传感器

2. 最简单的光敏传感器应用

最简单的光敏传感器应用程序如下：

```
int senViPin=1;
int val=0;
void setup(){
Serial.begin(9600); //串口波特率为 9600
}
void loop(){
val =  analogread(senViPin); //读取模拟 1 端口
Serial.println(val,DEC);//十进制数显示结果
delay(1000);//延时 1000ms
}
```

将光敏传感器与电阻串联端 senVi 接在一个模拟输入口，电阻另一端接地，光敏传感器另一端接电源，光强的变化会改变光敏传感器阻值，从而改变 senVi 端的输出电压。将 senVi 端的电压读出，并使用串口输出到计算机显示结果。因为 Arduino 的模拟转换是 10 位的采样精度，输出值从 0 ~ 1023，当光照强烈的时候，光敏传感器电阻值减小，输出电压值增加，光照减弱的时候，光敏传感器电阻值增加，输出电压值减小。完全遮挡光线，光敏传感器电阻值值最大，输出电压值最小。

三、霍尔磁敏传感器应用

1. 霍尔传感器

霍尔传感器是根据霍尔效应制作的一种磁场传感器。霍尔效应是磁电效应的一种，这一现象是霍尔于1879年在研究金属的导电机构时发现的。后来发现半导体、导电流体等也有这种效应，而半导体的霍尔效应比金属强得多，利用这现象制成的各种霍尔元件，广泛地应用于工业自动化技术、检测技术及信息处理等方面。霍尔效应是研究半导体材料性能的基本方法。通过霍尔效应实验测定的霍尔系数，能够判断半导体材料的导电类型、载流子浓度及载流子迁移率等重要参数。

一个霍尔元件一般有4个引出端子，如图12-5所示，其中两根是霍尔元件的偏置电流 I 的输入端，另两根是霍尔电压的输出端。如果两输出端构成外回路，就会产生霍尔电流。一般地说，偏置电流的设定通常由外部的基准电压源给出；若精度要求高，则基准电压源均用恒流源取代。为了达到高的灵敏度，有的霍尔元件的传感面上装有高导磁系数的坡莫合金；这类传感器的霍尔电势较大，但在0.05T左右出现饱和，仅适用在低量限、小量程下使用。

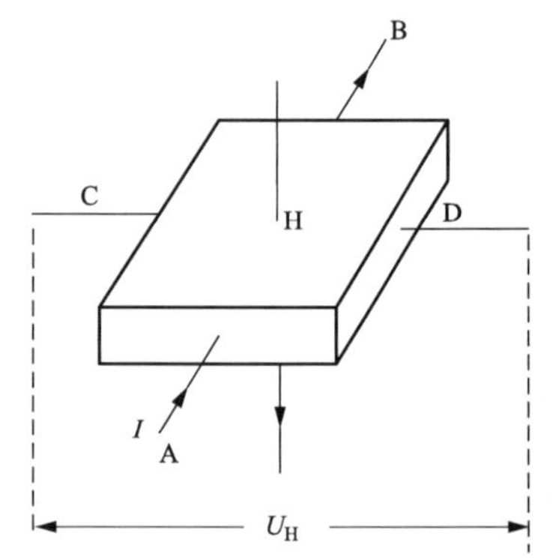

图12-5 霍尔元件的4个引出端子

在半导体薄片两端通以控制电流 I，并在薄片的垂直方向施加磁感应强度为 B 的匀强磁场，则在垂直于电流和磁场的方向上，将产生电势差为 U_H 的霍尔电压。

磁场中有一个霍尔半导体片，恒定电流 I 从A到B通过该片。在洛仑兹力的作用下，I 的电子流在通过霍尔半导体时向一侧偏移，使该片在垂直于电流的CD方向上产生电位差，这就是所谓的霍尔电压。

霍尔电压随磁场强度的变化而变化，磁场越强，电压越高，磁场越弱，电压越低，霍尔电压值很小，通常只有几个毫伏，但经集成电路中的放大器放大，就能使该电压放大到足以输出较强的信号。若使霍尔集成电路起传感作用，需要用机械的方法来改变磁感应强度。可以利用一个转动的叶轮作为控制磁通量的开关，当叶轮叶片处于磁铁和霍尔集成电路之间的气隙中时，磁场偏离集成片，霍尔电压消失。这样，霍尔集成电路的输出电压的变化，就能表示出叶轮驱动轴的某一位置，利用这一工作原理，可将霍尔集成电路片用作用点火正时传感器。霍尔效应传感器属于被动型传感器，它要有外加电源才能工作，这一特点使它能检测转速低的运转情况。

2. 霍尔磁力传感器

霍尔磁力传感器能检测到磁场，从而输出检测信号。简单的霍尔磁力传感器如图12-6所示。模拟端口能通过输出线性电压的变化来揭示出磁场的强度，数字输出端口是磁场达到某个阈值时才会输出高低电平。可调电阻能改变检测的灵敏度。

应用时，霍尔磁力传感器的G端连接WeMos D1 R32开发板的GND端，+端连接WeMos D1 R32开发板的+5V端，DO端连接任意一个数字输入端，A0端连接任意一个模拟信号输入端。

3. 霍尔磁力传感器控制程序

(1) 控制要求。

1) 霍尔磁力传感器的G端连接WeMos D1 R32开发板的GND端，+端连接WeMos D1 R32

开发板的+5V 端，DO 端连接任意数字输入端 4，引脚 2 连接 LED 指示灯。

图 12-6 简单的霍尔磁力传感器

2）当磁铁靠近霍尔磁力传感器监测端时，引脚 2 连接 LED 指示灯灭，磁铁离开霍尔磁力传感器监测端时，引脚 2 连接 LED 指示灯亮。

（2）控制程序。满足上述控制要求的控制程序如下：

```
int Led=2;//定义 LED 接口
int buttonPin=4; //定义霍尔磁力传感器接口
int  val;  //定义数字变量 val
void setup(){
  pinMode(Led,OUTPUT);  //定义 LED 为输出接口
  pinMode(buttonpin,INPUT);  //定义霍尔磁力传感器为输出接口
}
void loop(){
  val=digitalRead(buttonpin);   //将数字接口 4 的值读取赋给 val
  if(val==HIGH)
{//当霍尔磁力传感器检测没有磁场信号时,LED 亮
digitalWrite(Led,HIGH);
}
else
{//当霍尔磁力传感器检测到磁场信号时,LED 灭
digitalWrite(Led,LOW);
}
}
```

四、倾斜开关传感器应用

1. 倾斜开关传感器

倾斜开关传感器用于检测较小角度的倾斜。简单的倾斜开关传感器如图 12-7 所示。应用时，倾斜开关传感器 GND 端连接 WeMos D1 R32 开发板的 GND 端，VCC 端连接 WeMos D1 R32 开发板的+5V 端，DO 端连接任意一个数字输入端。

2. 倾斜开关传感器应用控制程序

（1）控制要求。

1）倾斜开关传感器的 GND 端连接 WeMos D1 R32 开发板的 GND 端，VCC 端连接 WeMos D1 R32 开发板的+5V 端，DO 端连接任意数字输入端 4，引脚 2 连接 LED 指示灯。

2）当倾斜开关传感器无倾斜时，引脚 2 连接 LED 指示灯灭，当倾斜开关传感器有倾斜

时，引脚 2 连接 LED 指示灯亮。

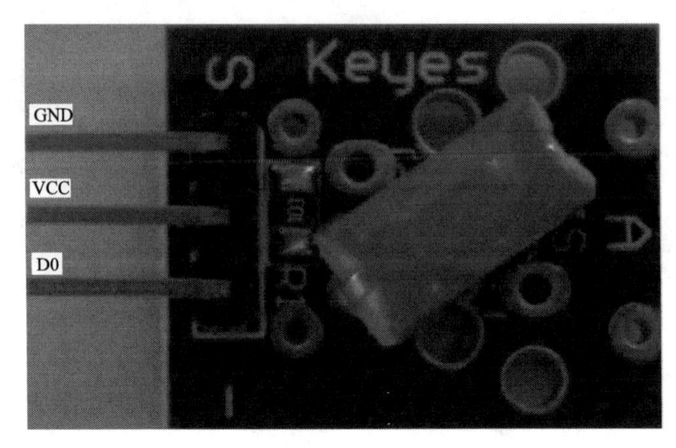

图 12-7 简单的倾斜开关传感器

（2）控制程序。满足上述控制要求的控制程序如下：

```
int Led=2;//定义 LED 接口
int buttonpin=4; //定义倾斜开关传感器接口
int  val;  //定义数字变量 val
void setup(){
  pinMode(Led,OUTPUT);  //定义 LED 为输出接口
  pinMode(buttonpin,INPUT);  //定义倾斜开关传感器为输入接口
}
void loop(){
  val=digitalread(buttonpin);  //将数字接口 4 的值读取赋给 val
  if(val==HIGH)
{//当倾斜开关传感器有倾斜时时,LED 亮
digitalWrite(Led,HIGH);
}
else
{//当倾斜开关传感器无倾斜时时,LED 灭
digitalWrite(Led,LOW);
}
}
```

五、双色 LED 模块

1. 双色 LED 模块

双色 LED 模块如图 12-8 所示，它封装了 1 个红色 LED 和 1 个绿色 LED，其 3 个引脚分别为 GREEN、RED、GND。

2. 双色 LED 模块控制程序

通过 WeMos D1 R32 开发板分别控制红色 LED 和绿色 LED，使红色 LED 引脚输出电压值逐渐减小，亮度减少，同时绿色 LED 引脚输出电压值逐渐增加，亮度增大，电压值变化时间间隔为 20ms。然后，使红色 LED 引脚输出电压值逐渐增加，同时绿色 LED 引脚输出电压值亮度增大逐渐减小，亮度减少，电压值变化时间间隔为 20ms。如此循环运行。

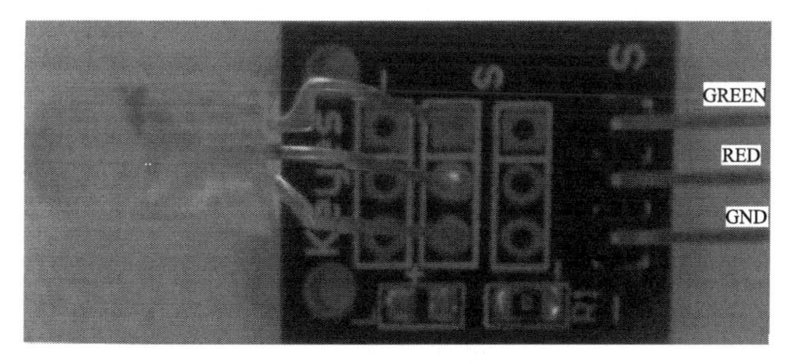

图 12-8　双色 LED 模块

双色 LED 模块控制程序如下：

```
int redpin=4; //定义红灯引脚
int greenpin =5; //定义绿灯引脚
int val;
void setup(){
pinMode(redpin,OUTPUT);   //设置红灯引脚为输出
pinMode(greenpin,OUTPUT); //设置绿灯引脚为输出
}
void loop(){
for(val=255;val>0;val--)
  {
analogWrite(redpin,val);   //红灯引脚输出电压值逐渐减小,亮度减少
analogWrite(greenpin,255-val); //绿灯引脚输出电压值逐渐增加,亮度增大
delay(20);   //延时 20ms
}
for(val=0; val<255; val++)
{
analogWrite(redpin,val); //红灯引脚输出电压值逐渐增加,亮度增大
analogWrite(greenpin,255-val); //绿灯引脚输出电压值逐渐减小,亮度减少
delay(20);   //延时 20ms
}
}
```

六、RGB 三色 LED 模块

1. RGB 三色 LED 模块

三色 LED 模块如图 12-9 所示，它封装了 1 个红色（RED）LED、1 个绿色（GREEN）LED 和 1 个蓝色（BLUE）LED，4 个引脚分别为 GREEN、RED、BLUE、GND。

2. RGB 三色 LED 模块控制

RGB 三色 LED 模块组成全色 LED，通过 RED、GREEN、BLUE 的 3 个引脚的 PWM 输出控制可以调节红、绿、蓝 3 种颜色输出的强弱，从而实现全彩的混色显示。

RGB 三色 LED 模块控制程序如下：

```
int redpin=4; //定义红灯引脚
int greenpin =5; //定义绿灯引脚
```

```
int bluepin =12; //定义蓝灯引脚
int val; //定义全局变量
void setup(){
    pinMode(redpin,OUTPUT);    //定义红灯引脚为输出
    pinMode(greenpin,OUTPUT);  //定义绿灯引脚为输出
    pinMode( bluepin,OUTPUT);  //定义蓝灯引脚为输出
}
void loop(){
for(val=255;val>0;val--)      //控制变量逐渐减小
    {
      analogWrite(redpin,val);    //控制红灯 LED 的 PWM 输出
      analogWrite(greenpin,255 - val); //控制绿灯 LED 的 PWM 输出
      analogWrite( bluepin,128 - val); //控制蓝灯 LED 的 PWM 输出
      delay(5);  //延时 5ms
      }
for(val=0; val<255; val++)  //控制变量逐渐增加
      {
        analogWrite(redpin,val);       //控制红灯 LED 的 PWM 输出
        analogWrite(greenpin,255-val); //控制绿灯 LED 的 PWM 输出
        analogWrite( bluepin,128-val); //控制蓝灯 LED 的 PWM 输出
        delay(5);  //延时 5ms
      }
}
```

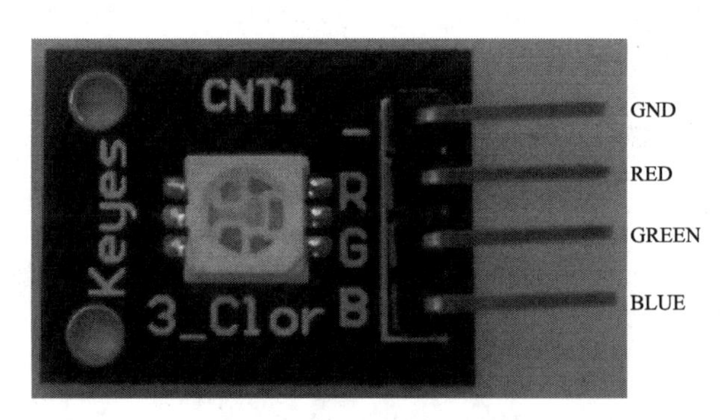

图 12-9 三色 LED 模块

七、7 色 LED 闪烁模块

7 色 LED 闪烁模块通电后，可以自动闪烁其中的 7 种颜色，利用 WeMos D1 R32 开发板的任意一个数字引脚直接连接 7 色 LED 闪烁模块的 S 端，控制其亮灭闪烁。

7 色 LED 闪烁模块控制程序如下：

```
int flashPin=4; //定义闪烁 LED 引脚
void setup(){
    PinMode(flashPin,OUTPUT); //初始化闪烁 LED 引脚为输出
}
```

```
void loop(){
  digitalWrite(flashpin,HIGH);   //闪烁 LED 亮
  delay(1000);              // 延时 1s
  digitalWrite(flashpin,LOW);    //闪烁 LED 灭
  delay(1000);              // 延时 1s
}
```

八、红外避障传感器应用

1. 红外避障传感器

红外避障传感器是根据红外反射原理来检测前方是否有物体的传感器，如图 12-10 所示。红外发射管发射红外线，当前方没有物体时，红外接收管接收不到信号，输出为高电平；当前方有物体时，物体遮挡和反射红外线，红外接收管会检测到信号，输出低电平。

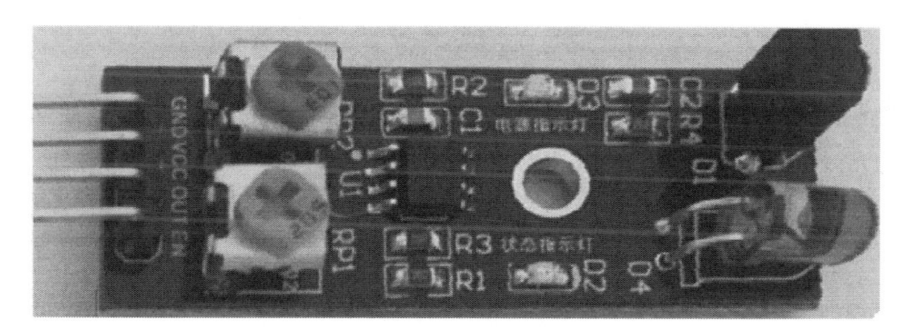

图 12-10　红外避障传感器

2. 红外避障传感器的应用

红外避障传感器的应用程序如下：

```
int  Led=2;//定义 LED 接口
int buttonpin=4; //定义避障传感器接口
int val;//定义数字变量 val
void setup(){
pinMode(Led,OUTPUT);//定义 Led 为输出
pinMode(buttonpin,INPUT);//定义避障传感器为输入接口
}
void loop(){
  val=digitalRead(buttonpin);//将数字接口 4 的值读取赋给 val
  if(val==LOW)//当避障传感器检测有障碍物时为低电平
    {
  digitalWrite(Led,HIGH);//提示有障碍物
}
else
{
digitalWrite(Led,LOW);
}
}
```

九、红外寻线传感器应用

1. 红外寻线传感器

红外寻线传感器根据红外反射原理来检测黑白线，如图 12-11 所示。遇到白色，反射红外线，输出为低电平；遇到黑色，吸收红外线，不反射红外线，输出高电平，如此就来寻找地面的黑白线。

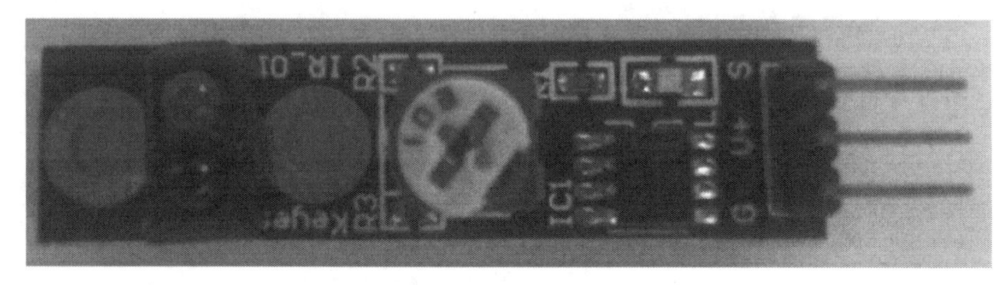

图 12-11 红外寻线传感器

2. 红外寻线传感器的应用

红外寻线传感器的应用程序如下：

```
int  Led=2;//定义 LED 接口
int buttonpin=4; //定义寻线传感器接口
int val;//定义数字变量 val
void setup(){
pinMode(Led,OUTPUT);//定义 Led 为输出
pinMode(buttonpin,INPUT);//定义寻线传感器为输入接口
}
void loop(){
  val=digitalRead(buttonpin);//将数字接口 3 的值读取赋给 val
  if(val== LOW)//当寻线传感器检测白色,有反射信号时为低电平
    {
digitalWrite(Led,HIGH);// Led 亮
}
else
{
digitalWrite(Led,LOW);
}
}
```

十、模拟式温度传感器应用

1. 模拟式温度传感器

模拟式温度传感器是基于热敏电阻（阻值随外界环境温度变化而变化）的工作原理，能够实时感知周边环境温度的变化的传感器，如图 12-12 所示。

将模拟式温度传感器与 WeMos D1 R32 开发板的模拟输入端 A0 连接，把模拟式温度传感器数据送到 WeMos D1 R32 开发板。通过简单程序就能将传感器输出的数据转换为摄氏温度值，并通过串口显示。

2. 模拟式温度传感器的应用

模拟式温度传感器的应用程序如下：

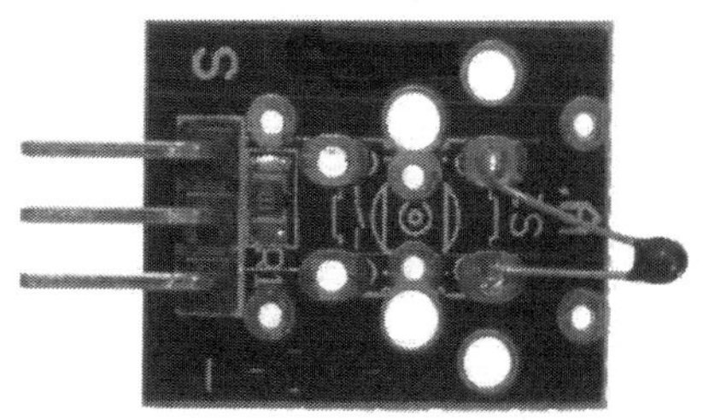

图 12-12　模拟式温度传感器

```
#include <math.h>
double Thermister(int RawADC){
double Temp;
Temp = log(((10240000/RawADC)-10000));
Temp = 1/(0.00112928 + (0.000234125 +
(0.0000000876741 * Temp * Temp)) * Temp);
Temp=Temp-273.15; //转换温度值
return Temp;
}
void setup(){
Serial.begin(9600);
}
void loop(){
Serial.print(Thermister(analogread(0)));  //输出转换好的温度
Serial.println("C");
delay(500);
}
```

技能训练

一、训练目标

（1）了解 WeMos D1 R32 开发板输入输出高级应用技术。

（2）学会用模块和传感器。

二、训练步骤与内容

1. 建立一个工程

（1）启动 Arduino 软件。

（2）选择“文件”→“新建”，自动创建一个新项目。

（3）选择“文件”→“另存为”，打开“另存为”对话框，选择另存的文件夹 E32A，在文件名栏输入“L02”，单击“保存”按钮，保存 L02 项目文件。

2. 编写程序文件

在 L02 项目文件编辑区输入“RGB 三色 LED 模块控制”程序，选择“文件”→“保存”，保存项目文件。

3. 编译、下载、调试程序

（1）RGB 三色 LED 模块的 R、G、B 与 WeMos D1 R32 开发板的引脚 4、5、12 连接，接地端与 WeMos D1 R32 开发板 GND 连接电路。

（2）通过 USB 将 WeMos D1 R32 开发板与计算机 USB 端口连接。

（3）选择“项目”→“验证/编译”，或单击工具栏的验证/编译按钮，Arduino 软件首先验证程序是否有误，若无误，程序自动开始编译程序。

（4）等待编译完成，在软件调试提示区，观看编译结果。

（5）单击工具栏的下载按钮，将程序下载到 WeMos D1 R32 开发板。

（6）下载完成，观察 RGB 三色 LED 模块红、绿、蓝 LED 显示的效果。

（7）更改 WeMos D1 R32 开发板的控制端，使用另外 3 个 PWM 输出端，修改控制程序，重新下载、调试、观察运行结果。

任务 37　应用温湿度传感器 DHT11

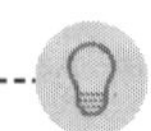

基础知识

一、温湿度传感器 DHT11

1. DHT11 数字温湿度传感器

DHT11 数字温湿度传感器是一款含有已校准数字信号输出的温湿度复合传感器 。它应用专用的数字模块采集技术和温湿度传感技术，确保产品具有极高的可靠性与卓越的长期稳定性。传感器包括一个电阻式感湿元件和一个 NTC 测温元件，并与一个高性能 8 位单片机相连接。因此该产品具有品质卓越、超快响应、抗干扰能力强、性价比极高等优点。

每个 DHT11 数字温湿度传感器都在极为精确的湿度校验室中进行校准。校准系数以程序的形式储存在 OTP 内存中，传感器内部在检测信号的处理过程中要调用这些校准系数。单线制串行接口，使系统集成变得简易快捷。超小的体积、极低的功耗，信号传输距离可达 20m 以上，使其成为各类应用甚至最为苛刻的应用场合的最佳选择。

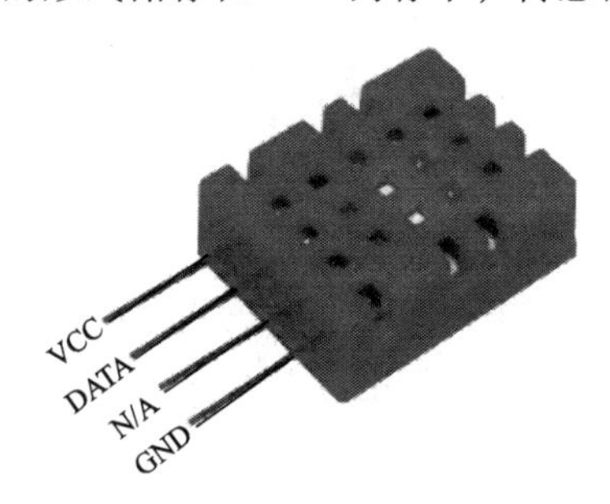

图 12-13　DHT11 传感器引脚及封装

2. DHT11 数字温湿度传感器的封装与应用领域

DHT11 数字温湿度传感器产品为 4 针单排引脚封装，DHT11 传感器引脚及封装如图 12-13 所示。DHT11 数字温湿度传感器连接方便，特殊封装形式可根据用户需求而提供。

DHT11 数字温湿度传感器应用领域包括暖通空调、测试及检测设备、汽车、数据记录器、消费品、自动控制、气象站、家电、湿度调节器、医疗、除湿器等。

3. DHT11 数字温湿度传感器的测量精度

DHT11 相对湿度的检测精度为 1%Rh，温度的检测精度为 1℃。两次检测读取传感器数据的时间间隔要大于 1s。

二、DHT11 数字温湿度传感器的 Arduino 应用

1. DHT11 类库

在 Arduino 中，使用 DHT11 数字温湿度传感器需要用到 DHT11 类库，可以从 Arduino 中文社区网站上下载已经封装好的类库。

DHT11 类库只用一个成员函数 read ( )。

函数 read ( ) 的功能是读取传感器的数据，并将温度、湿度数据值分别存入 temperature 和 humidity 两个成员变量中。其语法如下：

```
Dht11.read(Pin)
```

其中，Dhtll 表示一个 dhtll 类型的对象。返回值为 int 型值，为下列值之一：①0，对应宏

DHTLIB OK，表示接收到数据且校验正确；②1，对应宏 DHTLIB ERROR CHECKSUM，表示接收到数据但校验错误；③2，对应宏 DHTLIB ERROR-timeOUT，表示通信超时。

2. DHT11 数字温湿度传感器硬件连接

如果使用的是 DHT11 温湿度模块，那么直接将其连接到对应的 Arduino 引脚即可。

如果使用的是 DHT11 数字温湿度传感器元件，那么还需要注意它的引脚顺序。DHT11 传感器硬件连接如图 12-14 所示。在 DHT11 的 DATA 引脚与 3.3V 之间接入了一个 10 kΩ 电阻，用于稳定通信电平；在靠近 DHT11 的 VCC 引脚和 GND 之间接入了一个 100 nF 的电容，用于滤除电源波动。

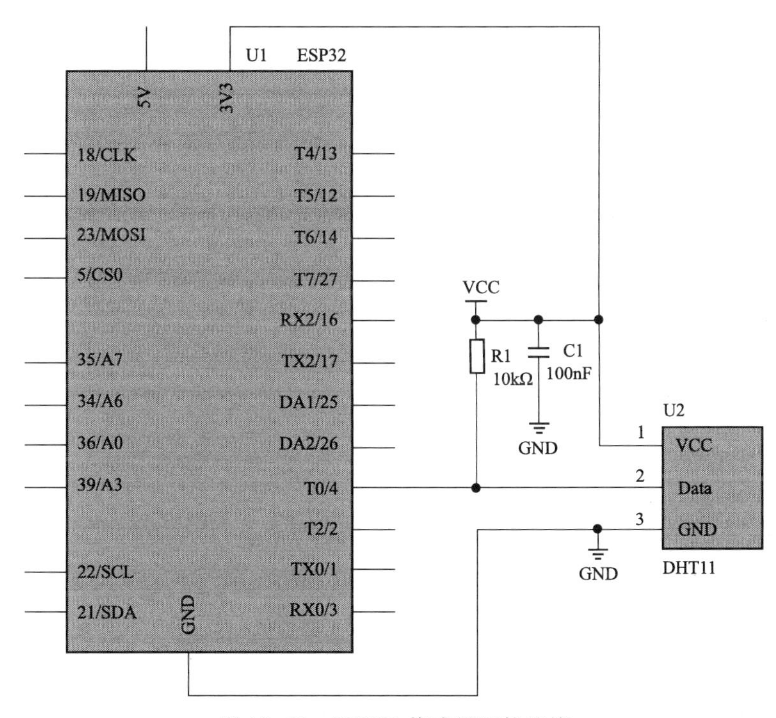

图 12-14 DHT11 传感器硬件连接

3. DHT11 传感器应用程序

在使用 DHT11 传感器时，需要先实例化一个 dhtll 类型的对象；再使用函数 read（）读出 DHT11 中的数据，读出的温湿度数据会被分别存储到 temperature 和两个成员变量中。程序如下：

```
#include<dht11.h>
//实例化一个 DHT11 对象
dht11 DHT11;
#define Dht11Pin  17 //定义引脚 GPIO17 连接 DHT11Pin 数据输入端
//初始化函数
void setup(){
  Serial.begin(9600); //设置串口通信波特率为 9600
}
//主循环函数
void loop(){
```

```
  Serial.print("\n"); //换行
  //读取传感器数据
  int chN = DHT11.read(Dht11Pin);
  Serial.print("Read sensor");
  Serial.print("  ");
  switch(chN)
  {
    case DHTLIB_OK:
      Serial.print("OK");
      break;
    case DHTLIB_ERROR_CHECKSUM:
      Serial.print("Checksum Error");
      break;
    case DHTLIB_ERROR_TIMEOUT:
      Serial.print("Time out Error");
      break;
    default:
      Serial.print("Unknown Error");
  }
  //输出湿度、温度数据
  Serial.print("\n");
  Serial.print("Humidity(% ):");
  Serial.print(DHT11.humidity);
  Serial.print("\n");
  Serial.print("Temperature(% ):");
  Serial.print(DHT11.temperature);
  delay(1000);
}
```

4. 使用多任务调度的 DHT11 应用程序

依赖 Ticker 库每 20s 唤醒一次任务，使用多任务调度，从 ESP32 读取 DHT 传感器数据，然后通过串口显示读取结果。程序如下：

```
#include <DHTesp.h> // Click here to get the library: http://librarymanager/All#
DHTesp
#include <Ticker.h>

#ifndef ESP32
#pragma Message(THIS EXAMPLE IS FOR ESP32 ONLY!)
#error Select ESP32 board.
#endif

/**************************************************************/
/* 示例如何使用多任务从 ESP32 读取 DHT 传感器。              */
/* 本例依赖 Ticker 库每 20s 唤醒一次任务                     */
/**************************************************************/
```

```
DHTesp dht;

void tempTask(void * pvParameters);
bool getTemperature();
void triggerGetTemp();

/* * 值读取任务的任务句柄 */
TaskHandle_t tempTaskHandle = NULL;
/* *  温度读数的代码 */
Ticker tempTicker;
/* * Comfort profile */
ComfortState cf;
/* * 标记任务是否应该运行 */
bool tasksEnabled = false;
/* * 指定数据引脚的引脚编号 */
int dhtPin = 17;

/* *
 * 初始温度
 * 设置 DHT 库
 * 为重复测量的设置任务和计时器
 * @ 返回 bool 值
 *   如果任务和计时器已启动,则为 true
 *   如果无法启动任务或计时器,则为 false
 */
bool initTemp(){
  byte resultValue = 0;
  // 初始化温度传感器
dht.setup(dhtPin,DHTesp::DHT11);
Serial.println("DHT initiated");

  // 开始任务获取温度
xTaskCreatePinnedToCore(
tempTask,                     /* 执行任务的函数 */
"tempTask ",                  /* 任务名 */
4000,                         /* 以字为单位的堆栈大小 */
NULL,                         /* 任务输入参数 */
5,                            /* 任务的优先级 */
&tempTaskHandle,              /* 任务句柄 */
1);                           /* 任务应该运行的核心 */

  if(tempTaskHandle == NULL){
```

```
    Serial.println("Failed to start task for temperature update");
    return false;
  } else {
    // 每 20s 开始更新环境数据
    tempTicker.attach(20,triggerGetTemp);
  }
  return true;
}

/**
 * 触发获取温度
 * 将标志 dhtUpdated 设置为 true 以便在 loop()中进行处理
 * 由 Ticker getTemptimer 调用
 */
void triggerGetTemp(){
  if(tempTaskHandle != NULL){
   xTaskResumeFromISR(tempTaskHandle);
  }
}

/**
 *  从 DHT11 传感器读取温度的任务
 * @ 参数 pvParameters
 *   指向任务参数的指针
 */
void tempTask(void * pvParameters){
Serial.println("tempTask loop started");
while(1)// tempTask loop
  {
    if(tasksEnabled){
      // 获取温度值
getTemperature();
}
    // Got sleep again
vTaskSuspend(NULL);
}
}

/**
 * 获取温度
 * 从 DHT11 读取温度
 * @ 返回布尔值
 *     如果可以获取温度,则为 true
```

```
 *     获取失败,则为 false
 */
bool getTemperature(){
// 读取湿度温度大约需要 250 ms!
// 传感器读数也可能长达 2 s,“旧的传感器”(这是一个非常慢的传感器)
  TempAndHumidity newValues = dht.getTempAndHumidity();
// 检查是否有任何读取失败并提前退出(重试)。
if(dht.getStatus()! = 0){
Serial.println("DHT11 error status: " + String(dht.getstatusString()));
return false;
}

float    heatIndex    =    dht.computeHeatIndex    ( newValues.temperature,
newValues.humidity);
     float    dewPoint    =    dht.computeDewPoint    ( newValues.temperature,
newValues.humidity);
  float cr = dht.getComfortRatio(cf,newValues.temperature,newValues.humidity);

  String comfortStatus;
  switch(cf){
    case Comfort_OK:
      comfortStatus = "Comfort_OK";
      break;
    case Comfort_TooHot:
      comfortStatus = "Comfort_TooHot";
      break;
    case Comfort_TooCold:
      comfortStatus = "Comfort_TooCold";
      break;
    case Comfort_TooDry:
      comfortStatus = "Comfort_TooDry";
      break;
    case Comfort_TooHumid:
      comfortStatus = "Comfort_TooHumid";
      break;
    case Comfort_HotAndHumid:
      comfortStatus = "Comfort_HotAndHumid";
      break;
    case Comfort_HotAndDry:
      comfortStatus = "Comfort_HotAndDry";
      break;
    case Comfort_ColdAndHumid:
      comfortStatus = "Comfort_ColdAndHumid";
      break;
```

```
        case Comfort_ColdAndDry:
          comfortStatus = "Comfort_ColdAndDry";
          break;
        default:
          comfortStatus = "Unknown:";
          break;
      };

    Serial.println(" T:" + String(newValues.temperature) + " H:" + String(newValues.humidity) + " I:" + String(heatIndex) + " D:" + String(dewPoint) + " " + comfortStatus);
    return true;
    }

    void setup()
    {
      Serial.begin(115200);
      Serial.println();
      Serial.println("DHT ESP32 example with tasks");
      initTemp();
      // 向任务发送 setup()结束信号
      tasksEnabled = true;
    }

    void loop(){
      if(! tasksEnabled){
        // 等待 2 s 让系统稳定下来
        delay(2000);
        // 启用将从 DHT 传感器读取值的任务
        tasksEnabled = true;
        if(tempTaskHandle ! = NULL){
    vTaskResume(tempTaskHandle);
    }
      }
      yield();
    }
```

使用多任务调动，可以非常方便地使用多只 DHT 温湿度传感器对多点温湿度进行检测和显示。

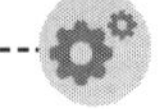

技能训练

一、训练目标

(1) 了解 DHT11 数字温湿度传感器。

(2) 学会用 DHT11 数字温湿度传感器测量温度和湿度。

二、训练步骤与内容

1. 建立一个新项目

（1）将 Arduino 的 DHT11 类库复制到 Arduino 安装文件夹下的“libraries”内。

（2）启动 Arduino 软件。

（3）选择“文件”→“新建”，自动创建一个新项目。

（4）选择“文件”→“另存为”，打开“另存为”对话框，选择另存的文件夹 E32A，在文件名栏输入“L03”，单击“保存”按钮，保存项目文件。

2. 编写控制程序文件

在 L03 项目文件编辑区输入“DHT11 传感器应用”程序，选择“文件”→“保存”，保存项目文件。

3. 编译、下载、调试程序

（1）按图 12-2 连接电路。

（2）通过 USB 将 WeMos D1 R32 开发板与计算机 USB 端口连接。

（3）选择“项目”→“验证/编译”，或单击工具栏的验证/编译按钮，Arduino 软件首先验证程序是否有误，若无误，程序自动开始编译程序。

（4）等待编译完成，在软件调试提示区，观看编译结果。

（5）单击工具栏的下载按钮，将程序下载到 WeMos D1 R32 开发板。

（6）打开串口监视器，观察串口监视器输出窗口显示的数据。

任务 38　MicroPython 传感器应用

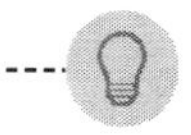

基础知识

一、超声传感器

1. 超声波测距

超声传感器是一种利用超声波进行距离测量的传感器。它利用超声波碰到障碍物会发射声波，且声波在空气传播的速度相对固定的特性来计算物体间距离。

2. 超声波传感器模块

常用的超声波模块是 HCS04，供电电源可以使用直流 3.3～5V 的直流电源，工作电流小于 20mA，工作温度通常是-20～80℃，测量距离大约为 2～450cm，测量精度大约 0.5cm，有 4 个输入输出端，分别是 VCC、GND，TRIG 触发信号端和 ECHO 回声信号接收端。

3. 超声传感器控制函数

超声传感器模块控制已经集成在“HSCR04. py”文件，用户可直接将它复制到应用程序文件夹使用。

用于定义超声波模块连接的 TRIG 触发信号端和 ECHO 回声信号接收端的构造函数如下：

```
HSCR04.HSCR04(TRIG,ECHO)
```

获取测量距离数据的函数如下：

```
HSCR04.getDistance()
```

4. 超声传感器应用

超声传感器的应用程序如下：

```
# 导入相关模块
from machine import Pin,Timer
from HCSR04 import HCSR04

# 初始化超声传感器模块接口
Trig = Pin(17,Pin.OUT)
Echo = Pin(16,Pin.IN)
hcsr = HCSR04(Trig,Echo)

# 定义中断回调函数
def HC_func(tim):
    dist = hcsr.getDistance()
    print(str(dist)+"cm")

# 开启 RTOS 定时器
tim = Timer(-1)
tim.init(period=1000,mode=Timer.PERIODIC,callback=HC_func)  # 周期 1000ms
```

二、温度传感器

1. 温度传感器 DS1820

温度传感器 DS1820 是一种单总线控制温室的传感器，仅仅占用一个 GPIO 端口，比 UART、SPI 接口使用的信号线更少，其 3 个端口分别是 VCC、GND 和 DQ 数据输出端。由于单总线减少了物理引脚，因此在通信时序上要求更加严格。

2. 温度传感器控制

温度传感器 DS1820 通过单总线模块“onewire.py”和 DS1820 模块文件“DS1820.py”控制，用户可以方便地读取和显示传感器检测到的温度。

（1）单总线模块控制。

1）构造函数。构建单总线对象的函数如下：

```
w1=onewire.OneWire(pin(id))
```

其中，id 为控制器引脚编号。

2）使用方法如下：

w1.san() 返回设备地址

w1.reset() 复位总线上的设备

w1.readbyte() 读取一个字节的数据

w1.writebyte() 写一个字节的数据

w1.write() 写多个字节的数据

ds.select_rom() 根据 ROM 编号选择指定设备

（2）DS1820 模块控制。

1）构造函数如下：

```
ds=ds18x20.DS18X20(W1)
```

其中，W1 是定义好的单总线对象。

2）使用方法如下：

```
ds.scan()  扫描总线上的设备,返回设备地址
ds.convert_temp()  进行模拟温度转换
ds.read(rom)  获取设备号为 rom 的传感器的温度值
```

3. 温度传感器控制程序

控制程序包括引入相关模块 Pin、Timer 和 onewire、ds18x20，然后初始化 DS18B20，定义单总线对象 W1，定义传感器对象 ds，扫描总线上的温度传感器地址。

为了使温度检测循环完成，开启 RTOS 定时器，检测周期设置为 1000ms。

定义中断回调函数 get_ temp（），进行温度转换、获取温度值，打印温度值。

温度传感器控制程序如下：

```
#引用相关模块
from machine import Pin,Timer
import onewire,ds18x20

#初始化 DS18B20
W1 = onewire.OneWire(Pin(16))#使能单总线
ds = ds18x20.DS18X20(W1)      #传感器是 DS18B20
rom = ds.scan()           #扫描单总线上的传感器地址,支持多个传感器同时连接

def get_temp(tim):
    ds.convert_temp()
    temp = ds.read_temp(rom[0])#温度显示,rom[0]为第 1 个 DS18B20
    print(temp)   #打印温度值

#开启 RTOS 定时器,编号为-1
tim = Timer(-1)
tim.init(period=1000,mode=Timer.PERIODIC,callback=get_temp)#周期为 1000ms
```

如果只有一个温度传感器，可以直接使用 ds. read_ temp（）获取默认传感器的温度值。挂接多个传感器时，ds. read_ temp（）获取所有温度传感器的温度值。

三、温湿度传感器

1. 温湿度传感器 DHT11

温湿度传感器 DHT11 是一种常用的温度、湿度检测传感器，它接口简单，成本低，应用广泛。

温湿度传感器 DHT11 只有 3 条引线，分别是 VCC、GND、DATA，四线制的多一个 NC 空引线。

控制器与温湿度传感器 DHT11 之间的通信只需要一条信号线，但是它不是单总线（one-wire）和单总线也不兼容。应用时，在 DATA 数据端和与电源 VCC 之间需要加上拉电阻，大部分 DHT11 传感器模块内部已经内置了上拉电阻，如果只是传感器，就需要加上拉电阻。

2. 温湿度传感器控制

（1）构造函数。构建 DHT11 传感器对象的函数如下：

```
d1=dht.DHT11(Pin(id))
```

其中，id 是传感器连接的引脚编号。

（2）使用方法如下：

```
d1.measure()  测量温湿度
```

d1.humidity() 获取湿度值

3. 温湿度传感器控制程序

控制程序包括引入相关模块 Pin、Timer 和 dht、time，然后初始化 DHT11 对象，定义传感器对象 d1，延时 1 秒钟，等待 DHT11 传感器工作稳定。

为了使温湿度检测循环进行，开启 RTOS 定时器，检测周期设置为 2000ms。

定义中断回调函数 get_ dht ( )，进行温湿度测量，获取温度、湿度值，打印温度、湿度值。

温湿度传感器控制程序如下：

```
#引入相关模块
from machine import Pin,Timer
import dht,time

#创建 DTH11 对象
d = dht.DHT11(Pin(16))#传感器连接到引脚 16
time.sleep(1)    #首次启动停顿 1s 让传感器稳定

def dht_get(tim):


    d.measure()             #温湿度采集
    print('DHT11 temperature:')
    print(str(d.temperature())+'C')    #温度显示
    print('DHT11 humidity:')
    print(str(d.humidity())+'% ')   #湿度显示


#开启 RTOS 定时器,编号为-1
tim = Timer(-1)
tim.init(period=2000,mode=Timer.PERIODIC,callback=dht_get)#周期为 2000ms
```

技能训练

一、训练目标

（1）了解 DHT11 数字温湿度传感器。

（2）学会在 ThonnyIDE 开发环境下，用 DHT11 数字温湿度传感器测量温度和湿度。

二、训练步骤与内容

1. 建立一个项目

（1）在 E32 文件夹内新建 DHT11 文件夹。

（2）启动 Thonny 软件。

（3）选择“文件”→“新建”，自动创建一个新文件。

（4）选择“文件”→“另存为”，打开“另存为”对话框，选择另存的文件夹 DHT11，在文件名栏输入“main.py”，单击“保存”按钮，保存新文件。

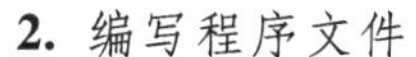

2. 编写程序文件

在 Thonny 开发环境的新文件编辑区输入“温湿度传感器控制”程序，单击工具栏的保存按钮，保存文件。

3. 调试程序

（1）将温湿度传感器的 GND、VCC、DATA3 条引线，分别与优创 ESP32 开发板的 GND、3.3V、GPIO1 连接。

（2）将“main. py”主程序文件上载到 MicroPython 设备。

（3）选择“运行”→“运行当前脚本”，或者单击工具栏的运行按钮，“main. py”程序运行，观察 SHELL 调试窗口输出信息的变化，DHT11 数据显示如图 12-15 所示。

（4）单击工具栏的停止按钮，停止程序运行。

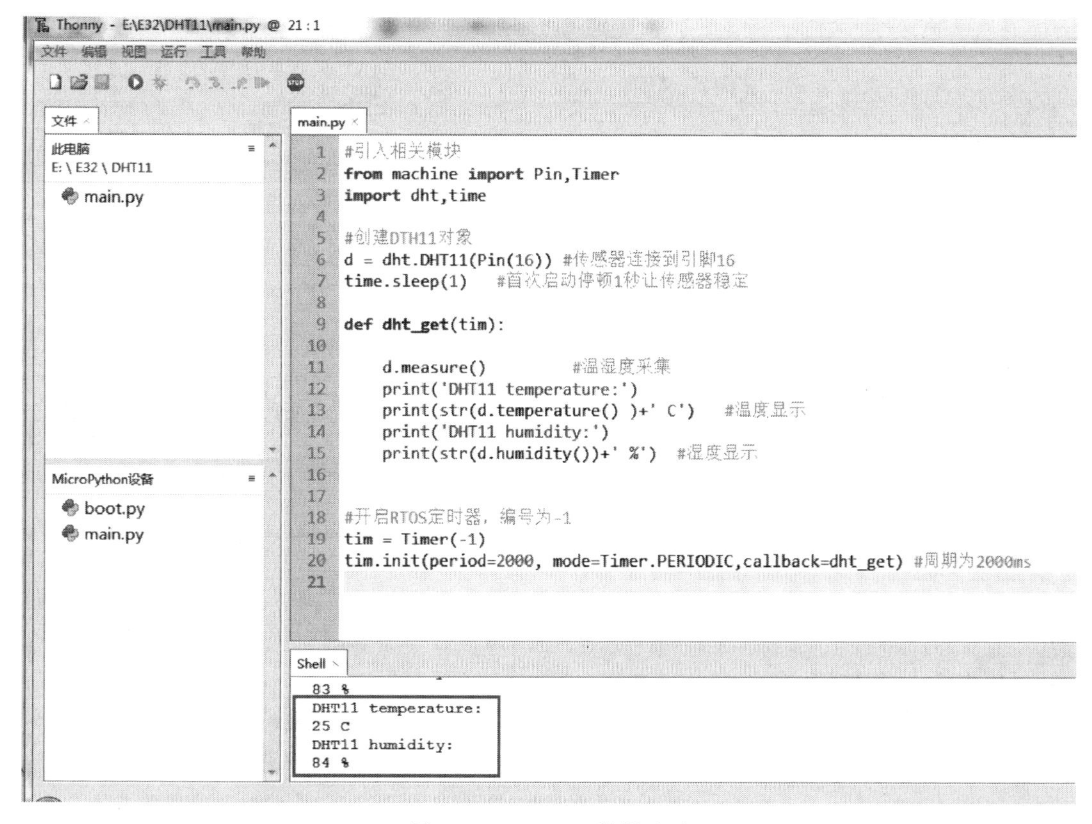

图 12-15　DHT11 数据显示

习题 12

1. 应用 WeMos D1 R32 开发板的引脚 12 和引脚 13，设计超声波测距控制程序，进行超声波测距实验。

2. 应用 WeMos D1 R32 开发板的引脚 12、13 和引脚 2，进行 RGB 三色 LED 模块控制。

3. 应用 WeMos D1 R32 开发板的引脚 GPIO5，连接 DHT11 数据段 Data，进行温湿度检测实验。实验时，用手握住 DHT11，观察温湿度的变化。

项目十三 网 络 认 证

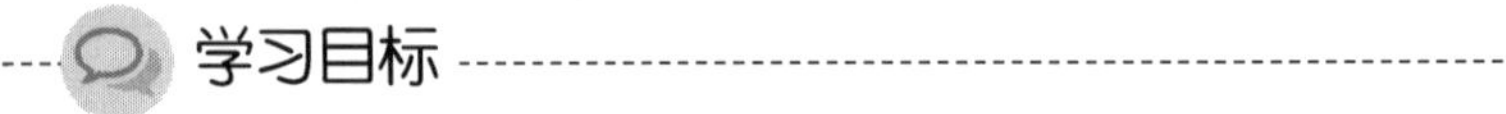

学习目标

(1) 了解网页认证。

(2) 学会设计和调试网页认证程序。

任务 39 网 络 认 证

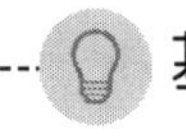

基础知识

一、网络认证

1. Portal 认证

在旅游或生活中，许多公共场所有很多 Wi-Fi 热点。有些是加密的，有些是不加密且对公众开放的。

当用户访问开放的 Wi-Fi 热点时，会要求用户输入用户名和密码，认证成功后，才可以使用网络。这里网站使用的就是 Portal 认证。

通常称 Portal 认证为 Web 认证，一般将具有 Portal 认证的网络称为门户网站。没认证的用户上网时，会强制用户登录特定站点，用户可以先免费访问其中的内容，通常是广告类信息。当用户要使用网络访问其他信息时，必须在门户网站进行注册登记、认证，只有认证通过后，才可以使用互联网网络资源。

Portal 认证可以为运营商提供较强的管理功能，门户网站可以经营广告、社会服务和个性化的服务业务，使宽带运营商、设备服务商和内容服务商建立完整的互联网产业生态。

2. Portal 认证类别

(1) 主动认证。用户主动访问已知的 Portal 认证网站，输入用户名、密码进行 Portal 认证，这种 Portal 认证方式，称为主动认证。

(2) 强制认证。用户在使用网站资源时，被强制访问 Portal 认证网站，由此开始的 Portal 认证，称为强制认证。

二、ESP32 的网页认证

ESP32 可以通过创建 AP，提供 SoftAP 的 Wi-Fi 热点，并进行 Portal 认证。

Portal 认证控制实验程序如下：

```
#include <Wi-Fi.h>  //包含头文件 Wi-Fi
#include <DNSServer.h>    //包含头文件 DNSServer
```

```
#include <WebServer.h>   //包含头文件 WebServer

const byte DNS_PORT = 53;  //设置 Portal 认证监听 53 端口
IPAddress APIP(192,168,4,1);   //设置 AP 地址

DNSServer dnsServer;   //创建 DNS 服务器实例
WebServer WebServer(80);  //设置 Web 服务器端口
//设置 portal 认证页面显示信息
String responseHTML = ""
  "<! DOCTYPE html><html><head><title>CaptivePortal</title></head><body>"
  "<h1>Hello World! </h1><p>This is a captive portal example. All requests will "
  "be redirected here. </p></body></html>";

void setup(){
  Serial.begin(115200);   //设置串口波特率
  Serial.println();
  Serial.println("Portaling");  //换行打印 Portaling
  Wi-Fi.mode(Wi-Fi_AP); //设置 Wi-Fi 为 AP 模式
  Wi-Fi.softAPConfig(APIP,APIP,IPAddress(255,255,255,0)); //配置 AP 接入点、子网、
子网掩码
  Wi-Fi.softAP("CaptivePortal");  //启动 Wi-Fi
  Serial.println(APIP);       //打印 AP 地址
  Serial.println("CaptivePortal start");  //换行打印 CaptivePortal start
  dnsServer.start(DNS_PORT,"*",APIP); // 把所有的 dns 请求都转到 APIP
  //让所有请求都回复认证页面
  WebServer.onnotFound([](){
    WebServer.send(200,"text/html",responseHTML);
  });
  WebServer.begin();  //启用 Web 服务器
}

void loop(){
  //监听客户端请求
  dnsServer.processNextRequest();
  WebServer.handleClient();
}
```

技能训练

一、训练目标

(1) 了解 Portal 认证。
(2) 学会使用 Portal 认证。
(3) 学会调试 Portal 认证服务程序。

二、训练步骤与内容

1. 建立一个工程

（1）启动 Arduino 软件。

（2）选择“文件”→“新建”，自动创建一个新项目。

（3）选择“文件”→“另存为”，打开“另存为”对话框，选择另存的文件夹 E32A，在文件名栏输入“PORTAL”，单击“保存”按钮，保存 P01 项目文件。

2. 编写程序文件

在 PORTAL 项目文件编辑区输入“Portal 认证控制实验”程序，单击工具栏的保存按钮，保存项目文件。

3. 编译、下载、调试程序

（1）选择“项目”→“验证/编译”，等待编译完成，在软件调试提示区，观看编译结果。

（2）下载程序到优创 ESP32 开发板。

（3）下载完成，打开串口调试器，按下 RST 复位按钮，查看串口监视器内容。Portal 认证串口显示如图 13-1 所示。

图 13-1 Portal 认证串口显示

（4）打开手机，寻找 Wi-Fi 热点，CaptivePortal 热点如图 13-2 所示。

（5）连接 CaptivePortal 热点后，进入 Portal 认证界面。

（6）通过电脑浏览器，输入 http：//192. 168. 4. 1/，按电脑回车键，可以连接 CaptivePortal 网络界面，进入 Portal 认证界面，Portal 认证界面如图 13-3 所示。

习题13

1. 什么是 Portal 认证？

2. 如何进行 Portal 认证？

图 13-2　CaptivePortal 热点

图 13-3　Portal 认证界面

项目十四 蓝牙控制

学习目标

（1）了解蓝牙控制。

（2）学会设计和调试蓝牙控制程序。

任务 40 蓝牙 LED 控制

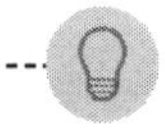

基础知识

一、蓝牙控制

1. 蓝牙技术

蓝牙技术实际上是一种短距离无线通信技术，利用“蓝牙”技术，能够有效地简化笔记本电脑和移动电话手机等移动通信终端设备之间的通信，也能够成功地简化以上这些设备与互联网之间的通信，从而使这些现代通信设备与因特网之间的数据传输变得更加迅速高效，为无线通信拓宽道路。蓝牙技术使得现代一些便携移动通信设备和电脑设备，不必借助电缆就能联网，并且能够实现无线上网。

2. 蓝牙技术设备的主从关系

蓝牙技术规定每一对设备之间进行蓝牙通信时，两者分主从进行通信，通信时，必须由主端进行查找，发起配对，建链成功后，双方即可收发数据。理论上，1 个蓝牙主端设备可同时与 7 个蓝牙从端设备进行通信。一个具备蓝牙通信功能的设备，可以在两个角色间切换，平时工作在从模式，等待其他主设备来连接，需要时，转换为主模式，向其他设备发起呼叫。主模式发起呼叫时，需要知道对方的蓝牙地址，配对密码等信息，配对完成后，可直接发起呼叫。

3. 蓝牙技术类别

蓝牙技术实际有多个“类别”，即核心规格的不同版本。目前最常见的是蓝牙 BR/EDR（即基本速率/增强数据率）和低功耗蓝牙（Bluetooth Low Energy）技术。

（1）蓝牙 BR/EDR 技术。建立相对短程、持续的无线连接，主要应用在蓝牙 2.0/2.1 版，一般用于扬声器和耳机等产品为播放音频流等用例的理想之选。

（2）低功耗蓝牙技术。允许快速进行相对远程的无线连接，为不需持续连接且所需电池寿命长的物联网（1oT）应用的理想之选。主要应用在蓝牙 4.0/4.1/4.2 版，主要用于市面上的最新产品中，如手环、智能家居设备、汽车电子、医疗设备、Beacon 感应器（通过蓝牙技术发送数据的小型发射器）等。

（3）双模式技术。双模式芯片可用于支持单一设备，如需要连接至蓝牙 BR/EDR 设备及低功耗蓝牙设备的智能手机或平板电脑。

4. 蓝牙技术特点

蓝牙技术最主要特点用最简短的话描述就是：蓝牙技术无处不在、功耗低、易采用且应用成本低。

5. 蓝牙技术应用

蓝牙技术可以无线连接设备。比如，蓝牙技术可将电子门锁、照明灯具、电视、玩具、汽车电子、医疗设备、运动器材等产品与蓝牙连接起来。最新的应用是在共享经济中，如共享单车等。蓝牙技术的应用将随着开发人员的想象力，可无限地拓展。

二、蓝牙控制 LED

1. Arduino 蓝牙控制

（1）蓝牙控制类库。Arduino 蓝牙控制类库是 BluetoothSerial 类库，它帮助用户建立一个移动终端连接 ESP32 的 UART 串口，便于移动终端与 ESP32 的数据传输。BluetoothSerial 类库类似 Serial 类库的简化版，只含数据的读写，该类库包括 begin（）、pinCode（）、read（）、write（）和 available（）等函数。

（2）蓝牙设备初始化。初始化并设定蓝牙名称的函数如下：

```
BluetoothSerial.begin(localname)
```

其中，localName 为蓝牙设备名称，字符串。返回值为布尔（bool）型，True 表示初始化成功，False 表示初始化不成功。

（3）设定蓝牙设备配对密码。函数如下：

```
BluetoothSerial.pinCode(pwd)
```

其中，pwd 为密码字符串，长度 1～16 位。返回值为布尔（bool）型，True 表示设置成功，False 表示设置不成功。

（4）发送单个数据。函数如下：

```
BluetoothSerial.write()
```

（5）返回接收的数据数量。返回接收缓冲区接收到的字节数据量的函数如下：

```
BluetoothSerial.available()
```

返回值为整型，为接收缓冲区的字节数。

（6）从缓冲区读取数据函数如下：

```
BluetoothSerial.read()
```

该函数读取缓冲区一个字节数据，每读一个字节，就从缓冲区移除一个字节数据。返回值为进入接收缓冲区的第一个字节数据。

2. 蓝牙控制 LED 程序

蓝牙控制 LED 程序如下：

```
#include <BluetoothSerial.h> //包含头文件 BluetoothSerial

BluetoothSerial SerialBT;  //定义蓝牙设备对象

int led = 2;   //指定 LED 引脚

void setup(void){
  PinMode(led,OUTPUT);         //初始化 LED
  SerialBT.begin("ESP32LED");  //初始化蓝牙接口
```

```
}

void loop(void){
  if(SerialBT.available())      //判断是否有接收到蓝牙数据
  {
    int buf = SerialBT.read();   //蓝牙数据读出到缓冲区
    if(buf == 'a')
    {
      digitalWrite(led,HIGH);    //数据为 a,点亮 LED
    }
    if(buf == 'c')
    {
      digitalWrite(led,LOW);    //数据为 c,熄灭 LED
    }

  }

}
```

在蓝牙控制 LED 程序中，首先必须包含蓝牙控制头文件 BluetoothSerial，以便使用蓝牙控制类库文件，然后设定蓝牙控制对象 SerialBT，指定 LED 控制引脚。

在初始化程序中，首先初始化 led 为输出，然后初始化蓝牙接口，设定蓝牙设备名称为“ESP32LED”。

在循环控制程序中，首先判断是否接收到蓝牙设备发出的数据。然后根据接收数据控制 LED 灯。在本例中，接收数据为 a 时，点亮 LED；接收数据为 c 时，熄灭 LED。

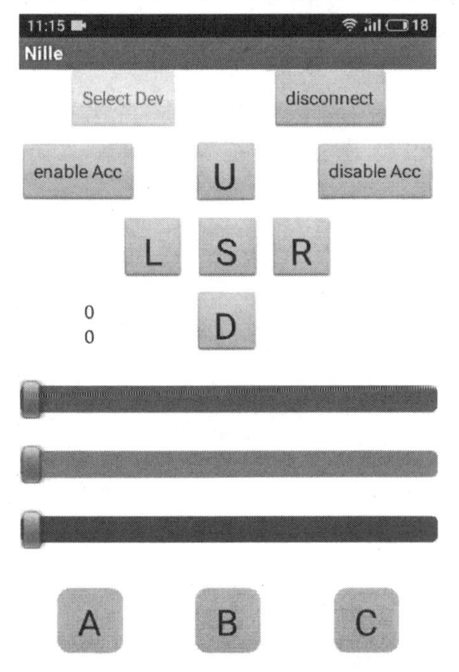

图 14-1 BTCtrl 蓝牙控制 App 界面

3. 手机蓝牙调试 App

（1）BTCtrl 蓝牙控制 App。从全国青少年电子信息科普创新联盟网站（http：//www. kpcb. org. cn/h-nd-288. html）下载手机安卓蓝牙控制 App。下载安装后，会产生 Arduino BTCtrl 小图标。BTCtrl 蓝牙控制 App 界面如图 14-1 所示。

（2）BTCtrl 蓝牙控制 App 说明。

1）按键 Select Dev，按下此按钮后，弹出选择蓝牙设备界面，选定蓝牙设备后，自动返回 BTCtrl 蓝牙控制 App 界面。

2）按键 disconnect，断开蓝牙设备连接。

3）按键 enable ACC，使能手机的姿态传感器，打开手机后，软件会通过蓝牙一直发送手机的姿态值。

4）按键 disable ACC，关闭手机姿态传感器。

5）按键 U、S、D、L、R、A、B、C，点击按钮，App 发送这几个字母按键的小写字符值。

6）3 个滑动条，分别发送 3 个颜色标识（大写字母 R、G、B），通过在其后跟着发送进度条的位置值，取值范围是 0～255，左侧 0，右侧最大为 255。

技能训练

一、训练目标

（1）学会使用蓝牙技术。
（2）学会用手机蓝牙功能控制开发板的 LED。

二、训练步骤与内容

1. 建立一个工程

（1）启动 Arduino 软件。

（2）选择“文件”→“新建”，自动创建一个新项目。

（3）选择“文件”→“另存为”，打开“另存为”对话框，选择另存的文件夹 E32A，在文件名栏输入“BluetoothLED1”，单击“保存”按钮，保存项目文件。

2. 编写程序文件

在 BluetoothLED1 项目文件编辑区输入“蓝牙控制 LED”程序，选择“文件”→“保存”菜单命令，保存项目文件。

3. 编译、下载、调试程序

（1）选择“项目”→“验证/编译”，或单击工具栏的验证/编译按钮，Arduino 软件首先验证程序是否有误，若无误，程序自动开始编译程序。

（2）等待编译完成，在软件调试提示区，观看编译结果。

（3）单击工具栏的下载按钮，将程序下载到 WeMos D1 R32 开发板。

（4）打开手机蓝牙功能，搜索蓝牙控制设备，如图 14-2 所示。

（5）打开手机蓝牙控制 App。

（6）单击 Select Dev，选择蓝牙设备“ESP32LED”。

（7）单击 App 的 A 键，观察开发板上 LED 的状态变化，单击 App 的 C 键，观察开发板上 LED 的状态变化。

图 14-2　搜索蓝牙控制设备

习题 14

1. ESP32 支持几种蓝牙模式？
2. ESP32 的 BluetoothSerial 库，有哪些控制函数，各自的功能是什么？
3. 如何使用蓝牙控制功能，控制 LED 灯的亮度？

项目十五 物联网综合应用

学习目标

（1）学会应用 OLED 显示网络信息。

（2）学会智能云控 LED。

任务 41　网络 Web 显示应用

基础知识

一、OLED 显示

1. OLED 显示屏

OLED 显示屏 SSD1306 是一款小巧的显示屏，整体大小为宽度 26mm，高度为 25.2mm。4 只引脚排列分别为 GND、VCC、SCL、SDA，屏幕尺寸为 0.96 英寸。

OLED 显示屏 SSD1306 是一个 $m \times n$ 的像素点阵，想显示什么就得把具体位置的像素点亮起来。对于每一个像素点，有可能是 1 点亮，也有可能是 0 点亮。对于 128×64 的 OLED，像素地址排列从左到右是 0～127，从上到下是 0～63。

在坐标系中，左上角是原点（0，0），向右是 X 轴，向下是 Y 轴。

2. OLED 显示屏 I2C 通信连接

优创 ESP32 开发板与 OLED 显示屏的连接：优创 ESP32 开发板的 GPIO21（SDA）、GPIO22（SCL）分别与 OLED 显示屏的 SDA、SCL 连接，电源 3.3V、GND 分别与 OLED 显示屏的 VCC、GND 连接。

二、ESP32 控制 Web OLED 显示

1. 添加 OLED.zip 类库

在 Arduino IDE 开发环境，选择“项目”→“加载库”→“添加一个 .ZIP 库”命令，打开添加 zip 类库对话框，如图 15-1 所示，选择“ssd1306-1.7.18.ZIP”类库文件，单击“打开”按钮，将 ssd1306 类库添加到 Arduino IDE 开发环境。

重新启动 Arduino IDE 软件，选择“示例”→“ssd1306”→“direct-draw”→“draw-text”，如图 15-2 所示，可以打开“draw-text”样例程序。

2. 类库 SSD1306 的函数

（1）初始化 SSD1306 函数。初始化 SD1306 OLED 显示屏函数如下：

```
ssd1306_128x64_i2c_init()
```

使用控制器 SCL、SDA 默认引脚，OLED 设备默认地址 0x3c。

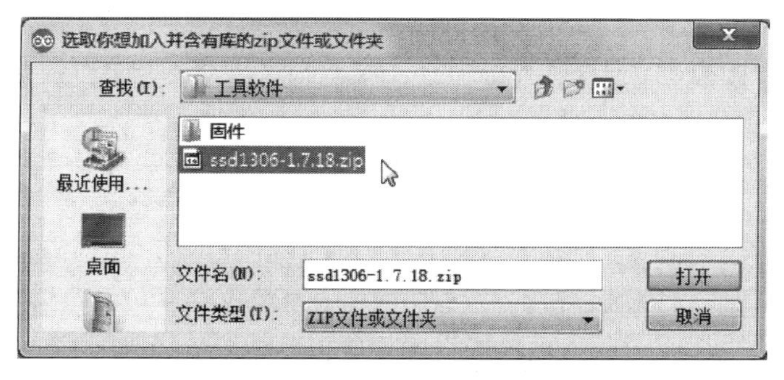

图 15-1　添加 zip 类库对话框

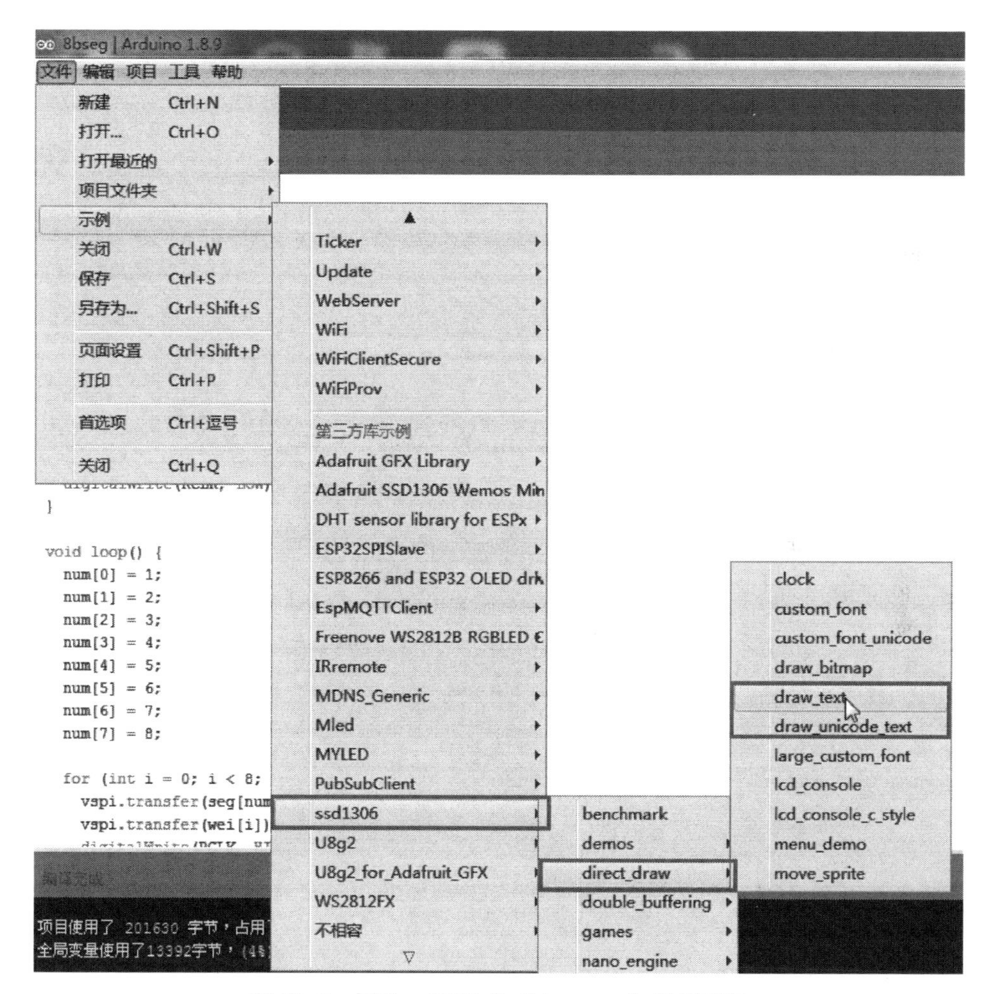

图 15-2　打开 ssd1306 的“draw-text”样例程序

```
ssd1306_128x64_i2c_initEx(int8_t scl,int8_t sda,int8_t sa)
```

用户定义 scl、sda 和 OLED 设备地址。

（2）填充屏幕函数。以数据 data 填充屏幕的函数如下：

```
sd1306.fillScreen(data)
```

0x00 表示清屏，0xFF 表示亮屏。

（3）设置文字字体函数。设置显示文字字体的函数如下：

设置显示文字字体 ssd1306_ setFixedFont （font）

其中，font 为字体名，包括有 ssd1306xled_ font6x8 和 ssd1306xled_ font5x7 两种可用。

（4）指定位置显示字符串函数。指定位置显示字符串函数在屏幕上的指定坐标（x，y），以 style 样式显示字符串 string，如下：

```
ssd1306_printFixed(x,y,string,style)
```

style 样式有 3 种，分别是 STYLE_ NORMAL 通常、STYLE_ BOLD 加粗和 STYLE_ ITALIC 斜体。x 为水平方向的像素坐标；y 为垂直方向的像素坐标，y 必须是 8 的整数倍。

（5）指定位置放大显示文字。函数如下：

```
ssd1306_printFixedN(x,y,string,style,factor)
```

其中，factor 为放大倍数。

（6）绘制点函数。绘制点函数在屏幕指定位置画一个点，如下：

```
ssd1306_putPixel()
```

（7）垂直绘制点函数。垂直绘制点函数在屏幕指定位置垂直画 8 个点，如下：

```
ssd1306_putPixels()
```

（8）画直线函数。画直线函数在坐标点 1 （x1，y1）和坐标点 2 （x2，y2）两点间画一条直线，如下：

```
ssd1306_drawLine(x1,y1,x2,y2)
```

（9）画水平直线函数。画水平直线函数在坐标点 1 （x1，y1）和坐标点 2 （x2，y1）两点间画一条直线，如下：

```
ssd1306_drawHLine(x1,y1,x2)
```

（10）画垂直直线函数。画垂直直线函数在坐标点 1 （x1，y1）和坐标点 2 （x1，y2）两点间画一条直线，如下：

```
ssd1306_drawVLine(x1,y1,y2)
```

（11）画矩形函数。画矩形函数在左上角坐标点 1 （x1，y1）和右下角坐标点 2 （x1，y2）两点间画一个矩形，如下：

```
ssd1306_drawRect(x1,y1,x2,y2)
```

3. 设计 ESP32 控制 Web OLED 显示控制程序

Web OLED 显示控制程序如下：

```
#include <Wi-Fi.h>  //包含头文件 Wi-Fi
#include <WebServer.h>   //包含头文件 WebServer
#include <ssd1306.h>  //包含头文件 OLED

WebServer server(80);  //设置 ESP32Web 服务器端口
//接入 Wi-Fi 的参数
const char * ssid = "601";
const char * password = "19871224";


//设置 Web 页面
String form =
  "<p>"
  "<center>"
  "<h1>Welcome you to use myOLED </h1>"
```

```
    "<h1>Send a message to myOLED:</h1>"
    "<form action='msg'><p>Message:<input type='text'name='msg'size=50 autofo-
cus> <input type='submit'value='POST'></form>"
    "</center>";

  void setup(){
    Serial.begin(115200); //初始化串口波特率
    delay(20);
    ssd1306_128x64_i2c_initEx(22,21,0); //初始化 OLED
      ssd1306_fillScreen(0X00); //清屏
      ssd1306_setFixedFont(ssd1306xled_font6c8); //设置 OLED 显示字体
    //开机初始画面
    ssd1306_printFixed(2,4,"ESP32",STYLE_NORMAL);
    ssf1306_printFixed(4,2,"Wi-Fi OLED Display",STYLE_NORMAL );
    delay(3000);
    ssd1306_fillScreen(0X00);
    ssd1306_printFixed(0,0,"start Wi-Fi... ",STYLE_NORMAL);
    Serial.println();

  //初始化 Wi-Fi
    Wi-Fi.disconnect();
    Wi-Fi.mode(Wi-Fi_STA);  //设置为 STA 工作模式
    Serial.println();
    Serial.println("Starting Wi-Fi... ");
    Serial.println(ssid);
    Wi-Fi.begin(ssid,password ); //连接指定的 Wi-Fi 路由器
    //显示连接的热点
    ssd1306_printFixed(0,0,"Start Wi-Fi... ",STYLE_NORMAL);
    ssd1306_printFixed(0,8,"Connecting to ",STYLE_NORMAL);
    char * buf = new char[strlen(ssid)+1];
    strcpy(BUF,ssid);
    ssd1306_printFixed(32,1,buf,STYLE_NORMAL);
    int r = 6,c = 1;
    while(Wi-Fi.status()! = WL_CONNECTED){
      delay(500);
      if(C > 15){
        c = 1;
        for(int i = 1; i < 16; i++){
          ssd1306_printFixed(r,i," ",STYLE_NORMAL);
        }
      }
      ssd1306_printFixed(r,c++,". ",STYLE_NORMAL);
      }
      ssd1306_fillScreen(0x00);  //清除内容
```

```
  Serial.println("Wi-Fi Connected");  //换行打印 Wi-Fi Connected
  Serial.println("IP address:");     //换行打印 IP address:
  Serial.println(Wi-Fi.localIP());  //换行打印连接的 Wi-Fi 的 IP
  //整理转化 Wi-Fi 信息
  char sip[16];
  char smac[16];
  uint8_t mac[6];
  Wi-Fi.macAddress(MAC);
  IPAddress ip = Wi-Fi.localIP();
  sprintf(sip,"% i.% i.% i.% i",ip[0],ip[1],ip[2],ip[3]);
  sprintf(smac,"% 02X% 02X% 02X% 02X% 02X% 02X",mac[0],mac[1],mac[2],mac
[3],mac[4],mac[5]);
  //显示 Wi-Fi 信息
  ssd1306_printFixed(0,0,"Wi-Fi Message:",STYLE_NORMAL);
  ssd1306_printFixed(0,16,"IP:",STYLE_NORMAL);
  ssd1306_printFixed(0,24,sip,STYLE_NORMAL);
  ssd1306_printFixed(0,40,"MAC:",STYLE_NORMAL);
  ssd1306_printFixed(0,48,smac,STYLE_NORMAL);
  //响应浏览器访问
  server.on("/",[](){
    server.send(200,"text/html",form);
  });
  server.on("/msg",handle_msg);
  server.begin();
}

void loop(){
  //监听客户端请求
  server.handleClient();
}
//发送 Web 页面,显示收到的数据
void handle_msg(){
  ssd1306_fillScreen(0x00);  //清除内容
  server.send(200,"text/html",form);
  char msg[50];
  strcpy(msg,server.arg("msg").c_str());
  ssd1306_printFixed(0,0,"Receive:",STYLE_NORMAL);
  ssd1306_printFixed(0,16,msg,STYLE_NORMAL);
}
```

技能训练

一、训练目标

(1) 了解 OLED。

（2）学会使用 OLED 函数及方法。

（3）学会调试 Web OLED 显示控制程序。

二、训练步骤与内容

1. 建立一个工程

（1）启动 Arduino 软件。

（2）添加 ssd1306 类库。

（3）选择“文件”→“新建”，自动创建一个新项目。

（4）选择“文件”→“另存为”，打开“另存为”对话框，选择另存的文件夹 E32A，在文件名栏输入“WebOLED1”，单击“保存”按钮，保存文件。

2. 编写程序文件

在 WEBOLED1 项目文件编辑区输入“Web OLED 显示控制”程序，单击工具栏的保存按钮，保存项目文件。

3. 下载调试程序

（1）选择“项目”→“验证/编译”，等待编译完成，在软件调试提示区，观看编译结果。

（2）下载程序到优创 ESP32 开发板。下载完成，打开串口调试器，按下 RST 复位按钮，查看串口监视器显示内容，如图 15-3 所示。

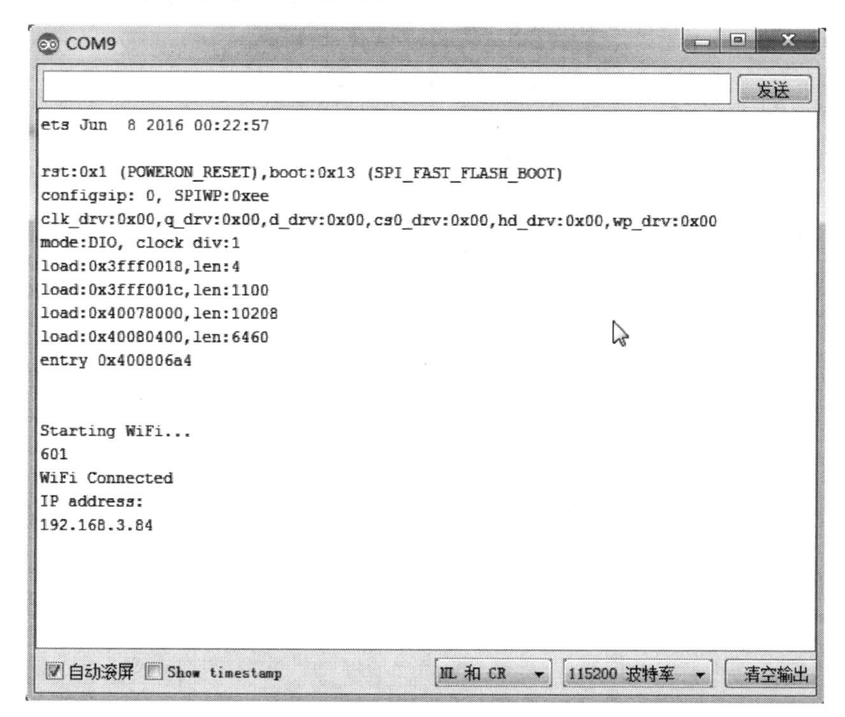

图 15-3　串口监视器显示内容

（3）观察 OLED 显示屏初始化画面。

（4）等待一段时间，观察连接 Wi-Fi 过程的 OLED 显示屏画面。

（5）再等待一段时间，观察 Wi-Fi 连接成功的 OLED 显示屏画面，Wi-Fi 连接成功如图 15-4 所示。

（6）当 Wi-Fi 连接成功后，在浏览器地址栏输入“http：//192. 168. 3. 84/”，按回车键，观察网页显示内容，如图 15-5 所示。

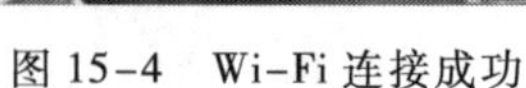
图 15-4 Wi-Fi 连接成功

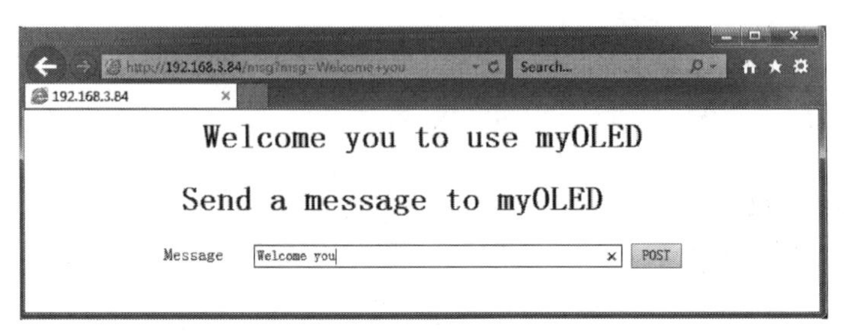

图 15-5 网页显示内容

（7）在网页的信息输入栏，输入“Welcome you”，单击“POST”按钮，观察 OLED 显示屏画面显示，OLED 接收的信息如图 15-6 所示。

图 15-6 OLED 接收的信息

任务 42 智能云控 LED

基础知识

一、智能云

深圳四博智联科技有限公司是一家专注于物联网与智能硬件研发，生产及销售的创新性企业。公司在物联网飞速发展的经济环境下，把握市场机遇，进军智能家居行业，基于生活需求和场景的智能硬件信息互动平台，实现个性化生活场景，通过远程，定时等多种方式进行统一管理，为用户创造安全舒适的智慧家居体验，提高生活品质。

1. DOIT 智能云

DOIT 智能云是由深圳四博智联科技有限公司开发的可直接用于生产环境的物联网云平台。DOIT 智能云可对单个设备或是一组设备进行远程控制、接收上传数据并实时展示、实现定时任务（精确到秒）等，特有的事件统计功能可以对每台设备的开机时间和时长进行统计和分析。针对日益增长的物联网控制智能设备需求，Doit 智能云可实现下列功能。

（1）每台设备可生成唯一的二维码，该二维码可被微信和手机 App 同时扫描绑定。若设备数量在 10 万以下，可直接免费使用 Doit 智能云实现微信控制，省去微信 API 复杂开发流程。

（2）对每一类产品，生成产品标示二维码，通过微信或者手机 App 实现该类产品的批量推送和控制。

（3）在设备端提供最全面的配置上网方式案例，包括微信的 Airkiss、ESP-Touch（针对 ESP32）、Easylink（针对 EMW3165）、Soft AP、网页配置等，确保只要有路由器，就能使设备配置上网成功。

（4）控制方式多种多样，如手机 App 控制、微信控制、直连 Soft AP 控制、局域网控制等。

（5）支持 TCP、Websocket 等多种接入方式。在协议设计上，采用纯文本协议，支持推送、上传、管道等多种通信功能，保证数据传输的便利性、实时性和安全性。

2. Doit 智能云平台

Doit 智能云平台是一个非常好的物联网产品开发实验云平台，用户借助它可以调试与检验物联网设备控制程序，用户可上传数据到云端，也可反向控制物联网设备的运行，还可以实时监控设备的运行状态。

基于强大的 Doit 智能云平台，用户可开发各种智能插座、智能灯或智能小车类产品，开发使用手机端、微信端、设备端的程序。在开发过程中，Doit 智能云提供设备虚拟功能，可实现并行开发，加速产品的开发进程。

二、智能云平台的应用

通过基于智能云的 LED 灯实验，介绍智能云平台的应用。

1. 上网智能云平台

（1）注册用户账号。

1）在浏览器输入“http：//iot. doit. am”，打开智能云平台网站。

2）弹出注册登录对话框，第一次使用时，填写用户 Uid（标识），填写 Password（密码），如图 15-7 所示。

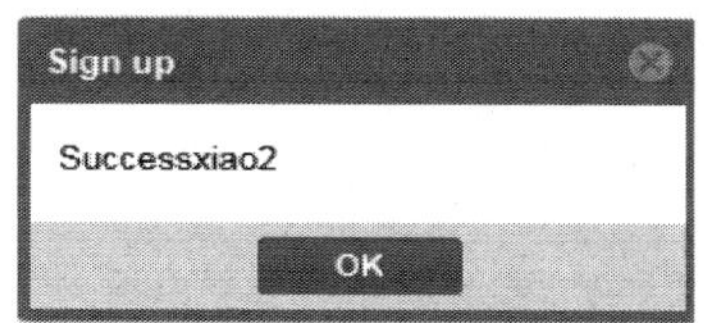

图 15-7　注册登录对话框

3）单击“Sign up”按钮，再次填写 Uid 和 password，单击“Submit”确认。

4）网站弹出对话框“Successxiao2”，单击“OK”按钮，完成用户账号的注册。

（2）登录智能云平台。在注册登录对话框，填写用户 Uid（标识）和 Password（密码），单击“Login”按钮登录，智能云平台界面如图 15-8 所示。

图 15-8 智能云平台

（3）退出智能云平台。在默认的界面左下角，单击“Start”按钮，在弹出的对话框中，单击“Logout”按钮，再单击“Yes”按钮，最后单击“OK”按钮，可以退出智能云平台。

（4）获取 API 的 Key。获取 API 的 Key 步骤如图 15-9 所示。

图 15-9 获取 API 的 Key 步骤

1）单击“Get API Key”，打开“Get API key”对话框。

2）双击对话框用户名后的绿色“+”号，弹出“API key”对话框。

3）复制获得的 API Key，即“934b7bfa6d92afa955a6b232a45e5c57”，留作编制程序时使用。

2. 添加设备

（1）单击“Devlce Control”按钮，打开“Devlce Control”对话框。

（2）单击“Devlce Control”对话框的“Add Devlce”按钮，弹出“Add Devlce”对话框。

（3）在“ADD Devlce”对话框，填写设备名“myLED1”，单击“OK”按钮，在“Devlce Control”对话框增加一个设备。

（4）若想删除设备，单击设备名，再单击“Devlce Control”对话框的“Delet Devlce”按钮，该设备就被删除了。

3. 阅读使用协议

平台基于 TCP 通信，服务器 IP：iot. doit. am，端口：8810。

平台采用 Key，进行用户验证，Key 通过http：//iot. doit. am 获得。

（1）数据上传。

```
cmd = upload&device _ name = arduino&data = 126&uid = demo&key = c514c91e4ed341f263e458d44b3bb0a7 \r \n
```

应答：

```
cmd=upload&res=1
```

通过http：//iot. doit. am 可以实时查看。

（2）控制设备。

1）先订阅自己的用户 id。

```
cmd=cubscribe&uid=demo \r \n
```

应答：

```
cmd=cubscribe&res=1
```

2）通过http：//iot. doit. am 发送控制命令。

3）设备得到命令：

cmd=publish&device_ name=humidity&device_ cmd=poweron

4. 基于智能云的 LED 控制

智能云控 LED 程序如下：

```
#include <Wi-Fi.h>  //包含头文件 Wi-Fi
#include <Ticker.h>         //包含头文件 Ticker
#define led 22   //宏定义 Led
#define u8 unsigned char   //宏定义 u8

Ticker timer;        //实例化 Ticker
const char * ssid     = "601";  //用户 ssid
const char * password = "abcd1224";  //用户密码

const char * host = "iot.Doit.am";   //物联网云平台
const int HttpPort = 8810;   //云平台端口
```

```
const char * streamId   = "xiao2";  //用户 Uid
const char * privateKey = "934b7bfa6d92afa955a6b232a45e5c57"; //用户 API Key
char str[512];
Wi-FiClient client;// 使用 Wi-Fi 客户端类创建 TCP 连接
//反向控制 LED 程序
unsigned long MS_TIMER = 0;
unsigned long lastMSTimer = 0;
String comdata = "";
char flag = false;

void sensor_init()  //用户设备初始化
{
  pinMode(led,OUTPUT);
  digitalWrite(led,LOW);
}

void setup()
{
  Serial.begin(115200);  //串口波特率设置
  MS_TIMER = millis();  //取设备运行的 millis
  sensor_init();
  delay(10);
  Wi-Fi.disconnect();  //断开 Wi-Fi 连接
  Wi-Fi.mode(Wi-Fi_STA);  //Wi-Fi 的模式设为 STA
  // 连接到 Wi-Fi 网络
  Serial.println();
  Serial.println();
  Serial.print("Connecting to ");
  Serial.println(ssid);
  Wi-Fi.begin(ssid,password);
  while(Wi-Fi.status()! = WL_CONNECTED)
  {
    delay(500);
    Serial.print(".");
  }
  Serial.println("");
  Serial.println("Wi-Fi connected");
  Serial.println("IP address: ");
  Serial.println(Wi-Fi.localIP());
  delay(50);
  Serial.print("Connecting to ");
  Serial.println(host);

  // 使用 Wi-Fi 客户端类创建 TCP 连接
```

```
  if(! client.connect(host,httpPort))
  {
    Serial.println("connection fail!");
    return;
  }
  Serial.println("connection ok.");
}
unsigned long lastTick = 0;
void loop()
{
  if(millis()- lastTick > 1000)
  {
    lastTick = millis();
    static bool first_flag = true;
    if(first_flag)
    {
      first_flag = false;
      sprintf(str,"cmd=cubscribe&topic=% s\r\n",streamId);
      client.print(str);
      return;
    }
  }
  if(client.available())  //如果客户端有数据
  {
    //读取服务器的应答的所有行,并把它们打印到串口
    String recDatastr = client.readStringUntil('\n');
    Serial.println(recDataStr);
    if (recDataStr.compareTo ("cmd = publish&device _name = myLED1&device _cmd =
lbopen\r") == 0)  //读取 MYLED1 设备的命令是 lbopen 开灯
    {
      digitalWrite(led,LOW);
      Serial.println("Light is ON");
    }
else if(recDataStr.compareTo(
"cmd=publish&device_name=myLED1&device_cmd=lbclose\r") == 0)
//读取 myLED1 设备的命令是 lbclose 关灯
    {
      digitalWrite(led,HIGH);
      Serial.println("Light is OFF");
    }
  }
}
```

程序首先初始化设备，连接用户的 Wi-Fi 网络，再连接智能云平台。

定时循环监控智能云平台发出的用户命令，控制 LED 的运行。

用户在使用本程序时，要注意使用用户的 Uid、密码和设备名，使用自己的开灯、关灯命令字。

技能训练

一、训练目标

（1）了解智能云平台。

（2）学会使用智能云平台。

（3）学会调试智能云控 LED 程序。

二、训练步骤与内容

1. 建立一个工程

（1）启动 Arduino 软件。

（2）添加 Ticker 类库。

（3）选择“文件”→“新建”，自动创建一个新项目。

（4）选择“文件”→“另存为”，打开“另存为”对话框，选择另存的文件夹 E32A，在文件名栏输入“CLOUDLED1”，单击“保存”按钮，保存文件。

2. 编写程序文件

在 CLOUDLED1 项目文件编辑区输入“智能云控 LED”程序，单击工具栏的保存按钮，保存项目文件。

3. 编译、下载、调试程序

（1）选择“项目”→“验证/编译”，等待编译完成，在软件调试提示区，观看编译结果。

（2）下载程序到 WeMos D1 R32 开发板。下载完成，打开串口调试器，按下 RST 复位按钮，查看串口监视器显示内容，Wi-Fi 网络连接如图 15-10 所示。

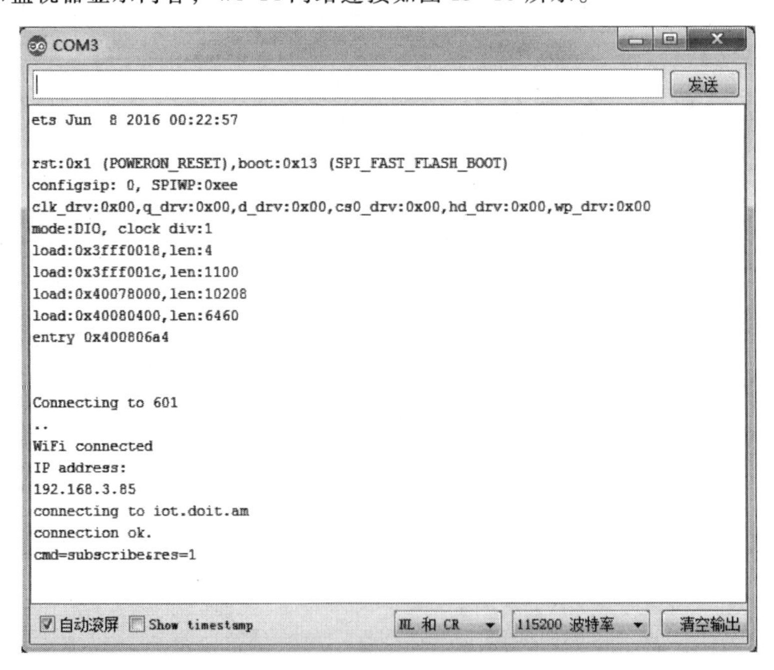

图 15-10 Wi-Fi 网络连接

（3）上网智能云平台，单击“Devlce Control”按钮，弹出“Devlce Control”对话框。

（4）单击“Devlce Control”对话框中的设备 myLED1。

（5）单击发送命令到你的设备（Send Command to Your Device）按钮，如图 15-11 所示，弹出发送命令对话框。

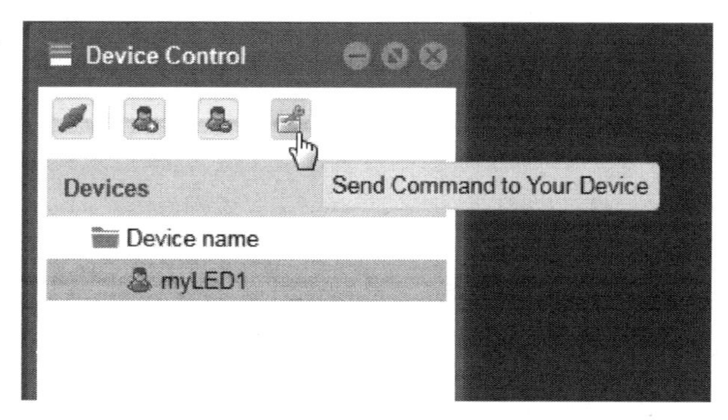

图 15-11　发送命令到你的设备按钮

（6）在发送命令对话框输入“lbopen”（开灯命令），单击“OK”按钮，通过智能云平台发送命令，如图 15-12 所示，观察 WeMos D1 R32 开发板 LED 状态。再单击“OK”按钮，结束开灯命令。

（7）观察串口监视器的显示。

（8）在发送命令对话框输入“lbclose”（关灯命令），单击“OK”按钮，通过智能云平台发送命令，如图 15-13 所示，观察 WeMos D1 R32 开发板 LED 状态。再单击“OK”按钮，结束灯关命令。

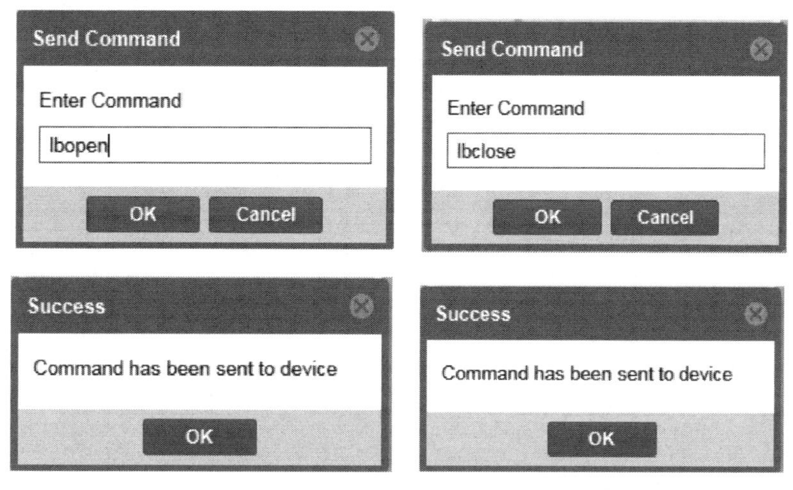

图 15-12　输入开灯命令　　　　图 15-13　输入关灯命令

（9）观察串口显示器的显示，注意两次发送命令对应显示的结果，观察接收命令结果，如图 15-14 所示。

习题 15

1. 如何应用优创 ESP32 控制板和 OLED 屏显示网络连接信息？
2. 如何实现智能云控多只 LED？

3. 如何进行智能云的数据传送与接收?

图 15-14 接收命令结果